先进半导体产教融合丛书

电子元器件可靠性

王守国　编著

机械工业出版社

电子元器件是电子电路和设备的组成基础，其良好的性能参数和可靠性决定高层系统的功能实现及稳定工作。电子元器件工程种类繁多，是一项包含研发、生产、使用的复杂工程。

本书从可靠性科学的发展入手，引出可靠性的概念，然后详细讨论可靠性数学、可靠性试验等内容，由失效分析引出电子元器件的可靠性物理，接下来重点论述电子元器件工程的内容和电子元器件在电路中的可靠性应用两大部分，然后讲述可靠性管理，最后给出目前可靠性应用的实例。

本书的理论内容立足于专业基础，包括半导体物理、理论物理等，并结合数理统计等数学工具，能够为从事电子元器件可靠性相关工作的科研人员提供参考；本书的应用部分，兼具实用性强和时效性强的特点，立足于目前电子元器件市场，图文并茂，使读者了解电子元器件的种类、使用特点和可靠性应用等内容，并学会如何安全可靠地使用电子元器件；本书是高等院校电子信息类专业的教材，也可为从事电路设计、电器维修和电子元器件销售等工作的工程行业从业人员提供帮助。

图书在版编目（CIP）数据

电子元器件可靠性／王守国编著. -- 北京：机械
工业出版社，2025. 2. --（先进半导体产教融合丛书）.
ISBN 978 - 7 - 111 - 77708 - 3

Ⅰ. TN6

中国国家版本馆 CIP 数据核字第 2025PT8504 号

机械工业出版社（北京市百万庄大街22号　邮政编码100037）
策划编辑：卢　婷　　　　　　责任编辑：卢　婷
责任校对：郑　雪　张亚楠　　封面设计：马精明
责任印制：郜　敏
北京富资园科技发展有限公司印刷
2025 年 3 月第 1 版第 1 次印刷
184mm×260mm·21 印张·534 千字
标准书号：ISBN 978-7-111-77708-3
定价：79.00 元

电话服务　　　　　　　　　网络服务
客服电话：010-88361066　　机 工 官 网：www.cmpbook.com
　　　　　010-88379833　　机 工 官 博：weibo.com/cmp1952
　　　　　010-68326294　　金 书 网：www.golden-book.com
封底无防伪标均为盗版　　机工教育服务网：www.cmpedu.com

前　言

随着新的应用领域和场景不断涌现并快速演化，电子元器件行业在过去十年发展迅速，如今，我国已经成为全球重要的新能源汽车电池、手机和家用电器等消费电子产品的重要生产基地。

为了使学习电子元器件可靠性的读者了解当下最热门的可靠性应用领域：新能源汽车电池、IC 卡和 AI 芯片，以及了解电子元器件用于这些新场景的可靠性问题，编者在编写本书时，加入了这些新领域的可靠性应用实例。

本书共 9 章：第 1 章从可靠性科学的发展入手，引出可靠性的概念；第 2 章详细讲解了可靠性数学，重点讨论了威布尔分布规律及其应用方法；第 3 章讨论了抽样理论、筛选试验、寿命试验等内容；第 4 章由失效分析引入可靠性物理，建立电子元器件失效的物理机理；第 5 章对电阻器、电容器、连接类器件、磁性元件等的可靠性进行了介绍和分析；第 6 章给出了化学电源和物理电源、防护元件的可靠性及电子元器件在安装、运输、储存和测量等方面的可靠性问题；第 7 章讲述了电子元器件在电路中遇到的各种应力，如浪涌、噪声、辐射和静电等，然后给出电路板中电子元器件的布局原则，最后讨论提高电子元器件在电路中可靠性应用的方法；第 8 章介绍可靠性管理、可靠性生产、可靠性保证等内容；第 9 章通过应用实例，讲述新能源汽车电池、IC 卡和 AI 芯片的可靠性问题。

本书是高等院校电子信息类专业的教材。本书希望为从事可靠性工作的科研人员，以及为从事电路设计、电器维修和电子元器件销售等工作的工程行业从业人员提供学习电子元器件的基本知识、使用特点和可靠性应用等内容，使读者通过学习如何安全可靠地使用电子元器件，了解电子元器件在新应用领域的可靠性知识，跟上时代的发展步伐。

鉴于编者水平有限，书中难免存在疏漏之处，欢迎广大读者提出宝贵的意见和建议。

王守国

2024 年 12 月

目　录

第1章 概　　述 1

在工业制造发展过程中，可靠性问题是在第二次世界大战期间提出来的，当时美军在设备、装置的运输和保管过程中，有半数以上因保管不当而报废不能使用，造成重大损失，从而开始投入大量人力、物力进行可靠性研究。随着现代化武器装备、通信设备、交通设施、医疗设备、工业自动化系统及空间技术所使用的电子设备日趋复杂，所使用的环境条件愈加恶劣，装置集成度不断增加，因而对电子设备及其元器件提出了更高要求，即不仅要求有好的特性，而且要求能高度可靠地工作。如何提高电子元器件可靠性，设计并制造出高度可靠的产品，是当前电子工业亟待解决的重点课题之一。

可靠性差导致的损失是非常严重的，1963年，美国航空兵飞机每飞行10000h，就有1.46次事故，这一年中，共发生514次重大事故，毁机275架，死亡驾驶员222人，损失约2.8亿美元。1971年，苏联三名宇航员在"敬礼"号飞船中由于一个部件失灵而丧命。1974年，我国发射卫星的运载火箭因为一根直径为0.25mm的导线断裂，导致整个系统被引爆自毁。1979年，美国军队使用计算机指挥一次军事演习，由于计算机失灵，使进攻与撤退的部队次序颠倒，造成大混乱。据报道，美国航天局在1978年、1979年共有三次发射火箭失败，损失约1.7亿美元。1979年，美国三里岛核电站事故，造成世界范围的核恐慌，它仅仅由于增压器减压阀的阀门出现故障而导致核泄漏。1986年4月26日，苏联切尔诺贝利核电站事故，也是由阀门故障引起的，导致31人因辐射当场死亡，迫使大批人员撤离这一地区，此外，带放射性的气体还扩散到欧洲大陆，严重影响世界各国试图通过建造核电站来解决能源问题的决策。1992年，我国"澳星"发射失败，起因于一个小小的零件故障，所造成的经济损失和政治影响是巨大的。"千里之堤，溃于蚁穴"，成千上万工程技术人员、工人、管理干部的劳动成果，几千万甚至上亿元的投资，有时只因为一个小小的元器件、零部件失效，或者一根导线的失效而毁于一旦。上述类似例子举不胜举，充分说明可靠性的重要性。

可靠性是产品质量在时间轴上的体现，可靠性工作是指为达到产品可靠性要求而进行的有关设计、试验、生产和管理等一系列工作的总和。可靠性科学是一门涉及多个领域的边缘性综合学科，在世界各国中，美国的可靠性科学发展占居领先地位，特别是它的军用标准对各国影响极大。目前，可靠性科学的研究是器件设备研发测试领域、产品制造业和企业管理服务等各方面的重要分支之一，其发展趋势是不断地分支化、专业化和科学化。

本章将先从可靠性的发展入手，总结出可靠性的发展阶段；然后给出产品质量、可靠性和经济性的相互关系，同时详细讨论可靠性的基本概念；最后给出可靠性工作的基本内容。

1.1 可靠性发展

1.1.1 国外可靠性发展

一般认为，可靠性问题的提出，最初是在军工领域，其后逐步形成完整的工程技术体系，并逐步应用到民用产品中。第二次世界大战时期，电子设备开始广泛应用，产品不可靠带来的问题开始暴露出来。

20 世纪 40 年代是可靠性工程的萌芽阶段。在此期间，美国经过统计分析，找出航空无线电设备失效的主要原因是电子管的可靠性太差，在 1943 年成立了电子管委员会，并在其中设立了电子管研究小组，专门研究电子管的可靠性问题。

20 世纪 50 年代是可靠性兴起和形成的阶段。为解决军用电子设备和复杂导弹系统的可靠性问题，美国国防部成立了一个由军方、工业部门和学术界组成的电子设备可靠性咨询组织（Advisory Group on Reliability of Electronic Equipment，AGREE）。1957 年，AGREE 在"军用电子设备可靠性"研究报告中提出了可靠性设计、试验、管理的程序及方法，说明产品的可靠性是可建立的、可分配的和可验证的，由此确定了美国可靠性工程的发展方向，成为可靠性发展的奠基性文件，标志着可靠性已成为一门独立的学科，是可靠性工程发展的重要里程碑。此后，美国军方从管理的角度制定了一些体现可靠性管理、保证和要求的大纲文件（标准或规范），如"弹道导弹及航天系统的可靠性大纲""宇航系统、分系统及设备的可靠性大纲要求""电子设备可靠性保证大纲"等。在此期间，可靠性验证工作还停留在概率论和数理统计上。也由于这个原因，概率论和数理统计得到了快速发展，为随后开展的可靠性试验验证提供了理论基础。

20 世纪 60 年代是可靠性全面发展的阶段，空间科学和宇航技术的发展提高了可靠性的研究水平，扩展了其研究范围。对可靠性的研究，已经由电子、航空、宇航、核能等尖端工业部门扩展到电机与电力系统、机械、动力、土木等一般产业部门，扩展到工业产品的各个领域。只有那些高可靠性的产品及其企业，才能在竞争日益激烈的市场上幸存下来。美国国防部及美国国家航空航天局（NASA）采纳 AGREE 的可靠性研究报告中的建议，将这些建议广泛应用在新研制的装备中并迅速发展，形成了一整套较完善的可靠性设计、试验和管理标准。为了改善可靠性工程的管理，美国国防部于 1965 年颁布了 MIL-STD-785 标准，即"系统与设备的可靠性大纲要求"，在 1969 年将其修改为 MIL-STD-785A 标准。美国空军司令部决定在罗姆航空发展中心（Rome Air Development Center，RADC）组建可靠性分析中心，从事可靠性预计、可靠性分析与分配、可靠性试验、数据采集等研究。虽然可靠性有定量的指标要求，若无相应的验证方法，也只会流于形式。在概率论和数理统计发展起来的基础上，开始了指标的试验验证，在此期间，美国国防部颁布了 MIL-STD-781 标准（即"可修复的电子设备可靠性试验等级和接收/拒收准则"），后修改为 MIL-STD-781A 标准（即"可靠性试验—指数分布"），后又修改为 MIL-STD-781B 标准（即"可靠性试验—指数分布"）。随后产生了 MIL-STD-690 标准（即"失效率抽样方案和程序"）、DOD-H-108 标准（即"寿命和可靠性试验抽样程序和表格"）等文件，这些标准为可靠性指标试验验证提供了具体使用方法，被世界各国采用。但它们还是从工业部门的产品分类着眼，把设备和系统的可靠性视为元器件来处理。如 MIL-STD-781 标准将电子设备分为 7 类，分别对应环境条件 A、B、C、D、E、F、G 共 7 个等级。最高等级为 G 级，G 级温度为 +95℃；MIL-STD-781A 标准将电子设备分为 10 类，分别对应环境条件 A、A-1、B、C、D、E、F、G、H、J 共 10 个等级。最高等级为 J 级，温度为 +125℃；MIL-STD-781B 标准中电子设备分类与 MIL-STD-781A 相同，其差别在于，增加了用于全部产品的筛选（试验），如老炼，其目的是剔除有早期缺陷的产品，试验时间 50h 或 1/4 MTBF（Mean Time Between Failure，即平均无故障时间），取其中较小者。在试验方案上，采用了放宽和加严试验的转换规则。这些标准使用的环境条件是振动、温度和电压共 3 个单项应力。

20 世纪 70 年代，可靠性科学步入成熟阶段，尽管美国出现严重的经济萧条，可靠性工程作为减少产品寿命期费用的重要工具，仍然得到深入发展，并日趋成熟。随着军用电子设备复杂性的迅速增长，电子设备的可靠性仍是美国国防部所关切的问题。为此，美国政府部门、工业及学术界代表召开了可靠性物理研讨会，根据其对加强电子设备可靠性统一管理的建议，正式成立了直属美国三军联合后协司令部领导的"电子系统可靠性联合技术协调组"，来执行会议提出的各项建议。该协调组的职能扩大到非电子设备，并改名为"可靠性、可用性及维修性联合技术协调组"，作为集中统一的可靠性管理机构，负责组织、协调美国国防部范围的可靠性政策、标准、手册和重大研究课题，成立了全国性的数据交换网，加强了政府机构同工业部门之间的信息交流，制定了一整套较完善的方法和程序。在这个阶段，主要强调可靠性工程的整体保证，加强元器件控制，强调设计阶段的元器件降额使用和热设计，强调环境应力筛选及综合的可靠性试验。在可靠性设计上，采用更严格、更符合实际及更为有效的设计方法，如发展了"失效物理"（可靠性物理学）、FME（C）A（Failure Mode Effects and Criticality Analysis，即故障模式、影响和危险度分析）、更严格的降额设计、综合热分析及设计技术等为设计服务。由于 MIL-STD-781A 标准、MIL-STD-781B 均是按设备分级，与设备的实际使用相脱节，试验使用的环境条件也不是模拟设备使用时遇到的综合环境条件。所以，许多电子设备按照 MIL-STD-781B 标准，试验获得的 MTBF 与现场使用获得的 MTBF 相差悬殊（有的厂家把试验获得的 MTBF 除以 10 或 20）。为此，1977 年，美国对 MIL-STD-781B 标准进行了较大修改，颁布了 MIL-STD-781C 标准［即"可靠性设计鉴定试验及产品验收试验（指数分布）"］。MIL-STD-718C 将设备按照使用现场分成 6 大类。要求环境试验条件应根据设备使用的环境情况和工作任务来确定，提出按照时间顺序变化的综合环境试验剖面施加在试件上，即采用后来被称为综合环境可靠性试验的方法。解决了由于试验室中使用的环境试验条件对使用环境仿真不真实造成的两者 MTBF 值相差悬殊的问题，但其准确程度取决于综合环境试验条件的仿真程度。

20 世纪 80 年代以来，可靠性已成为产品设备综合指标的一个重要组成部分，与性能、费用和进度处于同等重要的地位，几乎所有编入美国军用标准的可靠性设计及试验程序都是为电子设备服务的。在技术上，主要在大规模集成电路、光电器件和软件可靠性等方面有较大发展。为了对综合环境可靠性试验进行深入研究。美国于 1980 年成立了"CERT 工作组"，组织相关单位对"CERT"进行有针对性的研究。并于 1981 年在亚特兰大（Atlanta）召开了"CERT"工作组会议，总结"CERT"在环境试验、可靠性研制增长试验、可靠性鉴定试验、生产验收试验、"产品来源"的选择、现场问题处理、维修保障、环境应力筛选等方面的应用。美国"太平洋导弹试验中心"（Pacific Missile Test Center）利用 CERT 技术，发展了空中发射导弹的飞行试验仿真技术。用实验室中的 CERT 代替原先用飞机进行的批生产可靠性验收试验。解决了批生产飞行可靠性验收试验的经费问题，并被制定成 MIL-STD-810D 标准中的方法 523.0。MIL-STD-781C 标准解决的是可靠性试验中的验证（统计）试验部分。而另一部分可靠性工程试验（即环境应力筛选和可靠性增长试验）在此期间也得到迅速发展，并形成了相应的军用标准：MIL-STD-2164 标准、MIL-STD-1635 标准和 MIL-HDBK-189 标准。此时的可靠性试验标准还是分散制定的。1986 年，美国将 MIL-STD-781D 标准命名为"工程研制、鉴定和生产的可靠性试验"，1987 年，美国将 MIL-HDBK-781 标准命名为"工程研制、鉴定和生产的可靠性试验方法、方案和环境"，把有关可靠性试验统一在一起进行规范。

进入 21 世纪，可靠性工程技术方法和理念逐渐被应用到民用产品上，日本是最早成功应用可靠性技术的国家之一，他们将这些理论与其提出的全面质量管理等方法结合在一起，在民用产品上取得了良好效果，在性能、费用、质量和可靠性上取得了很好的均衡，极大提高了产品的可靠性，使其高可靠性产品（如汽车、彩色电视机、照相机、收录机、电冰箱等）畅销到全世界，带来巨大的经济效益。日本人曾预见，未来产品竞争的焦点在于可靠性方面。

美国也逐步调整了其可靠性工作开展的策略，从规定装备开发的具体活动上抽身出来，强调验证和结果。最早应用可靠性工程技术的军用装备的供应商多数也生产民用产品，这些方法被逐步应用到民用产品上，并且形成了适合其自身的方法。1994 年的"佩里备忘录"（佩里是美国当时的国防部长）支持这一观点：把过去主要依赖军用标准、规范及仅为国防用户建立的系统的采办过程，转变为最大程度减少对这些标准和规范的依赖，即尽量民用化。为此，1996 年，美国用 MIL-HDBK-781A 标准取代 MIL-STD-781D 标准和 MIL-HDBK-781 标准、MIL-STD-785B 标准，并准备用民用的标准替代。同时，提出可靠性能和维修性能，即把可靠性和维修性直接归到产品的性能上。

1.1.2 我国可靠性发展

20 世纪 50 年代，我国在广州成立了亚热带环境适应性试验基地，开始了可靠性研究工作。随后，我国在 20 世纪 50 年代末至 60 年代初进行了可靠性调查摸底和环境适应性工作，并专门成立了可靠性研究机构，调查了电子产品的失效情况，开展了电子产品的可靠性和环境适应性试验研究工作，对电子设备及系统的可靠性设计和试验进行了试探性工作。但是由于发展较慢，使得可靠性工作与国际水平的差距拉大了。20 世纪 70 年代初，有关航天部门首先提出了电子元器件必须经过严格筛选。1972 年，我国电子产品可靠性与环境试验研究所组建成立，从国外引进了可靠性工程的概念和方法，对我国可靠性工程起了积极的促进作用。20 世纪 70 年代中期，由于中日海底电缆工程的需要，提出高可靠性元器件验证试验的研究，促进了我国可靠性数学的发展。1975 年后，我国电子产品的可靠性水平有了较大提高。人造卫星的发射成功，洲际导弹试验和同步通信卫星的发射成功，标志着我国电子产品可靠性达到一定水准，但与国际先进水平相比，仍有较大差距。

我国民用企业的可靠性源于电视机工业，1978 年第一次全国"质量月"广播电视动员大会对电视机等产品明确提出了可靠性、安全性要求和可靠性指标，组织全国整机及元器件生产厂家开展了以可靠性为中心的大规模全面质量管理，整机和元器件的可靠性水平提高了 1~2 个数量级。

20 世纪 80 年代，全国各工业部门纷纷进行可靠性普及培训教育，形成了骨干队伍，建立了可靠性工作组织管理机构，进行可靠性试验和可靠性设计及信息收集与反馈工作。其后出台了一系列完整的国家军用标准和管理办法，进一步推动了可靠性工程在我国的发展。从

1984 年开始，在原国防科工委的统一领导下，结合中国国情并积极汲取国外先进技术，组织制定了一系列关于可靠性的基础规定和标准。1987 年 6 月，国务院、中央军委批准发布的《军工产品质量管理条例》明确了在产品研制中要运用可靠性技术。1987 年 12 月和 1988 年 3 月，我国先后发布了国家军用标准 GJB 368-87《装备维修性通用规范》和 GJB 450-88《装备研制与生产的可靠性通用大纲》。各有关部门越来越重视可靠性管理，加强可靠性信息数据和学术交流活动。中国电子产品可靠性信息交换网已经成立，全国性和专业系统性的各级可靠性学会也相继成立，进一步促进了我国可靠性理论与工程研究的深入展开。

目前，我国除了有电子产品可靠性与环境适应性标准化技术委员会外，还建立了电子学会可靠性分会、运筹学会可靠性分会、中国电子元器件质量认证委员会，重新组建了专业研究所。不少工厂、研究所相应建立了可靠性室（中心），广泛开展了可靠性研究活动，取得了一定成果。

1.1.3 可靠性发展的阶段

根据可靠性技术的发展，可靠性技术大体可分为四个阶段：

第一阶段为调查研究阶段，主要是对电子产品可靠性问题的严重性、环境应力对失效机理的影响、可靠性总体工作的内容等进行调查研究。

第二阶段为统计试验阶段，主要是对电子产品进行统计寿命试验及环境试验，定量得出电子元器件或整机的可靠性水平，同时制定各种环境试验标准。

第三阶段为可靠性物理研究阶段，主要对可靠性问题的本质（故障或失效的模式及其机理）进行分析研究，并探讨和提出各种加速试验的方法。

第四阶段为可靠性保证阶段，也就是在了解可靠性现象和本质的基础上，从产品研制开始到使用的各个阶段，加强可靠性的管理、保证、评价、认证及控制，建立可靠性数据收集、交换体系和数据中心。

目前，国外在电子元器件可靠性方面已经展开全面而深入的研究工作，研究重点渗透到整机、系统可靠性与维修性（Reliability and Maintainability，R&M）的研究中。随着计算机技术的深入，研究重点从过去的重视硬件可靠性转向软件可靠性的研究中（包括可靠性数据处理、设计等），可靠性学科正在广泛实践的基础上加速发展。不仅如此，目前对产品可靠性的研究工作已经提高到节约资源和能源的高度。通过可靠性设计，可以有效利用材料，增长产品使用期限，获得体积小、重量轻的产品，这也是今后可靠性研究的方向之一。

1.2 质量观与可靠性概念

1.2.1 当代质量观

质量是企业的生命线，质量管理是企业的重心和管理的主线，是永恒的主题。某工厂大门上曾贴出这样一幅对联："不抓质量的企业没有希望，不讲质量的产品没有市场"，这幅对联写得非常好，只有质量好的产品才能占领国内市场，才能跻身国际市场。例如，第二次世界大战后的日本，为了振兴民族工业，首先狠抓质量工作，进行了质量革命，走上了经济强国的道路。

在1995年5月召开的美国质量管理协会年会上，美国的质量管理专家朱兰做了题为"未来的质量世纪"的报告，他对世界质量活动的发展过程进行了回顾和分析，认为20世纪是"生产率的世纪"，21世纪将是"质量的世纪"，人们将在"质量大堤下生活"。我国政府主管部门强调每一个企事业单位一把手要转变观念，亲自抓质量工作。1995年，原国防科工委下发的"关于加强军工产品质量工作的措施意见"中明确指出，各部门和研制生产单位的负责人，要有强烈的质量忧患意识，并且提出，质量意识不强、考核不合格的人员不能担任行政一把手。

早期所谈的质量是外在质量，属于传统的质量观，它单纯追求性能指标，着眼于缺陷的纠正，在管理上以"产品符合生产图样和工艺规定要求"实施"检验"手段来保证产品质量。所以，传统质量观只包括产品性能，不包括产品的可靠性等其他因素。传统质量观对质量的解释中，最典型的是1992年在北京召开的国际可靠性年会上，一位美国专家所举的例子，他说，北京某厂生产的一百辆汽车，经检验合格出厂了，这就是质量，而这一百辆汽车从北京跑到上海，途中有几辆出了故障，这就是可靠性问题。

1991年，原国防科工委的丁衡高提出了当代质量观的新概念，着眼于产品"长时期保持良好性能"和"最佳寿命周期费用"等附加要求。当代质量观追求产品的综合效能和缺陷的预防，其内涵是性能、可靠性、维修性、安全性、经济性、时间性及保障性，当代质量观使质量管理前伸后延，从产品研制的早期直至生产、使用，讲究管理的三全：全过程、全员、全方位。

当代质量观认为，系统可靠性RAMS（即可靠性——Reliability、可用性——Availability、可维修性——Maintainability和安全性——Safety）和质量同属产品的重要特性。产品的质量应该包括外部特征、技术指标、可靠性、经济性和安全性。其中，外部特征有产品的商标名称、造型结构、尺寸重量、工作环境、电压功耗等；技术指标是质量最明显的项目，包含工作带宽、放大倍数等，具体指标随产品种类而异；可靠性反映产品的寿命特点、使用维修情况、完成任务的能力大小，是产品质量的重要指标之一，可靠性也是质量问题。

产品的技术性能与产品的可靠性都是通过产品的设计所赋予的，并且是通过制作过程中的全面质量管理来保证的，它们之间有着极为密切的关系。没有产品的技术指标，产品的可靠性就无从谈起。如果产品不可靠，就容易出故障，尽管其技术性能很先进，却得不到发挥，也满足不了使用要求，就会失去其使用价值；如果引起事故，造成危害，就更不好了。所以，产品的基本技术和其可靠性是不可分割的。

但产品的可靠性和其技术性能又有所不同，产品的技术性能是产品制成后、交付使用前，即出厂时的产品性能情况（此阶段生产者关心的是废品率）；可靠性是指产品在使用过程中的情况，是时间的函数（此阶段使用者关心的是瞬时失效率）；此外，产品的技术性能可通过具体的仪器设备测量出来，而可靠性是测量不出来的，它是通过大量的分析试验、在调查研究等基础上，对有关的可靠性数据进行统计评估得到的，它说明的是某一批产品，而不是某一个产品的可靠性水平。

1.2.2 可靠性的定义

产品的可靠性是和许多因素有关的综合性质量指标，最早的可靠性定义是由美国

AGREE在 1957 年的报告中提出的。1966 年，美国的 MIL-STD-721B 标准又给出了传统的或经典的可靠性定义，即产品在规定条件下和规定时间内完成规定功能的能力。它为世界各国的可靠性标准所引证，我国的可靠性定义也与其相同。但在实际应用中，上述定义已有局限性，因为它只反映了任务成功的能力。于是，美国在 1980 年制定了 MIL-STD-785B 标准，将可靠性定义分为任务可靠性（Mission Reliability）和基本可靠性（Basic Reliability）两部分。任务可靠性是指产品在规定的任务剖面内完成规定功能的能力，它反映了产品在执行任务时成功的概率，它只统计危及任务成功的致命故障；基本可靠性是指产品在规定条件下无故障的持续时间或概率，它包括了全寿命单位的全部故障，能反映产品在维修人力和后勤保障等方面的要求。把可靠性概念分为两种不同用途，是对可靠性工作实践经验的总结和对这一问题认识的深化。这无疑是一个新的重要发展，我国在 1988 年发布的军用标准 GJB 450-88 中就引用了这两种可靠性定义。

产品的可靠性可用其可靠度来衡量，在上述可靠性的定义中，可靠度含有以下因素：

1）对象：可靠性问题的研究对象是产品，它是泛指的，可以是元件、组件、零件、部件、机器、设备，甚至整个系统。研究可靠性问题要先明确对象，不仅要确定具体的产品，还应明确它的内容和性质。如果研究对象是一个系统，则不仅包括硬件，还包括软件及人的判断与操作等因素，需要用人-机系统的观点去观察和分析问题。

2）规定条件：研究对象的使用条件包括运输条件、储存条件、使用时的环境条件（如温度、压力、湿度、载荷、振动、腐蚀、磨损等）、使用方法、维修水平、操作水平，以及运输、储存与运行条件，这些使用条件对可靠性都有很大影响。电子元器件的规定条件主要指：使用条件，包括使用的电压、电流和功率等；环境条件，包括温度、湿度和气压等。规定条件不同，元器件的可靠性也不同。例如，工作负荷较轻或不工作（储存状态）时，元器件就容易保持原有性能，而在恶劣环境（如高温、高湿）中或工作负荷较重时，则易于变化。同一元器件在实验室、野外、海上、空中等不同环境条件下及在不同地带或地区（寒带或热带，干热地区或潮热地区），其可靠性是不同的。因此，谈及可靠性时，必须明确其所处的环境和工作状态。

3）规定时间：与可靠性关系非常密切的是关于使用期限的规定，因为可靠度是一个有时间性的定义。对时间的要求一定要明确。时间可以是区间 $(0, t)$，也可以是区间 (t_1, t_2)。有时，对某些产品给出相当于时间的一些其他指标可能会更加明确，如汽车的可靠性可规定行驶里程（距离）；有些产品的可靠性则规定周期、次数等会更恰当，如继电器、开关和插头等。一般来说，元器件经过筛选后，使用或储存时间越长，可靠性越低，失效数越大。因此，可靠性必须明确在多长时间内的可靠性，离开时间的可靠性将是无意义的。同一元器件因规定时间不同，其可靠性也是不同的。

4）规定功能：研究可靠性要明确产品的规定功能的内容，一般来说，所谓"完成规定功能"是指在规定的使用条件下能维持所规定的正常工作而不失效（不发生故障），即研究对象能在规定的功能参数下正常运行。应注意，失效不一定仅仅指产品不能工作，有些产品虽然还能工作，但由于其功能参数已经漂移到规定界限之外了（即不能按照规定正常工作），也视为失效。要弄清楚该产品的功能是什么和其失效或故障（丧失规定功能）的判据。

5）概率：可靠度是可靠性的概率表示，把概念性的可靠性用具体的数学形式表示，这就是可靠性技术发展的出发点。因为用概率来定义可靠度后，对元件、组件、零件、部件、机器、设备、系统等产品的可靠程度的测定、比较、评价、选择等才有了共同的基础，对产品可靠性方面的质量管理才有了保证。

如上所述，讨论产品的可靠性问题时，其中一个特点是必须明确对象、使用条件、使用期限、规定的功能等因素，而用概率来度量产品的可靠性时，就是产品的可靠度。可靠性定量表示的另一个特点是其随机性，因此，广泛采用概率论和数理统计方法来对产品的可靠性进行定量计算。

产品运行时的可靠性，称为工作可靠性（Operational Reliability）。它包含了产品的制造和使用两方面因素，且分别用固有可靠性和使用可靠性来反映。

固有可靠性（Inherent Reliability）即在生产过程中已经确立了的可靠性。它是产品内在的可靠性，是生产厂商在模拟实际工作条件的标准环境下，对产品进行检查并给以保证的可靠性，它与产品的材料、设计与制造工艺及检验精度等有关。

使用可靠性（Use Reliability）与产品的使用条件密切相关，受到使用环境、操作水平、保养与维修等因素影响。使用者的素质对使用可靠性影响很大。

对于实现维修制度的产品，一旦发生故障或失效，总是修复后再使用。因此，对于这类产品，不发生故障或可靠性好固然很重要，发生故障或失效后能迅速修复以维持良好而完善的状态也很重要。产品的这种易于维修的性能，通常称为产品的维修性。

维修性和维修度的提出，使得可靠性和可靠度又有广义和狭义之分。其中，广义可靠性（Generalized Reliability）是指产品在其整个寿命期限内完成规定功能的能力，它包括可靠性与维修性。由此可见，广义可靠性对于可能维修的产品和不能维修的产品有不同的意义，对于可能维修的产品来说，除了要考虑提高其可靠性外，还应考虑提高其维修性；而对于不可能维修的产品来说，由于不存在维修的问题，只考虑提高其可靠性即可。

与广义可靠性相对应，不发生故障的可靠度与排除故障的维修度合称广义可靠度。

可靠性与维修性都是相对失效或故障⊖而言，明确失效或故障的定义、研究失效或故障的类型和原因，对可靠性和维修性都有很重要的意义。

1.2.3 经济性和安全性

质量的经济性不仅指产品的生产费用，还应考虑产品的全寿命周期费用。经济性即常说的寿命周期成本（LCC），它与产品的质量和可靠性、安全性等是密切相关的，也属于现代质量法的范畴。全寿命周期是指产品从开发、研制、设计到用户使用后报废所经历的时间。所以，计算全寿命周期费用时，除产品价格外，还应考虑使用时的维修费用。如微电子器件是作为电子元器件使用在整机或系统中的，如果器件出现故障，整机需要维修，在整机的不同阶段（安装、调试、现场使用）更换一个器件所需的费用相差很大，有的费用极其昂贵，这时，选用高可靠性的微电子器件就显得很重要。器件可靠性的提高，涉及设计、生产、设备、测试、管理等许多环节。产品的总费用与可靠性之间有一定关系，其可靠性也不

⊖ 失效（Failure），对于可修复的产品，通常称为故障，其定义为产品丧失规定的功能，不仅指规定功能的完全丧失，也包括规定功能的降低等。

是越高越好，应从总的经济效果来看，同时，还涉及产品所完成的任务、功能及军事、政治等因素，需全面衡量，综合考虑。

产品的安全性是指在运输及使用过程中，不会引起使用者的生命伤害及财产损失。

1.3 可靠性工作的内容

1.3.1 元器件工程

电子元器件是构成电子系统或电子设备的最小单元，它直接影响电子系统的技术性和可靠性。1904年真空电子管的发明、1947年晶体管的发明、1958年集成电路的发明，是电子技术发展史上的3个里程碑。特别是在20世纪60年代，以集成电路为重点的微电子技术掀起了电子系统发展的新高潮。正是集成电路从小规模的SSI、中规模的MSI、大规模的LSI到超大规模的VLSI、极大规模的ULSI和巨大规模的GSI的发展，促进了计算机产品的更新换代，也相应推动了通信、雷达、导航、控制、测量等电子产品的日新月异。新型元器件研发的确立意味着更小的体积、更低的工作电压和功耗，以及更高的可靠性、更长的寿命、更多的功能、更高的性能和更低的价格。

电子系统与整机的需求促进了电子元器件的发展，与此同时，电子元器件的不断发展又促进了电子系统的构成体制、技术性能、可靠性和维修性的发展。某些技术发达的国家早就重视电子系统与元器件的这种相互关系，投入大量资金、人力、物力进行研究开发并付诸于工程，如美国的民兵导弹系统，从适用的新型元器件的开发研制与系统的正确选择和合理应用，到使用过程中的信息反馈、系统的管理与控制，现在又以元器件工程的概念问世。我国的电子系统研制机构存在不了解电子元器件的发展动向的问题，有些电路设计师对元器件的特性不熟悉，电子元器件研制机构和厂商对电子系统中元器件的新要求也不太熟悉。这就需要在使用者和制造者之间架起一座桥梁，一方面，让使用者了解元器件性能的内容，另一方面，让制造者在研究与开发过程中考虑实际应用，提高元器件的应用可靠性，从而提高电子系统和整机的技术性能，这就是元器件工程的工作内容。

1.3.2 可靠性工作内容

可靠性作为一门工程科学，它有自己的体系、方法和技术，下面叙述可靠性工作的基本内容和特点。

可靠性按制度和技术来分，可分为可靠性管理和可靠性工程，可靠性工作的分类之一如图1.1所示。为了有效提高产品可靠性，必须把可靠性工作的主要项目适时地安排在整个产品寿命周期内，尤其是在产品研制阶段。利用可靠性工程技术，对产品寿命周期进行严密控制，才能达到预期目的。

可靠性工作按其性质来分，可分为四大类：基础工作，包括可靠性技术理论基础和可靠性基本试验及检测设备研制；可靠性技术工作，包括元件可靠性、整机可靠性、应用可靠性、可靠性评价、可靠性标准；可靠性管理工作，包括可靠性标准的管理、国家技术政策的管理、可靠性质量管理和质量反馈；可靠性技术教育和技术交流。可靠性工作的分类之二如图1.2所示。

从可靠性工作的内容可知，电子产品可靠性与设计、制造、试验和使用的各个环节密切

可靠性管理 —
- 组织机构建立与职责
- 保证体系建立与运行
- 保证大纲制定与实施
- 方针与政策、目标与规划
- 监督与控制
- 指导与服务、标准与法规
- 资源配备与管理
- 培训教育与情报
- 信息收集与交换
- 基础技术与工程技术研究
- 故障审查与组织
- 工程研制可靠性监督与控制
- 用户服务与保障、其他

可靠性工程 —
- 可靠性定性与定量要求
- 建立可靠性模型
- 可靠性指标分配
- 可靠性指标预计
- 可靠性设计准则
- 元器件大纲
- 系统可靠性设计
- 降额设计、余度设计
- 动态设计、简化设计
- 气候环境防护设计
- 缓冲减震设计、热设计
- 静电防护设计、软件可靠性设计
- 包装、装卸、运输、储存设计
- 电子元器件选用与控制
- 故障分析、密差分析
- 潜藏通路分析
- 环境应力筛选试验
- 可靠性增长试验
- 可靠性鉴定试验
- 可靠性验收试验
- 建立故障报告纠正措施系统、其他

图 1.1　可靠性工作的分类之一

相关。其可靠性高低取决于研制、生产、检验、使用的各个阶段，而且还涉及材料、配件、仪器设备和技术管理部门；从技术知识上看，除了产品本身的设计、制造等专业知识外，还必须具备可靠性数学、可靠性物理、试验分析技术等方面的广泛知识。此外，可靠性问题还必须与国家经济制度、管理和技术政策密切相关。因此，开展可靠性工作，进行可靠性工程研究与实验，虽然投资大、耗时长，但必须从社会的总体应用效果来考虑，权衡得失，进行决策。

1.3.3　可靠性数学

可靠性数学是可靠性研究中最重要的基础理论之一，主要研究与解决各种可靠性问题的

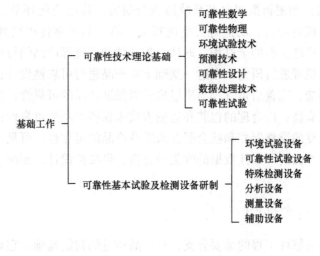

图 1.2 可靠性工作的分类之二

数学方法和数学模型,研究可靠性的定量规律。它属于应用数学范畴,涉及概率论、数理统计、随机过程、运筹学及拓扑学等数学分支,应用于可靠性的数据收集、数据分析、系统设计及寿命试验等。

1.3.4 可靠性物理

可靠性物理又称失效物理,是研究失效的物理原因与数学物理模型、检测方法与纠正措施的一门可靠性理论。它使可靠性工程从数理统计方法发展到以理化分析为基础的失效分析方法。它从本质上、从机理方面探究产品的不可靠因素,为研究、生产高可靠性产品提供科学依据。

1.3.5 可靠性工程

可靠性工程是对产品的失效及其发生概率进行统计、分析,对产品进行可靠性设计、可靠性预计、可靠性试验、可靠性评估、可靠性检验、可靠性控制、可靠性维修及失效分析的一门包含了许多工程技术的边缘性工程学科。它是立足于系统工程方法,运用概率论与数理统计等数学工具(可靠性数学),对产品的可靠性问题进行定量分析;同时,采用失效分析方法（可靠性物理）和逻辑推理对产品故障进行研究，找出薄弱环节，确定提高产品可靠性的途径，并综合权衡经济、功能等方面的得失，将产品可靠性提高到满意程度的一门学科。它包含产品可靠性工作的全过程，即从对零部件和系统等产品的可靠性数据进行收集与分析做起，对失效机理进行研究，在这一基础上对产品进行可靠性设计；采用能确保可靠性的制造工艺进行制造；完善质量管理与质量检验以保证产品的可靠性；进行可靠性试验来验证和评价产品的可靠性；以合理的包装和运输方式来保持产品的可靠性；指导用户对产品的正确使用、提供优良的维修保养和社会服务来维持产品的可靠性。可见，可靠性工程包含了对零部件和系统等产品的可靠性数据的收集与分析、可靠性设计、预测、试验、管理、控制和评价。

1.3.6 可靠性设计和可靠性预计

可靠性设计是可靠性工程的重要分支，是产品质量的初始基础，它规定了可靠性和维修性的指标，并使其达到最优；可靠性预计是可靠性设计的内容之一，它是一种预报方法，在设计阶段就从所得的失效数据中预报产品可能达到的可靠度，在系统设计的初期，可以根据元器件的可靠性预计，完成系统的可靠性设计，完成提高系统可靠度的工作。

可靠性设计的另一个重要内容是可靠性分配，它将系统规定的容许失效概率合理地分配给该系统的零部件，采用最优方法进行这一工作，是当前系统设计研究的方向之一。

1.3.7 可靠性试验

可靠性试验是指通过试验测定和验证产品的可靠性，研究在有限的样本、时间和使用费用下，如何获得合理的评定结果，找出薄弱环节，提出改进措施，以提高产品的可靠性。它包含例行试验、各种环境试验、寿命试验及失效率鉴定试验等。

1.3.8 教育交流

1942 年，美国麻省理工学院开始真空管的可靠性问题研究。到 20 世纪 60 年代后期，美国约 40% 的大学设置了可靠性工程课程。

1958 年，日本成立可靠性研究委员会，从 1971 年起，每年召开一次可靠性与维修性学术会议。

英国于 1962 年出版了《可靠性与微电子学（Reliability And Microelectronics）》杂志。

可靠性研究的专业性强、壁垒高，需要长期积累，且核心竞争力很难复制。从全球范围看，真正能提供专业可靠性工程项目服务的大公司也不多。目前，可靠性研究在我国仍属于边缘学科，仅有几家高校、科研院所与企业成立了专门的可靠性研究实验室。尽管存在一系列发展问题，但我国可靠性研究的发展前景充满希望。

习　题

1. 如何理解可靠性研究的重要性。
2. 可靠性的定义有哪些。

第2章 可靠性数学

电子设备或系统主要是由各种元器件组成的，元器件的可靠性是设备或系统可靠性的基础，可靠性指标已经开始成为元器件的重要质量指标之一。因此，了解元器件的可靠性，分析和提高元器件的可靠性，是当前电子产品最突出的问题。

本章首先讨论了电子元器件的可靠性数学的重要性，给出了数据搜集的方法、可靠性有关的重要特征量、电子元器件失效的分布规律，最后重点讨论了威布尔分布的规律和应用方法。

2.1 可靠性数学的重要性

2.1.1 可靠性问题的复杂化

首先，可靠性与电子工业的发展密切相关，其复杂性趋向可从电子产品发展的 3 个特点看出（电子产品的复杂程度在不断增加）。人们最早使用的矿石收音机结构是非常简单的，随之先后出现了各种类型的收音机、录音机、雷达、制导系统、电子计算机及宇航控制设备，复杂程度不断增长。电子设备复杂程度的显著标志是所需元器件数量的增加。就轰炸机上的无线电设备而言，1921 年以前的飞机上还没有电子设备；1940 年的飞机上，电子设备的元器件数量只有几千个；1950 年的 B-47 型飞机上，电子设备的元器件数量就发展到 2 万多个；1955 年的 B-52 型飞机上，电子设备的元器件数量已达 5 万多个；1960 年的 B-58 型飞机上，电子设备的元器件数量发展到 9 万多个。目前，一般制导系统上仅计算机部分就有 10 万多个元器件，一般反导弹系统仅雷达部分就有几十万个元器件，整个系统的元器件可达百万个。而电子设备的可靠性决定于所用元器件的可靠性，因为电子设备中的任何一个元器件、任何一个焊点发生故障都将导致系统发生故障。一般来说，电子设备所用的元器件数量越多，其可靠性问题就越严重，为保证设备或系统能可靠工作，对元器件可靠性的要求非常高、非常苛刻。

其次，电子设备的使用环境日益严酷，从实验室到野外、从热带到寒带、从陆地到深海、从高空到宇宙空间，经受着不同的环境条件，除温度、湿度影响外，海水、盐雾、冲击、振动、宇宙粒子、各种辐射等对电子元器件的影响，都会导致产品失效的可能性增大。

最后，电子设备单位面积（体积）上的电子元器件集成度不断增加。从电子管到晶体管，从小、中规模集成电路到如今的大规模和超大规模集成电路，电子产品正朝着小型化、微型化方向发展，装置中的元器件集成度不断增加，从而使内部温升增高，散热条件恶化。而电子元器件将随环境温度的升高，其可靠性降低，因而，电子元器件的可靠性问题越发引起人们的重视。

长期以来，人们只用产品的技术性能指标作为衡量电子元器件质量好坏的标准，这只反映了产品质量好坏的一个方面，还不能反映产品质量的全貌。面对日益复杂的电子设备，从可靠性设计、可靠性测试到可靠性管理，对可靠性数学的要求日趋深化，需要定量化地对产品的可靠性指标进行考核、检验和标定，从而提高产品的可靠性，在使用寿命内使其技术性能得到发挥。从某种意义上说，可靠性数学是产品质量的理论基础。

2.1.2 电子元器件失效的概率性

可靠性最初是在人际交往中表示人与人之间的信赖程度，后来逐渐深入到人们的日常生活和社会实践中。例如，人们常说一件物品经久耐用，或者说这件东西不如那件耐用，尽管这种说法是主观的、定性的，但却包含了可靠性的最基本思想。当人们对一种产品的可靠性进行描述时，往往会把它的特征量（如时间、次数或者准确性等）用数字来表达，这就是可靠性数学化的开始，从而更有说服力，能够进一步地比较和筛选。所以，可靠性只有定量化后，才使其真正得到科学应用。现代工程上所说的可靠性，是指定量的可靠性。

如前所述，从定义上看，所谓可靠性是指产品在其整个寿命周期内完成规定功能的能力，产品的可靠性是表征完成此功能的可能性或概率的大小，从数学的观点看，就是表示一种概率。这是因为，一个元器件究竟什么时候丧失规定功能而失效，是不确定的，它可以借助概率论与数理统计的方法，将其加以定量描述。显然，可靠性不是指一个元器件而言，而是对一批相同元器件而言。对于一个元器件谈不上可靠性，因为一个元器件不是好品，就是失效品。例如，电阻器生产是整批生产的，我们可以说这批可靠性高，那批可靠性低，而不能说这批电阻器中就只有一两个可靠性不高，其他的可靠性高。所以，可靠性是对群体或总体而言，而不能用于产品的个体。

可靠性数学是研究产品故障的统计规律，以及研究产品的可靠性设计、分析、预测、分配、评估、验收和抽样等技术的数理统计学方法。使用数据反馈、收集、评定和分析等手段，形成一个可靠性保证的指导系统，它的发展可以带动和促进产品的设计、制造、使用、材料、工艺、设备和管理的发展，把电子元器件和其他电子产品提高到一个新水平。正因为这样，可靠性数学已形成一个专门的学科，作为一个专门的技术进行研究。

2.2 可靠性数据的收集

电子产品的可靠性数据是开展电子产品可靠性工作的基础，是进一步提高产品质量及进行电子设备系统可靠性设计、可靠性预计的前提条件。必须将分散的可靠性试验数据与现场使用数据收集起来，经过系统分析、整理后提供咨询和交换，以便于共享数据资源。

可靠性数据是客观评价产品质量及其可靠性的主要尺度。因此，只有大量收集产品的现场试验数据后，才能对产品的可靠性指标作出正确评价。

产品的失效信息揭示了产品本身的缺陷，为了分析产品的可靠性问题，必须研究产品的失效数据，找出影响可靠性的因素，以便"对症下药"，从而提高产品可靠性。显然，可靠性数据是提高产品质量和可靠性不可缺少的一环。

电子设备的可靠性设计和可靠性预计必须以电子元器件的失效率数据为基础。因为电子设备是由电子元器件组成的，任何一个元器件出现故障都可能导致设备出现故障。对于按照串联方式组成的设备，整个系统的可靠度等于各分系统可靠度的乘积，而系统的总失效率是各部分失效率之和。所以，只有掌握元器件失效率的数据，才能对设备系统进行可靠性设计和可靠性预计。

综上所述，提高产品可靠性的过程，实质上就是一个不断积累可靠性信息、进行质量反馈的过程。

为了有效地收集和利用可靠性数据，各国都先后成立了数据收集体系，建立了数据交换网。我国也于 1980 年 12 月成立了"电子产品数据交换网"，为可靠性数据的收集、积累、交换提供了条件和保证。

收集的数据主要有两类：

1）可靠性数据，简称 A 类数据。它包括：质量认证数据；质量评比数据；失效率数据；寿命与加速寿命试验数据；现场使用数据；储存试验数据；其他可靠性数据。

2）可靠性文献资料，简称 B 类数据。它包括：国内外电子产品可靠性试验及失效分析报告；国际、国内有关的可靠性标准规范；国内电子产品可靠性标准规范；国内外可靠性研究的重要成果；电子产品厂家、产品型号、性能及规范；其他有关的可靠性技术文献资料。

对于 A 类数据，一般保存期限为 5 年，5 年以后存档备查；对 B 类数据的保存，如果有新的同类信息时，原数据可以被剔除更换。

数据的收集方法一般有两种：一种是对现场工作人员分发报表，令其逐项填写，然后定期回收；另一种是培训一批专业人员，编制调查纲目，有计划、有目的地深入现场进行调查，收集重要的可靠性数据，然后整理成统一的格式。

为了有效收集可靠性数据，通常要制定统一的报表，使数据标准化和规范化。一般来说，收集可靠性数据时要注意以下几点：产品的使用范围；产品出故障的现象和部位；产品实际工作时间；产品的使用条件；产品的维修条件；产品抽样的代表性；表征产品可靠性的尺度；产品性能的测试仪器、测试方法和精确度；数据报表的形式及项目合理性和全面性；观测数据的真实性和准确度。

为了使所获得的可靠性数据能够真实、客观和准确，必须抓好三个环节：

第一环节是原始数据的真实性。可靠性的原始数据一般是从现场观测或通过可靠性试验获得的，因此，观测或试验的取样方式、试验方案、试验设计要能真实地反映客观实际面貌。例如，环境设计要尽可能客观地反映产品真正的工作条件，试验应力要合理选取，抽样、试验的时间都必须遵循统计规律要求等。此外，试验设备及其测试仪表的精度要满足测试数据的精度要求，并尽量消除或减弱系统误差，降低随机误差，以提高测试的精确度。

第二环节是数据来源要有足够的信息量。因为可靠性指标是一些统计指标，只有在通过大量调查研究并取得丰富数据资料的基础上，才能对产品的可靠性水平作出正确评价。因此，只有在原始数据达到一定信息量后，才能得到准确可靠的产品寿命结论。

第三环节是统计分析方法的合理性。合理的统计分析方法是获得准确可靠数据的重要保证。一般来说，从现场所取得的试验观测值只是产品总体中的个别样本值，要想从有限个体的观测值去推断总体的统计特征值，必须要有合理的数据处理方法及统计分析手段，因此，数据处理的合理性及其统计分析的置信度是关系到数据准确性的重要问题。因为同一产品由于抽样不同，会得到不同的数据；同一试验数据，采取不同的分析处理方法，也会得到不同的结果。如何分析和解决这些差异之间造成的矛盾，正是统计分析所要研究的问题。目前，试验数据的统计分析包括类型的检验、分布参数的估计、分布参数的检验等，这些内容将在下面有关章节中具体介绍。

2.3　可靠性基本术语和主要特征量

我们已知可靠性是一项重要的质量指标，仅仅定性表达就显得不够了，必须使之数量化，这样才能进行精确的描述和比较。为了赋予产品可靠性以定量的数学表征，产生了一系列描述产品可靠性的术语，可靠性的这种定量表示有其自己的特点，由于使用场合的不同，很难用一个特征量来完全代表。

2.3.1　可靠度 R 或可靠度函数 R(t)

产品的可靠度是指产品在规定条件下和规定时间内，完成规定功能的概率。假设规定的时间为 t，产品的寿命为 T，在一批产品中，有的产品寿命为 $T>t$，也有的产品寿命为 $T \leqslant t$，从概率论角度可将可靠度表示为 $T>t$ 的概率，即

$$R(t) = P(T>t) \tag{2.1}$$

在数值上，某个事件的概率可用试验中该事件发生的频率来估计。例如，取 N_0 个产品进行试验，若在规定的时间 t 内，有 $r(t)$ 个产品失效，则此时还有 $N_0 - r(t)$ 个产品可以完成规定功能。显然，当 N_0 足够大时，

$$R(t) = \frac{N_0 - r(t)}{N_0} = 1 - \frac{r(t)}{N_0} \tag{2.2}$$

通常，可靠度用小于或等于 1 的数表示，其值为 $0 \leqslant R(t) \leqslant 1$。

从可靠度的定义可知，可靠度是对一定的时间而言的，如果规定的时间不同，可靠度的数值也不同。因此，可靠度 R 是时间 t 的函数，故又称为可靠度函数 $R(t)$。

2.3.2　失效概率或累积失效概率 F(t)

失效概率是表征产品在规定条件下和规定时间内，丧失规定功能的概率，也称为不可靠度。它也是时间 t 的函数，记作 $F(t)$，显然

$$F(t) = P(T \leqslant t) \tag{2.3}$$

它在数值上等于 1 减去可靠度，也就是说，产品从 0 开始试验（或工作）到时刻 t，失效总数 $r(t)$ 与初始试验（或工作）的产品总数 N_0 的比值为

$$F(t) = \frac{r(t)}{N_0} \tag{2.4}$$

所以，累积失效概率 $F(t)$ 与可靠度 $R(t)$ 的关系为

$$F(t) = 1 - R(t) \tag{2.5}$$

如果 $F(t)$、$R(t)$ 是连续函数，将其变化曲线描述为可靠度与失效概率的关系，如

图 2.1 所示。

2.3.3　失效率与瞬时失效率 $\lambda(t)$

失效率 $\lambda(t)$ 是表示产品工作到 t 时刻后，单位时间内发生失效的概率，在数值上表示工作到某时刻 t 后，单位时间内发生的失效产品数 $\dfrac{\Delta r}{\Delta t}$ 与 t 时刻正常工作的产品总数的比值，即

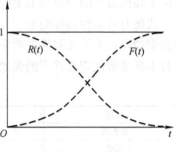

图 2.1　可靠度与失效概率的关系

$$\lambda(t) = \frac{\Delta r}{[N_0 - r(t)]\Delta t} = \frac{r(t+\Delta t) - r(t)}{[N_0 - r(t)]\Delta t} \qquad (2.6)$$

实际上，$\dfrac{\Delta r}{[N_0 - r(t)]}$ 可以认为是 t 时刻后产品的失效概率。由此可知，失效率表示在 t 时刻还在正常工作的产品中，在 t 时刻后的 Δt 时间间隔内有多少百分比的产品失效。当 Δt 很小时，可将式（2.6）写成微分形式，即

$$\lambda(t) = \lim_{\Delta t \to 0} \frac{r(t+\Delta t) - r(t)}{[N_0 - r(t)]\Delta t} = \frac{1}{[N_0 - r(t)]}\frac{\mathrm{d}r}{\mathrm{d}t} \qquad (2.7)$$

把式（2.7）称为时刻 t 的失效率或时刻 t 的瞬时失效率。将式（2.7）进行数学变换，可得

$$\lambda(t) = \frac{1}{[N_0 - r(t)]}\frac{\mathrm{d}r}{\mathrm{d}t} = \frac{\mathrm{d}\dfrac{r}{N_0}}{\dfrac{N_0 - r(t)}{N_0}\mathrm{d}t} = \frac{1}{1 - F(t)}\frac{\mathrm{d}F(t)}{\mathrm{d}t} \qquad (2.8)$$

$$= -\frac{1}{R(t)}\frac{\mathrm{d}R(t)}{\mathrm{d}t} = -\frac{\mathrm{d}\ln R(t)}{\mathrm{d}t}$$

由式（2.8）得出失效率 $\lambda(t)$ 与可靠度 $R(t)$ 的关系，所以，知道可靠度 $R(t)$，可以求出失效率 $\lambda(t)$。反之，如果知道失效率 $\lambda(t)$，也可以求出可靠度 $R(t)$。因为

$$\int_0^t \lambda(t)\mathrm{d}t = -\int_0^t \mathrm{d}\ln R(t) = -\ln R(t) \qquad (2.9)$$

$$R(t) = \mathrm{e}^{-\int_0^t \lambda(t)\mathrm{d}t} \qquad (2.10)$$

产品失效率实际上是条件概率，它表示产品工作到时刻 t 的条件下，单位时间内的失效概率。由于失效率是时间的函数，而电子元器件又常以失效率水平来表征可靠性高低。在实际工程中，有时用平均失效率来估算瞬时失效率，它表示失效率的平均值，在数值上表示在规定时间内的失效数与累计工作时间的比值，即

$$\overline{\lambda(t)} = \frac{r}{T_n} \qquad (2.11)$$

式中，T_n 表示参加试验的所有元件总的工作时间（单位为元件·小时），其值等于每个元件工作的时间之和。

失效率通常有 3 种表示方法：1/h、每千小时的百分数（%/1000h）和菲特（Fit），$1\mathrm{Fit} = 10^{-9}/\mathrm{h}$。我国常用的是 1/h。对于工作是以次数计算寿命的产品，如继电器、开关等，

对应上述失效率的单位为 1/10 次、%/10000 次、1Fit = 10^{-9}/10 次。

我国有可靠性指标的电子元器件按失效率大小分为七个等级，失效率等级见表 2.1。必须特别指出：电子元器件失效率试验所确定的失效率是基本失效率或称固有失效率，即在产品技术标准所规定条件下的失效率，而不是产品使用条件下的失效率。

表 2.1　失效率等级

名称	符号	最大失效率（1/h，或 1/10 次）
亚五级	Y	3×10^{-5}
五级	W	1×10^{-5}
六级	L	1×10^{-6}
七级	Q	1×10^{-7}
八级	B	1×10^{-8}
九级	J	1×10^{-9}
十级	S	1×10^{-10}

2.3.4　失效密度或失效密度函数 $f(t)$

失效密度是表示失效概率分布的密集程度，或者说是失效概率函数的变化率。它在数值上表示工作到某时刻 t 后，单位时间内的失效产品数与初始试验（或工作）的产品总数 N_0 的比值，即

$$f(t) = \frac{\Delta r}{N_0 \Delta t} \tag{2.12}$$

同样，当 N_0 很大时，也可用微商的形式来表示，即

$$f(t) = \lim_{\Delta t \to 0} \frac{\Delta r}{N_0 \Delta t} = \frac{\mathrm{d}r}{N_0 \mathrm{d}t} \tag{2.13}$$

$$= \frac{\mathrm{d}\frac{r}{N_0}}{\mathrm{d}t} = \frac{\mathrm{d}F(t)}{\mathrm{d}t} = -\frac{\mathrm{d}R(t)}{\mathrm{d}t}$$

失效密度函数如图 2.2 所示，所描述的曲线称为失效密度曲线，它与横坐标轴之间的面积恰好等于 1。也就是说，失效密度函数这个随机变量在 $(0, \infty)$ 范围内的概率等于 1。用积分式表示有

$$\int_0^\infty f(t)\mathrm{d}t = \int_0^t f(t)\mathrm{d}t + \int_t^\infty f(t)\mathrm{d}t \tag{2.14}$$

$$= F(t) + R(t) = 1$$

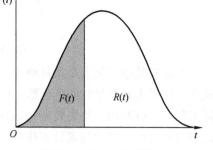

图 2.2　失效密度函数

图 2.2 清楚地表示出 $f(t)$、$F(t)$ 与 $R(t)$ 之间的关系，图中阴影部分的面积表示失效概率，无阴影部分的面积就表示产品的可靠度。

2.3.5　寿命

寿命是定量表征电子元器件可靠性的又一类物理量，由于可靠性是一种统计的概念，因此，在某一个特定电子元器件个体发生失效之前，难以标明其确切的寿命值，但明确了某一

批电子元器件产品的失效率特征后，就可以得到表征其可靠性的若干寿命特征量。

1. 平均寿命 μ

平均寿命对不可修复（或不值得修复）的产品及可修复的产品有不同的含义。对于不可修复的产品，其寿命是指产品发生失效前的工作时间（或工作次数）。因此，平均寿命是指寿命的平均值，即产品在丧失规定功能前的平均工作时间，记作 MTTF（Mean Time To Failures）；对可修复的产品，寿命是指两次相邻故障的工作时间，或称平均故障间隔时间，记作 MTBF（Mean Time Between Failures）。但是，不管哪类产品，平均寿命在理论上的意义是相似的，其数学表达式也是一致的。

假设被试产品数为 N_0，产品的寿命分别为 t_1、t_2、$\cdots$、t_n，则它们的平均寿命为各寿命的平均值，即

$$\mu = \frac{1}{N_0}\sum_{i=1}^{N_0} t_i \tag{2.15}$$

当失效密度函数 $f(t)$ 为已知，且连续分布，那么，总体的平均寿命 μ 为

$$\mu = \int_0^\infty tf(t)\,\mathrm{d}t = \int_0^\infty R(t)\,\mathrm{d}t \tag{2.16}$$

这可以通过下面数学变换而得到。因为在 $\mathrm{d}t$ 内的失效数为

$$\mathrm{d}r = N_0 f(t)\,\mathrm{d}t \tag{2.17}$$

所以，

$$\mu = \int_0^\infty \frac{1}{N_0}t\,\mathrm{d}r = \int_0^\infty tf(t)\,\mathrm{d}t \tag{2.18}$$

又因为

$$f(t) = -\frac{\mathrm{d}R(t)}{\mathrm{d}t} \tag{2.19}$$

所以，

$$\mu = \int_0^\infty -t\,\mathrm{d}R(t) = -t\,\mathrm{d}R(t)\,\big|_0^\infty + \int_0^\infty R(t)\,\mathrm{d}t = \int_0^\infty R(t)\,\mathrm{d}t \tag{2.20}$$

一般来说，电子元器件的平均寿命越长，在短时间内工作的可靠性就越高。但是，可靠性与寿命虽然密切相关，又不是同一概念，不能混为一谈。不能认为可靠性高，寿命就长；也不能认为寿命长的可靠性就必然高，这与使用要求有关。通常所指的高可靠，是指产品完成要求任务的把握性特别高；而长寿命，是指产品可以使用很长时间而性能依然良好。例如，通信设备所用的元器件要求使用 20 年而性能良好，体现了长寿命；导弹工作时间不一定长，但工作时间内（几秒、几分钟或半小时）要求高度可靠，万无一失，这就体现为高可靠。

假如被检测的电子元器件产品的失效分布规律服从指数分布，即 $F(t) = 1 - \mathrm{e}^{-\lambda t}$，则

$$f(t) = F'(t) = \lambda\mathrm{e}^{-\lambda t} \tag{2.21}$$

平均寿命可为

$$\mu = \int_0^\infty tf(t)\,\mathrm{d}t = \frac{1}{\lambda} \tag{2.22}$$

当产品失效分布是指数分布时，其平均寿命与失效率之间是倒数关系。

2. 可靠寿命 T_R

可靠寿命 T_R 是指一批电子元器件产品的可靠度 $R(t)$ 下降到某定值 r 时，所经历的时间，即有 $R(T_R) = r$。

同前，还按指数分布规律计算，有

$$R(T_R) = e^{-\lambda t} = r \tag{2.23}$$

可得可靠寿命为

$$T_R = -\frac{\ln r}{\lambda} \tag{2.24}$$

3. 中位寿命 $T_{0.5}$

中位寿命 $T_{0.5}$ 是指产品的可靠度 $R(t)$ 下降到 50% 时的可靠寿命，即 $R(T_{0.5}) = 0.5$。

对于指数分布，可得

$$T_{0.5} = -\frac{\ln 0.5}{\lambda} \tag{2.25}$$

4. 特征寿命 η

特征寿命 η 是指产品的可靠度 $R(t)$ 下降到 $1/e$ 时的可靠寿命，即 $R(T_{0.368}) = 0.368$。

对于指数分布，有

$$\eta = -\frac{\ln e^{-1}}{\lambda} = \frac{1}{\lambda} \tag{2.26}$$

指数分布的产品，其特征寿命就是其平均寿命。

2.3.6 总结

可靠性各主要特征量之间的运算关系见表 2.2。

表 2.2 可靠性各主要特征量之间的运算关系

特征量	可靠度 $R(t)$	失效概率 $F(t)$	失效率 $\lambda(t)$	失效密度 $f(t)$
可靠度 $R(t)$	—	$1 - F(t)$	$e^{-\int_0^t \lambda(t)dt}$	$\int_t^\infty f(t)dt$
失效概率 $F(t)$	$1 - R(t)$	—	$1 - e^{-\int_0^t \lambda(t)dt}$	$\int_0^t f(t)dt$
失效率 $\lambda(t)$	$-\dfrac{d\ln R(t)}{dt}$	$\dfrac{1}{1 - F(t)}\dfrac{dF(t)}{dt}$	—	$\dfrac{f(t)}{\int_t^\infty f(t)dt}$
失效密度 $f(t)$	$-\dfrac{dR(t)}{dt}$	$\dfrac{dF(t)}{dt}$	$\lambda(t)e^{-\int_0^t \lambda(t)dt}$	—

2.4 电子元器件的失效规律

2.4.1 浴盆曲线

研究电子元器件的可靠性，就在于要掌握电子元器件失效的客观规律，分析产品的失效原因，以便进一步提高电子元器件的可靠性。

每个电子元器件的失效虽然是随机事件，是偶然发生的，但大量元器件的失效却呈现出一定规律性。从产品的寿命特征来分析，通过大量使用和试验结果表明，电子元器件失效率曲线的特征是两端高、中间低，呈浴盆状，习惯称之为"浴盆曲线"。电子元器件的失效规律（"洛盆曲线"）如图 2.3 所示。

从图 2.3 的"浴盆曲线"上可以看出，电子元器件的失效率随时间的发展变化大致可以分为 3 个阶段：早期失效期、偶然失效期、耗损（磨损）失效期。在不同时期，产品呈现不同的失效规律（尽管给电子元器件施加的应力没有变）。

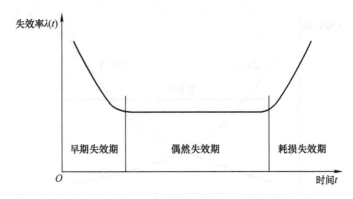

图 2.3　电子元器件的失效规律

2.4.2　早期失效期

早期失效期出现在产品开始工作的初期，其特点是失效率高、可靠性低，且产品随着试验时间或工作时间的增加而失效率迅速下降。产品发生早期失效的原因主要是由于设计、制造工艺上的缺陷或者是由于元器件材料、结构上的缺陷所致（如元器件所使用的材料纯度达不到要求，或制造中混入杂质、产生的缺陷和工艺控制不严格等）。早期失效的元器件或材料一般可以通过加强对原材料和工艺的检验，或通过可靠性筛选等办法来加以淘汰。但最根本的办法是找出导致早期失效的原因，采用相应措施加以消除，从而使失效率降低且稳定。

早期失效期的失效率分布函数与 $m < 1$ 的威布尔（Weibull）分布函数所描述的曲线相同。

2.4.3　偶然失效期

偶然失效期出现在早期失效期之后，是产品的正常工作期，其特点是失效率比早期失效率小得多，且稳定。失效率几乎与时间无关，近似为常数。通常所指的使用寿命就是这一时期，这个时期的失效是由偶然不确定因素引起的，失效发生的时间也是随机的，故称为偶然失效期。

偶然失效期产品的失效规律符合指数分布规律。

2.4.4　耗损失效期

耗损失效期出现在产品的后期，其特点刚好与早期失效期相反。失效率随试验或工作时间增加而迅速上升，出现大批失效。耗损失效是由于产品长期使用而产生的损耗、磨损、老化、疲劳等原因所引起的。它是构成元器件本身的材料发生长期化学、物理不可逆变化所造成的，是产品寿命的"终了"。

但是，对于实际电子产品，并不一定都出现上述 3 个阶段。例如，工艺质量控制很好的金属膜电阻有时就不出现早期失效期；又例如，某些半导体器件就没有发生耗损失效期。至于个别产品由于设计、生产工艺不合理，只有早期失效期和耗损失效期，这是由于产品质量过于低劣，此种产品不能正常使用。从图 2.3 中的"浴盆曲线"也可看出，在成批产品中，有些产品失效率曲线是递增型、递减型和常数型，而宏观表现出来的是由 3 种不同类型的失效率曲线叠加而成，如图 2.4 所示。

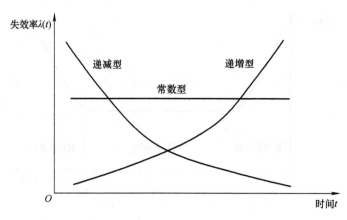

图 2.4　3 种不同类型的失效率曲线

2.5　威布尔分布及其概率纸的结构和用法

2.5.1　威布尔分布函数

威布尔分布是可靠性分布中最常用、最复杂的一种分布，其分布函数是由瑞典科学家 W·威布尔从材料强度的统计理论推导出来的一种失效分布函数。这种函数的物理模型是由 n 个环组成的链，当在链的两端施加拉力 t，环的最低强度是 γ，求解链拉断的概率，从而推导出威布尔分布。

根据概率论知识，求出链断裂的概率 $F(t)$ 为

$$F(t) = 1 - \mathrm{e}^{-\frac{(t-\gamma)^m}{t_0}} \qquad (t-\gamma \geqslant 0) \tag{2.27}$$

所以

$$R(t) = \mathrm{e}^{-\frac{(t-\gamma)^m}{t_0}} \qquad (t-\gamma \geqslant 0) \tag{2.28}$$

失效密度函数 $f(t)$ 为

$$f(t) = -\frac{\mathrm{d}R(t)}{\mathrm{d}t} = \frac{m}{t_0}(t-\gamma)^{m-1}\mathrm{e}^{-\frac{(t-\gamma)^m}{t_0}} \qquad (t-\gamma \geqslant 0) \tag{2.29}$$

失效率函数 $\lambda(t)$ 为

$$\lambda(t) = -\frac{1}{R(t)}\frac{\mathrm{d}R(t)}{\mathrm{d}t} = \frac{m}{t_0}(t-\gamma)^{m-1} \qquad (t-\gamma \geqslant 0) \tag{2.30}$$

式中，m、γ、t_0 均为与时间无关的参数，分别称为形状参数、位置参数和尺度参数。由于威布尔分布函数是由具体物理模型抽象出来的数学表达式，因而这 3 个参数必然有其明确的几何意义和物理意义。

1. 形状参数 m

形状参数 m 是这 3 个参数中最重要的参数，为了说明其几何意义，将式（2.27）、式（2.29）、式（2.30）的函数描绘出图形，分别得到图 2.5a、b 和 c。图 2.5 是在 $t_0 = 1$、$\gamma = 0$ 情况下，m 不同时的威布尔分布的可靠性函数曲线。从图 2.5 可以看出，m 值的大小不同，曲线的形状不同，因此，m 值决定了威布尔分布函数曲线的形状，故称为形状参数。从物理本质上看，曲线的不同形状反映出失效分布类型的不同，对应不同的失效物理机理。因此，可以根据 m 值来确定和判断电子产品的失效类型，受形状参数影响最显著的是失效密度函数曲线，按照 $m < 1$、$m = 1$、$m > 1$ 分成 3 种失效类型。当 $m > 1$ 时，m 值越大，曲线峰值越高、越尖锐。

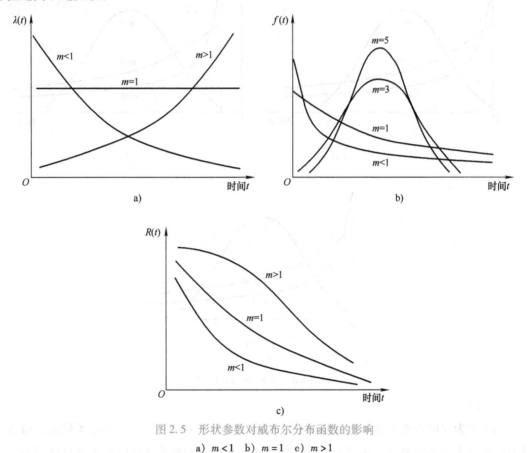

图 2.5　形状参数对威布尔分布函数的影响
a）$m < 1$　b）$m = 1$　c）$m > 1$

2. 位置参数 γ

为作图方便，取 $t_0 = 1$。当 m 为定值，有不同的 γ 值（$\gamma < 0$、$\gamma = 0$、$\gamma > 0$）时，作出失效密度函数，可得位置参数对威布尔分布函数的影响如图 2.6 所示。由图可以看出，当 m、t_0 相同，γ 不同时，其失效密度函数曲线的形状是完全一样的，所不同的只是曲线在时间坐

标轴上的位置平行移动,故称 γ 为位置参数。$\gamma > 0$ 的曲线,等于由 $\gamma = 0$ 时的曲线向右平行移动了距离 γ;$\gamma < 0$ 的曲线,等于由 $\gamma = 0$ 的曲线向左平行移动了距离 $|\gamma|$。从物理本质上来说,位置参数并不改变产品失效分布类型,当 $\gamma < 0$ 时,表示某些产品开始工作时就已经有失效品,即这些产品在储存期间(即工作之前)就已经有产品失效;而 $\gamma > 0$ 时,表示产品在 γ 时间内,按照规定条件工作,绝对不会出现产品的失效,也就是说产品存在绝对安全期。一般情况下,试验或工作的产品都应该是性能完好的,而且要保证产品在特定时间内出现失效的概率是很小的,因此,通常均假设 $\gamma = 0$,这样既比较符合实际情况,分析问题又比较方便。

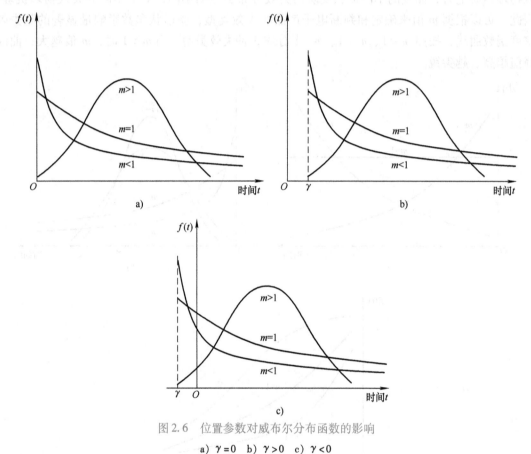

图 2.6   位置参数对威布尔分布函数的影响

a) $\gamma = 0$ b) $\gamma > 0$ c) $\gamma < 0$

3. 尺度参数 t_0

图 2.7 为尺度参数对威布尔分布函数的影响,表示了 m、γ 相同,而 t_0 不同时,威布尔分布的失效密度函数曲线。从图 2.7 可以看出:t_0 不同只影响曲线横轴和纵轴尺度的放大或缩小,并不影响曲线的基本形状。t_0 的增大,犹如横轴尺度的放大、纵轴尺度的缩小;反之,t_0 的减小,犹如横轴尺度的缩小、纵轴尺度的放大,因此,把 t_0 作为尺度参数。从物理本质上看,t_0 的大小反映了平均寿命的大小。t_0 越大,产品的平均寿命越长;t_0 越小,反映产品的平均寿命越短,而其失效分布类型并不发生变化。

威布尔分布函数的平均值，即产品寿命的平均值为

$$\mu = \int_0^\infty tf(t)\,\mathrm{d}t = \int_0^\infty R(t)\,\mathrm{d}t = \int_0^\infty \mathrm{e}^{-\frac{t^m}{t_0}}\,\mathrm{d}t$$

$$(2.31)$$

令 $Z = \dfrac{t^m}{t_0}$，则 $t = (t_0 Z)^{\frac{1}{m}}$。

所以

$$\mathrm{d}t = \frac{1}{m}(t_0 Z)^{\frac{1}{m}-1} t_0 \mathrm{d}Z = \frac{1}{m} t_0^{\frac{1}{m}} Z^{\frac{1}{m}-1}\mathrm{d}Z$$

$$(2.32)$$

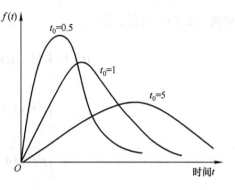

图 2.7　尺度参数对威布尔分布函数的影响

因此

$$\begin{aligned}
\mu &= \int_0^\infty \mathrm{e}^{-Z} \frac{1}{m} t_0^{\frac{1}{m}} Z^{\frac{1}{m}-1}\mathrm{d}Z \\
&= \frac{t_0^{\frac{1}{m}}}{m} \int_0^\infty Z^{\frac{1}{m}-1} \mathrm{e}^{-Z}\mathrm{d}Z \\
&= t_0^{\frac{1}{m}} \frac{1}{m} \Gamma\left(\frac{1}{m}\right)
\end{aligned}$$

$$(2.33)$$

式中，$\Gamma\left(\dfrac{1}{m}\right)$ 是以 $\dfrac{1}{m}$ 为参量的伽马函数，$\Gamma\left(\dfrac{1}{m}\right) = \displaystyle\int_0^\infty Z^{\frac{1}{m}-1}\mathrm{e}^{-Z}\mathrm{d}Z$，如果对 $\Gamma\left(\dfrac{1}{m}\right)$ 进行分部积分，可得

$$\Gamma\left(\frac{1}{m}\right) = \left(\frac{1}{m}-1\right)\Gamma\left(\frac{1}{m}-1\right)$$

$$(2.34)$$

显然

$$\begin{aligned}
\mu &= t_0^{\frac{1}{m}} \frac{1}{m} \Gamma\left(\frac{1}{m}\right) \\
&= t_0^{\frac{1}{m}} \Gamma\left(\frac{1}{m}+1\right)
\end{aligned}$$

$$(2.35)$$

因此，只要知道了威布尔分布函数的形状参数 m，通过计算或查阅 Γ 函数表，即可得出 $\Gamma\left(\dfrac{1}{m}+1\right)$ 值；如果尺度参数 t_0 也已知，就可以求出其平均寿命 μ 值。求解 Γ 函数的方法有查阅相关工具书中的 Γ 函数表 $\left[\right.$ 一般是列出了 $m \sim \Gamma\left(\dfrac{1}{m}+1\right)$ 的 Γ 函数表 $\left.\right]$；利用科学计算器的相应功能求解；在 Excel 中求解；其他方法，如 MATLAB 求解。

平均寿命 μ 值只反映了一批产品寿命的平均水平，它并不反映该批产品的单个寿命值的分散程度。若寿命值的分散性很大，虽然平均寿命可能符合要求，但其质量水平仍不高，因此，常采用表征产品寿命分散程度的新特征量——寿命方差加以描述。寿命方差表示每个产品寿命与平均寿命差值的平方和的平均值。对于威布尔分布函数的寿命方差 σ^2，也可以按

照式（2.36）求得，即

$$\sigma^2 = \int_0^\infty (t - \mu)^2 f(t)\,dt$$

$$= \int_0^\infty t^2 f(t)\,dt - 2\mu \int_0^\infty t f(t)\,dt + \mu^2 \int_0^\infty f(t)\,dt \qquad (2.36)$$

$$= \int_0^\infty t^2 f(t)\,dt - 2\mu^2 + \mu^2$$

$$= \int_0^\infty t^2 f(t)\,dt - \mu^2$$

根据上面的推导方法，式（2.36）可推导为式（2.37），即

$$\sigma^2 = t_0^{\frac{2}{m}} \Gamma\left(\frac{2}{m} + 1\right) - \left[t_0^{\frac{1}{m}} \Gamma\left(\frac{1}{m} + 1\right) \right]^2 = t_0^{\frac{2}{m}} \left[\Gamma\left(\frac{2}{m} + 1\right) - \Gamma^2\left(\frac{1}{m} + 1\right) \right] \qquad (2.37)$$

对照图 2.5 ~ 图 2.7，我们只要选择合适的 m 值，就可以分别得到 $m < 1$、$m = 1$、$m > 1$ 所对应的早期失效期、偶然失效期、耗损失效期的失效率曲线，这也是威布尔分布在可靠性工程中能得到广泛应用的重要原因。

2.5.2 威布尔概率纸

通过解析法利用试验所得数据求解威布尔分布的 3 个参数，一般是比较复杂的。比较简便、直观的方法是采用图解法，它是借助于一种特殊的概率纸工具来分析失效规律，从而确定其相应分布参数的方法。威布尔概率纸用于分析威布尔分布是非常方便的。下面简要介绍威布尔概率纸的构造原理及其应用。

对于威布尔分布的累积失效概率为

$$F(t) = 1 - e^{-\frac{t^m}{t_0}} \qquad (\gamma = 0,\ t \geqslant 0) \qquad (2.38)$$

从可靠性试验所得的失效信息包含：失效产品数 r［可计算出 $F(t)$］；相应的失效时间。因此，能否将式（2.38）的函数变换为线性函数呢？如果有可能，将使失效分析大大简便，下面的变换正是从这一基本思想出发考虑的。

由 $F(t) = 1 - e^{-\frac{t^m}{t_0}}$ 可得

$$\frac{1}{1 - F(t)} = e^{\frac{t^m}{t_0}} \qquad (2.39)$$

对式（2.39）两边取两次自然对数，可得

$$\ln\ln \frac{1}{1 - F(t)} = m\ln t - \ln t_0 \qquad (2.40)$$

令 $y = \ln\ln \dfrac{1}{1 - F(t)}$、$x = \ln t$、$B = \ln t_0$，则式（2.40）变为

$$y = mx - B \qquad (2.41)$$

在 x - y 直角坐标系中，显然式（2.41）所描述的是一条直线，这条直线的斜率为 m，在纵坐标轴上的截距为 $-B$，根据这种关系，可制作出一种特殊坐标纸——威布尔概率纸。威布尔概率纸有两种直角坐标系：x - y 直角坐标系，其坐标轴是线性刻度的；t ~ $F(t)$ 直角

坐标系，其坐标轴不是线性刻度的。两种直角坐标系刻度之间有严格的对应关系，即按照 $t = e^x$ 和 $F(t) = 1 - e^{(-e^y)}$ 的对应关系进行刻度，两种直角坐标系对应坐标轴的特殊点之间的数值见表 2.3。

表 2.3　两种直角坐标系对应坐标轴的特殊点之间的数值

$x = \ln t$	0	1	2	3	4	5	6	7
$t = e^x$	1	2.718	7.389	20.085	54.598	148.41	403.42	1096.6
y	2	1	0	-0.36651	-1	-2	-3	-4	-5
$F(t)$	0.999	0.934	0.632	0.5	0.307	0.126	0.0485	0.01815	0.00672

如果产品失效分布符合威布尔分布，那么，失效分布曲线在 $x - y$ 直角坐标系中将描绘出一条直线，这条直线又在 $t \sim F(t)$ 直角坐标系中。因此，符合威布尔分布的产品失效分布曲线在威布尔概率纸上是一条直线，这条直线很容易得到，只需要在威布尔概率纸上找出特殊的两点，就可作出满足方程的直线来。

若设 $x = 0$，则 $y = -B = -\ln t_0$，可确定纵轴上的 Q 点；若设 $y = 0$，则 $x = \dfrac{\ln t_0}{m}$，可确定横轴上的 P 点；通过 Q、P 两点作直线，可得到描述此方程的直线，通常把此直线称为回归直线。威布尔概率纸坐标示意图如图 2.8 所示。

根据威布尔概率纸的构造原理，现已制作成威布尔概率纸，以商品出售，直接供有关人员使用。

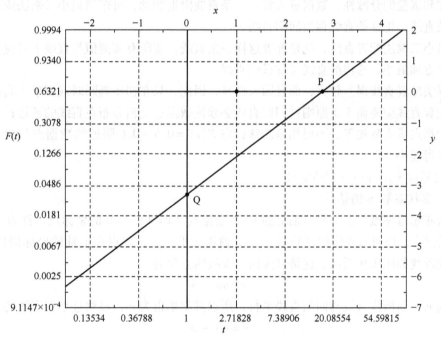

图 2.8　威布尔概率纸坐标示意图

2.5.3　威布尔概率纸的应用

1. 确定产品失效分布规律

首先，根据试验结果所得的失效数据作数据表，即可靠性试验实测的失效时间 t 和相应

的累积失效概率 $F(t)$ 作成数据表，得到按时间顺序制造的数据表见表2.4。

表2.4　按时间顺序制造的数据表

t	t_1	t_2	$\cdots$
$F(t)$	$F(t_1)$	$F(t_2)$	$\cdots$

表2.4中的 $F(t)$ 可按照式（2.42）和式（2.43）计算：

当 $N_0 \geqslant 50$ 时，可得

$$F(t) = \frac{r_i}{N_0} \tag{2.42}$$

当 $N_0 < 50$ 时，可得

$$F(t) = \frac{r_i}{N_0 + 1} \tag{2.43}$$

在实际试验中，样品没有失效自动记录装置，常采用定时测量。若在某一时刻，测量到只有 K_i 个产品失效，它并不表明是在该时刻失效，而是表明在 $t_{i-1} \sim t_i$ 时段中只有 K_i 个产品失效，每个产品的具体失效时间并不知道，通常采用等间隔分配方法进行确定。等间隔分配方法具体是将某时段 $t_{i-1} \sim t_i$ 等分为 $K_i + 1$ 段，每一小段分配一个产品的失效时间。

然后，配置分布直线，根据上述分析，数据点在理论上应完全在一条直线上。实际上，由于抽样和试验的分散性，数据点大致在一条直线附近摆动，可按照最小二乘法或目视法来配置这条直线，把这条直线称为回归直线。

用最小二乘法配置直线，就是配置这样一条直线，使所有实测值与直线上对应点数值的差值的平方和最小，这样的直线又称最佳直线。

目视法配置直线误差较大，而且因人而异，因此，只在初步判断时或要求不高的场合中使用。配置直线应遵循3条原则：回归直线必须使数据点交错分布在直线的两边；回归直线两边的数据点应大致相等，不要相差悬殊；在 $F(t) = 0.5 \sim 0.6$ 附近的数据点与回归直线的偏差应尽可能小。

2. 估算威布尔分布函数的参数

（1）形状参数 m 的估计

在威布尔概率纸上，通过 x 轴上的 $x = 1$ 数据点（$x = 1$，$y = 0$ 的坐标点，称为 m 的估计点或 m 估点），作回归直线的平行线，与 y 轴相交于一点，此点在 y 轴的坐标值即为 $-m$，m 估点辅助线如图2.9所示。这是因为回归直线的方程为

$$y = mx - B \tag{2.44}$$

其斜率为 m。而所作直线与回归直线平行，所以其斜率也为 m，显然这平行直线的方程为

$$y = mx - m \tag{2.45}$$

所以，过 m 估点与回归直线平行的方程在 y 轴上的截距等于 $-m$。

（2）尺度参数 t_0 值的估计

回归直线 $y = mx - B$ 与 y 轴的交点为（0，b），过交点引水平线与 y 轴刻度相交，其值为 $b(b < 0)$，在 x 轴上取刻度值为 $|b|$，过此交点作垂线与 t 轴相交的刻度值即为 t_0，尺度参数 t_0 值的估计如图2.10所示。

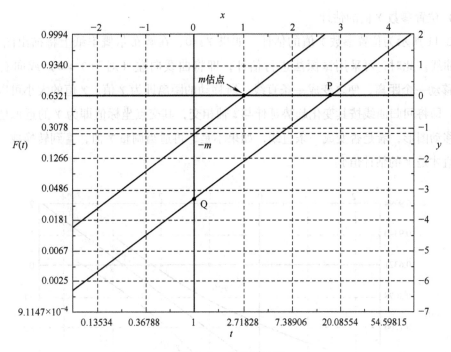

图 2.9　m 估点辅助线

因为 $y = mx - B$，所以 $b = -B = -\ln t_0$，由前所述的 $t = e^x$ 可知 $x = \ln t$，当 $x = |b|$ 时，$t = t_0$。

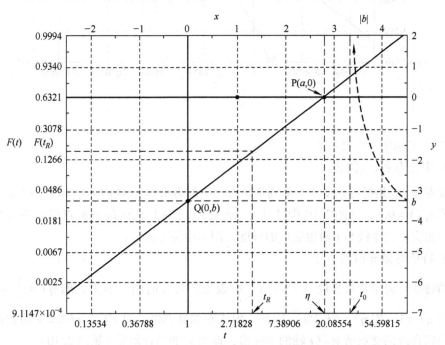

图 2.10　尺度参数 t_0 值的估计

（3）位置参数 γ 值的估计

图 2.11 所示为位置参数 γ 值的估计，如果 $\gamma \neq 0$，在威布尔概率纸上将描出图 2.11 中所示的曲线。此时，可采用试探法进行估计，即将曲线向左（对于 $\gamma > 0$）或向右（对于 $\gamma < 0$）移动一个距离，使之变成一条直线，所移动的距离即为 γ 值。γ 值的大小可以这样初步确定，即将回归曲线按其变化趋势延伸与 t 轴相交，其交点坐标值即为 γ 的近似值，然后按此值移动图形，看是否变成一条直线，如果不是，再适当调整 γ 值，直到转换成一条直线所得的值才是 γ 的估计值 $\overline{\gamma}$。

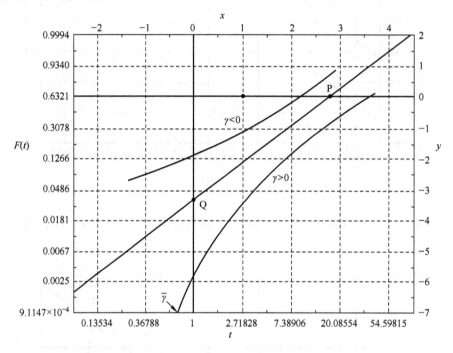

图 2.11　位置参数 γ 值的估计

3. 确定产品的寿命特征值

（1）中位寿命 $t_{0.5}$ 的估计

中位寿命 $t_{0.5}$ 是指可靠度从 1 降到 0.5 所对应的寿命值，即 $R(t_{0.5}) = 1 - F(t_{0.5}) = 0.5$，所以，$F(t_{0.5}) = 0.5$，从图 2.10 中估计 $t_{0.5}$ 是从 $F(t)$ 轴上 50% 的数据点引水平线与回归直线相交，由交点引垂线与 t 轴相交点的刻度，即为中位寿命 $\overline{t_{0.5}}$。

（2）特征寿命 η 值的估计

所谓特征寿命是指可靠度从 1 降到 $\dfrac{1}{e}$ 所表征的寿命时间。因为，$R(\eta) = \dfrac{1}{e} = 36.8\%$，所以，$F(\eta) = 1 - R(\eta) = 63.2\%$。因此，用威布尔概率纸，过 $F(t) = 63.2\%$ 的数据点作水平线与回归直线的交点所对应 t 轴的坐标值，即为 η 的估计值 $\overline{\eta}$（见图 2.10）。

关于 t_0 与 η 的关系，很容易推得。因为

$$R(\eta) = e^{-\frac{\eta^m}{t_0}} = e^{-1} \tag{2.46}$$

所以，

$$\frac{\eta^m}{t_0} = 1 \tag{2.47}$$

即

$$\eta^m = t_0 \tag{2.48}$$

或

$$\eta = t_0^{\frac{1}{m}} \tag{2.49}$$

（3）可靠寿命 t_R 的估计

满足可靠度 $R(t_R) = R$ 的值，所对应的寿命值 t_R 称为可靠寿命。利用威布尔概率纸，在 $F(t)$ 轴上找出 $F(t_R) = 1 - R(t_R)$ 的值，过此点引水平线与回归直线相交，过交点引垂线与 t 轴交点的刻度值，即为 t_R 值（见图 2.10）。

（4）平均寿命 μ 值的估计

由前面的描述可知，平均寿命为

$$\mu = t_0^{\frac{1}{m}} \Gamma\left(\frac{1}{m} + 1\right) = \eta \Gamma\left(\frac{1}{m} + 1\right) \tag{2.50}$$

因此，平均寿命 μ 可按下面 3 种方法来估计：

第一种方法，由图估计法确定 m、η，根据 m 值确定 $\Gamma\left(\frac{1}{m} + 1\right)$ 值，按照式（2.50）计算，可以确定 μ 的估计值 $\overline{\mu}$。

第二种方法，利用威布尔概率纸上的辅助坐标 μ/η，如图 2.12 所示的平均寿命的估计，通过"m 估点"作回归直线的平行线与 y 轴相交，过交点引平行线与辅助坐标 μ/η 相交，即图 2.12 中 K 点，其交点所对应的值为 μ/η，则平均寿命的估计值 $\overline{\mu}$ 为

$$\overline{\mu} = \left(\frac{\mu}{\eta}\right)\overline{\eta} \tag{2.51}$$

因为 $\frac{\mu}{\eta} = \Gamma\left(\frac{1}{m} + 1\right)$，而 Γ 函数值又与 m 有关，因此，通过"m 估点"确定出回归直线的 m 值是唯一的，有一个 m 值，即有一个与 m 对应的 Γ 函数值，也就是有唯一的一个 μ/η 的比值，μ/η 辅助尺正是根据此进行刻度的。

第三种方法，由"m 估点"作回归直线的平行线与 y 轴相交，过交点引水平线与辅助尺 $F(\mu)$ 相交，此交点的刻度值为 J，再从 $F(\mu)$ 轴上找到 J 值，过 J 值引水平线与回归直线相交，此交点所对应 t 轴的坐标，即为 μ 的估计值 $\overline{\mu}$（见图 2.12）。

这是因为，

$$\begin{aligned}
F(\mu) &= 1 - e^{-\frac{\mu^m}{t_0}} \\
&= 1 - e^{-\left(\frac{\mu}{\eta}\right)^m} \\
&= 1 - e^{-\left[\Gamma\left(\frac{1}{m} + 1\right)\right]^m}
\end{aligned} \tag{2.52}$$

显然，$F(\mu)$ 的值仅仅决定于 m 值，有一个 m 值就有一个与之对应的 $F(\mu)$，因此，由"m 估点"作回归直线的平行线确定 m 值，也就可以根据 m 值大小作出相对 $F(\mu)$ 的辅助尺，只要在 $F(t)$ 上找出 $F(\mu)$，就可以确定 $\overline{\mu}$。

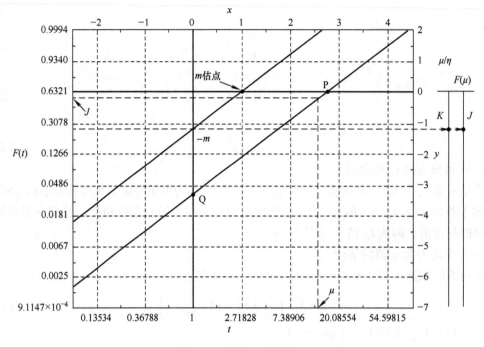

图 2.12 平均寿命的估计

2.6 指数分布——偶然失效期的失效分布

大部分的电子材料与元器件在已经进入偶然失效期时，其失效率趋近于某一恒定值，失效分布属于指数分布。指数分布在可靠性分布中是最有特色的一种分布，通常又称负指数分布。指数分布函数可以表示为

$$R(t) = \mathrm{e}^{-\frac{t}{\mu_0}} = \mathrm{e}^{-\lambda_0 t} \tag{2.53}$$

式中，μ_0、λ_0 均为常数。

指数分布的失效率为

$$\lambda(t) = -\frac{1}{R(t)}\frac{\mathrm{d}R(t)}{\mathrm{d}t} = -\frac{1}{\mathrm{e}^{-\lambda_0 t}}\mathrm{e}^{-\lambda_0 t}(-\lambda_0) = \lambda_0 \tag{2.54}$$

累计失效概率为

$$F(t) = 1 - \mathrm{e}^{-\lambda_0 t} \tag{2.55}$$

失效密度函数为

$$f(t) = -\frac{\mathrm{d}R(t)}{\mathrm{d}t} = \lambda_0 \mathrm{e}^{-\lambda_0 t} \tag{2.56}$$

其平均寿命为

$$\mu = \int_0^\infty R(t)\mathrm{d}t = \int_0^\infty \mathrm{e}^{-\frac{t}{\mu_0}}\mathrm{d}t = (-\mu_0)\int_0^\infty \mathrm{e}^{-\frac{t}{\mu_0}}\mathrm{d}\left(-\frac{t}{\mu_0}\right) = -\mu_0\left.\mathrm{e}^{-\frac{t}{\mu_0}}\right|_0^\infty = \mu_0 \tag{2.57}$$

从上面的分析可知，指数分布具有以下特点：

1）指数分布的失效率为恒定值，且与时间无关。当威布尔分布 $m = 1$ 时，有

$$R(t) = e^{\frac{t^m}{t_0}} = e^{-\frac{t}{t_0}} \tag{2.58}$$

就是指数分布，因此，可以认为，指数分布是威布尔分布的一种特例。

2）指数分布的平均寿命 μ 是常数，且与失效率互为倒数。

3）$\lambda(t) \sim t$ 是平行于时间轴的直线，显然 $\lg\lambda(t) \sim \lg t$ 也是平行于时间轴的直线。表明电子元器件可靠水平高低等级，正是根据偶然失效期的失效率来划分的。对于由电子元器件组成的整机或系统，当失效率为常数时，可以通过确定系统的失效率，然后求倒数，即可得整机或系统的平均无故障工作时间。

2.7　正态分布或高斯分布

2.7.1　正态分布规律

正态分布（Normal Distribution），又称高斯分布（Gaussian Distribution），最初是由误差理论推导出来的，是概率论中最重要的概率分布之一。其分布密度函数 $f(t)$ 为

$$f(t) = \frac{1}{\sqrt{2\pi}} e^{-\frac{(t-\mu_0)^2}{2\sigma^2}} \tag{2.59}$$

式中，σ、μ_0 均为与时间无关的常数。σ 称为标准偏差或均方根误差，μ_0 称为均值。其失效分布密度函数如图 2.13 所示。

从图 2.13 可以看出：

1）曲线以 μ_0 为其对称轴，两边的面积正好各占一半，且 $(\mu_0 - \sigma) \sim (\mu_0 + \sigma)$ 的面积为曲线下总面积的 68.3%，$(\mu_0 - 2\sigma) \sim (\mu_0 + 2\sigma)$ 的面积为曲线下总面积的 95.4%，$(\mu_0 - 3\sigma) \sim (\mu_0 + 3\sigma)$ 的面积为曲线下总面积的 99.7%，而不论 σ 值的大小如何，均是这样。

2）在相同的 σ 值下，μ_0 的大小只影响图形的位置，而不影响形状。也就是说，μ_0 影响分布函数的平均值。

3）在相同的 μ_0 值下，σ 的大小只影响曲线的平坦程度。σ 越大，曲线越平坦，其失效越分散。

因此，只要均值 μ_0 和标准偏差 σ 确定下来，则正态分布曲线就完全确定。

2.7.2　失效率的状态分布

正态分布代表产品的失效时间是以均值 μ_0 为中心的对称分布，其失效率是随时间增长而递增。正态分布可以用来描述产品在某一时刻后是由耗损或退化产生的失效。产品服从正态分布的可靠性特征量分别如下。

可靠度 $R(t)$：

$$R(t) = \int_t^{\infty} f(t)\,\mathrm{d}t = \frac{1}{\sqrt{2\pi}\sigma} \int_t^{\infty} e^{-\frac{(t-\mu_0)^2}{2\sigma^2}}\,\mathrm{d}t \tag{2.60}$$

累积失效概率 $F(t)$：

$$F(t) = 1 - R(t) = \int_0^t f(t)\,\mathrm{d}t = \frac{1}{\sqrt{2\pi}\sigma} \int_0^t e^{-\frac{(t-\mu_0)^2}{2\sigma^2}}\,\mathrm{d}t \tag{2.61}$$

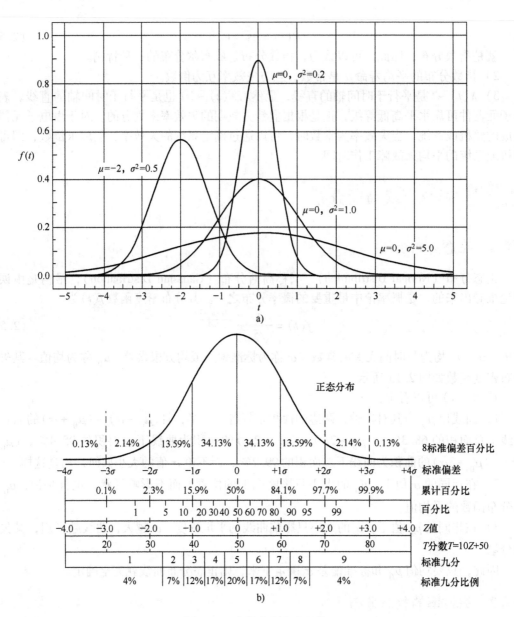

图 2.13 失效分布密度函数

a）正态分布的失效分布密度函数　b）不同 σ、μ_0 值对正态分布函数的影响

失效率 $\lambda(t)$：

$$\lambda(t) = -\frac{1}{R(t)}\frac{\mathrm{d}R(t)}{\mathrm{d}t} = \frac{f(t)}{R(t)}\int_t^\infty f(t)\,\mathrm{d}t = \frac{\mathrm{e}^{-\frac{(t-\mu_0)^2}{2\sigma^2}}}{\int_t^\infty \mathrm{e}^{-\frac{(t-\mu_0)^2}{2\sigma^2}}\,\mathrm{d}t} \quad (2.62)$$

平均寿命 μ：

$$\mu = \int_0^\infty t f(t)\,\mathrm{d}t \quad (2.63)$$

因为正态分布是对称分布，所以其数学表达式应为

$$\mu = \int_0^\infty tf(t)\mathrm{d}t = \int_{-\infty}^\infty t\frac{1}{\sqrt{2\pi}\sigma}\mathrm{e}^{-\frac{(t-\mu_0)^2}{2\sigma^2}}\mathrm{d}t \tag{2.64}$$

设 $Z = \dfrac{t-\mu_0}{\sigma}$，则 $t = \sigma Z + \mu_0$，$\mathrm{d}t = \sigma\mathrm{d}Z$，可得

$$
\begin{aligned}
\mu &= \frac{1}{\sqrt{2\pi}}\int_{-\infty}^\infty (\sigma Z + \mu_0)\mathrm{e}^{-\frac{Z^2}{2}}\mathrm{d}Z \\
&= \frac{1}{\sqrt{2\pi}}\int_{-\infty}^\infty \sigma Z\mathrm{e}^{-\frac{Z^2}{2}}\mathrm{d}Z + \frac{1}{\sqrt{2\pi}}\int_{-\infty}^\infty \mu_0\mathrm{e}^{-\frac{Z^2}{2}}\mathrm{d}Z \\
&= -\frac{\sigma}{\sqrt{2\pi}}\int_{-\infty}^\infty \mathrm{d}\mathrm{e}^{-\frac{Z^2}{2}} + \frac{\mu_0}{\sqrt{2\pi}}\int_{-\infty}^\infty \mathrm{e}^{-\frac{Z^2}{2}}\mathrm{d}Z \\
&= -\frac{\sigma}{\sqrt{2\pi}}\mathrm{e}^{-\frac{Z^2}{2}}\Big|_{-\infty}^\infty + \frac{2\mu_0}{\sqrt{2\pi}}\int_0^\infty \mathrm{e}^{-\frac{Z^2}{2}}\mathrm{d}Z \\
&= \frac{2\mu_0}{\sqrt{2\pi}}\sqrt{2}\int_0^\infty \mathrm{e}^{-\frac{Z^2}{2}}\mathrm{d}\frac{Z}{\sqrt{2}} \\
&= \frac{2\mu_0}{\sqrt{\pi}}\frac{\sqrt{\pi}}{2} = \mu_0
\end{aligned}
\tag{2.65}
$$

因此，服从正态分布的电子产品的平均寿命是常数，且等于分布函数的均值 μ_0。显然，σ 将表示产品寿命的分散程度，σ 越小表示分散程度越小。

同样，也可以求出正态分布的方差，它等于分布的标准偏差的平方，即正态分布的方差为

$$D_t = \int_{-\infty}^\infty (t-\mu_0)^2 f(t)\mathrm{d}t = \sigma^2 \tag{2.66}$$

正态分布在可靠性计算中有两个主要应用：第一是考虑电子元器件的定量特性与标称值的关系，包括计算电子元器件特性符合性能要求的概率；第二是用于电子元器件描述耗损失效期的失效分布规律，因为耗损失效的分布规律非常接近于正态分布。

必须指出的是，在威布尔分布与正态分布的分布函数均值和标准偏差相等条件下，当威布尔分布的形状参数 $m = 3\sim4$，两种分布的分布密度函数的曲线基本上是重合的。因此，可以将正态分布规律用 $m = 3\sim4$ 的威布尔分布规律来近似表示。

2.7.3　正态分布概率纸

正态分布参数 μ_0、σ 可用解析方法计算来确定，也可以根据类似威布尔分布的分析方法构造出正态分态概率纸，用图解法来求得。

因为累积失效概率函数为

$$F(t) = 1 - R(t) = \int_0^t f(t)\mathrm{d}t = \frac{1}{\sqrt{2\pi}\sigma}\int_0^t \mathrm{e}^{-\frac{(t-\mu_0)^2}{2\sigma^2}}\mathrm{d}t \tag{2.67}$$

若令 $Z = \dfrac{t - \mu_0}{\sigma}$，则 $\mathrm{d}Z = \dfrac{1}{\sigma}\mathrm{d}t$，可得

$$F(t) = 1 - R(t) = \int_{-\infty}^{Z} \frac{1}{\sqrt{2\pi}} \mathrm{e}^{-\frac{Z^2}{2}} \mathrm{d}Z = \Phi(Z) \qquad (2.68)$$

显然，给出一个 Z 值，就有函数值 $\Phi(Z)$ 与之对应，正态分布表就是 Z 值与 $\Phi(Z)$ 值之间的对应关系表，正态分布 $Z \sim \Phi(Z)$ 的对应关系如图 2.14 所示。

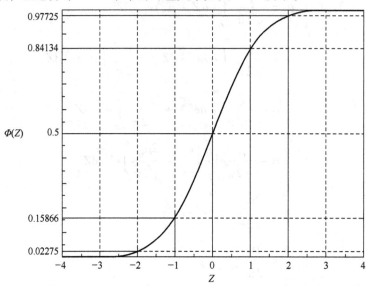

图 2.14　正态分布 $Z \sim \Phi(Z)$ 的对应关系

利用其对应关系可以构造出一种特殊概率纸——正态分布概率纸。正态分布概率纸也是由两个直角坐标系构成：$t \sim Z$ 直角坐标系，横轴是 t 轴，纵轴是 Z 轴，两坐标轴的刻度是线性的；$t \sim \Phi(Z)$ 直角坐标系，由于 $F(t) = \Phi(Z)$，也就是 $t \sim F(t)$ 坐标系，其横轴还是原来的 t 轴，刻度不变，纵轴还是原来的纵轴，但纵轴的 $F(t) = \Phi(Z)$ 是按照图 2.14 对应 Z 值的 $\Phi(Z)$ 值进行刻度的，从而构成正态分布概率纸，如图 2.15 所示。

因为 $Z = \dfrac{t - \mu_0}{\sigma}$，$Z$ 与 t 是一种线性关系，所以，凡产品失效符合正态分布规律时，在 $t \sim Z$ 直角坐标系中将描绘出一条直线，而这条直线同样描绘在 $t \sim F(t)$ 坐标系中。因此，满足正态分布的分布函数 $F(t)$ 在 $t \sim F(t)$ 坐标系中必将是一条直线，把这样的概率纸称为正态分布概率纸。

对于正态分布，用正态分布概率纸来处理是十分方便的。下面简述正态分布概率纸的应用。

1. 确定失效分布

1）将试验数据由小到大排列，按 $t \sim F(t)$ 作成数据表。

2）在正态分布概率纸上描出 $[t_i, F(t_i)]$ 的点。

3）通过所描出的点按最小二乘法或目视法配置回归直线，此直线就是所确定的产品失

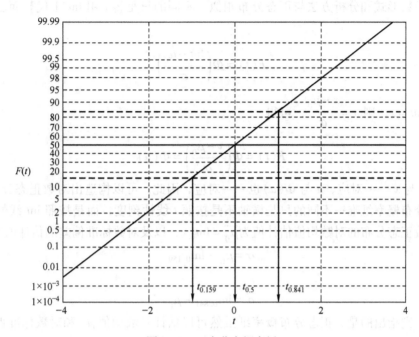

图 2.15　正态分布概率纸

效分布。

2. 正态分布参数的估计

（1）平均寿命 μ_0 的估计

过 $F(t)$ 轴上刻度为 50% 的点，引水平线与回归直线相交，过交点引垂线与 t 轴相交的刻度值即为 μ_0。

因为 $F(t)=0.5$ 所对应的 $Z=0$，即

$$t_{0.5}=Z\sigma+\mu_0=\mu_0。\tag{2.69}$$

（2）标准偏差 σ 的估计

过 $F(t)$ 轴上刻度为 84.1% 或 15.9% 的点，引水平线与回归直线相交，过交点作垂线与 t 轴相交的刻度值分别为 $t_{0.841}$ 或 $t_{0.159}$，则

$$\sigma=t_{0.841}-t_{0.5}=t_{0.841}-\mu_0\tag{2.70}$$

或

$$\sigma=t_{0.5}-t_{0.159}=\mu_0-t_{0.159}\tag{2.71}$$

这是因为 $Z=\dfrac{t-\mu_0}{\sigma}$，当 $Z=-1$ 时，有 $-1=\dfrac{t_{0.159}-\mu_0}{\sigma}$；当 $Z=0$ 时，有 $0=\dfrac{t_{0.5}-\mu_0}{\sigma}$；当 $Z=1$ 时，有 $1=\dfrac{t_{0.841}-\mu_0}{\sigma}$。

实际上，有许多产品的失效分布并不完全符合正态分布，更符合对数正态分布，例如，某些半导体器件和引擎材料因疲劳试验的裂缝导致的失效，其分布符合对数正态分布。对数

正态分布函数形式和分析方法与正态分布相似，不同的只是将 t 用 $\ln t$ 来代替而已，其分布函数为

$$F(t) = \Phi\left(\frac{\ln t - \mu_0}{\sigma}\right) \tag{2.72}$$

如果 $\ln t = x$，则 $u = \dfrac{x - \mu_0}{\sigma}$，可得

$$F(t) = \Phi\left(\frac{x - \mu_0}{\sigma}\right) = \Phi(u) \tag{2.73}$$

由于 t 与 x 一一对应，u 与 $\Phi(u)$ 也一一对应，因此，可以构造出对数正态分布概率纸。它与正态分布概率纸唯一不同的只是横轴不是按照 t 线性刻度，而是按照 $\ln t$ 线性刻度。同样可得对数正态分布的对数均值估计值为 $\overline{\mu_0} = \ln t_{0.5}$，以及对数标准偏差的估计值为

$$\overline{\sigma} = \mu_0 - \ln t_{0.159} \tag{2.74}$$

或

$$\overline{\sigma} = \ln t_{0.841} - \mu_0 \tag{2.75}$$

必须特别指出的是，正态分布概率纸虽然可以估计对数均值 μ_0 和对数标准偏差 σ，但不能直接估计出产品的寿命特征值，还必须经过换算才能得到产品的寿命均值 α 和标准偏差的估计值 β，即

$$\alpha = e^{\overline{\mu_0} + 0.5\overline{\sigma}^2} \tag{2.76}$$

$$\beta = \alpha\sqrt{e^{\overline{\sigma}^2} - 1} \tag{2.77}$$

2.8　计算机威布尔概率纸的构造及软件分析法

目前常用的可靠性分析软件主要是国外研发的，如威布尔（Weibull）等，其威布尔概率纸的构造方法与前节讲述的有少许差异，并且 3 个参数的表述也不同，由于软件及手工作图法要用到固定的参数表述，在此使用和前节不同的符号。我们把此种威布尔概率纸的构造方法称为 B 类；前面的方法是 A 类，或传统方法，这种威布尔概率纸在我国工业企业的作图法中被广泛使用。

使用不同符号表示的威布尔分布的累积失效概率为

$$F(t) = 1 - e^{-\left(\frac{t}{\eta}\right)^{\beta}} \qquad (\gamma = 0, \ t \geqslant 0) \tag{2.78}$$

式中，β 是形状参数；η 是尺度参数（注意不同意义）；γ 是位置参数（同前）。对式（2.78）两边取一次自然对数和常用对数，可得

$$\log\ln\frac{1}{1 - F(t)} = \beta(\log t - \log\eta) \tag{2.79}$$

令 $y = \log\ln\dfrac{1}{1 - F(t)}$，$x = \log t$，$B = \beta\log\eta$，则式（2.79）变为

$$y = \beta x - B \tag{2.80}$$

所以，$t = 10^x$ 和 $F(t) = 1 - e^{(-10^y)}$，两种直角坐标系对应轴的特殊点之间数值的对应关

系见表 2.5。威布尔概率纸 B 如图 2.16 所示。

表 2.5　两种直角坐标系对应轴的特殊点之间数值的对应关系

$x = \log t$	0	1	2	3	4	5	6	7
$t = 10^x$	1	10^1	10^2	10^3	10^4	10^5	10^6	10^7
y	1	0.5	0	-0.5	-1.0	-1.5	-2.0	-2.5	-3.0
$F(t)$	0.9999	0.9576	0.6321	0.2711	0.0951	0.0311	0.01	0.003	0.0001

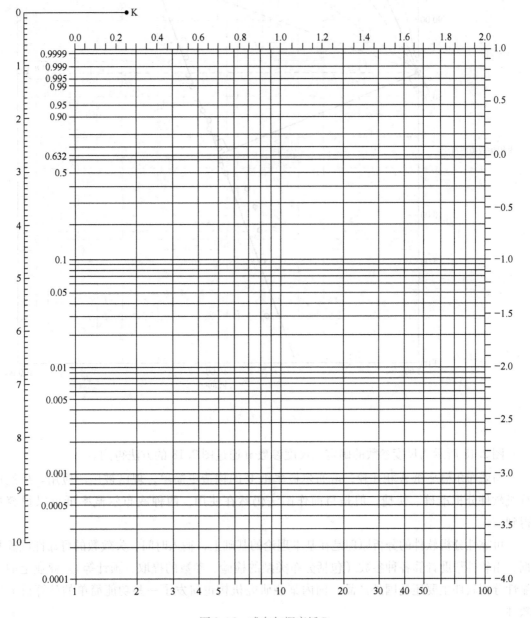

图 2.16　威布尔概率纸 B

威布尔概率纸 B 的左上角有构造的形状参数 β 的辅助线，通过辅助估点 K，作回归直线的平行线，在辅助线上得到的截距即是形状参数 β。图 2.17 所示为形状参数的确定，辅助线也可以构造成图 2.17 所示的形式，即在最上面一行，此时的估点是 $t = 1.0$ 和 $F(t) = 0.632$ 对应的点。

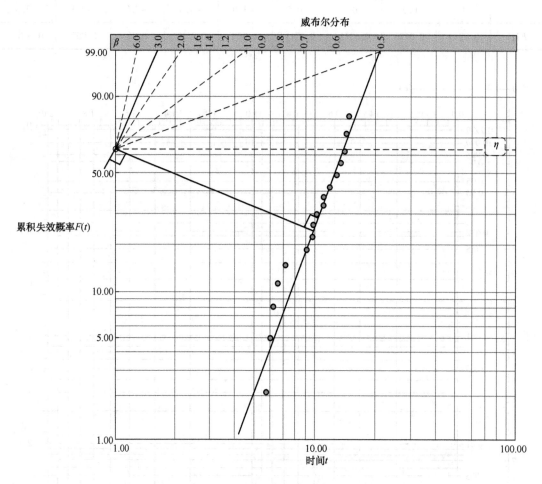

图 2.17　形状参数的确定

图 2.18 所示为尺度参数的确定。尺度参数 η 通过图 2.18 的方法得到。

与威布尔概率纸 A 相比较，威布尔概率纸 B 的构造更简单，现已被广泛应用。虽然计算机软件分析准确、快捷，但是目前作图法仍然在使用，两种威布尔概率纸可以很容易得到。

可靠性分析软件的分析原理是在基本理论的基础上，输入时间、失效数的可靠性试验数据，由软件帮助计算各种参数（包括分布类型的检验、参数的提取、预计等）。商业上的可靠性分析软件主要还是国外产品，国内某些研究机构也研发了一些功能简单的计算机分析软件。

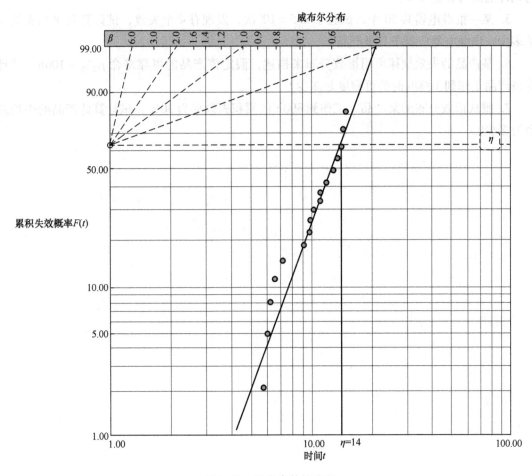

图 2.18　尺度参数的确定

习　　题

1. 有 110 个电子管，工作到 500h 时，有 10 个失效，工作到 1000h 时，总共有 53 个电子管失效，试计算此产品分别在 500h 和 1000h 的可靠度、失效概率各为多少？

2. 有 1 万个灯泡，其 8 年内的失效数据见表 2.6。试计算工作到第 5 年和第 8 年的失效率各为多少？

表 2.6　失效数据

时间/年	1	2	3	4	5	6	7	8
年内失效数/个	100	100	100	100	300	600	1000	1400

3. 某一海底电缆无人增音机，共使用了 1680 个元件，至少要求工作 20 年，试计算这些元件的平均失效率是多少？

4. 一台大型电子设备使用了 50000 个元件，已知失效率为 10Fit，试计算每年允许失效的元件的最大数是多少？

5. 某一批继电器共 50 个，试验了 2.5×10^6 次，发现有 4 个失效，试计算其平均失效率是多少？该继电器应属于几级产品？

6. 某产品的失效规律可用指数分布来描述，假定该产品的可靠寿命 $\rho_{0.95} = 100h$，试计算该产品工作到 1000h 时的可靠度是多少？

7. 服从指数分布的某产品，工作到 800h 的累积失效率为 30%，试计算此产品的平均寿命为多少？

第3章　可靠性试验 3

可靠性试验是可靠性工程的一个基本环节，通过可靠性试验不仅可以了解产品的各项可靠性指标，进行产品质量的鉴定和比较，而且还可以通过试验来分析产品失效的各种原因，找出改进措施，提高产品质量。同时，根据所得电子元器件可靠性数据为电子设备或系统的可靠性设计提供重要依据。因此，可靠性试验是电子元器件研究工作的一个十分重要的问题。

可靠性试验应贯穿产品的研制、设计、制造和使用的各个阶段，只是各个阶段试验的目的不同，其内容也不同。可靠性试验与电子材料及元器件的例行试验是不同的。例行试验的目的只是保证产品在出厂验收时，判定其性能参数是否符合出厂指标，也就是判定产品合格或不合格。一般来说，它可以直接用仪器进行测试来确定。而可靠性试验是要用统计方法进行定量分析，从而得出可靠性指标，其不能直接用仪器进行测试来确定。而且，它们之间的应力等级的选取、施加应力的方法均不同，是两个范畴的问题。因此，可靠性试验和例行试验是两个不同的概念，不同的试验方法，彼此之间不能相互取代。

本章讲述可靠性试验的分类、抽样理论及方法、筛选试验、失效分布类型的检验、寿命试验的理论和数据处理等，最后给出对电子元器件分级的可靠性鉴定试验。

3.1　可靠性试验的意义

3.1.1　可靠性试验的目的与内容

可靠性试验是评价产品可靠性水平的重要手段。目前把测定、验证、评价、分析等为提高产品可靠性而进行的各种试验，统称为可靠性试验。可靠性试验是开展产品可靠性工作的重要环节。

可靠性试验一般是在产品的研究开发阶段和大规模生产阶段进行的。在研究开发阶段，可靠性试验主要用于评价设计质量、材料和工艺质量；在大规模生产阶段，可靠性试验的目的则是质量保证或定期考核管理。由于阶段不同，其目的和内容也不完全相同。表3.1列出了根据不同阶段、不同目的所开展的可靠性试验的内容。

测试单元组合（Test Element Group，TEG）是指微电子测试结构可靠性评价方法中的测试结构，也叫测试器件群，其主要是指供测试用的晶体管器件。随着集成电路集成化和复杂化程度的日益提高，仅在成品阶段进行评价已经不够，必须在集成电路的制造过程中进行评价。TEG可以针对设计、工艺、材料、单元电路，结合可能出现的失效模式和机理，制成各种可测试的结构图形。它可以放在电路芯片图形的旁边，也可以单独在大的晶圆上占据几个管芯的位置，甚至单独排列在一个大的晶圆上形成测试晶圆，制片时放在正规晶圆当中，目的是在研制开发阶段的制造工艺过程中，就能对设计、工艺、材料和基本单元进行可靠性评价，或者查找失效模式，得出失效机理，以便及时进行反馈。在大规模生产阶段，也可用来监测监控工艺流程。例如，当设计了一种新的薄膜晶体管（Thin Film Transistors，TFT）器件，在制造流程中需要测定其电特性，从这些电特性来推导器件模式参数，这时设计专门用于测试的晶体管（即 TFT），在 TFT 阵列基板的制作过程中，也可以在显示区外制造专门的 TFT 供测试检查用。

表 3.1   根据不同阶段、不同目的所开展的可靠性试验的内容

阶段	目的	内容	样品
研究开发	掌握可靠性水平的试验	标准试验	扩散评价 TEG
		加速试验	组装评价 TEG
		极限试验	基本电路 TEG
		实用试验	产品
	标准化探讨用的试验	模拟试验	TEG
		极限试验	产品
大量生产	可靠性保证试验	型式试验	产品
		认定试验	
		批量保证试验	
	筛选试验	加速试验	产品

可靠性试验所要达到的目的，可归纳为如下 3 个方面：

1）通过试验来确定电子元器件的可靠性特征量。试验暴露出的在设计、材料、工艺阶段存在的问题和有关数据，对设计者、生产者和使用者都是非常有用的。

2）通过可靠性试验，可以全面考核电子元器件是否已达到预定的可靠性指标。这是电子元器件新品设计定型必须进行的步骤。

3）通过各种可靠性试验，了解产品在不同工作、环境条件下的失效规律，确定失效模式，得到失效机理，以便采取有效措施，提高产品可靠性。

3.1.2　可靠性试验的分类

电子元器件常用的可靠性试验的分类方法很多。

可靠性试验按照试验地点和试验方式的不同可分为两大类：现场试验（工作可靠性的现场测量）和模拟试验（模拟实际工作状态的试验）。实验室进行的可靠性试验大多属于模拟试验。模拟试验按照试验性质又分为破坏性试验和非破坏性试验。

可靠性试验按照试验目的可分为可靠性鉴定试验、寿命试验、耐久性试验、筛选试验、可靠性增长试验等。可靠性鉴定试验是为确定产品的可靠性特征量是否达到所要求的水平而进行的试验；寿命试验是为评价分析产品的寿命特征量而进行的试验；耐久性试验是为考察产品的性能与所加的应力条件的影响关系而在一定时间内所进行的试验；筛选试验是为选择具有一定特性的产品或剔除早期失效而进行的试验；可靠性增长试验是通过采取纠正措施，系统地并永久地消除某些失效机理，使元器件可靠性获得提高，从而满足或超过预定的可靠性要求的试验。可靠性试验按照试验目的分类见表 3.2。

可靠性试验按照试验项目分为四大类：环境试验、寿命试验、现场使用试验和特殊检测试验，见表 3.3。

表 3.2　可靠性试验按照试验目的分类

	现场试验		
可靠性试验	模拟试验	破坏性试验	正常使用寿命试验
		寿命试验	加速寿命试验
			储存寿命试验
		极限试验	
	非破坏性试验	工作试验	环境试验
			耐久性试验
		存放试验	

表 3.3　可靠性试验按照试验项目分类

试验类别		试验项目
环境试验	气候试验	密封性试验；温度循环试验；热冲击试验；潮热试验；盐雾试验
	机械试验	振动；冲击；离心；碰撞；跌落；摇摆；引线疲劳；变频振动
寿命试验	长期寿命试验	长期储存寿命试验；静态、动态长期工作寿命试验
	加速寿命试验	恒定应力加速寿命试验；周期应力加速寿命试验；步进应力加速寿命试验；序进应力加速寿命试验
现场使用试验		实际工作试验；现场储存试验；现场环境试验
特殊检测试验		红外热普检查；X 射线检查；氦质谱检漏；放射性试剂检漏

1. 环境试验

环境试验主要是了解产品对环境条件的适应能力，特别是工作在特殊环境或恶劣环境条件下尤其重要。环境条件对于产品内部所潜在的失效因素起着“加速和加剧”的作用，它是导致形成某种失效机理的一种因子。环境试验要求在较短时间内观察产品所能承受多大环境应力。环境条件主要有

1）气候条件：包括温度、湿度、气压、潮热、盐雾等。

2）机械条件：主要是振动、冲击、离心等。

3）辐射条件：主要是电场、磁场、电磁场，以及其他射线的辐射等。

4）生物条件：主要是霉菌。

5）电条件：主要是雷击、电晕放电等。

6）人为条件：如运输、使用、维修等。

当然，作为电子产品的环境试验不是上述所有项目都进行，而是选择与工作环境相似的项目，或者选择对电子产品可靠性影响最显著的项目来进行。如高低温冲击、温度循环、潮热、振动、冲击、离心、盐雾、低气压等。它们可以是单一的环境应力，也可能是多种环境应力的组合。我国将使用环境条件分为五类共 11 种：第一类为陆用固定产品，包括地面室内固定、地面室外固定、地下固定产品；第二类为地面移动及车载用的产品；第三类为舰船用的产品，包括舰船舱室内、舰船舱室外、潜艇上使用的产品；第四类为机载用的产品，包

括喷气式飞机和涡轮螺旋桨飞机（含直升机）用的产品；第五类为战术导弹上用的产品，包括机舱外空中导弹和地面发射战术导弹用的产品。因此，可根据产品的实际使用环境，分析对产品影响最显著的一种或多种环境应力进行模拟环境试验。

2. 寿命试验

寿命试验是可靠性试验中最重要、最基本的内容之一。它是将样品放在特定的试验条件下，测量其失效（损坏）随时间的分布情况。因为失效是按先后次序出现的，所以可利用次序统计量理论来分析寿命试验数据，从而可以确定产品的寿命特征、失效分布规律，计算产品的失效率和平均寿命等可靠性指标。此外，还可以从中确定产品合理的可靠性筛选工艺及条件，进一步改进保证产品质量的依据。

寿命试验按照试验项目来划分，可分为长期寿命试验和加速寿命试验。长期寿命试验又分为长期储存寿命试验和长期工作寿命试验，两者不同点仅仅在于所加应力条件不同，其试验方法和数据处理是相同的。

长期储存寿命试验是指模拟电子产品在规定环境条件下处于非工作状态时，评价其存放寿命的试验。试验周期在1000h以上的称为长期储存寿命试验。长期储存寿命试验是将产品置于规定的环境条件下储存（只施加环境应力，不施加电应力），以确定储存寿命和失效率。环境条件要根据使用情况来确定。不同地区的环境条件差别很大，所以在确定环境条件时，一定要了解使用方对器件使用环境的要求。由于长期储存寿命试验是处于非工作状态，一般失效率较低，寿命较长，需要抽出较多的样品进行较长的时间来做试验，周期长达3~5年或更长。通过试验所积累的数据，对于提高产品质量、预测产品的可靠性是很有价值的。

长期工作寿命试验是指模拟电子产品在规定环境条件下，施加负荷使之处于工作状态时，评价其工作寿命的试验。试验周期在1000h以上的称为长期工作寿命试验。长期工作寿命试验是将产品置于规定的工作条件（规定的环境条件和电应力条件，以模拟实际工作状态）下试验，以确定使用状态下的寿命值和失效率。如果没有特别指出工作条件，则选用产品技术标准的额定条件，所确定的是额定状态下的寿命值和失效率。

长期工作寿命试验又可分为连续工作寿命试验和间断工作寿命试验。前者又可分为静态和动态两种工作寿命试验。静态工作寿命试验用于评价产品在额定应力下工作的可靠性，在规定的室温条件下，对器件施加最大耗散功率，分别在240h、480h、1000h、2000h、3000h、4000h、5000h条件下，测量器件的电参数；动态工作寿命试验则是模拟器件实际工作状态下的寿命试验。

加速寿命试验就是在不改变失效机理的条件下，用提高应力的方法，使元器件或材料加速失效，以便在较短时间内取得加速情况下的失效率、寿命等数据，然后推算出在正常状态（额定或实际使用状态）应力条件下的可靠性特征量。

加速应力可以是机械、物理、化学方面的应力，或者是它们的综合应力，这些应力包括：

1）机械应力：振动、冲击、离心、加速等。

2）热应力：热冲击、高低温循环、高温、低温等。

3）电应力：电流、电压、功率等。

4）其他环境应力：高温、潮热、低气压、盐雾、放射性辐射等。

如图3.1所示的加速寿命试验类型，加速寿命试验按照施加应力方式的不同可分为4类：

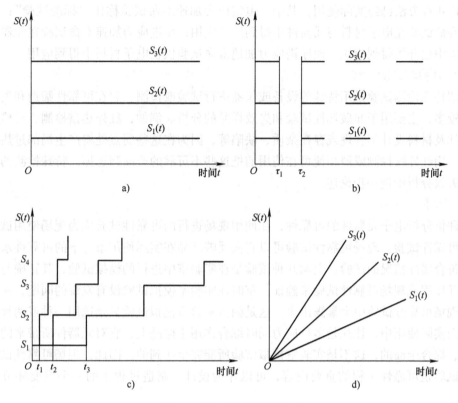

图 3.1 加速寿命试验类型

a) 恒定应力加速寿命试验 b) 周期应力加速寿命试验 c) 步进应力加速寿命试验 d) 序进应力加速寿命试验

1）恒定应力加速寿命试验。它是在高于正常应力的几个应力水平下，将一定数量的样品分成相应组数，每组固定一个应力水平进行寿命试验，一直试验到每组样品有一定数量样品失效为止，然后根据失效数据进行统计分析。此种试验的应力强度 $S(t)$ 与时间 t 无关，如图 3.1a 所示。

2）周期应力加速寿命试验。与恒定应力加速寿命试验的区别是，周期应力加速寿命试验是周期性重复对器件施加应力，用来了解应力对器件失效的影响情况，试验需要确定周期量参数 τ_1 和 τ_2，如图 3.1b 所示。

3）步进应力加速寿命试验，又称阶梯应力加速寿命试验。步进应力加速寿命试验对受试样品施加应力的方式是以阶梯形式逐步提高，其试验应力强度 $S(t)$ 是试验时间 t 的阶梯函数，如图 3.1c 所示。它是将一定数量的样品分成几组，每组固定一个时间间隔逐级增加的阶梯形函数应力，在此应力情况下试验，直到样品有一定数量失效为止。

4）序进应力加速寿命试验。序进应力加速寿命试验对受试验品施加应力的方式是以一定速率线性增加应力的试验方法，其试验应力强度 $S(t)$ 与时间 t 的关系如图 3.1d 所示。它是将试验样品分成几组，每组试验应力按不同速率线性增加，直到样品有一定数量失效为止。

利用这些加速试验方法，可以确定器件的失效界限，所以也称为临界试验。通过临界试验可以知道临界寿命，还可以了解器件承受机械强度、电浪涌等的耐量。在疲劳寿命加速试验中，这4种方法已经实际使用，其中，恒定应力加速寿命试验称作"标准试验"；恒定应力加速寿命试验在电子材料与元器件中得到广泛应用；步进应力加速寿命试验在元器件加速寿命试验中也开始得到应用；而序进应力加速寿命试验仅在电子材料中得到应用。

3. 特殊检测试验

所谓特殊检测试验是用特殊的设备或仪器进行试验或检测。它在可靠性筛选和失效分析中使用较多，主要用于非破坏性试验和失效样品的分析。例如，红外热谱检测，可检测出电子元器件及材料设计不合理或存在杂质、缺陷等，因为在这些弱点处将产生局部过热或出现过热区，用红外线探测或照相便可在使用前把这些不可靠的产品筛选掉。特殊检测的有关问题将在失效分析中进一步论述。

4. 现场使用试验

为评价分析电子元器件的可靠性，在使用现场进行的可靠性试验称为现场使用试验，又称现场可靠性试验。现场可靠性试验可以真实反映产品在实际使用条件下的可靠性水平，因而是最符合实际情况的试验。上面几种试验是在实验室中进行的模拟试验，其正确与否，有待于实际使用或现场可靠性试验来验证。有时在实验室模拟试验没有发现的问题，而在实际使用或现场可靠性试验中会暴露出来。这是因为实验室模拟试验只是选用一种或两种应力进行的，而实际使用中，往往是多种应力同时综合作用于样品上，它对元器件所带来的影响是复杂的、综合全面的，这不是实验室模拟试验所能完全达到的。因此，现场可靠性试验或现场使用试验是可靠性工程的重要内容，可以作为设计、制造过程中的一个重要环节来加以规定。

现场使用试验可以达到如下目的：

1）收集元器件在现场使用的工作可靠性数据，可以进行工作可靠性统计评估，为设备设计中确定元器件可靠性指标提供依据。

2）对元器件在实际使用条件下的失效率指标与实验室内规定条件下获得的基本失效率指标进行比较，从而获得各种元器件应用环境和使用条件等影响的修正系数（Modified Coefficient）。

3）对元器件现场使用的失效分类统计，判别各类失效模式的百分比，为改进元器件可靠性提供依据。这不仅能促进该产品可靠性的提高，也为进一步研制新产品的可靠性设计与制造打下良好基础。

4）通过现场使用试验，可以分析自然环境应力的大小对元器件可靠性影响的程度，从而确定元器件的环境保护工艺措施及环境试验方法，制定合理的环境试验条件。

5）现场使用试验还可以分析元器件筛选效果，便于制定和修改元器件筛选工艺规范。

要建立现场使用和失效记录档案，完整而精确地收集各种现场使用试验数据（包括使用时间、工作状态、环境条件、受试元器件性能及其变化情况、失效状态及其原因等）。由于试验结果是从现场得来的，必须对这些结果进行分析和研究，以保证结果的可靠性和完整性，必要时要进行现场的实际分析，以便对结果进行再判断、再分析，保证最终结论的正确性。

虽然可靠性试验门类很多，不同试验都能采集到不同的数据，但它们都反映了不同阶段、不同考核对象的可靠性水平是否达到了预定的可靠性指标。可靠性指标实际上就是可靠性试验的失效判据。采用不同的失效判据，其可靠性评价的结果就会不同。为了通过可靠性试验能准确地对产品进行可靠性评价，除了要精确地确定失效判据外，还要注意正确选用抽样方法和选用合适的技术标准。下面就对失效判据和技术标准进行介绍。

3.1.3　用于可靠性试验的失效判据

在进行可靠性试验前，首先要确定好失效判据。失效判据不同，试验结果也会不同，为此必须做出合理的失效定义（制定失效判据）。

失效一般分为两种，即致命性失效（如断路、短路和严重丧失功能）和非致命性失效 [如漂移失效（漏电流，互连线电阻增加、电源电压下降）]。退化程度不同，失效形式也会不同。把参数退化到什么程度判定为失效，即失效判据不同，可靠性试验的评价结果也会有明显不同。所以，如何确定失效判据，应该非常慎重。

确定失效判据一般有两种考虑：一是从满足工作电流、工作条件的角度来制定试验对象的容限值；二是从产品可靠性可以控制的角度来确定其极限值。对于第一种情况，是使用方从对器件性能的需求来考虑的；对于第二种情况，则是生产方从器件的失效物理出发，根据其失效模式、失效机理来确定失效判据。实际上，这两种考虑应该兼顾。在我们常用的各种技术标准中，都兼顾了这两方面的考虑。

数字集成电路可靠性试验的失效判据和线性集成电路可靠性试验的失效判据分别见表3.4 和表 3.5。从表 3.4 和表 3.5 中可以看出，对于试验参数，都按照一定标准的容限值来评价。一般情况下，以初始值为标准值，选取比标准值的上限值高 10% 为上限判据，选取比标准值的下限值低 10% 为下限判据。

表 3.4　数字集成电路可靠性试验的失效判据

项目		失效判据		单位	备注
		下限	上限		
电气性能	输出电压	$L \times 0.9$	$U \times 1.1$	V	
	输出电流	—	$U \times 1.1$ $(U \times 2)$	A	（ ）内是有漏电流的场合
	输入电流	—	$U \times 1.1$ $(U \times 2)$	A	（ ）内是有漏电流的场合
	电源安全系数	$U \times 0.05 + L \times 0.95$	$U \times 0.95 + L \times 0.05$	V	初期标准为 L（工作范围） 失效判据为 U（工作范围）
	电源电流	$L \times 0.9$	$U \times 1.1$	A	
	时钟脉冲宽度	$L \times 0.9$	$U \times 1.1$	S	
	输入钳位电压	$L \times 0.9$	—	V	
	AC 特性	$L \times 0.9$	$U \times 1.1$	S	
	功能试验	根据真值表		—	
	短路、断路	断路、半断路； 短路、短路包含 高低温不良		—	

（续）

项目		失效判据		单位	备注
		下限	上限		
外观及其他	漏气	大漏气、小漏气		—	气密封装器件
	外观	根据极限样本		—	
	生锈、变色	根据极限样本		—	
	可焊性	根据极限样本		—	
	标记	根据极限样本		—	

注：U 为初期标准上限值，L 为初期标准下限值。

表 3.5　线性集成电路可靠性试验的失效判据

项目		失效判据		单位	备注
		下限	上限		
电气性能	电压增益	$L-3$	$U+3$	dB	
	额定输出功率	$U\times9$	—	W	
	全部高次谐波失真率	—	$U\times1.5$	%	
	输出噪声电压	—	$U\times1.5$	V	含脉冲噪声
	输入极限电压	—	$U+3$	V	
	电源电流	—	$U\times1.1$	A	
	输入失调电压	—	$U\times1.5$	V	
	输入失调电流	—	$U\times1.5$	A	
	输入电流 输入偏置电流	—	$U\times1.3$	A	
	最大输出电流振幅	$L\times1.1$	$U\times0.9$	A	
	同相输入电流范围	$L\times0.9$	—	A	
	同相鉴别系数	$L-3$	—	A	
	转换速率	$L\times0.9$	—	V/ns	
	短路、断路	断路、半断路；短路、短路包含高低温不良		—	
外观及其他	漏气	大漏气、小漏气		—	气密封装器件
	外观	根据极限样本		—	
	生锈、变色	根据极限样本		—	
	可焊性	根据极限样本		—	
	标记	根据极限样本		—	

注：U 为初期标准上限值，L 为初期标准下限值。

3.1.4　用于可靠性试验的技术标准

对产品进行可靠性试验，根据试验目的选用什么试验方法和选用什么试验条件、如何确定失效判据、如何选择抽样方式，以及对产品进行可靠性评价的结果符合什么可靠性等级，这在现有国内、国际上制定的各种可靠性技术标准中几乎都有明确规定。这说明对于电子元器件质量和可靠性水平，在国际上已有统一的标准。对于电子元器件产品适用于民用、工业用、军用和宇航用都有相应的标准或相应的等级要求，这为我们开展可靠性试验提供了方便。

表 3.6 列出了在可靠性试验领域经典的、具有较大影响力的一些标准。其中，很长一段时期内，美军的 MIL 标准一直在世界上占主要地位。但是，由于存在电子元器件可靠性国际认证问题，所以 IEC 标准正逐渐成为主流。我国这方面的标准大多数是参考 MIL 标准和 IEC 标准制定的。世界各国的电子元器件生产厂商也都按照这些标准规定的方法进行操作。

表 3.6 在可靠性试验领域经典的、具有较大影响力的一些标准

IEC 标准［International Electrotechnical Commission（国际电工委员会）］
IEC 68 号出版物：基本环境试验规程
GB/T 4937.1-2006/IEC 60749-1：2002：半导体器件 机械和气候试验方法（第 1 部分）

MIL 标准［Military Standard（美国军用标准）］
MIL-STD-202：电子、电器元器件试验方法
MIL-STD-750：半导体分立器件试验方法
MIL-STD-833：微电子器件试验方法

BS 标准［British Standard（英国标准）］
BS 9300：半导体器件试验方法
BS 9400：集成电路试验方法

JIS 标准［Japanese Industrial Standard（日本工业标准）］
JISC 7021：半导体分立器件的环境试验方法和疲劳试验方法
JISC 7022：半导体集成电路的环境试验方法和疲劳试验方法

EIAJ 标准［Standard Electronic Industries Association of Japan（日本电子机械工业协会标准）］
SD-121：半导体分立器件的环境及疲劳性试验方法
IC-121：集成电路的环境及疲劳性试验方法

3.2 抽样理论及抽样方法

电子元器件由于批量大、可靠性高，其寿命和可靠性常采用抽样检验的方法，特别是破坏性试验，抽样检验显得更加重要。所谓抽样检验是依照规定的抽样方案和抽样程序，从批产品（一批产品或一个制造过程的日产量等）中随机抽取若干个样品进行检验，根据检验结果来判断该产品是否合格，从而决定产品接收或拒收的过程，或者判断产品特性是否稳定，这是一种检验产品质量和可靠性既经济又实用的办法。

抽样检验的前提是产品的质量和可靠性必须均匀、稳定。只有这样，从整批产品中抽取出来的样品，才能具有一定的代表性。对它检验的结果才能用来评估整批产品的质量与可靠性指标。不过，抽样检验的方法总是免不了会出现偶然性，也就是说，根据子样品的特性来推断母体的特性，不可能有百分之百的把握，只有用概率计算的方法，才能使抽样检验的结果更加接近实际情况。

抽样检验按照其目的可分为抽样验收和抽样控制。抽样验收的目的是判断批产品是否符合产品的技术标准；而抽样控制则是决定产品制造过程是否稳定。

抽样检验按照其被检验的指标可分为计数抽样和计量抽样。计数抽样检验是判断产品是否合格，与产品的特性值无直接关系，它是根据产品技术标准要求，按抽样方案抽取样本大小，进行试验或检查，按其结果判断产品是合格或不合格；计量抽样检验是衡量产品质量的抽样方案。

抽样检验按照抽样方式可分为一次抽样（单式抽样）、二次抽样（复式抽样）、五次抽样（多重抽样）、序贯抽样。

一次抽样方案是从批产品中只抽取一个样本（即从批产品中随机抽取被检验样品的总数称为一个样本），根据样本的检验结果，判断批产品合格或不合格。

二次抽样方案是根据第一个样本的检验结果，判断批合格、不合格或再作检验。如果再作检验，则根据第一个和第二个样本的检验结果，判断批合格或不合格。

五次抽样方案可以最多到第五个样品检查，根据第一个至第五个样品的检验结果，判断合格或不合格。

序贯抽样是逐个进行抽样检查，抽一个样品进行检验，判断是否能对产品下结论，如果不能下结论就继续抽下一个，再看已抽出总的样品检验结果，如果仍不能下结论，则继续下去，直到能下结论为止。这种方法虽然比较复杂，但可以节省样品数，而且还可以充分利用每一个样品检查的信息作判断，对贵重的产品进行破坏性试验时，常采用此种抽样方式。

抽样检验的样品必须是从建立了可靠性质量管理和连续生产的稳定的产品批中随机抽取，这样抽取的产品才具有代表性，否则，抽取检验将毫无意义。

3.2.1 抽样检验的理论基础

假设有 N 件产品，其不合格率为 p（指不合格品占全部产品的百分数）。如果从 N 件产品中随机抽取 n 件，这 n 件中不合格品数 r 是一个随机变量。假设 N 件产品的不合格品率不得大于 p_0，产品才算合格。显然，为满足此要求，在抽取样品 n 件中，不合格品数存在一个临界值 C，当 $r > C$ 时，$p > p_0$，这批产品就不合格。因此，当这批产品确定了一个抽样常数 n 和 C，就确定了一个抽样方案。不同的 (n, C) 就是不同的方案，显然，可以有很多抽样检验方案。在这些抽样检验方案中，哪一个是最好的呢？用什么办法挑选出这个最好的方案呢？这就是抽样检验理论应该解决的两个基本问题。要判断一个抽样检验方案的好坏，必须给出好坏的标准，随着标准的不同，最好的抽样方案也会不同。为了说明其好坏的标准，首先看一看下面的实例。

例如，一批元件，规定的不合格品率为 p_0，选用了一个抽样方案 (n, C)，在 n 个样品中，不合格品数是 r，实际抽样检验结果的 4 种情况见表 3.7。

表 3.7　实际抽样检验结果的 4 种情况

实际情况	抽样结果	抽样检验后的判断	判断的正确性
① $p \leqslant p_0$	$r \leqslant C$	合格	正确
② $p \leqslant p_0$	$r > C$	不合格	错误

（续）

实际情况	抽样结果	抽样检验后的判断	判断的正确性
③ $p > p_0$	$r \leqslant C$	合格	错误
④ $p > p_0$	$r > C$	不合格	正确

在①、④两种情况下，抽样检验后的判断与实际情况完全相符，这是我们所希望的，而对于②、③两种情况，所下的判断与实际情况完全相反，是不希望发生的。第②种情况把合格产品判为不合格品，出现"以真为假"的错误，通常称为第Ⅰ类错误；第③种情况把不合格产品判为合格品，出现"以假为真"的错误，通常称为第Ⅱ类错误。这两类错误的性质是不同的，前者对生产单位造成影响，后者对使用单位造成危害。但是，不论哪一类错误，都是不希望出现的。因此，一个好的抽样方案 (n, C)，既不出现第Ⅰ类错误，又不出现第Ⅱ类错误，实际上是不可能完全达到的。通常只能要求出现第Ⅰ类错误的概率 $\alpha(p)$ 和出现第Ⅱ类错误的概率 $\beta(p)$ 尽可能地小，满足此条件的抽样方案就是比较好的方案。

$\alpha(p)$ 和 $\beta(p)$ 如何确定呢？其表达式与哪些因子有关呢？为此，必须利用最常用的概率分布：二项分布、泊松分布和超几何分布。超几何分布主要用于小批量的抽样检验。

其中一种情况，设 $N \gg n$，可以近似认为是无限总体，即抽取 n 个产品并不会影响总的不合格产品率 p 的数值。若从 N 个产品中任意抽取 1 个产品，抽到合格品的可能性为 $(1-p)$；连续抽取 2 个产品，抽到都是合格品的可能性为 $(1-p)^2$；同理，连续抽取 n 个都是合格品的可能性是 $(1-p)^n$，即上述抽样方案的函数为 $L_{(C=0)} = (1-p)^n$。

另一种情况，即 n 个产品中只有 1 件不合格品的可能性是多大呢？因为连续抽取 n 个产品时，不合格品可能是第 1 个，也可能是第 2 个、第 3 个…或第 n 个，因此，共有 C_n^1 种可能性。而抽到 1 个不合格品的可能性是 p，n 个中有 $n-1$ 个合格品的可能性是 $(1-p)^{n-1}$。显然，抽取 n 个产品中有 $n-1$ 个合格品、1 个不合格品的可能性是 $C_n^1 (1-p)^{n-1} p = L_{(C=1)}$，所以，

$$L_{(C \leqslant 1)} = L_{(C=0)} + L_{(C=1)} = \sum_{i=0}^{1} C_n^i (1-p)^{n-i} p^i \tag{3.1}$$

这就是概率论中的二项分布律。它的物理意义是：一大批产品的不合格率为 p，从中任意抽取 n 个，其不合格数小于或等于 C 的可能性为 $L(p, n, C) = \sum_{i=0}^{C} C_n^i (1-p)^{n-i} p^i$，而不合格品数大于 C 的可能性为 $1 - L(p, n, C)$。如果把此批产品判为不合格，其概率应为 $1 - L(p, n, C)$，也就是说可能有 $1 - L(p, n, C)$ 的可能性把合格品判为不合格品，这称为生产风险率，即出现第Ⅰ类错误的概率为 $\alpha(p)$。用这种方法抽样检验时，判断为合格品的概率为 $1 - \alpha$，即生产单位有 $(1 - \alpha)$ 的把握。因此，$L(p, n, C)$ 为接收概率，即把不合格品判为合格品的风险概率，把这称为使用单位的风险率，即出现第Ⅱ类错误的概率为 $\beta(p)$。

因此，实际应用式（3.1）来抽样检验产品时，生产单位和使用单位为维护自己的利益，对被检验的产品合格与否，提出了各自的标准。生产单位对批量合格产品的不合格品率提出一个上限 p_1，认为实际不合格品率 $p \leqslant p_1$ 为合格产品；而使用单位对批量合格产品的不合格品率提出一个下限 p_2，认为实际不合格率 $p \geqslant p_2$ 为不合格产品，并规定生产单位风险率

$\alpha(p)$ 和使用单位风险率 $\beta(p)$，因此有

$$L(p_1, n, C) = \sum_{i=0}^{C} C_n^i (1-p_1)^{n-i} p_1^i = 1 - \alpha \tag{3.2}$$

$$L(p_2, n, C) = \sum_{i=0}^{C} C_n^i (1-p_2)^{n-i} p_2^i = \beta \tag{3.3}$$

求解式（3.2）和式（3.3），可得到满足方程的 n 和 C，从而确定出抽样方案，通常都作成抽样表，可直接查表确定。

当 n 很大，上述计算二项分布比较麻烦。如果 p 很小，$np = \lambda$ 为常数且又很小的话，二项分布可用泊松分布来近似计算，则

$$L(p) = \sum_{i=0}^{C} C_n^i (1-p)^{n-i} p^i = \sum_{i=0}^{C} \frac{\lambda}{i!} e^{-\lambda} \tag{3.4}$$

当批量 $N < 100$，$n/N > 0.1$ 时，抽样后将影响总体不合格品率，这时只能用超几何分布来确定接收率，则

$$L(p) = \sum_{i=0}^{C} \frac{C_{N_p}^i C_{N(1-p)}^{n-i}}{C_N^n} \tag{3.5}$$

式中，N_p 为批不合格品数；p 为批不合格品率。

3.2.2 抽样的特性曲线

设批量产品总数为 N，不合格品率为 p，显然，当 $p = 0$ 时，这批产品肯定被全部接收；而当 $p = 1$ 时，则全部拒收；当 $0 < p < 1$ 时，有可能被接收，也有可能被拒收，p 越接近于 0，接收的可能性就越大。因此，接收概率 $L(p)$ 是不合格品率 p 的函数。

1. 理想的抽样曲线

若给定不合格品率为 p_0，当批合格率 $p \leqslant p_0$ 时，这批产品合格，全部接收，即 $L = 1$；如果 $p > p_0$，则全部被拒收，即 $L = 0$，其特性曲线如图 3.2a 中的粗线所示。

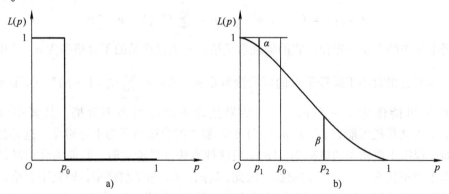

图 3.2　抽样特性曲线
a）理想　b）实际

2. 实际的抽样特性曲线

实际的抽样特性曲线（又称 OC 曲线，Operating Characteristic Curve，即工作特性曲线）不可能得到理想的抽样曲线，但希望尽可能接近理想的特性曲线。也就是说，一个好的抽样

方案，当产品的质量好时，应以较高的概率接收；当产品的质量差或产品的质量变坏时，应以较低的概率被接收，即当以高概率被接收时，其特性曲线如图 3.2b 所示。

显然，实际的抽样特性曲线具有下列性质：

1）当 $p \leqslant p_1$ 时，$\alpha(p) \leqslant \alpha$。

2）当 $p \geqslant p_2$ 时，$\beta(p) \leqslant \beta$。

这为实际工作中提供了选取 p_1、p_2 的准则，通常 α 可选取 0.01、0.05、0.10，β 可选取 0.05、0.10、0.20。如果选取了 α、β，那么，抽样特性函数 L 给出了 p_1、p_2，可确定 n、C；反之，给出了 n、C，也可以确定 p_1、p_2。

对同一批量 N 的抽样方案 (n,C) 中，若 C 一定而 n 增大时，则抽样特性曲线的下垂部分向左移动，如图 3.3a 所示；当 n 一定而 C 增大时，则抽样特性曲线的下垂部分向右移动，如图 3.3b 所示。

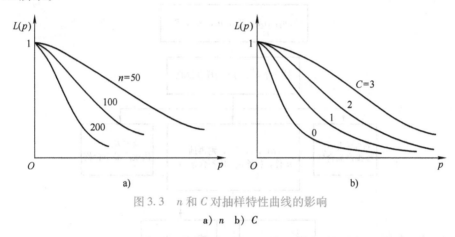

图 3.3　n 和 C 对抽样特性曲线的影响

a）n　b）C

此外，对于批量 N 的大小不同，相同的抽样方案也将使抽样特性曲线很分散。因此，在选取抽样方案时，应尽可能使其特性曲线不分散，以保证出厂产品的质量或可靠性保持在一定水平上。同时，还可根据生产质量的稳定程度和质量水平，把抽样方案分成不同的抽样水平。对于质量较低的产品抽样严格一些，对于质量高并且比较稳定的产品，可以抽样松一些。

3.2.3　抽样方案及程序

下面仅就最常用的计数抽样检验方案及程序作介绍。

1. 一次计数抽样检验

当批量 N 一定时，通过相应的抽样方案确定出 (n,C)，其抽样检验方案可记作 $(N; n,C)$。显然，这样的抽样方案应首先由生产单位和使用单位共同协商确定 4 个参数，即生产单位风险率 α、使用单位风险 β、合格质量水平 p_1（Acceptance Quality Level，AQL，有时也可选用 p_0）、不合格质量水平 p_2（Lot Tolerance Percent Defective，LTPD，批次允许不合格品率），然后根据方程组

$$L(p_1) = 1 - \alpha \tag{3.6}$$

$$L(p_2) = \beta \tag{3.7}$$

求解而确定，其检验程序如图 3.4 所示，A_C 是合格判定数，R_e 是不合格判定数。

2. 二次计数抽样检验

一次计数抽样检验需抽取较多的样品数，为减少抽样数，同时又控制其出现两类错误的概率不超过 α、β，从而提出二次计数抽样检验。当批量 N 一定时，按相应抽样方案确定出 $(n_1, A_{C1}, R_{e1}, n_2, A_{C2}, R_{e2})$，其抽样检验方案可记作 $(N; n_1, A_{C1}, R_{e1}, n_2, A_{C2}, R_{e2})$。其中，$n_1$、$n_2$ 分别为第一和第二样本数，A_{C1}、R_{e1}、A_{C2}、R_{e2} 分别为第一次和第二次检验的合格和不合格判定数，二次计数抽样检验程序如图 3.5 所示。

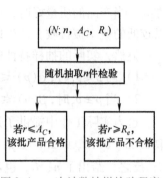

图 3.4 一次计数抽样检验程序

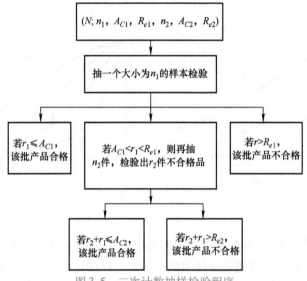

图 3.5 二次计数抽样检验程序

3. 计数序贯抽样检验

当产品不合格品率为 p_1 时，认为产品质量合格，以 $1-\alpha$ 的高概率接收；当产品不合格品率为 p_2 时，认为产品质量不合格，以 $1-\beta$ 的高概率拒收。如果给定了 p_1、p_2、α、β，可以确定接收、拒收和继续检验区的界限。如果抽取一个单位产品（是指构成产品总体的基本单位），检验在继续检验区内，不能作结论，则需继续抽取一个单位产品进行检验，直到能作结论为止。因此，计数序贯抽样检验的核心问题是如何确定接收、拒收和继续抽验区的界限。

为了满足第 I 类错误的概率为 α、第 II 类错误的概率为 β 的要求，可以采用下面的序贯检验方案：

1）第 1 步，计算出由 $A = \dfrac{\beta}{1-\alpha}$ 和 $B = \dfrac{1-\alpha}{\beta}$ 所确定的 A 和 B 的值。第一次抽验一个单位产品，用 i_1 表示抽验单位产品的不合格品数，一般为 0 或 1。

通过概率统计，可以推导出接受函数的值为

$$L_1 = \frac{p_2^{i_1}(1-p_2)^{1-i_1}}{p_1^{i_1}(1-p_1)^{1-i_1}} \tag{3.8}$$

如果 $L_1 \leqslant A$，接收，即检验合格。

如果 $L_1 \geqslant B$，拒收，即检验不合格。

如果 $A < L_1 < B$，继续抽验一个单位产品。

式中，$p_2^{i_1}(1-p_2)^{1-i_1}$ 是当不合格品率 $p = p_2$ 时的概率；$p_1^{i_1}(1-p_1)^{1-i_1}$ 是当 $p = p_1$ 时的概率；L_1 为前一个概率和后一个概率的比值，称为似然比。显然，$L_1 \leqslant A$ 可以认为是检测结果 $p = p_2$ 的可能性没有 $p = p_1$ 的可能性大，因此可以接收批产品；反之，$L_1 \geqslant B$ 可以认为检测结果 $p = p_2$ 的可能性比 $p = p_1$ 的可能性大，因此可以拒收批产品；而 $A < L_1 < B$ 区间尚不能作出结论，需继续抽验一个单位进行检测。显然，有 A、B 可判断其接收、拒收和继续抽验的界限。

2）第 2 步，若以 i_2 表示第 1 次和第 2 次所抽验的两个单位产品中不合格的个数。

计算由式（3.9）确定的接受函数的值为

$$L_2 = \frac{p_2^{i_2}(1-p_2)^{2-i_2}}{p_1^{i_2}(1-p_1)^{2-i_2}} \tag{3.9}$$

如果 $L_2 \leqslant A$，接收此批产品。

如果 $L_2 \geqslant B$，拒收此批产品。

如果 $A < L_2 < B$，继续抽验一个单位产品。

3）第 n 步，在继续抽验至第 n 个单位产品后，以 i_n 表示前 n 个被抽验的单位产品中不合格品的个数。

计算由式（3.10）确定的接受函数的值为

$$L_n = \frac{p_2^{i_n}(1-p_2)^{n-i_n}}{p_1^{i_n}(1-p_1)^{n-i_n}} \tag{3.10}$$

可以证明，此方案的抽样检验的特性函数为

$$L(p) = \frac{B^h - 1}{B^h - A^h} \tag{3.11}$$

式中，h 的值可由式（3.12）来确定，即

$$p = \frac{1 - \left(\frac{1-p_2}{1-p_1}\right)^h}{\left(\frac{p_2}{p_1}\right)^h - \left(\frac{1-p_2}{1-p_1}\right)^h} \tag{3.12}$$

当 $p = 0$ 时，$L(0) = 1$。

当 $p = p_1$ 时，$L(p_1) = 1 - \alpha$。

当 $p = \omega = \dfrac{\ln\dfrac{1-p_2}{1-p_1}}{\ln\dfrac{p_2}{p_1} - \ln\dfrac{1-p_2}{1-p_1}}$ 时，$L(\omega) = \dfrac{\ln B}{\ln B + \ln A}$。

当 $p = p_2$ 时，$L(p_2) = \beta$。

当 $p = 1$ 时，$L(1) = 0$。

显然，计数序贯抽样方案的抽样特性曲线如图 3.6a 所示。因此，第 n 次抽验后的合格判断规则为

$$L_n = \frac{p_2^{i_n}(1-p_2)^{n-i_n}}{p_1^{i_n}(1-p_1)^{n-i_n}} \leqslant A \tag{3.13}$$

对式（3.13）两边取对数得

$$i_n \ln\frac{p_2}{p_1} + (n-i_n)\ln\frac{1-p_2}{1-P_1} \leqslant \ln A \tag{3.14}$$

可改写为

$$i_n \leqslant \omega n + u \tag{3.15}$$

式中，

$$\mu = \frac{\ln A}{\ln\dfrac{p_2}{p_1} - \ln\dfrac{1-p_2}{1-p_1}} \tag{3.16}$$

同样，可得不合格判断规则为

$$i_n \geqslant \omega n + v \tag{3.17}$$

式中，

$$v = \frac{\ln B}{\ln\dfrac{p_2}{p_1} - \ln\dfrac{1-p_2}{1-p_1}} \tag{3.18}$$

由此，可以作出计数序贯抽验示意图，如图 3.6b 所示。从而确定接收区、拒收区和继续抽验区，也可以确定对于抽验 n 个单位产品的合格和不合格的临界不合格品数，进而确定了检验判断准则。只要把检测的不合格数和临界不合格数进行比较，就可作出决断或再继续抽检试验的结论。

在实际工作中，根据上述理论分析计算，作成表格或图片，可以直接查用。例如，电子元器件失效率抽样检验，以及电子产品的平均寿命抽样检验的抽样方案都是根据这样的方法制定的。

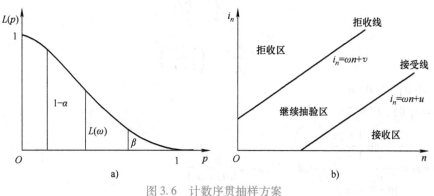

图 3.6 计数序贯抽样方案

a）抽样特性曲线 b）计数序贯抽验示意图

3.3　可靠性筛选试验

3.3.1　可靠性筛选的种类

可靠性筛选是提高产品可靠性的一项有效措施。所谓可靠性筛选试验（Reliability Screening Test）是指为选择具有一定特性的产品或剔除早期失效的产品而进行的试验，其目的显然有两个方面：其一，是从批产品中挑选出高可靠性的产品，淘汰掉那些低劣的产品，将批产品按可靠性大小分类；其二，是剔除那些具有潜在缺陷的早期失效产品。因此，筛选可分两大类：普通筛选——主要是剔除早期失效的产品；精密筛选——在普通筛选的基础上进行的二次筛选，剔除参数漂移大的产品，以便得到高可靠性的产品。可靠性筛选所剔除的具有潜在缺陷的早期失效产品一般都是工艺缺陷和工艺过程中产生差错造成的，所以，可靠性筛选有时也叫工艺筛选（Processing Technology Screening）。但是，必须特别指出，在生产过程中一般电子元器件的特性值是在一定范围内分布，失效机理是确定的，因而可靠性筛选不能改变其失效机理。因此，可靠性筛选不能提高单个元件的可靠性（固有可靠性），只能将早期失效的产品剔除或将产品可靠性分成不同水平等级，从而提高批产品总的可靠性水平。所以，高可靠性电子元器件产品的获得主要是依靠对电子元器件的可靠性设计和严格的工艺控制，而不是依靠可靠性筛选。其实，在产品制造过程中，各个工艺质量的检验、成品和半成品的电参数测试等也可看作是筛选的过程。

可靠性筛选的方法很多，可以是通过简单观测（如显微镜观察、电参数测量）来检查潜在的缺陷；也可以通过施加单个和多个环境的压力，使缺陷加以暴露；或通过施加其他应力来观测或发现缺陷；或通过早期寿命试验对参数的特征值测量来决定合格品和不合格品的方法；也有的是通过对样品施加应力，观测元器件参数的变化来判断缺陷（通常是通过观测对缺陷敏感的参数来判别）；或间接观察元器件的应力集中情况（如机械变形、电应力和热应力的集中等）进行判断，应力集中者多数为缺陷所在处，是不可靠或早期失效的产品。

非破坏性筛选试验必须 100% 进行筛选；如果试验是破坏性的，或者会产生蜕化现象时，则应根据批量大小进行抽样试验。最理想的方法是在不额外增外应力的情况下，即在普通状态或工作应力状态下，进行非破坏性试验（如目检、X 射线检验及电参数测量等）。采用外加应力进行筛选时，应根据要求和元器件本身的失效机理采用不同的方法，使潜在缺陷易于暴露。

对于新型的元器件和可靠性极高的元器件，筛选试验具有重要意义。特别是在空间技术和军事应用上，往往为获得高可靠性元器件在筛选上花费很多经费和时间。

理想的筛选不会误筛选任何一个产品，即不把可靠的产品当作早期失效的产品筛选掉，也不把潜在的早期失效产品误筛选为可靠的产品。它们应满足：剔除不合格品数等于实际不合格品数；合格品剔除数（或损坏数）等于零。

事实上，这种理想的筛选是不存在的。但是，希望选用的筛选方法应尽可能接近理想状态。

根据筛选的性质和所加的应力或所使用的仪器设备的不同，可靠性筛选试验大致可分为4类：检查筛选、密封性筛选、环境应力筛选和寿命筛选。可靠性筛选试验的分类见表3.8。

表3.8　可靠性筛选试验的分类

检查筛选	目视或显微镜检查筛选
	红外线非破坏性检查筛选
	X光照相或X射线非破坏性检查筛选
	特性值测量的检查筛选（如电阻器非线性特性测试、电流噪声测试）
密封性筛选	液体浸没检漏筛选
	氦质谱检漏筛选
	放射性同位素气体示踪检漏筛选
	湿度试验筛选
环境应力筛选	振动加速度筛选
	冲击加速度筛选
	离心加速度筛选
	温度冲击筛选（温度循环、热冲击）
寿命筛选	高温储存筛选
	功率老化筛选

3.3.2　筛选方法的评价

为了比较各种筛选方法的优势，必须确定筛选方法好坏的标准。目前，在电子元器件筛选中常使用下面3个指标来作为评价筛选方法好坏的尺度。

1. 筛选淘汰率 Q

筛选淘汰率是表示筛选剔出的产品数与被筛选产品总数的比值，即

$$Q = \frac{筛选剔除数}{被筛选元器件总数} \tag{3.19}$$

显然，不能认为筛选淘汰率越高，产品就越可靠；也不能认为筛选淘汰率越低就越好。但是，它能在一定程度上表征筛选方法及产品质量优劣的尺度。如果筛选淘汰率较大，有可能是筛选应力选择不当，也可能是元器件的设计、工艺或材料存在较大缺陷，从而提醒试验者注意，并找出问题所在。若筛选应力过大，可能将本来合格的产品变为不合格品；如果筛选淘汰率太小，可能是筛选应力选择过小，达不到剔除早期失效产品的目的。

国外在高可靠产品的技术标准中，一般都规定了筛选淘汰率的上限值，如美国军用标准MIL-D-39001A（云母电容器可靠性技术总规范）中规定了筛选淘汰率不大于8%，其他相应的规范中也规定了纸质电容器和陶瓷电容器的筛选淘汰率不大于5%，碳膜和金属电容器的筛选淘汰率不大于3%。

2. 筛选效率 η

筛选效率表征筛选剔除的早期失效产品数占早期失效产品总数的比值，即

$$\eta = \frac{剔除失效产品数}{总失效产品数} = \frac{r}{R} \tag{3.20}$$

显然，这个比值越大，说明早期失效产品被淘汰的越多，其值越接近 1，表示筛选方法越好。但是，实际存在的早期失效产品总数是不知道的，因此使用筛选效率比较困难。另外，这里只考虑了不漏掉早期失效产品的要求，没有考虑到不应将非早期失效产品淘汰掉的要求，其改进的表达式如下：

$$E = \frac{r}{R}\left(1 - \frac{n-r}{N-R}\right) \tag{3.21}$$

式中，N 为被筛选的产品总数；R 为早期失效产品数；n 为被筛选淘汰的产品总数；r 为被筛选淘汰产品中的早期失效产品数。

3. 筛选效果 β

筛选效果表征产品经过筛选后，失效率下降的相对幅度，即

$$\beta = \frac{\lambda_N - \lambda_S}{\lambda_N} \tag{3.22}$$

式中，λ_N 是筛选前的产品失效率；λ_S 是筛选后的产品失效率。

试验结果表明，当 $\beta = 0.9$ 时，筛选后的产品失效率比筛选前的产品失效率大致下降了一个数量级，如果筛选能达到这样的水平，就得到比较满意的筛选效果。

3.3.3　筛选方法的理论基础

筛选方法按其复杂程度分为 4 种：分布截尾筛选；应力-强度筛选；老化筛选；线性鉴别筛选。

1. 分布截尾筛选

分布截尾筛选的主要目的是要获得与设计范围相应的元器件主要参数的均匀性，因此，必须规定受控的元器件参数和实际元器件参数可接受的容差极限，这种筛选就是从一批元器件中剔除那些超出了容差极限的产品。

如果给定某元器件母体的初始参数值是一种概率分布函数，关键是如何在分布函数上确定满足容差极限的截尾点，使之偏离质量参数标准值的百分数在可接受的容差极限范围内。例如，某设备给定的全部电阻器初始电阻测量值应在标称值的 0.5% 以内，因此，$10\mathrm{k}\Omega$ 电阻器的容差极限可为

$$R = 10\mathrm{k} \pm 0.005 \times 10\mathrm{k} \tag{3.23}$$

即电阻值的范围是 $9.95 \sim 10.05\mathrm{k}\Omega$，对有数个质量参数的元器件，可对每一个参数进行确定，这样可得到一批经过筛选的产品，使所有初始参数测量值都在它们相应的容差极限范围以内。

从可靠性观点看，这类筛选属于边界容差特性问题：假设初始测量值在边界容差内，此批元器件经过筛选，是可靠的。

分布截尾筛选包括 4 个步骤：

1）规定元器件进行筛选的质量参数。

2）确定每一个质量参数的容差极限（以元器件预期应用的输入、输出关系为依据）。

3）筛选出有一个或几个初始参数值超出规定容差极限的元器件。

4）求得每一个元器件的初始测量值。

2. 应力-强度筛选

这种筛选方法与上述方法的主要差别是，不仅要得出元器件的强度分布，而且要得出环境应力分布。当应力超过元器件强度就应该被剔除。应力-强度筛选的目的是把强度测量值低于预期应用中应力水平的元器件剔除，从而使可靠性提高。

在实际应用应力-强度分析中常遇到两个突出问题：一是环境应力分布不易得到；二是强度分布是时间的函数。此外，环境应力往往由多种应力成分组成（如温度、振动等），而各种应力成分在元器件上的效应不能简单相加，它决定于各应力成分相互作用的功能。因此，强度分布既是时间的函数，又是作用于元器件上环境应力的函数。

显然，应力-强度筛选问题的实质是确定元器件强度的初始值 s^*（即筛选标准值），使所有测量值小于 s^* 的元器件都能被剔除。筛选标准值 s^* 的选择决定于所期望的环境应力和所期望的强度分布变化，此强度分布变化是应力的函数。

单位应力内的可靠度为

$$\Delta R = \int_{s^*}^{\infty} f(s)\,\mathrm{d}s E(s) \Delta s \tag{3.24}$$

式中，$f(s)$ 为元器件强度的概率密度函数；$E(s)$ 为环境应力的概率密度函数。所以，

$$R = \int_{0}^{\infty}\int_{s^*}^{\infty} f(s)\,\mathrm{d}s E(s)\,\mathrm{d}s \tag{3.25}$$

如果 $f(s)$ 和 $E(s)$ 是正态分布函数，R 可以通过变量 $\mu = (s_2 - s_1)$ 来求解。其中，s_2 为元器件强度，s_1 为应力强度。显然，当 $\mu = s_2 - s_1 > 0$ 时，不会发生失效。

应力-强度筛选的步骤如下：

1）确定待筛选元器件的强度测量值分布。

2）规定在预期应用中作用到元器件上的应力变量。

3）将数个应力变量组合成等效变量。

4）确定环境应力测量值 $E(s)$ 分布。

5）按照设定的可靠度要求确定标准值 s^*。

6）剔除强度测量值小于 s^* 的元器件。

3. 老化筛选

老化筛选的目的是在短期环境应力组合或负荷应力组合试验基础上消除劣等或有潜在缺陷的可靠性低的元器件（如早期失效产品）。老化筛选的理论是：假设产品在应力的作用下产生强度变化（退化），并且通过筛选试验应力作用后的元器件由两部分组成，一部分是优等元器件，它们是具有高平均强度和小变差的强度测量值分布；另一部分是劣等元器件，其具有相对较低的强度测量值分布。图3.7所示为老化筛选试验模型。同时，根据其失效机理确定相应的灵敏参数作为失效指示判据，采用提高应力的办法，加速劣等元器件的失效。

在偶然失效期，如果长时间加热或施加电应力，会有如图3.7c的变化，一旦进入耗损失效期，曲线会很快变化成图3.7c中⑤的形状，不合格产品会大幅增多。为了得到理想的筛选，应该通过失效分析，明确主要的失效模式，了解对此失效模式最敏感的应力，从而确定图3.7b在哪种应力下最容易发生，在这个基础上确定筛选方法和条件。其筛选步骤如下：

1）鉴别受筛选的元器件的失效机理。

2）确定指示失效的测量参数。

3）规定应力水平和老化筛选试验周期。

4）建立筛选标准。

5）进行试验，筛选参数测量值超出容差极限的元件。

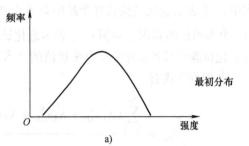

4. 线性鉴别筛选

线性鉴别筛选是在老化筛选基础上发展起来的一种筛选方法，它与老化筛选不同的是，根据试验过一段时间的结果建立筛选判别式，以便对产品的寿命值进行判别。

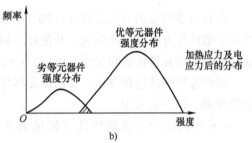

线性鉴别筛选是通过对某种元器件的子样分析，找出对元器件寿命有显著影响的参数，求出其影响的程度，得出筛选判别式，从而对母体产品的寿命值进行判别，其步骤如下：

1）从母体 N 中抽取一部分样品的子样 n_1 做试验，根据试验结果建立筛选判别式。

2）从母体 N 中抽取另一部分样品的子样 n_2 做试验，从上面建立的筛选判别式对试验结果进行判别，看筛选判别式是否适用。

3）如果适用，就可用所建立的筛选判别式对母体中的所有产品进行判别筛选；如果不适用，分析其原因，重复 1）、2）两个步骤，建立新的筛选判别式，直到适用为止，以便对母体产品进行筛选判别。

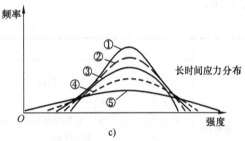

图 3.7 老化筛选试验模型

a）初态 b）最佳方案 c）长期应力退化模型

线性鉴别筛选的关键是如何来建立线性判别式。

设某元件的参数主要考虑 3 个参数，其初始参数值分别为 x_1、x_2 和 x_3，该参数对元件的作用可表示为

$$y = \lambda_1 x_1 + \lambda_2 x_2 + \lambda_3 x_3 \tag{3.26}$$

取该元件的子样 n 做老化试验，根据试验结果，把被试元件分类：参数符合规范要求的元件属 R 类，有 n_R 个；参数超过规范要求的元件属 F 类，有 n_F 个。显然 $n = n_R + n_F$。

权重值 λ_i 由方程组求解得到：

$$d_1 = \lambda_1 S_{11} + \lambda_2 S_{12} + \lambda_3 S_{13} \tag{3.27}$$

$$d_2 = \lambda_1 S_{21} + \lambda_2 S_{22} + \lambda_3 S_{23} \tag{3.28}$$

$$d_3 = \lambda_1 S_{31} + \lambda_2 S_{32} + \lambda_3 S_{33} \tag{3.29}$$

其中，

$$S_{ij} = \sum_{K=1}^{n_R} (x_{iK}^R - \overline{x_i^R})(x_{jK}^R - \overline{x_j^R}) + \sum_{K=1}^{n_F} (x_{iK}^F - \overline{x_i^F})(x_{jK}^F - \overline{x_j^F}) \tag{3.30}$$

$$d_i = \overline{x_i^R} - \overline{x_i^F} \tag{3.31}$$

式中，x_{iK}^R 表示老化试验后好产品中第 K 个产品的第 i 个参数值；$\overline{x_i^R}$ 表示老化试验后好产品中第 i 个参数值的算术平均值；x_{iK}^F 表示老化试验后坏产品中第 K 个产品的第 i 个参数值；$\overline{x_i^F}$ 表示老化试验后坏产品中第 i 个参数值的算术平均值。

方程判别式有

$$y_\triangle = \frac{\sum_{K=1}^{n_R}(\lambda_1 x_{1K}^R + \lambda_2 x_{2K}^R + \lambda_3 x_{3K}^R) + \sum_{K=1}^{n_F}(\lambda_1 x_{1K}^F + \lambda_2 x_{2K}^F + \lambda_3 x_{3K}^F)}{n_R + n_F} \tag{3.32}$$

此种数学模型的基础是建立在图 3.7 的老化筛选试验上，权重值的确定使得 R 类和 F 类的参数线性方程值分离很大，并使好品和坏品元件对各自均值的离散程度较小，同时还反映相应参数对元件的影响大小。所以，$y > y_\triangle$，表示该产品是好的。

线性鉴别筛选这种方法，要依据元器件参数漂移的规律来确定。如果元器件参数漂移的规律性差，则不能采用。

4 种不同筛选方法的特性比较见表 3.9，最佳筛选方法与结构、应用的对应关系见表 3.10。

表 3.9   4 种不同筛选方法的特性比较

筛选方法	特性				
	概念	假设	研究筛选标准的要求	应用中的困难程度	功效
分布截尾	筛选参数的边界容差极限值	参数分布形式形成退化过程	设计分析，以确定参数和容差极限，寿命试验无明确要求	易于使用，以初始测量值为基础	没有明确地由分析来确定，一般是低效
应力-强度	剔除强度不高的元件	形成应力-强度分布，组合应力成分的模型	推导组合的应力分布，寿命试验无明确要求	易于使用，以初始强度大小为基础	比截尾法更有效；可以计算出静态可靠性的增大程度
老化	筛选参数的边界容差极限值	参数分布形式退化过程外推法	设计分析，以确定参数和容差极限，寿命试验无明确要求	常要求在高应力下进行短期试验	没有明确地由分析来确定；比截尾法功效大
线性鉴别	最佳线性分类模型	统计分析，不需要假设退化过程的外推法	元件取样进行寿命试验，寿命试验数据的鉴别分析	可要求工作短期试验；要求进行一些计算；可用于计算机进行程控	是一种较为有效的技术，功效可由分类概率直接测定

表 3.10   最佳筛选方法与结构、应用的对应关系

性质		分布截尾	应力-强度	老化	线性鉴别
结构上	由分析确定的筛选参数				√
	以单个参数为基础的筛选功能	√	√	√	
	以参数组合为基础的筛选功能				√
	筛选过程明确确定的应力		√		√

（续）

性质		分布截尾	应力-强度	老化	线性鉴别
应用上	以初始测量值为基础的方法	√	√		
	以参数变化测量值为基础的方法			√	√
	可直接测得的筛选功效		√		√
	使用费用较低的	√	√		
	功效较高的			√	√

3.3.4　几种常见可靠性筛选试验的作用原理及条件

可靠性筛选试验可分为成品筛选、器件生产线的工艺筛选和整机出厂使用前的筛选，下面对一些常用的筛选方法做简单介绍。

1. 目检和镜检筛选

目检和镜检（显微镜检查）筛选是集成电路制造中的一种重要筛选方法。多年来的经验公认这种方法是最简便易行而且效率很高的方法之一。对检查芯片表面的各类缺陷（如金属化层缺陷、芯片裂纹、氧化层质量、掩模版质量、扩散缺陷等）及观察内引线键合、芯片焊接、封装缺陷等都很有效。国外已有采用扫描电镜与计算机联合使用的自动镜检系统。

2. X 射线筛选

X 射线筛选是一种非破坏性筛选，用于元器件密封后检查管壳内有无多余物、键合和封装工序的潜在缺陷及芯片上的裂纹等。

3. 红外线筛选

红外线筛选是通过红外探测技术，检测显示芯片热分布情况，用来观察由于异常扩散、针孔或二氧化硅层台阶处的局部热点、PN 结不均匀的击穿点、键合处裂纹、金属膜内部的小孔等，以便筛选掉存在严重体内缺陷、表面缺陷、热缺陷的器件。

4. 功率老化筛选

功率老化筛选是很有效的一种筛选方法，是高可靠集成电路必须进行的筛选手段之一。功率老化筛选通过对产品施加过电应力（电压或功率）或同时施加电应力与热应力，促使早期失效器件存在的潜在缺陷尽快暴露而被剔除。它能有效剔除器件制备过程中产生的工艺缺陷、金属化膜过薄及划伤和表面沾污等。功率老化筛选可以在常温下进行，也可以施加比较高的温度。对于常温，通常提高电应力；对于高温，通常施加额定电力，其目的是获得足够的筛选应力。此筛选方法比较接近产品的实际工作状态，易于暴露工艺过程中所产生的隐藏损伤和缺陷，因而是一种比较有效的筛选方法。对于可靠性要求高的元器件，常常把此筛选列入成品前的一道工艺，进行 100% 的筛选，但是筛选试验费用较大，而且需要专门的功率老化设备。

例如，集成电路的功率老化筛选，通常是将产品置于高温条件下，施加最大的电压，以获得足够大的筛选应力，达到剔除早期失效产品的目的。所施加的电应力，可以是直流偏压，也可以是脉冲功率老化。前者多用于小规模数字电路，而后者则用于中、大规模集成电路，使电路内的元器件在老化时能经受工作状态下的最大功耗和应力。超功率老化筛选虽然能缩短老化时间，但也有可能使器件瞬时负载超过最大额定值，使合格器件遭受损伤，甚至发生即时劣化或击穿。有的产品可能暂时还能工作，但寿命却缩短了。所以，对于超功率老化筛选而言，并不是超得越多越有效果，而是应选择一个最佳的超负荷量。现在较一致的方法是对器件施加最大额定功率，适当延长老化时间，是较合理的电功率老化筛选方法。

5. 高温储存筛选

由于高温促使元器件内部或表面的化学反应加速，使早期失效的元器件的失效提前，从而暴露出早期失效产品。如果在集成电路封装的管壳内含有水汽或各种有害气体，或者芯片表面不清洁，或者在键合处存在各种不同的金属成分等，都会产生化学反应，高温储存筛选可加速这些反应，它是通过热应力来加速储存寿命的筛选试验，此筛选方法的最大优点是操作简单易行，可以大批量进行，而且筛选效果也比较好，投资又少，因而是比较普遍的一种筛选试验。

高温储存温度，对于硅器件而言，金-铝系统一般选用150℃，铝-铝系统选用200℃，金-金系统选用300℃；高温储存时间一般为24～168h。

6. 高温工作筛选

高温工作筛选一般有高温直流静态、高温交流动态和高温反偏3种筛选方法，对于剔除元器件表面、元器件内部和金属化系统存在的潜在缺陷引起的失效十分有效。其中，高温反偏是在高温下加反偏工作电压的试验。它是在热电应力共同作用下进行的，与实际工作状态很接近，所以比高温储存筛选的效果好。

7. 温度循环筛选和热冲击筛选

温度循环作为自然环境的模拟，可以考核产品在不同环境条件下的适应能力，芯片组装、键合、封装及在氧化层上的金属化膜等潜在缺陷都可以通过温度循环进行筛选。温度循环筛选的典型条件是－55～155℃或－65～200℃进行3次或5次循环。每循环1次，在最高或最低温度下各保持30min，转移时间为15min。试验后进行交/直流电参数测试。热冲击筛选是判定温度急剧变化的集成电路强度的有效方法，例如，设有100℃和0℃两个水槽，在高温槽浸15s后取出，在3s内移入低温槽至少浸5s，再于3s内移入高温槽，如此往复操作5次。

温度循环筛选和热冲击筛选有时也统称为环境应力筛选。环境应力筛选主要剔除对环境适应性差的产品。例如，在高低温环境下，由于热胀冷缩产生的应力会造成元器件失效，可以采用热冲击筛选将其剔除。同时，对于各种材料热胀冷缩性能和温度系数不匹配者，也有很好的筛选作用。机械应力（如振动、冲击、离心等）筛选易于剔除结构、焊接、封装等存在潜在裂纹、缺陷的元器件，但往往容易对好的产品产生新的隐患，因此，对于其筛选应力大小的选择要尤其注意。同时，不一定要采用100%检验，也可以抽样进行，而且只是对机械应力有特殊要求的产品进行这些项目的筛选。

必须指出，各制造厂商或使用单位并非都要进行上述各项筛选试验项目，也不是所有出厂的元器件都要进行100%的筛选试验。特别是对一些带有破坏性的试验项目，只需采用抽样方式进行。在实际选用时，主要根据实际产品有关的失效模式和机理，结合可靠性的要求、实际使用条件，以及工艺结构情况，在标准规范未形成前由制造单位和使用单位协商确定。实际应用较多的筛选项目不一定表示筛选效果最佳，而是从设备条件、经济及操作方便考虑。对一些可靠性要求高的产品，大多采用目视检查、高温储存、高温功率老化、温度循环、离心加速、检漏及电测试等项目进行筛选，且采用 100% 的筛选试验。例如，某集成电路的筛选项目见表 3.11。

表 3.11　某集成电路的筛选项目

序号	试验项目	条件
1	高温储存	150℃，48h
2	温度循环	-65~150℃，10 次
3	恒定加速度	20000g，y 轴（上下反向），1min
4	细检漏	氦检漏，1×10^{-8}mm/s
5	粗检漏	氟油中的气泡
6	电性能测试	记录数据
7	老炼	125℃，240h
8	电性能测试	记录数据
9	X 射线检查	x，z 轴（长、短轴反向）
10	目检	观察引线（连接）、标记、脏、污等
11	编写试验报告	整理计算测试数据及其变化

3.3.5　筛选项目及筛选应力的确定原则

1. 要有针对性

确定筛选项目，首先，要根据实际使用状态和要求来考虑，这点是显而易见的，对于使用在固定设备上的元器件，机械应力的筛选意义不大；对于工作在温湿度较高地区的产品，潮热和温度变化非常厉害，因此，温度循环筛选和热冲击筛选等应力筛选就显得重要。其次，要结合产品的具体情况，分析产品质量存在的主要问题来加以考虑。这是因为不同使用状态和要求的元器件，其失效机理是不同的。同时，由于所采用的材料、工艺不同，失效机理也会有所差异，早期失效和偶然失效的分界点也会随使用状态不同而不同，其筛选项目和应力大小也不同。因此，必须针对元器件的使用环境、工作状态，抓住主要因素，确定其相应合理的筛选项目和应力。

2. 要有大量可靠性摸底试验数据或现场使用可靠性数据资料作依据

通过大量可靠性摸底试验数据或现场使用可靠性数据资料的分析，掌握产品的失效分布、失效形式和失效机理，确定与失效机理相对应的筛选项目、筛选应力和时间，以便确定较为合理的筛选条件。例如，对于具有早期失效的产品必须进行筛选；对于产品结构和工艺有保证措施、使用与试验证明不存在早期失效的产品不需要进行筛选；对于有明显工艺缺陷或产品质量特别低劣的元器件无法进行筛选，只有进一步改进产品质量后才能考虑如何进行筛选。

3. 筛选一般应是非破坏性试验

筛选方法的确定，对于不存在缺陷而性能优良的产品应该是一种非破坏性试验；对于有潜在隐患的产品则起到加速暴露、以达到筛选淘汰的目的。

4. 筛选条件的适应性

筛选条件不是固定不变的，随着产品结构、材料、工艺的不断改进及失效模式的变化而不同，不能随便硬性规定或搬用其他厂家的方法。

通过长期可靠性试验与可靠性筛选的摸底试验资料分析，可以找出各种电子元器件不同类型与最佳筛选参数的对应关系；找出产品的不同类型与失效机理的对应关系；找出失效机理或失效形式与筛选项目的对应关系等。例如，部分电阻器类型与最佳筛选参数的关系见表 3.12。

表 3.12 部分电阻器类型与最佳筛选参数的关系

筛选参数	电阻器类型		
	炭质电阻器	碳膜电阻器	金属膜电阻器
阻值	√	√	√
电阻温度系数	√	√	
电阻电压系数	√		
短期电压超负荷	√	√	√
短期潮湿试验		√	
热噪声	√		
电流噪声	√		

3.3.6 筛选应力大小及筛选时间的确定

可靠性筛选所施加的应力强度只加速在正常使用条件下发生的失效机理，而不出现新的失效因子，以保证工艺筛选的合理和高效率，使得在最短时间内将早期失效的产品剔除，而对好的产品又不产生损伤，因此，应力强度过大或过小、时间过长或过短均带来不好的结果。

对于工艺过关、生产稳定的元器件，可以从大量产品使用中统计出失效率与应力强度的关系曲线，如图 3.8 所示。从图 3.8 中可以看出：曲线显示出两种失效分布，区域 A 为正态分布，表征可靠产品的失效特性，可靠产品的平均失效应力远在产品平均使用应力之外；区域 B、C、D 代表使用中的不可靠产品，实际使用时的平均应力分布一般较低；因此，应在不超过筛选应力上限的情况下，选择适当的筛选

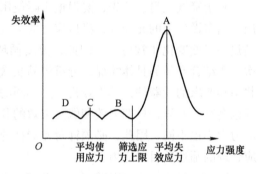

图 3.8 失效率与应力强度的关系曲线

应力强度，如某类型的硅半导体管，其筛选应力上限为 200℃，平均使用应力在 45℃ 左右，平均失效应力在 350℃ 以上。

筛选时间是与筛选试验项目和应力有关的，可通过摸底试验来确定。一般来说，可以作出筛选应力下的失效率分布曲线，如图 3.9 所示，选择筛选时间应是曲线转折点，即早期失效期的终端。

筛选时间可以通过统计分析方法来确定，如老化筛选，它是可靠性筛选中常用的一种方法。下面介绍通过摸底试验初步确定老化筛选时间的方法。

图 3.10 所示为产品筛选时间的确定，假设在一定应力作用下，产品的寿命是随机变量，在筛选试验之前，产品包括具有早期失效的产品（劣品）和具有偶然失效的产品（好的产品），其失效概率密度 $f(t)$ 和平均寿命 $\mu\left(\int_0^\infty tf(t)\,\mathrm{d}t\right)$ 见图 3.10。因此，早期失效的产品将整

批产品的平均寿命大大降低。若在某种应力下，选择筛选试验的时间为 t^*，可以把大部分的早期失效产品剔除，还剩余少量的劣品，当然也剔除了少量好的产品，所以图 3.10 中的 t^* 是最佳筛选时间，其大小与产品的分布函数类型有关。

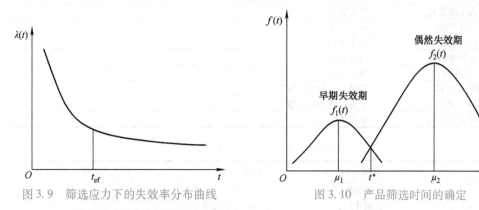

图 3.9　筛选应力下的失效率分布曲线　　　　图 3.10　产品筛选时间的确定

多数电子元器件产品的早期失效期寿命分布是威布尔分布，有

$$\lambda(t) = \frac{m}{t_0}t^{m-1}, \gamma = 0 \tag{3.33}$$

可得

$$\log\lambda(t) = \log\frac{m}{t_0} + (m-1)\log t \tag{3.34}$$

根据摸底试验的失效率数据，在双边对数纸上，作出 $\lambda(t) \sim t$ 的变化关系（递减函数），其是一条直线，利用此直线，根据以往的经验数据得出早期失效期和偶然失效期的边界失效率 λ^* 的值，从直线上推导出所需的时间 t^*，就是筛选时间（初步）。

精确的筛选时间是经过多次筛选试验确定的，并且对批量产品在常规的例行试验中将是固定的。

3.3.7　失效模式与筛选试验方法的关系

为了得到良好的筛选效果，必须了解电子元器件产品的失效模式和机理，以便选定一个有效的筛选方法，制定准确的筛选条件和失效判据。为此，必须对各种电子元器件进行大量的可靠性试验和筛选摸底试验，掌握产品的失效分布、失效模式和机理，了解筛选项目，确定应力与时间的关系。这些都是制定正确筛选条件的前提。若筛选条件选择不当，可能使筛选强度不够，导致不合格产品漏网，达不到原定可靠性要求；或者筛选过严，剔除率太高，造成浪费；或者遗漏掉一些筛选项目，造成某些失效模式控制不住，达不到筛选的目的。

这里以集成电路为例，分析失效模式与筛选试验方法的关系。在集成电路制造方面，经过几十道、上百道工序，不可避免地产生一些工艺缺陷和工艺误差而引起失效。集成电路的主要失效模式与表面界面缺陷（离子沾污等）、氧化膜缺陷（针孔等）、扩散缺陷、金属互连线缺陷、输入回路缺陷等有密切关系。根据这些失效模式，表 3.13 提出了失效模式相应的筛选试验方法。

在表 3.9 介绍的几种筛选方法中，公认最有效的方法是老化筛选。一般认为选用静态老化筛选可以剔除表面缺陷引起的漏电流增大、运算速度的劣化、阈值电压的变动等。而动态老化筛选可以剔除氧化膜引起的存储器单元缺陷、接触缺陷及扩散缺陷等。表 3.14 为筛选试验方法及其比较。

表 3.13　失效模式相应的筛选试验方法

失效模式	筛选方法
表面缺陷	静态老化
氧化膜缺陷	动态老化、高压、单元应力
输入电路劣化	静态老化
扩散缺陷	动态老化
微小裂纹	温度循环
接触缺陷	动态老化
电迁移	动态老化
腐蚀（塑料）	高温、高湿度、低损耗偏置
腐蚀（密封）	低温、低损耗偏置
热载流子注入	低温工作

表 3.14　筛选试验方法及其比较

方法		检测对象	效果	费用	应用
热应力	高温储存	电稳定性， 金属化层， 硅腐蚀	好	很便宜	有效的方法，也是稳定的方法，有时也会恢复用其他方法产生的缺陷
	温度循环	封装的密封性， 引线焊接， 管芯焊接， 硅（裂纹）， 结热缺陷	好	很便宜	有效的方法，对结热异常的筛选有效
	热冲击	封装的密封性， 引线焊接， 管芯焊接， 硅（裂纹）， 结热缺陷	好	便宜	效果近似温度循环，应力程度高
机械应力	恒定加速度	内部引线的形状， 引线焊接， 管芯焊接， 硅（裂纹）	好	中等	对高密度封装有效
	变频振动 （无监控器）	封装， 引线焊接， 管芯焊接， 硅（裂纹）	稍好	高	—
	随机振动 （无监控器）	封装， 引线焊接， 管芯焊接， 硅（裂纹）	好	高	航天设备用部件
	变频振动 （无监控器）	异物， 内部引线（现状）， 内部引线（半断线）	好	很高	对异物的效果取决于异物的类型
	随机振动 （无监控器）	异物， 内部引线（现状）， 内部引线（半断线）	好	很高	价格最高的方法
	振动噪声	异物	稍好	高	费用较小，效果好
	冲击	异物， 内部引线	稍差	中等	比恒定加速度差

（续）

	方法	检测对象	效果	费用	应用
电应力	断续工作	金属化， 硅氧化膜， 硅污染， 位错沟道， 漂移	好	高	—
	交流工作	金属化， 硅污染， 位错沟道， 漂移	很好	高	—
	直流工作	金属化， 硅氧化膜， 硅污染， 位错沟道， 漂移	好	高	—
	高温交流 工作	金属化， 硅氧化膜， 硅污染， 位错沟道， 漂移	极好	很高	由于温度加速失效，故高温进行效果大
	高温反偏	位错沟道	稍差	高	—
其他	细检漏	封装的密封	好	中等	—
	粗检漏	封装的密封	好	便宜	—
	X 射线 透视	管芯焊接， 引线形状， 封装密封， 异物， 硅污染	好	中等	对塑料封装有效

3.3.8　几种典型产品的可靠性筛选方案介绍

1. RJ2 型精密金属膜电阻器的可靠性筛选

根据筛选项目确定的原则，首先要分析失效形式和失效机理。因为金属膜电阻器是以某种型号的合金粉为原材料，通过真空蒸发的方式，将其沉淀在绝缘瓷体上形成金属导电膜层。由于工艺等原因，不可避免地出现膜层厚度不均匀、有疵点，以及刻槽区有导电沾污物、膜层与帽盖接触不良等缺陷，导致产品出现早期失效，针对上述失效模式，选择相应的筛选项目。

（1）电流噪声筛选

因为金属膜的微观结构是由不同尺寸的晶粒通过边界连接起来的多晶体，如果金属膜结构均匀一致，则其电流噪声很小，而且在数值上也大致相等。但是当金属膜存在疵点或缺陷，或膜层与帽盖接触不良时，这些缺陷部位的接触变坏，而使电流噪声变大。因此，通过测试电流噪声，判别异常产品，作为剔除存在潜在缺陷的早期失效产品或可靠性低的产品的一种方法。

（2）脉冲负荷筛选

电阻器在脉冲负荷下工作时，因脉冲电压的幅值很高、宽度很小而周期较长时，在脉冲电压通过的瞬间，在电阻体上将产生较大的电位梯度和局部过热，虽然其平均功率不大，但对于那些存在膜层厚度不均匀、膜层中存在疵点或与帽盖接触不良等缺陷处，将发生电场集中，出现局部过热，造成导电膜层烧毁；或者发生膜层氧化加速，引起阻值的显著漂移；或者烧毁和消除缺陷，使电阻器的结构和性能稳定。因此，可以根据产品在通过脉冲负荷后的阻值漂移情况来进行筛选。

根据上述分析，某厂进行多次反复摸底试验，提出了如下筛选方案试验：电阻噪声值的一致性筛选——剔除电流噪声异常的产品；脉冲负荷筛选——脉冲功率 $1500P_H$（额定功率），宽度 $0.5\mu s$，周期 $10min$，脉冲平均功率 $2P_H$；功率老化筛选——$70℃$、$1.5P_H$、$240h$。

2. CB14 型精密聚苯乙烯电容器的可靠性筛选

某厂生产的精密聚苯乙烯电容器在生产中经过 $2.5\sim 3V_H$（额定电压）的工艺筛选，但试验和使用时仍发现早期电击穿短路失效现象，经过逐步解剖击穿试样分析，发现击穿主要原因基本是：辅助硬引线安置不当造成头与头之间的距离太近；打偏引线尾部处产生气隙；打偏引线由于电焊引起毛刺或金属溅射导致电场集中；介质薄膜有缺陷等。这些诸多因素中，以引线头部存在尖端和毛刺，以及薄膜材料的缺陷造成早期失效的居多。因此，根据损坏原因，主要从材料和工艺上采取措施来解决。

同时，也可采用电压筛选的方法来剔除早期失效产品。通过对一批样品进行电击穿试验，作出样品击穿电压分布，如图 3.11 所示。从图中可以发现，击穿分布是两个正态分布，第一个正态分布曲线主要是由引线头部击穿所导致的早期失效产品；第二个正态分布曲线是产品的正常损坏。对于 CB14-100V-8000pF ± 0.5% 规格的样品，试验表明，两个正态分布的相交处所对应的击穿电

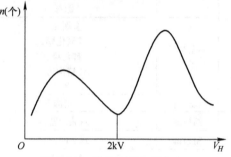

图 3.11　样品击穿电压分布

压是 2000V。根据这样的分析，可以确定电压筛选方案：室温、2000V 直流电压、1min。

按照上述分析方法，可以确定不同厂家、不同产品的筛选工艺方案，电容器筛选试验方案见表 3.15。注意金属化纸介电容器存在自愈特性，在 $1.5V_H$ 下电容器自愈效果最好，这样既可以起到筛选作用，又可以起到使电性能稳定的作用。而早期失效产品可以通过在低负荷下无法自愈来加以暴露，达到筛选的目的。

表 3.15　电容器筛选试验方案

类型	筛选试验
CY 型云母电容器	负荷老化筛选试验：$80℃$、$2V_H$、$240h$
CJ 型金属化纸介电容器	负荷老化筛选试验：$70℃$、$1.5V_H$、$360h$； 低负荷筛选：$70℃$、$0.3V_H$、$500h$
纸膜复合介质电容器	负荷老化筛选试验：$85℃$、$1.5V_H$、$240h$
CZMX 型纸介电容器	负荷老化筛选试验：$85℃$、$2V_H$、$296h$
CL2 型涤纶电容器 （无感箔式结构）	高温储存筛选：$100℃$、$96h$； 负荷老化筛选试验：$85℃$、$2V_H$、$100h$
CT4D 型独石电容器	电压筛选：$400V$（DC）、$10s$； 负荷老化筛选试验：$85℃$、$5V_H$、$240h$
CA 型固体钽电解电容器 （$25\sim 40V$，$22\mu F$）	高温负荷：$100℃$、$1.2V_H$、$240h$； 高温漏电流测试：$85℃$、$1h$； 温度循环：$-55\sim 80℃$，各保温 $1h$，3 次； 密封检验
薄膜电路 B-SW22	高温储存：$150℃$、$48h$； 低温储存：$-55℃$、$4h$； 高低温冲击：$-55\sim 125\sim -55℃$，1 次； 高温功率老化：$125℃$、V_H、$96h$

3.4　失效分布类型的检验

3.4.1　分布拟合流程

由于客观条件的限制，在现场调查或可靠性试验时，一般不可能进行百分之百的全数试验，往往是从整批产品中随机抽取一部分样品来进行试验观察，从失效观测值来推断母体的寿命分布的统计特性。在统计学中把试验研究对象的全体称为母体，抽取部分的样品称为子样。

可靠性试验数据的统计分析就在于如何根据子样的观测值来确定产品的寿命分布类型及其分布参数。关于分布参数的确定，前面有关章节已作了介绍。这里着重分析如何确定产品寿命（或失效）分布类型的拟合试验方法。

最简单的方法是借助于图估法来对产品的寿命分布类型进行初步判断，它是将子样失效时间和累积失效概率在威布尔概率纸、正态概率纸或对数正态概率纸上描点，如果在概率纸上能近似排列在一条直线附近，就可以大致确定被试验样品属于排列成直线的那种概率纸的概率分布类型。这种检验方式直观、简单，但其结果不够准确，而且也无法给出置信度，是一种不太严谨的分析方法。

当要在一定置信度下确定产品分布类型时，可以采用 χ^2 检验或 K-S 检验（科尔莫戈罗夫-斯米尔诺夫检验）。

由图估法可知，产品分布的理论值在概率纸上应该是一条非常理想的直线。而样品的实测值却往往在直线附近摆动，即子样的实测值是分布在母体理论值的周围。因此，理论分析与试验分布之间的偏差又形成了一种新的分布。如果能够形成一个反映理论值和实测值之间偏差值的统计量，并且确定这种统计量的分布类型，那么，就可以根据这个统计量的分布类型所允许的范围来对实测值与理论值之间的偏差做出是否符合的判断。

假定构成的统计量为 u，并且已知 u 是服从 u 分布的。设 u_α 为 u 分布的 α 分位点，α 为显著性水平，且是一个比较小的数。

如果，$P(u \geqslant u_\alpha) = \alpha$，称事件 $u \geqslant u_\alpha$ 为小概率事件。根据概率论可知，小概率事件一次试验中几乎是不可能发生的，因为这一事件发生的最大可能性是 α。也就是说，有 $1-\alpha$ 的可能性出现事件 $u < u_\alpha$。即在 $1-\alpha$ 置信度下，如果

$$P(u < u_\alpha) = 1 - \alpha \qquad (3.35)$$

则原假设的分布是正确的；否则，原假设不正确，必须重新假设，再按上述程序进行检验。因此，进行分布拟合检验的流程图如图 3.12 所示。

显然，问题的关键在于任何构造统计量? χ^2 检验或K-S检验就是提供构成不同统计量方法的分布拟合检验方法。

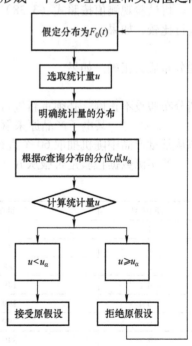

图 3.12　分布拟合检验的流程图

3.4.2 χ^2 检验法

χ^2 检验法（又称皮尔逊检验法）就是构成 χ^2 统计量的方法。χ^2 代表一个随机变量，它服从自由度为 f 的 χ^2 分布，其分布概率密度函数为

$$P(\chi^2;f) = \frac{1}{2^{\frac{f}{2}}\Gamma\left(\frac{f}{2}\right)}(\chi^2)^{\frac{f}{2}-1}e^{-\frac{\chi^2}{2}} \tag{3.36}$$

式中，$\Gamma\left(\frac{f}{2}\right)$ 是以 $\frac{f}{2}$ 为变量的 Γ 函数值。

假设 n 个样品中存在出现 K 个失效的可能性，那么发生第 i 个失效的理论概率是 P_i（$i = 1,2,\cdots,K$）。则 n 个样品中第 i 个失效，即出现 r_i 次（$i = 1,2,\cdots,K$）的概率服从多项分布：

$$P = \frac{n!}{r_1! \, r_2! \cdots r_K!}P_1^{r_1}P_2^{r_2}\cdots P_K^{r_K} \tag{3.37}$$

如果 $r_i > 5$，则可用斯特林（Stirling）公式对式（3.37）进行变换，并忽略高次小项，可得

$$\chi^2 = \sum_{i=1}^{K}\frac{(r_i - nP_i)^2}{nP_i} \tag{3.38}$$

式中，K 为将数据进行统计的分组组数；r_i 为落入每个子区内观测的失效频数；P_i 为落入每个子区间内的理论频率；n 为观测样品的总数；因而，nP_i 为落入每个子区间内的理论频数。

显然，式（3.38）表示观测的失效频数与理论频数之差的平方除以理论频数，将所得的商相加，则得 χ^2 的统计量。从概率统计可以证明：理论统计学 χ^2 是服从以 $K-1$ 为自由度的 χ^2 分布。因此，根据 $(1-\alpha)$ 置信度和 $(K-1) = f$ 自由度，查询 χ^2 分布的下侧分位数表，可得 $\chi^2_{f=K-1,1-\alpha}$ 的理论统计量。

将试验观测值按照式（3.38）计算得到的 $\chi^2_{\text{计}}$ 统计量与理论统计量判别标准 $\chi^2_{f=K-1,1-\alpha}$ 进行比较，如果

$$\chi^2_{\text{计}} < \chi^2_{f=K-1,1-\alpha} \tag{3.39}$$

则分布假设正确。如果

$$\chi^2_{\text{计}} \geq \chi^2_{f=K-1,1-\alpha} \tag{3.40}$$

则分布假设不正确，必须重新进行假设，再按上述方法进行检测。

【例题 1】 某电子产品原来服从平均寿命 μ 为 170h，标准偏差 σ 为 110h 的正态分布。现从某批产品中随机抽取 60 个进行高温寿命试验，得到表 3.16 的统计结果 1，试计算该批产品的实测数据检验是否服从 $N(170,110^2)$ 的正态分布。

表 3.16 统计结果 1

区间序号	区间端点值/h	失效观测频数/个
1	0~49	10
2	49~99	7
3	99~149	11
4	149~199	9
5	199~299	12
6	299~349	6
7	349~499	5

解：

因为正态分布函数 $F(t) = \Phi\left(\dfrac{t-\mu}{\sigma}\right)$，那么在 $i \sim i+1$ 区间的频率可由 $P_i =$

$\Phi\left(\dfrac{t_{i+1}-\mu}{\sigma}\right) - \Phi\left(\dfrac{t_i-\mu}{\sigma}\right)$ 计算出理论概率，得到表 3.17 的统计结果 2。

表 3.17　统计结果 2

区间序号 i	区间端点值 $t_i \sim t_{i+1}$	观测频数 r_i	理论频率 P_i	理论频数 nP_i	$\dfrac{(r_i - nP_i)^2}{nP_i}$
1	$0 \sim 49$	10	0.136	8.16	0.415
2	$49 \sim 99$	7	0.122	7.38	0.020
3	$99 \sim 149$	11	0.166	9.96	0.109
4	$149 \sim 199$	9	0.179	10.74	0.282
5	$199 \sim 299$	12	0.275	16.50	1.227
6	$299 \sim 349$	6	0.069	4.14	0.836
7	$349 \sim 499$	5	0.052	3.12	1.133
$\sum\limits_{i=1}^{7}$					4.022

由试验观测值计算得到 $\chi^2_{\text{计}} = 4.022$。设定 $\alpha = 0.05$，得 $\chi^2_{f=K-1,1-\alpha} = \chi^2_{6,0.95} = 12.562$。因为 $\chi^2_{\text{计}} < \chi^2_{f=K-1,1-\alpha}$，因此，应接受原假设。也就是说，此产品仍服从正态分布 $N(170, 110^2)$，其置信度为 95%。

值得说明的是，此处 χ^2 值的获得可通过查阅概率论方面的工具书得到，也可以通过 Excel 中的 CHIINV 函数计算得到。

3.4.3　K-S 检验法

科尔莫戈罗夫-斯米尔诺夫（Kolmogorov-Smirnov）检验法是基于这样的考虑：当把数据描绘在能用直线表示出母体的失效分布的某种概率纸上时，如果子样试验数据是从这个失效分布函数的母体得来的，那么，根据子样数据作出的累积分布的点不会偏离母体累积分布函数所描述的直线太远。

设 $F_0(t)$ 为随机变量 T 的理论分布，$F_n(t)$ 为实测数据的经验分布，可以作一统计量 D_n，使之为其理论分布与经验分布相应值之间偏差的绝对值中最大的一个，即

$$D_n = \sup_{-\infty < t < +\infty} \left| F_n(t) - F_0(t) \right| \tag{3.41}$$

如果经验分布与理论分布相当接近，D_n 不应很大，因此，当经验分布属于该理论分布时，存在一个最大允许的 $D_{n,\alpha}$ 值。当 $D_n > D_{n,\alpha}$ 时，即 $F_n(t)$ 不属于 $F_0(t)$ 分布。若给定了置信度 $1-\alpha$，可以通过概率计算，作出满足

$$P(D_n \geq D_{n,\alpha}) = \alpha \tag{3.42}$$

的 K-S 检验临界值 $D_{n,\alpha}$ 数表，可直接查得。显然，当满足

$$P(D_n < D_{n,\alpha}) = 1 - \alpha \tag{3.43}$$

时，假设的理论分布是正确的。

【例题 2】 从一批产品中随机抽取 10 个样品作寿命试验，得到如下 10 个数据（以 h 为单位）：1.0、2.0、4.5、5.5、6.0、8.0、12.0、19.0、25.0、70.0，利用这 10 个数据，判断其分布是否符合以平均寿命 μ 为 10h 的指数分布呢？

解：

1）根据试验数据计算 $F_n(t_i) = \dfrac{r_i}{n+1}$ 的值，列于表 3.18 中。

表 3.18 试验数据计算结果

序号	t_i/h	$F_n(t_i) = \dfrac{r_i}{n+1}$	$F_0(t_i) = 1 - e^{-\frac{t_i}{10}}$	$\lvert F_n(t_i) - F_0(t_i) \rvert$
1	1.0	0.0909	0.0952	0.0043
2	2.0	0.1818	0.1813	0.0005
3	4.5	0.2727	0.3624	0.0897
4	5.5	0.3636	0.4231	0.0595
5	6.0	0.4545	0.4512	0.0033
6	8.0	0.5455	0.5507	0.0052
7	12.0	0.6364	0.6988	0.0624
8	19.0	0.7273	0.8504	0.1231
9	25.0	0.8182	0.9179	0.0997
10	70.0	0.9091	0.9991	0.0900

2）按假设的指数分布 $F_0(t_i) = 1 - e^{-\frac{t_i}{10}}$ 计算出 $F_0(t)$ 的理论值，得到相应的 $F_0(t_i)$ 列于表 3.18 中。

3）按照式（3.41）计算理论值与实测值的绝对误差值，并找出最大值得到 D_n，显然

$$D_n = \sup_{-\infty < t < +\infty} \lvert F_n(t_i) - F_0(t_i) \rvert = 0.123$$

4）计算临界值 $D_{n,\alpha}$。

若选定 $\alpha = 0.2$，而 $n = 10$，由附录查得

$$D_{10,0.2} = 0.322$$

5）比较 D_n 和 $D_{n,\alpha}$。

$D_n < D_{n,\alpha}$，所以假设分布是正确的。也就是说，有 80% 的把握该产品是服从平均寿命为 10h 的指数分布。

上述检验方法仅用于完全子样的情况。当 n 很大时，要采用上述检验方法是很困难的，我们可以找到 D_n 的极限分布表，作为其判别标准。但是，在寿命试验中常采用定数或定时截尾试验，因此，对于截尾子样还需要构造不同的统计量：

1）对于 $n \leqslant 30$ 的定数截尾试验，检验的统计量为

$$T_r = \sup_{t < t_r} \lvert F_n(t) - F_0(t) \rvert \tag{3.44}$$

式中，r 为截尾失效数；t_r 为第 r 个失效产品的失效时间。当满足

$$P(T_r > T_{n,\alpha}) = \alpha \tag{3.45}$$

的临界值 $T_{n,\alpha}$，可按照 $T_{n,\alpha} = K/n$ 进行计算。K 值可根据 n、失效数 r 和给定 α，当 $T_r < T_{n,\alpha}$ 时，接受原假设。

2）对于 $n \le 30$ 的定时截尾试验，检验的统计量为

$$T_0 = \sup_{t < t_u} | F_n(t) - F_0(t) | \tag{3.46}$$

式中，t_u 为试验截止时间。对于满足

$$P(T_0 > T_{n,\alpha}) = \alpha \tag{3.47}$$

的临界值 $T_{n,\alpha}$，可根据

$$T_{n,\alpha} = K/n \tag{3.48}$$

计算。K 值可根据 n、$R_c = nF(t_u)$ 和给定 $1 - \alpha$，当 $T_0 < T_{n,\alpha}$ 时，原假设可接受；否则原假设理论分布 $F_0(t)$ 不正确，必须重新假设理论分布，再按上述方法确定。

3）定时或定数截尾试验，当子样容量 $n > 30$ 时，则可构成下列统计量：

$$D_{n,T} = \sup_{0 < t < T} | F_n(t) - F_0(t) | \tag{3.49}$$

式中，T 为寿命试验的截止时间，若试验为定数截尾试验，则 $T = t_r$，若试验为定时截尾试验，则 $T = t$。

当 $n \to \infty$ 时，可以求得 $\sqrt{n} D_{n,T}$ 的极限分布为

$$\lim_{n \to \infty} (\sqrt{n} D_{n,T} < d) = G_T(d) \tag{3.50}$$

其在 $1 - \alpha$ 置信度的分位点为 $D_{n,\alpha}$，应满足

$$P(\sqrt{n} D_{n,T} < D_{T,\alpha}) = G_T(D_{T,\alpha}) = 1 - \alpha \tag{3.51}$$

式中，$D_{T,\alpha}$ 可根据 T 和 α 确定。

目前，用手工计算的方法获得 K-S 检验结果已经不现实了，通常可以借助计算机统计分析软件，如 SAS（Statistics Analysis System）、SPSS（Statistical Product and Service Solutions）、R 语言（统计分析软件，其原代码可自由下载），或通过 MATLAB 自带工具 kstest 等方式快速得到检验。

3.5 指数分布情况的寿命试验

寿命试验是指评价分析产品寿命特征量的试验，它是在实验室里模拟实际工作状态或储存状态，投入一定数量的样品进行试验，记录样品数量、试验条件、失效个数、失效时间等进行统计分析，从而评估产品的失效分布和各项可靠性指标。对于电子元器件的寿命试验，现在采用较多的还是属于破坏性的寿命试验。

在确定和了解电子元器件及材料可靠性指标的试验中，一般都在可靠性筛选和例行试验合格的产品中抽样进行。对于许多产品，可以认为早期失效产品已经剔除，其寿命分布已进入偶然失效期，基本上属于指数分布。即使有些产品虽不服从指数分布（如服从威布尔分布），但因其形状参数 m 接近于 1，也可以用指数分布来近似。因此，研究指数分布情况的寿命试验具有普遍意义。

由于一般电子元器件及材料的可靠性都很高，要使产品全部失效所需时间很长。另外，可靠性是统计概念，只要有一定的失效数据就可以用统计方法确定出可靠性指标。也就是

说，不需要知道全部产品的失效数据。因此，在可靠性寿命试验中都采用截尾试验，按结束试验方式不同可分为定数截尾试验和定时截尾试验两种。

所谓定数截尾试验，就是试验进行到规定的失效数（或失效次数）后，停止其试验。

所谓定时截尾试验，就是试验进行到规定的试验时间停止试验。

在定数截尾试验和定时截尾试验中，又可以采用有替换和无替换两种方式，即在试验中每发生一个产品失效后，用同样的好产品替换或不替换两种方式。对于电子元器件常采用无替换方式，而电子设备或系统则采用有替换方式。

3.5.1 试验方案的确定

在寿命试验方案设计中，需要考虑和确定下面几个问题：

1. 试验样品的抽取方法和数量的确定

因为寿命试验的目的是了解产品的可靠性指标，因此，试验样品必须选择本产品型号中具有代表性的规格。同时，投试样品应在本质上是同一设计，并建立了可靠性质量管理和连续生产的产品中一次随机抽取，使所抽取样品具有代表性。而且试验样品必须经过可靠性筛选并经例行试验合格的产品批中随机抽取。

受试样品的多少，将影响可靠性特征量估计的精确度，其一般原则是：样品数量大，则试验时间短，试验结果较精确，但测试工作量大，试验成本高。因此，抽取样品数量的大小既要保证统计分析的正确性，又要考虑试验费用较低，为试验设备所允许，不能片面地追求某一方面的要求。对于高可靠、长寿命的产品，成本及试验费用又较低时，样品数可以多一些，一般不低于 30 个。对于普通电子元器件样品数量不少于 10 个，特殊产品不得少于 5 个。

2. 试验应力类型的选择和应力水平的确定

试验应力类型的选择视试验目的而定。若要了解产品的储存寿命或工作寿命就必须施加一定的环境应力或电应力。这是因为产品的失效是由失效机理决定的，同一件产品往往同时存在着不同的失效机理，而失效机理是否发展和发展速度快慢，与外加应力有密切关系。对于寿命试验来说，受试产品的失效机理一定要与实际使用状态的失效机理相一致，否则，寿命试验所得数据没有实用价值。因此，要分析和研究在寿命试验中对失效机理的发展有促进作用的应力类型，也就是要选择对产品失效影响最显著或者最敏感的那些应力，而且这些应力所激发的失效机理应与实际使用状态的失效机理相同。因为这些应力比较充分反映或者比较明显地影响产品的可靠性和寿命。此外，这些应力是容易控制和测量的，否则寿命试验难以按照设计方案进行。对于电子元器件及材料使用状态所承受的和导致失效最主要的应力是温度和电应力，因此常选用这些应力进行寿命试验。它们可以是单一的应力，也可以是两个或两个以上应力的同时作用。

在试验过程中，要严格控制试验条件，保持试验条件的一致性，这是保证试验结果正确所必需的。

试验应力的水平也应视试验目的而定。一般来说，试验应力高，产品失效快，试验时间短，但最高应力受限于产品本身的使用极限，通常应以不改变元器件在正常使用条件下的失效机理为原则。如无特殊规定，试验应力水平应选择产品技术标准规定的额定值。

3. 测试周期的确定

为了能使最后的分析结果尽量精确，最好在整个寿命试验中，采用自动监测，连续测试，以得到确切的失效时间。在没有自动记录失效设备的场合下，只能采用间歇测试的办法，即相隔一定时间进行一次测试。其测试周期的选择将直接影响产品可靠性指标的估计精度。测试周期的长短与产品的寿命分布、施加应力的大小有关。测试周期太短，会增加测试工作量；测试周期太长，又会失掉一些有用的信息量。确定测试周期的原则是：在不过多地增加检查和测试工作量的情况下，应尽可能比较清楚地了解产品的失效分布情况，不要使产品失效过于集中在一两个测试周期内，一般要求有五个以上的测试点（指能测到失效产品的测试点），每个测试点上测到的失效数应大致相同。在确定具体产品的测试周期时，要对产品的失效情况或失效分布有所了解。这种了解可以从以往试验所积累的数据和资料中来确定，也可以选取少量样品做快速寿命试验来获得。

试验应力大，失效进程快，测试周期选短一些；应力小，失效进程慢，测试周期选长一些。可以在试验过程中逐步调整，在可靠性寿命分布的坐标轴上大致等距选择，这可以借助坐标纸或概率纸来加以确定。例如，当产品是 $m > 1$ 的威布尔分布时，则寿命试验周期开始可稍长些，然后逐渐缩短，最后再逐渐加长；如果是指数分布类型的，如图 3.13 所示的指数分布试验时间，则寿命试验开始后的测试周期要短些，然后可适当加长。这

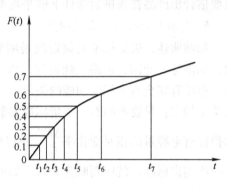

图 3.13　指数分布试验时间

可借助于普遍坐标纸来确定，因为累积失效概率的分布函数 $F(t)$ 为

$$F(t) = 1 - e^{-\frac{t}{\mu_0}} \tag{3.52}$$

式中，μ_0 为该试验条件下产品的平均寿命，可以根据以往经验粗略地加以估计。若希望累积失效概率达到 $F(t_i)$，则测试时间 t_i 可按式（3.53）初步估计

$$t_i = \mu_0 \ln \frac{1}{1 - F(t)}, \quad i = 1, 2, 3, \cdots \tag{3.53}$$

为使每个周期内测试到的失效数一致，可按照 $F(t_i)$ 等间隔取值。例如，总数为 50 个样品的试验中，希望每次都观测到 5 个产品失效，即在第一次测试时有 5 个产品失效，$F(t_1) = 0.1$，第二次测试时累积有 10 个产品失效，即 $F(t_2) = 0.2$，第三次测试时累计有 15 个产品失效，即 $F(t_3) = 0.3, \cdots$。也可以按照 $F(t_i)$ 为 5%、15% 来选择短一些或长一些的测试点。

实际安排测试时间中，由于对 μ_0 和分布函数并不确知，可将 μ_0 估计得略小一些，可将测试点向前移动，然后根据实际试验情况再做适当调整。这样考虑是允许的，因为对于寿命为指数分布的产品，每次试验统计出的分布与理论上的分布总会有些差异，测试时间稍有不同也是可以的，但总的测试时间选择原则如前所述，希望在各测试周期内能比较均衡地测到失效产品数，防止某个测试周期内失效过于集中或不必要地增加测试次数。

4. 试验截止时间的确定

试验截止时间是寿命试验中的主要难点，它与样品数量及所达到的失效数有关。一般电子元器件的寿命都非常长，加之试验数据采用统计分析方法，故采用截尾试验。对于低应力

寿命试验，常采用定时截尾试验，即试验达到规定时间停止试验，一般要求截止时间 t 为平均寿命的 1.6 倍以上，如采用 1000h、5000h 或 10000h 等；对于高应力下的寿命试验，常采用定数截尾体验，即当累积失效数或累积失效概率达到规定值（一般应在 30%、40% 或 50% 以上）时截止试验。试验截止时间一经确定，在试验过程中不得变动，以保证统计处理的正确性。

对于指数分布，当采用定数截尾试验时，试验时间 t 与试验样品数 n 和所要求达到的失效概率 $F(t) = \dfrac{r}{n}$，可由式（3.54）确定

$$t = \mu_0 \ln \frac{n}{n - r} \tag{3.54}$$

只要估计出产品在该试验条件下的平均寿命 μ_0，即可估计出试验所需时间。

5. 制定失效标准和失效判据

如前所述，失效标准的制定就是明确判断产品失效的技术指标，其可以是产品完全失效，如击穿、开路、短路、烧毁等，也可以是部分失效，即产品的性能超过某种确定的界限，但没有完全丧失规定功能的失效。一个产品往往有好几项技术指标或性能参数，在寿命试验中规定：只要产品有一项指标或参数超出标准就判为失效。例如，陶瓷电容器的主要技术指标有电容量的相对变化率 $\dfrac{\Delta C}{C}$、绝缘电阻 R、损耗角正切 tgδ、耐压等，只要这些指标中有一项超出标准，就应判断为失效。如果没有特殊规定，通常都是以产品技术规范中所规定的技术标准作为失效标准的判据。

6. 确定应测量的参数和测试方法

所选择的测量参数要能够显示失效机理的发展进程，也就是说，选择那些对失效机理的发展能起到指示作用的灵敏参数。测量的参数可能不止一个，而是多个，因此在测量时必须避免各参数的测量方法相互影响，认真确定其先后顺序。选择参数的测量方法时，还必须尽量避免在测量中出现对其样品失效机理的发展引起促进、减缓或破坏作用，更不能引入新的失效机理。

在被测样品去除应力后，其参数值随时间会逐渐变化而趋近于某一恒定值，为了获得稳定而准确的参数值，又不过多地耗费时间，可以选择一组样品经过一定时间试验后，进行恢复时间与性能参数变化关系的研究，曲线参数趋于基本恒定的时间，即为最佳的测量恢复时间，如图 3.14 所示的参数恢复后的试验时间确定。一般规定，在正常大气条件下恢复 2～4h，或按照有关产品技术标准的规定进行。

试验过程中各次测试应在同一台仪器上进行，以保证测试数据的可信度。

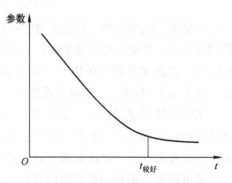

图 3.14　参数恢复后的试验时间确定

7. 失效时间的确定

在没有失效自动记录装置情况下，可根据测试间隔中测得的失效数，按等间隔分配，如

在时间段 $t_{i-1} \sim t_i$，失效数是 K_i，即

$$t_j = t_{i-1} + \frac{t_i - t_{i-1}}{K_i + 1}j, \quad j = 1, 2, \cdots, K_i \tag{3.55}$$

确定失效时间。

3.5.2　寿命试验数据的统计分析——点估计和区间估计

关于指数分布截尾寿命试验数据的统计分析可以采用图估法和数值解析统计方法。图估法在威尔布概率纸的用法中已作介绍，数值解析法目前最常采用的是点估计法和区间估计法。

1. 点估计法

点估计法就是利用数据的统计分析，从子样的观测值对母体分布的未知参数真实值给出一个估计数值的方法，得到的是一种近似的估计值，其估计近似程度与子样的大小和所采用的计算方法有关。

因为母体寿命分布是指数分布，未知参数只有一个，即 μ_0 或 λ_0，两者互为倒数。由于试验所得的数据可以是样品的失效时间，也可以是样品的失效总数，因此，统计分析处理可以按照下面两类方法进行。

（1）按照失效时间的统计分析处理

若受试样品的个数为 n，试验结束前共观测到 r 个样品失效，失效时间分别为 t_i，其中，$i = 1, 2, \cdots, r$。

如果采用无替换截尾试验，那么到试验停止时还有 $n-r$ 个样品未失效。这 $n-r$ 个样品在试验停止后还能继续工作的时间分别为 $t'_{r+1}, t'_{r+2}, t'_{r+3}, \cdots, t'_n$，把它们称为剩余寿命。未失效的 $n-r$ 个样品剩余寿命的平均值 $\overline{t'}$ 为

$$\overline{t'} = \frac{1}{n-r} \sum_{j=r+1}^{n} t'_j \tag{3.56}$$

在定数截尾试验时，当试验到第 r 个样品时就停止，即试验到时间 t_r 时停止试验，所以，总的平均寿命 μ_0 的估计值为

$$\overline{\mu_0} = \frac{1}{n} \sum_{i=1}^{n} t_i = \frac{1}{n} \left[\sum_{i=1}^{r} t_i + \sum_{j=r+1}^{n} (t_r + t'_j) \right] = \frac{1}{n} \left[\sum_{i=1}^{r} t_i + (n-r)(t_r + \overline{t'}) \right] \tag{3.57}$$

因为寿命分布是指数分布，其失效率 $\lambda(t)$ 为常数，所以在 t_r 时间后若继续进行试验，则此时统计出的失效率还是那个常数 λ_0。即然指数分布时的平均寿命是失效率的倒数，所以同一产品其剩余寿命的平均值 $\overline{t'}$ 也是平均寿命 μ_0 的估计量 $\overline{\mu_0}$，因此，无替换定数截尾试验平均寿命 μ_0 的估计量 $\overline{\mu_0}$ 为

$$\overline{\mu_0} = \frac{1}{n} \left[\sum_{i=1}^{r} t_i + (n-r)(t_r + \overline{\mu_0}) \right] \tag{3.58}$$

所以，

$$\overline{\mu_0} = \frac{1}{r} \left[\sum_{i=1}^{r} t_i + (n-r)t_r \right] \tag{3.59}$$

对于无替换定时截尾试验，若试验进行到时刻 t 结束，其累积失效数为 r，则平均寿命

μ_0 的估计量可以按照上面同样的分析方法得到，即

$$\overline{\mu_0} = \frac{1}{n}\Big[\sum_{i=1}^{r} t_i + \sum_{j=r+1}^{n}(t + t_j')\Big] = \frac{1}{n}\Big[\sum_{i=1}^{r} t_i + (n-r)(t + \overline{t'})\Big] \tag{3.60}$$

因此

$$\overline{\mu_0} = \frac{1}{r}\Big[\sum_{i=1}^{r} t_i + (n-r)t\Big] \tag{3.61}$$

从无替换的定数和定时两种截尾试验的平均寿命 μ_0 的估计式（3.59）和式（3.61）中可以看出：它们都恰好是参加试验的所有样品实际试验时间的总和除以失效样品总数。通常将样品实际试验时间的总和称为总试验时间，单位为元件·小时，以 T_n 表示。显然，对于无替换的定数和定时截尾试验可以用同一公式来估算未知参数 $\overline{\mu_0}$，即

$$\overline{\mu_0} = \frac{T_n}{r} \tag{3.62}$$

它们之间的不同之处，仅仅是 T_n 的具体计算公式不同而已。

同样可以推出，有替换定数截尾试验：

$$T_n = nt_r \tag{3.63}$$

有替换定时截尾试验：

$$T_n = nt \tag{3.64}$$

因此，上面 4 种情况均可以用统一的公式表示，从而可以得出结论：对于指数分布截尾寿命试验的平均寿命的估计值 $\overline{\mu_0}$，可以用总试验时间与失效数的比值来确定。这种求出一个数值的估计方法，在数理统计中称为点估计法。

（2）按失效数的统计分析

在可靠性试验中，有一些产品或有一些试验无法在试验过程中确定受试样品是否失效。只有在试验结束后才能确定，或者用户仅提供使用中出现的失效次数，而没有提供失效的时间，思考这时产品的平均寿命应如何估计。

当试验样品数 n 较大时（一般 $n \geqslant 50$），若试验时间 t 结束时有 r 个产品失效。假设产品失效仍服从指数分布时，则可靠度可近似表示为

$$R(t) = \mathrm{e}^{-\frac{t}{\mu_0}} \approx \frac{n-r}{n} \tag{3.65}$$

对式（3.65）两边取对数

$$-\frac{t}{\mu_0} = \ln(n-r) - \ln n \tag{3.66}$$

即

$$\mu_0 = \frac{t}{\ln n - \ln(n-r)} \tag{3.67}$$

因此，对于 n 较大的无替换截尾试验，其平均寿命估计值的近似计算式为

$$\overline{\mu_0} = \frac{t}{\ln n - \ln(n-r)} \tag{3.68}$$

2. 区间估计法

区间估计法是利用统计分析对分布的未知参数给出一个估计范围的方法。点估计法估计

的平均寿命不能给出估计的平均寿命与产品真正的平均寿命之间的误差，因为点估计所得是根据该批产品抽样 n 只样品试验结果计算出来的。如果从该批样品中另外抽取 n 只样品做试验，按新的试验结果计算得到的值就不一定和上次统计出的值相等。一般来说，当试验样品数 n 增加时，计算出的结果就更接近于产品真正的平均寿命。因此，究竟估计出的平均寿命与真实的平均寿命相差多少呢？如何求得满足给出精度要求的平均寿命的估计值呢？这必须采用置信区间的估计方法（通常简称为区间估计方）才能解决。

　　估计的精度和样品数量 n 有关，n 越大，估计出的 $\overline{\mu_0}$ 就越能代表产品的平均寿命，其精度也就越高。但是，如果对产品的真实平均寿命作这样一个估计："μ_0 在 $(0, \infty)$ 区间"，这个估计当然 100% 可信，然而却没有实际意义。假设一个产品真正的平均寿命为 10000h，若估计 μ_0 在 $(9000, 11000)$ 区间是可信的，那么估计 μ_0 在 $(5000, 15000)$ 区间就更可信，而估计 μ_0 在 $(0, \infty)$ 区间则 100% 可信。因为从抽样试验结果来估计 μ_0，不可能在这个区间之外。而 μ_0 的估计值落在 $(5000, 15000)$ 区间之外则是有可能的，落在 $(9000, 11000)$ 区间之外的概率就更大些。因此，若要对平均寿命作一个估计区间 $(\mu_{下}, \mu_{上})$，一方面希望精度尽可能高一些，也就是这个估计区间窄一些；另一方面又希望这种估计的正确程度要高一些，也就是估计区间 $(\mu_{下}, \mu_{上})$ 包含真实值 μ_0 的概率要尽可能大，这两者的要求是矛盾的。因为区间窄，真实值 μ_0 落在区间外的可能性增大，通常把区间 $(\mu_{下}, \mu_{上})$ 称为 μ_0 的置信区间，这种估计方法称为区间估计。把置信区间 $(\mu_{下}, \mu_{上})$ 不包含真实值 μ_0 的概率记作 α，称为显著性水平。因此，区间 $(\mu_{下}, \mu_{上})$ 包含 μ_0 的概率为 $1 - \alpha$，把 $1 - \alpha$ 称为置信度，$\mu_{下}$ 称为置信下限，$\mu_{上}$ 称为置信上限。很显然，置信度就是区间估计正确的概率，也就是平均寿命真实值落入区间内的概率，用公式表示即为

$$P(\mu_{下} \leqslant \mu_0 \leqslant \mu_{上}) = 1 - \alpha \tag{3.69}$$

　　置信限 $\mu_{下}$ 和 $\mu_{上}$ 与样品数 n 的大小、置信度 $1 - \alpha$ 等均有关。通常在计算方法和置信度保持不变的条件下，当 n 选取大时，置信区间就变窄，也就是估计精度高。如果在计算方法和样品数 n 保持不变的条件下，置信度越大，置信区间就变宽，对参数 μ_0 估计精度就降低；如果置信区间变窄，置信度就降低，区间内包含参数 μ_0 的概率减小，也就是错误估计参数 μ_0 的可能性增大。所以，在预先设定置信度 $1 - \alpha$ 时，要根据具体情况加以权衡确定。

　　置信区间是如何确定呢？

　　（1）按失效时间的区间估计

　　对同类产品进行多次寿命试验，所得出的平均寿命估计值总是不同的，因而可视为随机变量，对于无替换定数截尾试验，可知

$$\overline{\mu_0} = \frac{1}{r} \Big[\sum_{i=1}^{r} t_i + (n - r)t_r \Big] \tag{3.70}$$

　　因为试验中所得到的失效样品 r 的失效时间是一组随机变量，它是和母体服从同一参数 μ_0 的指数分布，其分布密度函数为

$$f(t) = \frac{1}{\mu_0} \mathrm{e}^{-\frac{t}{\mu_0}} \tag{3.71}$$

　　因此，$\overline{\mu_0}$ 就是 r 个同参数的指数分布的组合，显然 μ_0 在 (a, b) 范围内取值的概率为

$$P(a \leqslant \mu_0 \leqslant b) = \int_a^b f(t)\mathrm{d}t = 1 - \alpha \tag{3.72}$$

置信度的确定示意图如图 3.15 所示。a、b 分位点的选择应满足 $(0,a)$ 之间曲线与横轴所包含面积为 $\alpha/2$，$(0,b)$ 之间的面积为 $1-\alpha/2$，实际上，不是直接计算 $\overline{\mu_0}$ 的分布函数，而是计算 $\dfrac{2r\,\overline{\mu_0}}{\mu_0}=\dfrac{2T_n}{\mu_0}$ 的分布函数，从概率论与数理统计理论可以推证，$\dfrac{2T_n}{\mu_0}$ 的分布函数的分位点是符合自由度为 $f=2r$ 的 χ^2 分布。因此，给定置信度为 $1-\alpha$ 的 $\dfrac{2T_n}{\mu_0}$ 的区间估计概率应为

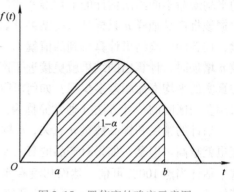

图 3.15　置信度的确定示意图

$$P\left(\chi^2_{2r,\frac{\alpha}{2}}\leqslant\frac{2T_n}{\mu_0}\leqslant\chi^2_{2r,1-\frac{\alpha}{2}}\right)=1-\alpha \qquad (3.73)$$

式中，$\chi^2_{2r,\frac{\alpha}{2}}$ 表示自由度为 $2r$，在 $\alpha/2$ 分为点的 χ^2 分布值；$\chi^2_{2r,1-\frac{\alpha}{2}}$ 表示自由度为 $2r$，在 $1-\alpha/2$ 分为点的 χ^2 分布值，χ^2 分布值可从附录中查得。

实际需要知道的是平均寿命的置信上、下限，因此，将上面区间估计概率式（3.73）进行变换，即

$$
\begin{aligned}
P\left(\chi^2_{2r,\frac{\alpha}{2}}\leqslant\frac{2T_n}{\mu_0}\leqslant\chi^2_{2r,1-\frac{\alpha}{2}}\right)&=P\left(\frac{1}{\chi^2_{2r,1-\frac{\alpha}{2}}}\leqslant\frac{\mu_0}{2T_n}\leqslant\frac{1}{\chi^2_{2r,\frac{\alpha}{2}}}\right)\\
&=P\left(\frac{2T_n}{\chi^2_{2r,1-\frac{\alpha}{2}}}\leqslant\mu_0\leqslant\frac{2T_n}{\chi^2_{2r,\frac{\alpha}{2}}}\right)\\
&=1-\alpha
\end{aligned}
\qquad (3.74)
$$

所以，无替换定数截尾试验平均寿命的置信上、下限分别为

$$\mu_{下}=\frac{2T_n}{\chi^2_{2r,1-\frac{\alpha}{2}}} \qquad (3.75)$$

$$\mu_{上}=\frac{2T_n}{\chi^2_{2r,\frac{\alpha}{2}}} \qquad (3.76)$$

同样可得无替换定时截尾试验平均寿命的置信上、下限分别为（注意和无替换定数截尾试验的不同处）

$$\mu_{下}=\frac{2T_n}{\chi^2_{2r+2,1-\frac{\alpha}{2}}} \qquad (3.77)$$

$$\mu_{上}=\frac{2T_n}{\chi^2_{2r,\frac{\alpha}{2}}} \qquad (3.78)$$

对于有替换的区间估计公式与式（3.75）~式（3.78）一样，不同的只是 T_n 按有替换的总试验时间计算而已。

在研究产品的可靠性指标时，有时关心的只是在置信度 $1-\alpha$ 下保证真实的平均寿命大于置信下限（即大于某一规定值），即要求

$$P(\mu_0 \geqslant \mu_\top) = 1 - \alpha \tag{3.79}$$

对于定数截尾试验，可以推得

$$\mu_\top = \frac{2T_n}{\chi^2_{2r,1-\alpha}} \tag{3.80}$$

对于定时截尾试验，可以推得

$$\mu_\top = \frac{2T_n}{\chi^2_{2r+2,1-\alpha}} \tag{3.81}$$

（2）按失效数的区间估计

因为试验结果只知道失效数，而不知道失效时间，因此，要知道平均寿命的区间估计，可先求出失效数的置信区间。若 n 个样品投入试验，发生 r 个失效的概率可用概率论中的二项分布来求得，即

$$\binom{n}{r} p^r (1-p)^{n-r} \tag{3.82}$$

式中，p 是失效发生的概率。当 n 较大时，二项分布可用均值 np 和标准偏差 $\sqrt{np(1-p)}$ 的正态分布来近似。因此，失效数 r 可用均值 np 和标准偏差 $\sqrt{np(1-p)}$ 的正态分布来计算。当设定置信度为 $1-\alpha$ 时，其分位点服从标准正态分布的 α 分位点，即 K_α，很显然

$$P\left(K_{\frac{1}{\alpha}} \leqslant \frac{r-np}{\sqrt{np(1-p)}} \leqslant K_{1-\frac{1}{\alpha}}\right) = P\left(np + K_{\frac{1}{\alpha}}\sqrt{np(1-p)} \leqslant r \leqslant np + K_{1-\frac{1}{\alpha}}\sqrt{np(1-p)}\right) = 1 - \alpha \tag{3.83}$$

式中，p 可用失效的频率 r/n 来近似，因而式（3.83）变换为

$$P\left(r + K_{\frac{1}{\alpha}}\sqrt{\frac{r(n-r)}{n}} \leqslant r \leqslant r + K_{1-\frac{1}{\alpha}}\sqrt{\frac{r(n-r)}{n}}\right) = 1 - \alpha \tag{3.84}$$

从而可得式（3.84）中 r 的置信上、下限分别为

$$r_\perp = r + K_{1-\frac{1}{\alpha}}\sqrt{\frac{r(n-r)}{n}} \tag{3.85}$$

$$r_\top = r + K_{\frac{1}{\alpha}}\sqrt{\frac{r(n-r)}{n}} \tag{3.86}$$

代入失效率的点估计值

$$\overline{\mu_0} = \frac{t}{\ln n - \ln(n-r)} \tag{3.87}$$

可得平均寿命的置信区间上、下限分别为

$$\mu_\top = \frac{t}{\ln n - \ln\left[n - r - K_{\frac{1}{\alpha}}\sqrt{\frac{r(n-r)}{n}}\right]} \tag{3.88}$$

$$\mu_\perp = \frac{t}{\ln n - \ln\left[n - r - K_{1-\frac{1}{\alpha}}\sqrt{\frac{r(n-r)}{n}}\right]} \tag{3.89}$$

式中，K_α 可查附录的正态分布表的 α 分位点确定。

3.6 恒定应力加速寿命试验

3.6.1 加速寿命试验的提出

对高可靠的电子元器件进行长期寿命试验，无论是从成本还是从时间来看，都是不合算的，甚至是不可能的。例如，假设某人造地球卫星上所使用的元件要求失效率为 $2.6 \times 10^{-8}/h$，如果验证它，抽取 1000 个元件进行试验，若允许 5 个元件失效，则需试验 22 年。而对可靠性要求更高的元件，如要求失效率 $10^{-10}/h$，若按上面试验方案，则需要进行大约 5700 年的寿命试验，显然这是不可能的。如果将寿命试验时间缩短为 1000h，则试验元件数将分别增加到 1.9×10^5 和 5×10^7 个。这样大量的试验，从人力或物力上都是极困难的，甚至是不可能的。因此，提出了加速寿命试验的方法。

加速寿命试验的目的概括起来有：

1）可以在较短时间内用较少的元器件估计高可靠元器件的高可靠性水平，运用外推的方法能快速预测元器件在额定或实际使用条件下的可靠度或失效率。

2）可以在较短时间内提供试验结果，检验工艺改进效果，或比较不同工艺的好坏，对器件可靠性设计和可靠性增长的效果进行评价。

3）在较短时间内暴露元器件的失效类型及形式，以便对失效机理进行研究，找出失效原因，从而可正确地制定失效判据和失效条件，为提高产品可靠性提供依据。

4）比较可靠性筛选效果，确定最好的筛选方法，以便选择恰当的筛选方法，淘汰早期失效的产品。

5）测定元器件某些极限的使用条件。

但是，加速寿命试验不能完全代替正常使用条件下的寿命试验，它只是对寿命试验的一种近似估计。这是因为加速寿命试验目前还存在不少困难：一是对试验方法及测试条件的保证有严格的要求；二是为了对试验结果作出正确解释，必须对产品的失效机理有较好的了解；三是有多次试验结果进行比较和分析。但是，由于加速试验在理论上有一定根据，而且能在较短时间内对产品的可靠性作出估计，所以该方法仍被广泛采用。

要使加速寿命试验方法得到实际应用，必须解决下面两个问题：

1）必须找到加速前、后寿命之间的关系，否则加速试验无意义。

2）加速必须是真正的加速，也就是只加快失效进程，而不改变失效机理。

产品寿命分布的类型与施加应力的类型有密切关系，同样的产品由于承受不同类型的应力，效应的寿命分布类型也将会不同。同样类型的产品，在同样类型的应力条件，虽然应力水平不同，但在一定范围内，它不会改变产品寿命的分布类型，而只影响寿命的分布参数。例如，某种型号的电子管，施加电应力时的寿命分布可能符合威布尔分布；如果对电子管施加某种频率的振动试验，其疲劳寿命分布有可能是对数正态分布。电子元器件多数都工作在一定温度和电应力条件下，从失效机理分析也可知，多数电子元器件的失效是由温度和电应力造成的。因此，着重介绍以温度和电应力为加速应力的寿命试验，并以失效规律符合威布尔的恒定应力加速寿命试验为基础，分析加速寿命试验的理论和方法。

3.6.2　加速寿命试验的理论基础

电子元器件的失效原因与器件本身所选用的材料、材料之间、器件表面或内部、金属化系统及封装结构中存在的各种化学、物理的反应有关。器件从出厂经过储存、运输、使用到失效的寿命周期，无时无刻不在进行着缓慢的化学物理变化。在各种外界环境下，器件还会承受各种热、电、机械应力，会使原来的化学物理反应加速，而其中电应力和温度应力对失效最为敏感。加速应力寿命试验的理论基础就是可靠性物理模型。由于电子元器件的多种类型，其失效模式也有多种。但就其本质上讲，属于化学反应和其他电应力的作用，其失效进程加速可归结于克服势垒的激活能或反应速率等理论来加以描述，因而相应提出并建立了以下 4 个物理模型及关系式。

1. 逆幂律模型

逆幂律模型由动力学理论和激活能导出，大量试验证明，不少元器件或绝缘材料的寿命与电压、电流、功率等应力之间符合逆幂律关系，这些应力会促使器件内部产生离子迁移、质量迁移等，造成短路、击穿断路失效等，应力越强，失效速率越快，器件寿命越短，其模型的数学关系式为

$$t = \frac{1}{KV^c} \tag{3.90}$$

式中，V 为应力；K、c 为常数，c 称为材料结构常数，它只与元器件或材料的类型有关，而与其规格没有关系。若属同类型的，它们的 c 值是相同的。式（3.90）表示元器件或材料的平均寿命随所施加电压的 c 次幂成反比。K、c 常数可以通过点估计或区间估计来确定，然后利用式（3.90）来预测元器件或材料在使用电压下的寿命值。

将式（3.90）进行数学变换，可在双对数纸上描绘出一条直线，也就是说，凡失效符合逆幂律的产品寿命值的对数与所施加电应力的对数成线性关系。

因为

$$\log t = -\log K - c\log V \tag{3.91}$$

若令 $a = -\log K$，$b = -c$，则

$$\log t = a + b\log V \tag{3.92}$$

2. 阿伦尼乌斯（Arrhenius）模型

实践证明，当温度升高以后，器件劣化的物理化学反应加快，失效过程加速，而阿伦尼乌斯模型描述了由温度应力决定的化学反应速度依赖关系的规律性，为加速寿命试验提供了理论依据。它是假设热应力（温度）是使元器件或材料的性能参数劣化（或退化）失效的主要原因。因为不少元器件和高分子材料表面态的变化及物理、化学变化将导致性能参数超过规定的范围而引起失效。这些物理或化学的反应速率与温度密切相关。通常随着温度的升高，反应的速度将加快，从而使元器件或材料的失效也增多。阿伦尼乌斯方程就是从实践中总结出来的经验公式，即

$$\frac{\mathrm{d}M(T)}{\mathrm{d}t} = R(t) = A_0 \mathrm{e}^{-\frac{E}{KT}} \tag{3.93}$$

式中，$M(T)$ 是参加变化的化学反应量，在这里指元器件失效数；$R(t)$ 为化学反应速率，这

里指单位时间内失效数的改变量；A_0 为常数；T 为绝对零度；K 为波尔兹曼常数，等于 0.8617×10^{-4}（eV/℃）；E 为引起某些参数失效或退化过程的激活能（eV）。

从量子力学相关理论可知，电子元器件或材料都位于一定势垒阱中，元器件或材料的特性都处在一定势能 $V(\xi)$ 下，对一定范围的 ξ 认为是"好"的，对另外的范围 ξ 认为是"坏"的或失效。因为，从好品过渡到坏品通常需要一个时间间隔，即好品在工作应力或环境应力下，使能量逐渐积累到能克服这势垒能量时，才导致由"好"变为"坏"，从而造成元器件或材料的失效。而这个势垒能量 E 就是产品由"好"变"坏"的最低激活能量，称为激活能，而这些能量的积累是由温度应力积累而引起的。不同失效机理所需要的反应激活能是不同的，而相同失效机理其激活能量是相等的，因此，可以根据试验求出引起各种失效机理的反应激活能 E。失效的激活能示意图如图 3.16 所示。因为一般电子元器件大多数是由温度应力导致的失效，因此，常用此模型来描述加速寿命试验。

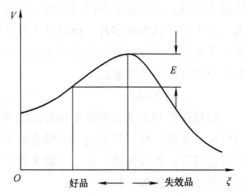

图 3.16　失效的激活能示意图

阿伦尼乌斯方程可以通过下面数学变化更清楚地描述加速前后的关系。若假设温度应力 T 与时间无关，即为常数，因为采用恒定应力加速寿命试验，此假设是满足的，由式（3.93）可得

$$\int_{M_1}^{M_2} dM = \int_0^t A_0 e^{-\frac{E}{KT}} dt \tag{3.94}$$

得

$$t = \frac{M_2 - M_1}{A_0} e^{\frac{E}{KT}} \tag{3.95}$$

对式（3.95）两边取常用对数，得

$$\log t = \log \frac{M_2 - M_1}{A_0} + \frac{E}{KT} \log e \tag{3.96}$$

令 $A = \log \dfrac{M_2 - M_1}{A_0}$，$B = \dfrac{E}{K} \log e$，得

$$\log t = A + \frac{B}{T} \tag{3.97}$$

式（3.97）就是解释加速曲线的阿伦尼乌斯方程，可以看出：电子元器件或材料产生一定百分比失效时间（或寿命）t 的对数与其所施加温度的倒数成线性关系，这可通过单边对数纸描图来得到。从 $\log t \sim \dfrac{1}{T}$ 曲线的斜率 $B = \dfrac{E}{K} \log e$，可以确定出激活能 E 为

$$E = \frac{BK}{\log e} \tag{3.98}$$

阿伦尼乌斯方程来解释器件的高温储存寿命试验是非常成功的，激活能 E 与方程的斜率 B 与器件的失效模式及失效机理有关，根据多年来的实践积累，有关半导体器件与微电路不同失效模式与机理的激活能数据列于表 3.19 中。

表 3.19 有关半导体器件与微电路不同失效模式与机理的激活能数据

失效模式	失效机理	激活能
阈值电压漂移	离子性（SiO₂中的钠离子漂移）	1.0~1.4
阈值电压漂移	离子性（Si-SiO₂界面的慢俘获）	1.0
漏电流增加	形成反型层（MOS 器件）	0.8~1.4
漏电流增加	隧道效应（二极管）	0.5
电流增益下降	因水分加速离子移动	0.8
开路	铝的腐蚀	0.6~0.9
开路	铝的电迁移	0.6
短路	氧化膜击穿	0.3

以激活能 E 作为参数，可以绘出不同 E 时温度与寿命的关系，如图 3.17 所示。可见，激活能越大，曲线倾斜越大，与温度的关系越密切。

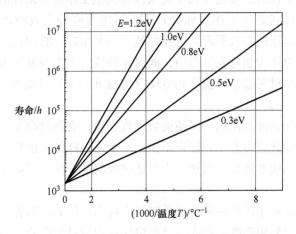

图 3.17 不同激活能时温度与寿命的关系

3. 单应力的艾林模型

艾林（Eyring）模型是从量子力学推导出来的，它表示某些电子元器件或材料参数退化的时间速率仅与由温度所引起的物理或化学反应速率有关，其模型表达式为

$$\frac{\mathrm{d}M(T)}{\mathrm{d}t} = AT\mathrm{e}^{-\frac{E}{KT}} \tag{3.99}$$

4. 广义艾林模型

广义艾林模型除了考虑热应力的作用外，还考虑了其他非热应力 s 的作用。这对于电子元器件在复杂工作环境下失效的实际情况是比较符合的，其反应速率方程为

$$\frac{\mathrm{d}M(T)}{\mathrm{d}t} = AT\mathrm{e}^{-\frac{E}{KT}}\mathrm{e}^{\left(c+\frac{D}{KT}\right)s} \tag{3.100}$$

式中，e^{cs} 是表示由于非热应力对能量分布的调整；$\mathrm{e}^{\frac{Ds}{KT}}$ 是表示由于非热应力对激活能的调整。

在加速寿命试验中，也有用湿度作为加速变量的，也有同时采用湿度应力和电应力进行加速的。例如，THB（高温、高湿、偏置）加速试验，其主要目的是评价器件的耐潮湿寿

命，采用公式为

$$t = A\exp(E/kT)(1/kV^C)B\exp(D/RH) \tag{3.101}$$

必须指出：上述这些模型仅对应力值的某一范围内适用，在此范围之外就不一定适用，因为它可能导致失效机理的改变，使用时必须特别慎重。对于电子元器件或材料的加速寿命试验模型，最常用的是逆幂律模型和阿伦尼乌斯模型。

3.6.3 加速寿命试验方案的考虑

在安排恒定应力加速寿命试验时，除考虑前面提到的寿命试验方案各项问题外，还应考虑以下几个方面：

1. 加速变量-加速应力的选择

电子元器件或材料的失效是由其失效原理所决定的。因此，必须研究什么样的应力会产生相应的失效机理，然后根据失效原理来选择恰当的应力类型。加速应力只是促使失效过程的加速发展，但失效进程的快慢还受到环境条件和其他工作应力条件的影响。因此，元器件或材料在所处实际使用状态（工作或储存）下，可能有多种失效原理同时出现。然而，一定时期内总有起主导作用的失效原理。选择加速应力类型时，必须选择对主要的失效原理能起加速作用的那些应力作为加速变量类型，同时这种应力类型要易于人工控制，且其加速方程已知。电子元器件及材料通常以温度和电压（电流或功率）作为加速变量类型。

2. 加速应力水平的确定

为了使加速变量起到加速作用，促使失效进程加快，必须提高加速变量的应力水平。一个完整的加速寿命试验其应力水平一般应不少于4个，这样便于配置加速直线，但也不能过多，否则试验工作量和成本将大大增加。为保证试验的准确性，最高应力和最低应力之间应有较大的间隔。

最高应力的选择受限于该产品所能承受的极限应力。例如，陶瓷电容器的最高温度应力应低于包封树脂的极限使用温度，首先，最高电压应力应低于电容器的击穿电压；其次，还应满足不改变产品的失效机理；最后，还要考虑到测试的能力和测试的可能，否则由于应力水平过高，产品失效过快，而不能准确的测量。

最低应力水平的选择通常以接近或等于该产品技术指标中规定的额定值。若应力选择过低，起不到加速的效果。这样的选择还可以将加速后与额定条件下的失效率或寿命进行比较，确定其加速系数。

中间应力水平的选择是为提高试验准确性，应在最高与最低水平应力之间大致等间隔地选择。例如，当采用温度应力时，其应力间隔可按应力的倒数等间隔选取，即

$$\Delta = \frac{1}{T_1} - \frac{1}{T_2} \tag{3.102}$$

$$2\Delta = \frac{1}{T_1} - \frac{1}{T_3} \tag{3.103}$$

$$(K-1)\Delta = \frac{1}{T_1} - \frac{1}{T_K} \tag{3.104}$$

式中，K 是温度应力水平的个数。

当采用电应力时，可按电应力的对数成等间隔的原则选取，即

$$(K-1)\Delta = \log V_K - \log V_1 \tag{3.105}$$

式中，K 是电应力水平的个数。

3.6.4　加速寿命试验的数据处理

在恒定应力加速寿命试验中，要对所得到的失效数据进行分析和处理。所谓数据分析，主要是判断此次试验是否正常、失效是真失效还是假失效、失效数据和失效时间是否属实、加速模型是否恰当等，以保证试验的有效性。试验数据处理，就是用统计分析方法，估算出可靠性有关的特征量和参数。在数据处理中，目前主要采用图估法和数值解析法，这两种方法各有优缺点。

图估法的最大优点是简单易掌握，较直观，分析快，还能监测试验数据是否出现异常现象；它也有很大的缺点，所得的结果因人而异，精确性较差。但是，即使存在这些缺点而实际工作中仍常使用它，特别是对于精确度要求不很高的场合，或初步进行分析的场合。

数值解析法有很多种，在电子元器件与材料加速寿命试验中最常采用的是最小二乘法，它是根据最小二乘法原理来选取线性函数的方法，由于有统一的计算公式，可弥补图估法估计结果因人而异的缺点，但精确度比较差；极大似然估计，是一个重要方法，它是根据使子样观察值出现概率最大的原则，求解母体中未知参数的估计量，由于计算复杂，一般需要借助电子计算机进行这种计算；简单线性无偏估计法（适用于样品数大于 25）和最好线性无偏估计法（适用于样品数小于 25），在估计威布尔分布参数时，是一种效率较高的估计方法，它不仅估计精度比较高，而且计算比较简单，易于手动计算；此外，还有简单线性不变估计法、最好线性不变估计法等。我国常采用图估法作为试验结果的初步分析、判断和估算，然后采用简单或最好线性无偏估计法作精确计算。

1. 图估法

恒定应力加速寿命试验的图估法，需要借助于两种类型的坐标纸：一类是概率纸，主要是威布尔概率纸、正态概率纸或对数正态概率纸；另一类是对数坐标纸，主要是单边对数坐标纸（适用于以温度作为加速变量的情况）和双边对数坐标纸（适用于以电应力作为加速变量的情况）。概率纸主要用来分别得到不同应力水平下的寿命分布及其可靠性寿命特征量，以及用来预测正常应力水平下的寿命分布和可靠性寿命特征量。对数坐标纸用来得到加速寿命曲线，并由此估计出正常应力水平下寿命分布的位置。

图估法的程序如下。

（1）以电压作为加速变量并遵从威布尔分布时的情况（$\gamma = 0$）

1）数据填表。首先将试验结果列数据表，第 j 个电应力条件下的试验数据见表 3.20。

表 3.20　第 j 个电应力条件下的试验数据

试验时间 t	t_{1j}	t_{2j}	$\cdots$
失效数 Δr	Δr_{1j}	Δr_{2j}	$\cdots$
累计失效数 r	r_{1j}	r_{2j}	$\cdots$
累计失效概率 $F(t)$	$F_j(t_{1j})$	$F_j(t_{2j})$	$\cdots$

表 3.17 中的 j 取 1，2，$\cdots$，K，K 是电应力水平的个数，试验结果的数据表有 K 个。

2）判断和假设失效分布类型。将试验数据在普通坐标纸上作出 $F(t)$ 与 t 的实验曲线，利用可靠性寿命试验中几种常用的失效分布（指数、正态、对数正态、威布尔分布等）曲线的形状及其物理条件，对照试验曲线的形状和相应的物理条件，作出理论分布的假设。例如，假定产品失效规律服从威布尔分布（此处讨论以国内常用的自然对数型威布尔概率纸为例），所以有

$$F(t) = 1 - e^{-\frac{t^m}{t_0}}, \ \gamma = 0 \tag{3.106}$$

3）概率纸上绘图。在相应分布的概率纸上，分别会指出不同电压应力水平下的寿命分布直线，并估算出相应电压水平下的特征寿命和形状参数。图 3.18 所示为不同电压应力水平的回归直线图，表 3.21 为不同电压应力水平下估算的可靠性特征量。

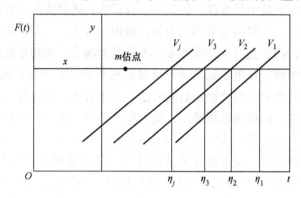

图 3.18　不同电压应力水平的回归直线图

表 3.21　不同电压应力水平下估算的可靠性特征量

电压应力 V	V_1	V_2	⋯
样品数 n	n_1	n_2	⋯
形状参数 $\overline{m}$	$\overline{m_1}$	$\overline{m_2}$	⋯
特征寿命 $\overline{\eta}$	$\overline{\eta_1}$	$\overline{\eta_2}$	⋯

需要特别说明的是，属于同一批的元器件在不同应力水平下做寿命试验，如果失效机理相同，则它们的寿命分布直线是相互平行的。也就是说，对于符合威布尔分布的寿命分布直线的斜率值应是相等的。但由于试验测试误差和抽样的分散性，实际上它们不完全相等。只要形状掺杂相差不大，可用置信区间检验证明其失效机理是相同的。

因此，应取各应力水平下 m 值的加权平均值 $\overline{m}$ 作为共同的 m 值，即

$$\overline{m} = \frac{\sum\limits_{j=1}^{K} n_j \, \overline{m_j}}{\sum\limits_{j=1}^{K} n_j} \tag{3.107}$$

此值就作为正常应力水平下寿命分布的形状参数。

4）利用双边对数纸作出加速寿命直线。将双边对数纸的一边作为时间 t 坐标纸，另一边作为电压 V 的坐标轴。将特征寿命 η_j 与其对应的电压应力 V_j 在坐标纸描点，然后配置直线，此直线就是所求的加速寿命直线，从而可确定出任一应力水平下的特征寿命。寿命值与

电压应力的关系如图 3.19 所示。

关于寿命值的选取，各国不完全相同，有的采用最小寿命，即 $F(t)=0.3$ 的寿命，有的采用中位寿命，我国常采用特征寿命。

5）预测在正常（或额定）电压应力 V_0 下的寿命分布。从图 3.19 可以得到 V_0 应力下的特征寿命 η_0，然后在威布尔概率纸上描出 η_0 和 $F(t)=0.632$ 的点 L，在 y 轴上取 $-m$ 的刻度点，过此点与"m 估点"作一直线 H，再过点 L 作 H 直线的平行线，此直线就是在 V_0 应力下以 m 为形状参数的寿命分布。正常电压应力下的寿命分布如图 3.20 所示。

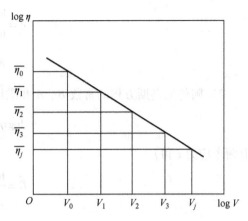

图 3.19　寿命值与电压应力的关系

（2）以温度作为加速变量并遵从威布尔分布（$\gamma=0$）的情况

1）同前，将试验结果列数据表。

2）在威布尔概率纸上，分别绘制出不同温度应力水平条件下的寿命分布直线，估算出相应的特征寿命和形状参数，求出其形状参数的加权平均值。

3）用单边对数纸作出加速寿命直线，其中对数轴作为时间轴，另一坐标轴为 $1/T$ 的坐标轴，得到图 3.21 所示的寿命值与温度应力关系。

4）预测在正常（或额定）温度 T_0 应力条件下的寿命分布，做法同前。

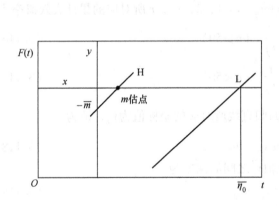

图 3.20　正常电压应力下的寿命分布

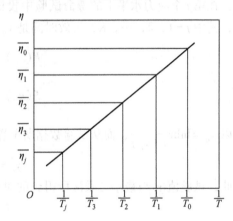

图 3.21　寿命值与温度应力关系

必须再次指出，进行加速寿命试验时，需要满足高应力下只产生与正常应力或使用条件下相同的失效机理，否则不是真正的加速，描述出的加速寿命曲线将是一条折线，因此也可以利用图估计法初步判断是否真正的加速。

（3）加速寿命试验中的参数估计

1）逆幂律的常数 c 和 K 的估计。

$$\log t = -\log K - c\log V \tag{3.108}$$

可得

$$c = \frac{\log\eta_j - \log\eta_i}{\log V_j - \log V_i} \qquad (3.109)$$

$$K = \frac{1}{\eta_i V_i^c} \qquad (3.110)$$

2）阿伦尼乌斯方程的常数 B、A 和激活能 E 的估计。

$$\log\eta = A + B\frac{1}{T} \qquad (3.111)$$

取两个应力 i 和 j，

$$\overline{B} = \frac{\log\eta_j - \log\eta_i}{\frac{1}{T_j} - \frac{1}{T_i}} \qquad (3.112)$$

$$\overline{E} = \frac{\overline{B}K}{\log e} \qquad (3.113)$$

$$\overline{A} = \log\eta_i - \frac{\overline{B}}{T_i} \qquad (3.114)$$

2. 数值解析法——简单最小二乘法

为分析问题方便起见，将以电压和温度为加速变量的两式化为统一方程，即

$$\log\eta = A' + B'\varphi, \ \varphi = \log V \text{ 或 } \varphi = \frac{1}{T} \qquad (3.115)$$

假设产品失效分布式遵从威布尔分布，且 $\gamma = 0$。在恒定应力加速试验中，选择 K 个应力水平，在第 j 个应力水平下的寿命试验中投试随机的 n_j 个样品进行寿命试验，有 r_j 个产品失效，其中 $j = 1，2，\cdots，K$，失效时间是 $x_{ij} = \ln t_{ij}$，$i = 1，2，\cdots，r$ 所对应的累计失效概率为

$$F(x_{ij}) = \frac{i}{n_j} \quad (n \geqslant 50) \qquad (3.116)$$

$$F(x_{ij}) = \frac{i}{n_j} \quad (n < 50) \qquad (3.117)$$

所以 $y_{ij} = \ln\ln\frac{1}{F(x_{ij})}$，而从试验数据所配置回归直线所对应的坐标值为 $\overline{y_{ij}}$，即为

$$\overline{y_{ij}} = m_j x_{ij} - \ln t_{0j} \qquad (3.118)$$

因此，试验值 y_{ij} 与最小二乘法所得到的对应值 $\overline{y_{ij}}$ 之间的偏差为

$$\delta_{ij} = y_{ij} - \overline{y_{ij}} \qquad (3.119)$$

它们的误差平方和为

$$Q = \sum_{i=1}^{r} \delta_{ij}^2 = \sum_{i=1}^{r} (y_{ij} - m_j x_{ij} + \ln t_{0j})^2 \qquad (3.120)$$

为了使所得到回归直线计算出 Q 为极小值，则必须满足：

$$\frac{\mathrm{d}Q}{\mathrm{d}m_j} = 0 \qquad (3.121)$$

可得

$$2\sum_{i=1}^{r} \left[(y_{ij} - m_j x_{ij} + \ln t_{0j}) x_{ij} \right] = 0 \qquad (3.122)$$

有

$$\sum_{i=1}^{r} y_{ij}x_{ij} - m_j \sum_{i=1}^{r} x_{ij}x_{ij} + \ln t_{0j} \sum_{i=1}^{r} x_{ij} = 0 \tag{3.123}$$

$$\frac{\sum_{i=1}^{r} y_{ij}x_{ij}}{n_j} - m_j \frac{\sum_{i=1}^{r} x_{ij}x_{ij}}{n_j} + \ln t_{0j} \frac{\sum_{i=1}^{r} x_{ij}}{n_j} = 0 \tag{3.124}$$

$$\overline{x_j y_j} - m_j \overline{x_j^2} + \overline{x_j} \ln t_{0j} = 0 \tag{3.125}$$

由

$$\frac{\mathrm{d}Q}{\mathrm{d}\ln t_{0j}} = 0 \tag{3.126}$$

可得

$$2 \sum_{i=1}^{r} (y_{ij} - m_j x_{ij} + \ln t_{0j}) = 0 \tag{3.127}$$

可得

$$\sum_{i=1}^{r} y_{ij} - m_j \sum_{i=1}^{r} x_{ij} + r \ln t_{0j} = 0 \tag{3.128}$$

$$\frac{\sum_{i=1}^{r} y_{ij}}{r} - m_j \frac{\sum_{i=1}^{r} x_{ij}}{r} + \frac{r \ln t_{0j}}{r} = 0 \tag{3.129}$$

$$\overline{y_j} - m_j \overline{x_j} + \ln t_{0j} = 0 \tag{3.130}$$

由式（3.125）和式（3.130）联立求解，可得

$$\overline{m_j} = \frac{\overline{x_j y_j} - \overline{x_j}\, \overline{y_j}}{\overline{x_j^2} - \overline{x_j}^2} \tag{3.131}$$

所以

$$\ln \overline{\eta_j} = \overline{x_j} - \frac{\overline{y_j}}{\overline{m_j}} \tag{3.132}$$

对于加速寿命试验的 m 估算值，将是各应力水平 m 值的加权平均值，即

$$\overline{m} = \frac{\sum_{j=1}^{K} n_j \overline{m_j}}{\sum_{j=1}^{K} n_j} \tag{3.133}$$

用同样的方法可得

$$\overline{B'} = \frac{\sum_{j=1}^{K} \log \overline{\eta_j} \varphi_j - \frac{1}{K} \sum_{j=1}^{K} \log \overline{\eta_j} \sum_{j=1}^{K} \varphi_j}{\sum_{j=1}^{K} \varphi_j^2 - \frac{1}{K} \left(\sum_{j=1}^{K} \varphi_j \right)^2} \tag{3.134}$$

$$\overline{A'} = \log \overline{\eta} - \overline{B'}\, \overline{\varphi} \tag{3.135}$$

95

3.6.5 加速系数的确定

加速系数有两种：一种是寿命加速系数 τ_t，另一种是失效率和加速系数 τ_λ。寿命加速系数是在基准应力条件下的试验与某种应力条件下的加速试验达到相等的累积失效概率所需时间之比，即

$$\tau_t = \frac{\text{基准的失效时间}}{\text{加速后的失效时间}} \tag{3.136}$$

$$\tau_\eta = \frac{\text{基准的特征寿命}}{\text{加速后的特征寿命}} \tag{3.137}$$

若产品服从威布尔分布，则

$$\tau_\eta = \frac{\eta_0}{\eta_1} = \frac{t_{00}^{\frac{1}{m}}}{t_{01}^{\frac{1}{m}}} = \left(\frac{t_{00}}{t_{01}}\right)^{\frac{1}{m}} \tag{3.138}$$

失效率加速系数是指某种应力条件下的加速试验与在基准应力条件下的试验在某规定时刻的失效率之比，即

$$\tau_\lambda = \frac{\text{加速状态的失效率}}{\text{基准状态的失效率}} \tag{3.139}$$

对于威布尔分布情况，因为

$$\lambda(t) = \frac{m}{t_0} t^{m-1} = \frac{m}{\eta} \left(\frac{t}{\eta}\right)^{m-1} \tag{3.140}$$

$$\tau_\lambda = \frac{\lambda_1(t)}{\lambda_0(t)} = \left(\frac{\eta_0}{\eta_1}\right)^m = \frac{t_{00}}{t_{01}} \tag{3.141}$$

所以

$$\tau_\lambda = \tau_\eta^m \tag{3.142}$$

一般来说，这两个加速系数是不相等的。只有失效率等于常数，即失效分布属于指数分布时，这两个加速系数才是相等的。

对于以电应力为加速变量时，其寿命服从逆幂律关系，即寿命加速系数为

$$\tau_\eta = \frac{\eta_0}{\eta_1} = \frac{\dfrac{1}{KV_0^c}}{\dfrac{1}{KV_1^c}} = \left(\frac{V_1}{V_0}\right)^c \tag{3.143}$$

而失效率加速系数为

$$\tau_\lambda = \frac{\lambda_1}{\lambda_2} = \tau_\eta^m = \left(\frac{V_1}{V_0}\right)^{mc} \tag{3.144}$$

对于以温度为加速变量时，其寿命服从阿伦尼乌斯方程，即其寿命加速系数为

$$\tau_\eta = \frac{10^{A+\frac{B}{T_0}}}{10^{A+\frac{B}{T_1}}} = 10^{B\left(\frac{1}{T_0}-\frac{1}{T_1}\right)} \tag{3.145}$$

而失效加速系数为

$$\tau_\lambda = 10^{mB\left(\frac{1}{T_0}-\frac{1}{T_1}\right)} \tag{3.146}$$

3.7 电子元器件失效率鉴定试验

3.7.1 置信度与失效率

经过筛选的元器件或材料产品，其可靠性究竟如何，还必须在该批产品中抽取一定数量的样品，进行失效率鉴定试验，特别是有可靠性指标的产品，其失效率等级的确定、升级都要经过这类试验，来加以确认。失效率试验分为：定级试验，即首次确定产品的失效率等级而进行的试验；维持试验，即为证明产品的失效率等级仍不低于定级试验或升级试验后所确定的失效率等级而进行的试验；升级试验，即为证明产品的失效率等级比原定的失效率等级更高而进行的试验。

对电子元器件产品的失效率试验一般从五级开始，试验条件应在产品技术标准所规定的额定条件下进行，因为鉴定试验所确定的失效率等级是一个基本失效率，而不是产品使用条件下的失效率。

在确定失效率等级时还有一个置信度选取的问题，定级和升级试验的置信度一般取60%，只有在特殊要求时才选取90%。这是因为，失效率试验的抽样方案与一般质量检验的计数抽样方案不同，即产品的真实失效率等于某一等级的最大失效率时，它不应看作是不合格的失效率。因此，如果置信度取高了，就会把本来符合某一失效率等级要求的产品被鉴定为不合格的概率增大。以五级定级试验为例，若 C（允许失效数）为1，置信度取60%，则真实失效率为 $0.5 \times 10^{-5}/h$ 的产品被定为五级的概率只有73%；若置信度取90%，则同批产品定为五级的概率仅为42%。显然，置信度取得太高，把本来合格的产品判为不合格的概率增大，这对生产方不利。但是也不能把置信度取得太低，否则可能把失效率等级不合格的产品判断为合格的可能性增大，这对使用方增加危险性。另外，要求产品的失效率属于某一级水平，总不能按这一等级的最大失效率来交付产品，必须要求产品的实际失效率远低于定级的最大失效率，才能被顺利通过。

此外，如果元器件失效率的置信度取得过高，那么利用元器件的失效率数据对设备或系统进行可靠性预计时，得出设备或系统的故障率的置信度就更高，导致预计结果会过于保守。同时，为了作出同样的结论，试验所需要的时间和费用均随置信度的提高而增加，因此不能取得太高。

在维持试验时，置信度取10%，这是因为维持试验是建立在定级试验合格的基础上进行的，因而要求上可以放宽些，从而以较小的代价来对产品的失效率进行监视。为了弥补置信度取得较低的缺陷，规定维持试验的允许失效数不准取零。同时，维持试验是连续采取的，失效率处于临界状态的产品要能连续通过几个周期的维持试验都合格的概率是不大的。也就是说，把临界状态的产品甚至不合格的产品判为合格的可能性不大。例如，产品的真实失效率为 $1 \times 10^{-5}/h$，要通过五级的定级试验（置信度为60%）及连续三次五级维持试验的概率是 $0.4 \times 0.9 \times 0.9 \times 0.9 \approx 0.29$，即不到30%；如果定级试验用的置信度是90%，那么连续三次五级维持试验合格的概率只有7.3%。

3.7.2 试验方案的要求

有可靠性指标的元器件在产品技术标准中对试验方案都必须有明确规定，它包括：

1）试验内容与试验条件。

2）试验项目、测试条件及测试周期。

3）失效标准。

4）置信度选取要求。

5）试验时间及所需样品数。

6）加速试验时的加速条件与加速系数。

7）维持试验的维持周期。

必须特别指出：

1）所有鉴定试验的样品必须在经过筛选合格的产品中随机抽取。

2）若采用加速试验，则加速失效机理与正常失效机理是相同的，并且用定量方法确定出加速系数。对于六级或六级以下的试验，额定条件下试验的元件小时数应不少于试验总元件小时数的1/3；对于高于六级的试验，额定条件下试验的元件小时数应不少于试验总元件小时数的1/10。对于加速试验的元件小时数应乘以加速系数，以便折算成额定条件下的元件小时数。

3）失效率鉴定的试验时间按照表3.22选取，表中给出的48h、96h、240h原则上只适用于加速寿命试验，定级试验时间应不少于1000h。

表3.22　失效率鉴定的试验时间

试验时间/h	允许偏差
48	0 ~ 4
96	0 ~ 8
240 500 1000	0 ~ 24
2000 5000 10000 20000	0 ~ 48

3.7.3　失效率试验程序

1. 定级试验

1）确定失效率等级的置信度（一般取60%）和允许失效数 C，一经选定，试验过程不得更换，以保证随机统计的正确。

2）根据失效率等级、置信度和允许失效数查抽样表（见表3.23和表3.24，表3.23为置信度60%的失效率试验抽样表，表3.24为置信度90%的失效率试验抽样表），得出需要的总试验元件小时数 T_n。

3）根据总试验元件小时数，确定试验时间 t 及试验样品数 n。样品数量和试验时间，对于寿命服从指数分布的产品，在理论上是不受限制的。但实际上，由于产品的分散性等各种因素，为了保证结论的代表性和准确性，要求样品的数量不能太少，试验时间也不能太短或太长，通常根据允许的时间、样品的价格和试验设备的可能适当选取。

表 3.23　置信度 60% 的失效率试验抽样表

等级	最大失效率 (1/h)	总试验时间 (10^6h)								
		$C=0$	$C=1$	$C=2$	$C=3$	$C=4$	$C=5$	$C=6$	$C=7$	$C=8$
Y	3×10^{-5}	0.0306	0.0674	0.104	0.139	0.174	0.210	0.245	0.280	0.314
W	1×10^{-5}	0.0916	0.202	0.311	0.418	0.524	0.629	0.734	0.839	0.943
L	1×10^{-6}	0.916	2.02	3.11	4.18	5.24	6.29	7034	8.39	9.43
Q	1×10^{-7}	9.16	20.2	31.1	41.8	52.4	62.9	7304	83.9	94.3
B	1×10^{-8}	91.6	202	311	418	524	629	734	839	943
J	1×10^{-9}	916	2020	3110	4180	5240	6290	7340	8390	9430
S	1×10^{-10}	9160	20200	31100	41800	52400	62900	73400	83900	94300

表 3.24　置信度 90% 的失效率试验抽样表

等级	最大失效率 (1/h)	总试验时间 (10^6h)								
		$C=0$	$C=1$	$C=2$	$C=3$	$C=4$	$C=5$	$C=6$	$C=7$	$C=8$
Y	3×10^{-5}	0.0768	0.130	0.177	0.223	0.266	0.309	0.351	0.392	0.433
W	1×10^{-5}	0.23	0.389	0.532	0.668	0.799	0.927	1.05	1.18	1.30
L	1×10^{-6}	2.3	3.89	5.32	6.68	7.99	9.27	10.5	11.8	13.0
Q	1×10^{-7}	23	38.9	53.2	66.8	79.9	92.7	105	118	130
B	1×10^{-8}	230	389	532	668	799	927	1050	1180	1300
J	1×10^{-9}	2300	3890	5320	6680	7990	9270	10500	11800	13000
S	1×10^{-10}	23000	38900	53200	66800	79900	92700	105000	118000	130000

4）按规定条件（额定或加速）进行试验，直到达到累积的总试验元件小时数 T_n 为止。关于额定或加速试验问题，在电子元器件失效率试验方法的具体实践中，是因为失效率等级的试验工作量较大，所需试验的元件小时数随失效率的减少而成比例地增高，采用加速试验可以缩短试验时间，但是为了使鉴定的结论准确可靠，必须要求加速试验的失效机理与额定试验的失效机理相同，加速系数比较准确。在目前这两个问题还没有充分解决的前提下，采用加速试验和额定试验同时进行的办法，而且保证额定试验的元件小时数有相当的比例。

5）将试验中出现的失效数 r 与允许失效数 C 比较，若 $r \leqslant C$，则定级试验合格；若 $r > C$，则定级试验不合格。

2. 维持试验

当定级试验合格的产品，投入批量稳定生产后，就不必再按上面定级试验程序来判断产品是否保持原鉴定的失效率等级，而只需要按规定的维持周期进行该等级的维持试验。这是因为失效率等级鉴定方案所要求的总试验元件小时数较大，多次进行这样的鉴定是有实际困难的。另外，在定级试验时，试验一般都要求得严一些，也就是产品实际失效率比该级允许的最大失效率低得多。在严格按规范要求进行生产时，就不必每批都进行定级试验。维持周期分 I、II 组，维持试验抽样表见表 3.25，其程序如下：

1）确定允许失效数。

2）根据产品已试验合格的失效率等级及允许失效数由表3.25查出所需的总试验元件小时数 T_n。

3）根据总试验元件小时数确定试验时间 t 及试验样品数 n。

4）按规定条件（额定或加速）进行试验，直到累积的总试验元件小时数到 T_n 为止。

5）将试验中出现的失效数 r 与允许失效数 C 比较，若 $r \leqslant C$，则维持试验合格；若 $r > C$，则维持试验不合格。

6）维持试验合格，则应继续按产品标准进行维持；若维持试验不合格，则应重新进行定级试验，确定其失效率等级。

表 3.25　维持试验抽样表

等级	维持周期（月）		总试验时间（10^6h 或 10^7次）				
	I	II	$C=1$	$C=2$	$C=3$	$C=4$	$C=5$
Y	3	6	0.0177	0.0367	0.0582	0.0811	0.105
W	3	6	0.0532	0.11	0.175	0.243	0.315
L	6	9	0.532	1.1	1.75	2.43	3.15
Q	9	18	5.32	11	17.5	24.3	31.5
B	15	24	53.2	110	175	243	315

3. 升级试验

当产品性能和可靠性优良的元器件经定级试验合格者可继续进行升级试验，升级试验的数据可以将定级试验和维持试验的样品进行延长试验，以及为升级试验新投入的样品进行试验所获得数据累积而得到。其试验程序如下：

1）确定待升级的失效率等级（一般比原定的定级高一级）、置信度、允许失效数 C，置信度和允许失效数选定后，试验过程中不得更换。

2）根据失效率等级、置信度和失效数，由表3.23和表3.24查出所需的总试验元件小时数 T_n。

3）根据总试验元件小时数确定延长试验的时间和为升级试验需投入的样品数和试验时间。

4）按规定条件（额定或加速）进行试验，直到累积的总试验元件小时数达到 T_n 为止。

5）将试验中出现的元器件总失效数 r 与允许失效数 C 比较，若 $r \leqslant C$，则升级试验合格，转入维持试验；若 $r > C$，则升级试验不合格，应重新进行定级试验，确定其失效率等级。

上述试验中，允许失效数 C 如何选择？从表3.23、表3.24可知，要达到同一鉴定目的可以选择不同的 C。例如，在表3.24中，定级试验鉴定五级失效率的产品，若选 C 为0时，对应的总试验元件小时数 T_n 为 0.0916×10^6，C 为1时，T_n 为 0.0202×10^6。可以看出，当 C 越大时，则总试验元件小时数 T_n 越大，因而需要增加试验时间和试验样品数，使试验费用增加。但从另一方面说，对于不同的 C 和 T_n 的方案，产品同样的实际失效率被通过鉴定的概率是不同的，如对应于 α 为 5%，即 95% 的概率通过五级定级试验的产品实际失效率见表3.26。

表3.26　95%的概率通过五级定级试验的产品实际失效率

C	0	1	2	3	4	5
$\alpha = 0.05$ 的产品实际失效率（10^{-5}/h）	0.06	0.18	0.26	0.33	0.38	0.42

如果定级试验的失效率属于五级，选用 C 为 0 的方案，则要求产品实际失效率为 0.06×10^{-5}/h，才能有 95% 的概率被通过，确认为五级。事实上，其实际的失效率已经是六级了，这对生产方当然是不利的。如果选用 C 为 5 的方案，则当实际失效率为 0.42×10^{-5}/h 时，就有 95% 的概率被通过，但相应的 T_n 值比 C 为 0 时大了 7 倍，因此，应根据试验时间的可能限度、投入试验样品的限制，选择适当的 C 值。

试验中样品测试周期见表3.27。测试中观测到的失效产品，其失效时间应按等间隔公式进行分配，即

$$t_j = t_{i-1} + \frac{t_i - t_{i-1}}{K_i + 1} j \tag{3.147}$$

表3.27　试验中样品测试周期表

测试周期/h	允许偏差
0	—
2	0 ~ 1
4	
8	0 ~ 2
16	
24	0 ~ 4
48	
96	0 ~ 8
240	0 ~ 24
500	
1000	
2000	0 ~ 48
5000	
10000	
20000	

【例题3】　云母电容器进行五级定级试验，技术标准规定的试验条件为 125℃，采用额定电压 V_H。若采用 125℃，$1.4V_H$ 时，其加速系数 $\tau_t = 25$，如选取置信度为 90%，允许失效数 $C = 1$，要求 2000h 试验后得出结论，求解试验方案应如何安排。

解：

根据置信度、允许失效数和要鉴定的等级，由表3.24查出，需要试验的元件小时数为389000，按规定至少 1/3 的元件小时数要由额定条件下的试验来完成，即

$$\frac{1}{3} T_n \approx 130000$$

因试验要求 2000h 作出结论，所以额定试验需要元件数是

$$n_1 = \frac{130000}{2000} + 1 = 66 \text{ 个}$$

而 2/3 的元件小时数由加速试验来完成，则

$$n_2 = \frac{260000}{25 \times 2000} + 1 = 5.2 + 1 \text{ 个}$$

选 $n_2 = 7$，即抽取 66 个元件进行额定试验，抽取 7 个进行加速试验，在 2000h 后看失效数是否大于 1。若 $r \leqslant 1$ 时，则鉴定合格；若 $r > 1$ 则鉴定不合格。这里计算 n_1、n_2 时，分别多加 1 个，这是考虑到试验过程中允许发生一只失效，若不多投入 1 个样品进行试验，则到 2000h 时不能积累到所需 T_n 值，在近似值取值时，也应是不足 1 时，均要取 1。

【例题 4】 某型号电阻器，已通过五级的定级试验（置信度 60%，$C = 1$，抽取 102 个样品试验了 2000h，样品无失效）。现要进行六级的升级鉴定，准备将五级试验的 102 个样品继续试验到 10000h，另外，每月再抽取若干个样品投入试验，要求与原来的 102 个样品达到 10000h 试验结束时得出结论，求解升级试验方案如何安排。

解：

设升级试验的置信度取 60%，允许失效数 $C = 1$，查表 3.23 可得

$$T_n = 2020000$$

因为 102 个样品继续进行到 10000h，可以累积试验时间为

$$T_1 = 102 \times 10000 = 1020000$$

比 $T_2 = 2020000 - 1020000 = 10^6$h，需要从每月产品中抽取样品投入试验来完成。因为从开始每月抽取样品到试验结束还要试验 8000h，约近一年时间，若每月抽取 K 个样品，那么第一个月可累积试验时间为 720K，第二个月课累积 $2 \times 720K$，…第十二个月可积累 $12 \times 720K$，显然 12 个月中，每月抽 K 个，试验结束共累积时间为

$$T_2 = 720K(1 + 2 + 3 + \cdots + 12) = 10^6$$

所以

$$K = 17.8$$

选 $K = 18$，即只要每月抽取 18 个样品投入试验，到试验结束后，总的失效样品数 $r \leqslant C = 1$，则升级试验合格，否则升级试验不合格。

习　题

1. 飞机上电子设备用的某种电子元器件进行现场无替换试验，其元件数 $n = 39$，记录下 9 次失效时间分别为：423h、1090h、2386h、3029h、3652h、3925h、8967h、10957h、11358h，求该电子元器件在飞机上使用的平均寿命、失效率及其在置信度 90% 下的平均寿命区间估计值。

2. 设某种晶体管共 232 个，在飞机环境下工作 61h，发生 3 个失效，求该晶体管在试验条件下平均寿命的点估计值。

3. 有 3DK7 型晶体管 88 个，在 200℃ 进行高温储存 2000h，试验发现失效产品数与失效时间的关系见表 3.28。

表 3.28　失效产品数与失效时间的关系

失效时间（h）	32	76	144	236	452	973	1960
失效产品数（个）	2	2	1	2	18	9	14

求解其点估计和区间估计的平均寿命值（区间估计采用 90% 置信度）。

第4章 可靠性物理 4

在外界热、电、机械等应力作用下，在电子元器件内部及界面处会发生各种物理和化学的变化及效应，这些效应对电子元器件的正常工作具有不良影响或构成威胁，严重时会引起失效，对此方面的研究内容称为可靠性物理，也叫失效物理，即产生失效的原因。可靠性物理是可靠性工程最主要、最基本的内容，就是从原子和分子的角度出发，来解释元器件、材料的失效现象。研究可靠性物理可为改进产品、发明新元器件、提出新技术和新工艺提供依据。简单地说，可靠性物理就是研究失效机理的学科，它是"物理加工程"的基础性技术，是电子元器件可靠性技术的重要支柱和基本方向，也是目前比较薄弱的学科领域。

可靠性物理的研究活动，在 1960 年以后才广泛发展起来。1959 年，美国通用电气公司的 R·P·哈夫兰德发表了"失效物理基础"的论文；1962 年，美国航空公司总结了失效物理的基本方法，编写了一整套失效物理的丛书，大大推动了物理失效的研究活动。1962 年 9月，罗姆航空研制中心和伊利诺斯工艺研究所共同发起，召开了第一届国际电子学失效物理讨论会，并发表了"电子设备故障物理论文集"。自此以后，这项工作纳入到国际电工委员会（IEC）的工作范畴，每年召开一次年会，1967 年更名为国际可靠性物理讨论会（International Reliability Physics Symposium，IRPS），2014 年 6 月，第 52 届年会在美国夏威夷州的维克乐（Waikoloa，Hawaii）举行。

本章首先讨论可靠性物理的目标和作用、材料学基础、失效物理模型及应用等基础概念；然后给出电子元器件的各种基本失效模式，并从可靠性角度出发，针对失效的原因，讨论应采取何种有效措施来防止器件失效，维护与确保电子元器件正常可靠工作；最后综述可靠性分析方式、设备和工具等。

4.1 失效物理的基础概念

4.1.1 失效物理的目标和作用

失效物理学的出现为可靠性研究开拓了视野，它广泛应用于产品的研制、设计、预测、维护和使用等各个领域；它能在较短的周期内，用少量样品直接快速地揭示元器件的不可靠性问题，从而为设计者改进和提高产品的可靠性提供依据。

失效物理大致包括下面 5 个方面的基本内容：

1）失效模式、失效机理的分离、检查和鉴定。

2）用物理、数学模型来描述元器件或材料的失效机理，以及对产品寿命进行预测。

3）在了解失效机理的基础上，为制定产品加速寿命试验和筛选试验方案提供依据，并对产品质量作非破坏性预测和可靠性的短期保证。

4）在了解元器件或材料不可靠性的根本原因之后，通过改变设计、制造工艺等办法来提高产品的固有可靠性，还可以通过产品的工艺质量控制和可靠性控制来保证固有可靠性的实现。

5）利用失效物理知识，可以提高电子设备、系统的可靠性和维修性水平。

根据失效物理所涉及的内容，只有从物理、化学的微观分子结构上进行观察，才能从根本上掌握工作条件、环境应力及时间对产品性能的劣化或失效所产生的影响，以便为元器件本身的改良、研制提供可靠依据。显然，失效物理的研究不是把费用花在大量的试验上，而是花在物理分析上，找出失效机理，以便能确立一套元器件可靠性的控制和保证技术，是从根本上提高可靠性的重要途径，因而加强失效物理的研究是非常重要的。

显然，失效物理的具体目标如下：

1）失效机理的确认及检测方法。

2）失效对策方法的研究和元器件可靠度的改善。

3）取决于物理、化学或者数学失效模型的元器件、材料的特性变化和寿命的预测。

4）加速寿命试验和强制老化试验等可靠性试验的开发。

5）进行寿命质量的非破坏预测、良品分选的非破坏试验和筛选技术等可靠性短期保证技术的确立。

6）由设计、制造、检验的改进而促使元器件本身的高可靠化。

7）装置、系统的可靠性、维修性、安全性的根本改善。

为达到这样的目标，必须依赖于固体物理、材料科学、系统工程等有关科学技术进步的成果和与设计有关的固有技术及经验的应用。

失效物理是可靠性工程发展的必然结果，但是，失效物理的研究对象并不仅限于电子元器件。在电子设备中大约有 20% 以上是非电子元器件，它们具有机械方面的特性，其特性主要如下：

1）失效机理与时间有依赖关系（如疲劳、磨损等）。

2）它们是非标准化的、小批量的。

因此，对于非电子元器件要确知其可靠性将更加困难，失效物理的研究有助于解决这方面的问题。当前，机械零部件失效物理研究主要有故障诊断、故障检测、故障机理研究、可靠性保障等。

4.1.2 材料的结构、应力和失效

1. 材料的结构与性能

电子元器件所使用的材料非常广泛，有金属材料、非金属材料和高分子材料。大多数固态物质是晶体（多数是多晶体），也有非晶态物质或无定形物质。

反映固体材料性质的参数，在结构上大致有钝感和敏感之分。凡宏观性质上不受内部结构微小差异所影响的特性叫作结构钝感性，如比重、热膨胀系数等；凡易受内部结构微观变化（杂质、位错、晶格缺陷等）所影响的性质叫作结构敏感性，如电导率、磁性、断裂等。结构敏感性是导致元器件或材料失效、退化发生的主要原因，而失效是由结构上最薄弱环节引起的。这是因为元器件或材料的退化总是先从微观部分开始，而性能变化则是从宏观部分

开始，反映整体特性的变化。因此，为了预防致命失效的突然发生，对元器件或材料的特性，必须从失效物理角度加以充分研究，以便选择出对退化敏感的、能预测失效的参数。

（1）晶体结构与性能

晶体之所以能稳定存在，是因为原子间有相互作用力：化学键，其强弱决定于键能。键能越高，则化学键越强，分子越稳定。化学键的键型与键能是决定物质性质的关键因素。此外，有些物质分子间存在较弱的相互作用的范德华力，它不同程度地影响着物质的物理、化学性质（特别对其熔点、沸点、溶解度等性质），气体分子凝聚成液体和固体就是靠这种作用力。

晶体中某些区域偏离理想结构，导致晶体缺陷，晶体缺陷对金属的许多性能有极其重要的影响，特别对塑性变形、强度和断裂等起决定性作用。实际的材料是非平衡的且有缺陷的结构，而晶体缺陷又不是静止、稳定地存在着的，它随条件的变化而产生、发展、运动并相互作用。晶体缺陷按几何形状可分为点缺陷、线缺陷（位错）和面缺陷，这些缺陷对材料的性能产生重大影响。因此，失效物理分析必须利用现代分析设备直接观察这些缺陷，以便对症下药加以解决。

（2）扩散

原子在物体内的迁移叫扩散。金属及其合金的许多性质，特别是高温下的性质，多数都与扩散现象有关，如氧化、烧结、退火、化学热处理及相变、再结晶等。固体金属中的原子有 4 种扩散途径：表面扩散、晶界扩散、位错扩散和体扩散，前 3 种扩散较快，通常称为短路扩散。这 4 种扩散是同时进行的，但体扩散是最基本的扩散过程。扩散的快慢主要取决于扩散系数，而扩散系数又与温度、扩散激活能有关。温度是影响扩散系数的最主要因素，因此，可以通过调节温度来控制掺杂层深度，从而控制性能的改变。

（3）材料的形变与破坏

材料在加工和使用过程中往往要受到拉伸、弯曲、扭转、压缩等作用，当这些作用超过弹性范围时，就会导致断裂。还有一些材料，在应力不变的情况下，会随时间推移而逐步缓慢地形变，通常把此形变称为蠕变。其形变随应力、温度的增加达到破坏的程度越快，它们之间的关系也服从阿伦尼乌斯方程。当对材料施加循环变化的机械应力时，还会出现因疲劳而导致的断裂，即使循环变化应力比静载荷的断裂应力小得多且在弹性极限范围之内，也会导致材料的破坏。疲劳破坏本质上是缓慢塑性形变的结果，机械应力和热应力都会引起疲劳破坏。因此，断裂作为结构敏感的物理量是导致失效的重要模式，必须充分重视。断裂发生的形式与材料内部或外部状态、环境、载荷等多种因素有关，它可以是拉伸造成的静断裂，也可以是循环应力引起的疲劳断裂，还可以是由冲击应力引起的冲击断裂或固定应力下产生的蠕变断裂。而且断裂与时间、空间有密切关系，因为裂纹是由微小缺陷发展而形成的，对其发展过程可以建立起相应的失效物理模型进行描述。

2. 环境应力与失效

电子元器件被制造出来后，在储存、运输到使用的全过程中都承受各种应力的作用，使其物理、化学、机械和电气性能不断发生变化，这些环境应力包括气候环境应力、机械环境应力、电气应力及生物和化学环境应力等。作用在产品的环境应力可以是单一的，也可以是多种应力的综合效应。所引起的产品性能变化，有的是可逆的，有的是不可逆的，特别是不可逆的变化，在规定使用条件范围内，会造成产品性能超过技术标准而失效。

（1）气候环境应力与失效

气候环境应力最主要的是温度、湿度和气压，而以潮湿和冷热对电子产品的影响最为明显。潮湿能改变介质的电气特性，促使材料发生物理和化学变化，加速材料的分解、霉变，同时也加速金属的腐蚀等。

对于多孔性或纤维结构的介质材料，因其易于体内吸湿，所以水分的渗入就导致绝缘性能、机械性能等的降低；对于完美的陶瓷、玻璃、石英等介质材料，虽然没有体内吸湿作用，但却有表面吸湿，可以在表面吸附水分，从而导致电气性能的恶化。特别是玻璃等材料，其表面吸附作用比较显著，而极性弱或非极性分子组成的材料，吸附作用就较弱。在高温、高湿同时作用下，介质材料的吸湿加快，会加速材料老化的进程。

冷热温度应力既来自大气环境的温度变化，又来自元器件或材料本身工作时所产生的热量变化。热应力的长期影响，会促使元器件、材料的老化、变形，甚至产生裂缝，从而导致电气性能下降。特别是冷热交替作用更会加速上述变化进程，从而导致开裂。

（2）腐蚀与老化

金属与周围介质接触时，由于发生化学反应或电化学作用而引起的破坏叫金属腐蚀。金属腐蚀最突出的是金属在空气中被氧化。金属氧化的难易，决定于生成氧化物时的自由能变化。自由能减少得越多，就越容易被氧化。金属氧化层增生的过程是外部氧离子通过氧化层扩散，以及来自内部的金属离子、电子逐渐扩散的过程。由于金属离子的扩散比电子扩散慢，从而产生空间电荷阻碍金属离子的进一步扩散，使氧化速度缓慢下来。因此，氧化速度对于产品失效是个关键问题。如果所生成的氧化膜致密而坚固，则可以保护其金属不再进一步被氧化，此时氧化膜具有保护作用；如果氧化物不具备保护作用，则其氧化速率呈线性关系。许多金属腐蚀是电化学腐蚀，而电化学腐蚀的本质是"局部原电池"作用，即由于相接触的两种金属具有不同的活泼性，它们处在电解质中形成原电池，使较活泼的金属易被腐蚀。相接触的两种金属活泼性差异越大，腐蚀就越容易。当存在电解质时，将加剧腐蚀，如海边盐雾空气中的 NaCl 或工业生产中的 CO_2、SO_2 等是最常见的电解质。当金属中掺入杂质或金属局部形变时，在电解质的作用下会发生电化学腐蚀。这是因为杂质部位或形变部位的自由能增加，将起着阴极的作用，而无杂质、无形变的部位将起着阳极的作用，形成局部原电池。为避免腐蚀，可采取涂漆、电镀等方法来隔绝空气，消除氧气和水膜影响；也可采用电化学保护法。

电子绝缘材料在储存、使用过程中，其物理化学性能会逐渐恶化，工程上把此称为"老化"。造成老化的原因是多方面的，其主要原因是空气中的氧对材料的氧化过程。氧化反应在电、热和光的作用下加速，出现电老化、热老化或光老化。在恶劣气候条件下，若经受高温和紫外线强烈照射，氧化反应速度将急剧加快。对于高分子材料（如塑料、橡胶等），氧化的结果使材料大分子裂解成小分子，导致绝缘性能变坏，材料变硬发脆、形变、开裂，甚至出现非晶态向晶态的转变，如聚苯乙烯在 80℃ 下长期使用就出现此种情况；聚氯乙烯老化会裂解成短键，析出氯化氢，随着温度升高，自 70℃ 开始，其老化速度大大加快；某些有机材料的老化，除温度外还取决于电场或电压波形的作用，如苯乙烯薄膜，在高于 40℃ 时多为热老化，在低于 40℃ 时多为电老化；聚二氯苯乙烯在脉冲电压和交流电压下，老化受温度影响小；陶瓷等无机材料老化会导致绝缘电阻和耐电压强度的降低，钛陶瓷表面在直流电压作用下，其电性能严重恶化，在高频电压下长期工作，钛陶瓷老化主要取决于局部的热效应，老化产品出现裂纹，并沿裂纹放点。

3. 机械环境应力与失效

电子元器件和材料在运输和使用过程中，将受到振动、冲击、碰撞、加速度甚至噪声等机械应力的作用。振动会引起脱焊、引线和连接线的断裂，或连接件、支撑件的脱开；振动会使脆性材料裂损、裂纹甚至断裂；振动会使接触不良，接触电阻增大，温升加高；振动会严重影响有开关特性的元器件正常工作，如继电器会产生误动作；振动会产生噪声，增加噪声电平，有的元器件也会因此不能正常工作，如声敏元件和压电元件等。所以，振动对元器件和元器件组装的电子产品影响是很大的，是导致失效的重要原因之一。冲击、碰撞、加速度等应力对电子元器件产品的影响大致相当于振动应力，不过程度上可能更严重些，如导致引线断裂、接点移位、介质裂缝等。

此外，霉菌对电子元器件和材料的影响也十分显著。霉菌侵蚀材料所造成的危害主要包含：绝缘材料的绝缘电阻和抗电强度大幅下降，介质损耗增大，微型电路板上的霉菌可使线路间"短路"；塑料因增塑剂、填料被霉菌消耗使塑性变差，加速了老化过程；金属材料因霉菌新陈代谢的分泌物的电解作用，造成腐蚀、破坏；漆膜等材料会因霉菌作用而被穿透，丧失其保护作用。因此，必须采用密封、涂覆防霉剂或防霉漆、紫外线照射消灭霉菌和选用耐霉性好的材料等措施，克服霉菌的危害，消除导致失效的根源。

4.2　失效物理模型和应用

4.2.1　失效物理模型

失效物理模型大致可以分为两大类，即理化模型（物理、化学、材料力学等方面的模型）和概率（统计）模型。

失效的发生过程既是原子、分子微观变化的过程，又是整体上宏观变化的过程。在一定条件下，物质本身会由正常状态逐渐向不正常状态转化，最终将不可逆地退化为失效状态。

1. 界限模型与耐久模型

元器件或材料的性能与其微观结构有密切关系，而性能的劣化或变化又与其周围环境条件和负荷条件等的变化有关，它将引起外部或内部应力变化，其结果将导致特性值发生可逆或不可逆的变化。当性能变化超过产品技术标准所规定的范围，产品就失效了。而在低于规定使用条件下，不可逆变化长期逐步积累，也会导致产品的失效。显然，产品失效最常见的是下面两种情况：一是当应力超过某一界限而引起的失效；二是能量的积蓄超过某一限度就造成损坏，把这样的失效物理模型称为界限模型。当应力超过某一界限时，产品便处于不稳定、不安全、不可靠的状态。因此，了解有关材料的界限十分重要，为防止材料破坏，必须根据材料已知的界限来考虑安全余量，以此来作为设计的一条原则。

耐久模型是指元器件、材料工作于安全工作区内，在 $t = 0$ 时刻没有破坏，只有经过一定时间后才发生失效的一种模型。这是因为应力（或能量）积蓄到使产品达到破坏的程度，是需要一定时间的。显然，它是由于本身强度（指产品承受应力的能力）逐渐下降的结果。

而强度的退化又与其由蠕变、磨损、疲劳、腐蚀等因素而逐步演变至失效的反应论模型有关。从某种意义上看，耐久模型也可以叫作退化模型。

2. 应力-强度模型

假定失效是由产品内部的某种物理、化学反应导致强度降低，当积累超过某一阈值而引起的一种失效，也就是说，当应力超过产品的耐受强度时，即发生失效，这实际上是一个材料力学模型。一般情况下，最初应力与产品耐受强度是留有充分的安全余量，但是，经过一定时间后，由于内部的某种物理、化学反应使强度逐步退化，从而使得应力分布与强度分布出现交叠，失效就会发生。应力-强度模型如图4.1所示。

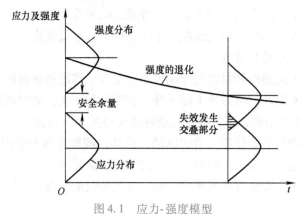

图4.1　应力-强度模型

在该模型中，由于失效是在应力超过强度界限时发生，所以，如果掌握了应力和强度随时间的分布，则可以从两个分布的交叠部分算出产品的不可靠度。

为达到使用安全和延长使用寿命，根据应力-强度模型，可采取如下措施：

1）提高产品本身的强度，降低强度的退化速率。

2）降低应力或减弱应力的影响。

如果对应力、强度分布和变化情况掌握不够，则只有选取较大的安全系数，这样将是不经济的，而且将增大产品的体积、重量，使得设计过于保守。还必须指出的是，安全保障、耐久寿命不仅与这些强度、应力的大小有关，而且也与强度、应力的离散性有关，考虑时应特别注意。

3. 反应论模型

应力-强度模型主要用来模拟机械设备的损坏，而反应论模型则用来模拟化学反应等导致的失效，它是指电子元器件的劣化和损坏等失效，是在原子、分子这样级别上随时间发生的变化引起的。由于电气、机械、热和化学等多方面的应力所引起物质内部各种变化，如平衡状态的变化、材料组分的变化、晶体结构的变化、结合力的变化、裂纹的发展等，都是造成元器件失效的原因。而支配这些失效进程的，乃是氧化、析出、电解、扩散、蒸发、磨损和疲劳等失效机理。这些变化或反应的速度决定于应力的种类和大小。元器件或材料的寿命决定于这样的反应结果，即反应产生的有害物质（如氧化物、腐蚀析出物等）的积累或裂纹的扩展达到或超过界限值，失效即随之发生，也就是说，失效寿命是随反应速度的加快而缩短，它与反应速度成正比。把这样的失效物理模型称为反应论模型，如图4.2所示，它也属于耐久模型范畴的理化模型。这里所指的反应不仅指狭义的化学反应，还包括蒸发、凝聚、形变、裂纹传播等具有一定速度的物理变化。

在从正常状态进入退化状态的过程中，存在着能量势垒，而跨越这种势垒所必需的能量是由环境应力提供的。并且，越过此能量势垒（称为激活能 E）进行反应的频数是按一定概率发生的，即服从玻尔兹曼分布，此反应速度与温度的关系，就是前面加速寿命试验所介绍的阿伦尼乌斯模型和艾林模型。

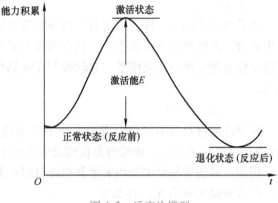

图 4.2　反应论模型

反应论模型能够估计参与反应的应力的影响程度，而应力强度模型中却没有触及到强度怎样降低的理论根据。

退化反应到达最终退化状态前要跨越几个能量势垒。也就是说，整个退化反应往往由几个连续过程组成，这与前面所述的产品寿命分布（如早期失效期、偶然失效期、耗损失效期）有关，可以从本质上来加以理解。

激活能 E 是引起退化反应所必须的能量，是由温度 T 相应的热能得到的，也可以由其他非热应力（如电应力、机械应力）变换来得到。

4. 最弱环模型与串联模型

设产品（元器件、装置或系统）是由 n 个要素（部分）所构成，各要素都是相互独立地工作。若其中任一要素失效都会导致产品发生故障，从功能上均可认为属于 n 个要素的串联系统。因此，可以利用其功能上等价的模型——串联模型来计算产品的可靠度或失效率。若从产品怎样损坏的观点看，串联模型恰是链条的可靠度模型。构成链条的各个环只要一个断了，则链条就断了，而这些环中最弱点（即寿命最短者）决定了链条的寿命。环中最弱点的退化速度就代表了串联系统的退化速度，这个最弱点的产生，主要是由于制造过程中引入的某些缺陷，或设计中原材料潜在缺陷导致的。因此，把这样的模型又称为最弱环模型或链环模型。从应力强度模型来看，最弱环模型，当应力是单值时，其链条的可靠度取决于环的强度离差。如果环的强度离差非常小，即各环比较均一，则链条的可靠度取决于应力是否超过了环的强度。

串联模型主要应用于装置、系统的可靠性设计，但也可以用于元器件或材料的失效物理分析。因为元器件、材料存在若干相互独立的失效机理，而其中任何一个失效机理都可能导致元器件或材料的失效，因此，元器件或材料的失效率 λ_{sys} 可以用各个失效机理的失效率 λ_i 之和来表示，即

$$\lambda_{\text{sys}} = \sum_{i=1}^{n} \lambda_i \tag{4.1}$$

如果各个机理的失效率与应力变化的关系服从阿伦尼乌斯模型，就可以获得应力与元器件或材料失效率之间的关系。但是，元器件或材料的结构和所加的应力如果很复杂，其各种失效机理是混杂并存的，而且各机理随应力大小的变化情况也各不相同，因此，企图通过简单的加速寿命试验来进行评价就显得十分困难。

5. 并联模型与绳子模型

并联系统像绳子一样，是由若干细条并联组成，同时支撑着载荷，组成要素中任何一个发生失效，系统照样能可靠工作，只有当所有要素都失效，系统才出现故障，因此，把并联模型又称为绳子模型或束模型。并联模型在元器件的结构设计中会使用，如电容器的多引线结构。

6. 损伤累积模型

元器件或材料在不加应力或加大小不等的应力时，其退化程度可以应用损伤累积模型（或退化模型）来描述，该模型是在假设应力大小有变化而退化机理或失效机理不变的前提下采用的。损伤累积模型是用来解释机械材料的循环疲劳提出来的。假设在某一变动应力 S_i 下，循环寿命次数为 N_i，那么当

$$\sum \frac{n_i}{N_i} = 1 \tag{4.2}$$

满足时，就可以计算出寿命值。由于机械材料的循环疲劳将产生机械能量积累，当累积的能量达到一定值就会引起材料的损坏，而每个能量累积值与 n_i/N_i 呈线性比例关系，故称为线性损伤累积模型。

对于元器件和材料，当应用损伤累积模型时，同样可以得到

$$\sum \frac{t_i}{L_i} = 1 \tag{4.3}$$

这是因为，如果首先把元器件或材料置于应力 S_1 下经过 t_1 时间的话，那么它会以与 S_1 相应的反应速度导致内部发生一定的损伤量或劣化量。其次，如果把元器件或材料置于应力 S_2 下经过 t_2 时间的话，它就以与 S_2 相应的反应速度使损伤量或劣化量增加。这样一来，随着 S_1、S_2、$\cdots$、S_n 等应力的转移，元器件或材料内部的缺陷量（损伤量）或劣化量就逐渐累积起来，最终当达到某个界限值后就发展成失效或破坏，其寿命也就完结了。但是，在应力从 S_i 转移到 S_{i+1} 之际，应不产生额外附加的损伤或劣化，其寿命与应力是独立线性关系。如果元器件或材料长时间置于 S_1 应力状态下，其所具有的寿命为 L_1，那么，在此应力下只经过比 L_1 短的 t_1 时间，其损伤或劣化量为 $K_1 t_1 = x_1$（K 为反应劣化速度）；在 S_2 下经过 t_2 时间，其损伤或劣化量为 $K_2 t_2 = x_2$；这样不断地变更应力等级，那么整个寿命可以认为在 S_1 下是以 t_1/L_1，S_2 下是以 t_2/L_2，$\cdots$ 这样的比率消耗总体寿命，最终，总的损伤或劣化量 $\Phi(x_i) = \sum K_i t_i$ 达到规定的失效界限时，其寿命也就终了。即当

$$\sum_{i=1}^{n} \frac{t_i}{L_i} = 1 \tag{4.4}$$

满足式（4.4）的最后应力的 t_n 时刻就出现失效，即其寿命为

$$T = \sum_{i=1}^{n} t_i \tag{4.5}$$

把这样的模型称为损伤累积模型。这可以通过反应论来解释，比较适用于步进应力试验的场合。

4.2.2 失效物理的应用

失效物理与元器件、材料本身的改良、设计、选择、筛选、老化和工艺都有密切关系，

同时它也关系到设备、系统的可靠性设计和维修性设计，还与使用、保管及技术规范有关。它是可靠性质量保证体系中最重要的环节之一。

在可靠性设计中，失效物理应用在以下方面：

1）失效率预计。

2）对退化的统计设计。

3）对失效模式、效应和危害度的分析。

4）失效的检测方式、维修方式等的维修性设计。

元器件厂商对自己生产的元器件在未来的使用状态和可能出现的问题作出预测，以便为设备或系统设计人员提供充分的元器件数据，提出合理、正确使用元器件的建议，同时，取得这些数据资料也有助于试验方法、保证方法乃至设计方面本身的改进，提高元器件的性能和可靠性。为此，必须通过失效物理的方法或试验设计安排试验，来判断元器件或材料的失效模式、失效机理、退化规律或曲线、失效时间分布规律及与各应力的相关性，并从根本上判断或确定加速寿命试验的有效性，从而为系统、整机提供有效的数据和资料。

利用元器件数据来预计、确定系统可靠性时，必须确定使用什么样的失效物理模型，以及应用这些数据预计的有效性和精度如何。这必须通过失效物理的方法分析、确定精度高和具有普遍性的预计模型，同时通过数据分析和利用适当数学模型给出各种应力和环境条件下的失效率数据。从前面章节可知，一旦失效物理分析确定出新元器件的失效机理，就可以利用失效物理模型——串联模型来确定新元器件的失效率，也就是说，把新元器件看作是相互独立的失效机理的串联模型，再通过这些机理的失效率组合来求得新元器件的失效率。

这种方法的优点是，不管元器件的设计、工艺、材料等如何变化，均可通过技术上的评价来估计失效率，而且还可以获得究竟哪种失效模式相对影响最大，以及这种失效将会对组装成的设备产生什么影响，提供有价值的信息。

失效物理可以帮助检验和确定施加应力时有无瞬时效应。例如，如果电阻器的阻值变化遵从 $\Delta R/R = X = \sqrt{KT}$ 的形式，则已考虑了开关循环应力的瞬时效应的影响，因为按照线性退化（模型）量是以 KT 的形式变化。假设开关的比率分别为开 3/4、关 1/4，如果没有瞬时效应，退化量应比全部开着的退化量要减小 1/4，但是，实际情况并非如此。当关时的退化量小到可以忽略不计时，则退化量 $X = \sqrt{\sum K_i t_i}$，与在恒定应力下连续开着的情况相比，其退化量约为 $\sqrt{\dfrac{3}{4}} = 0.866$，这已由实际试验所证实。因此，可以通过将实测值与由损伤累积模型所算出的理论值进行比较，来检验当施加应力时究竟有无瞬时效应。一般在准稳定状态下，是不会有瞬时效应的，而施加变化应力时是否有瞬时效应，可按照上面的方法进行检验。

失效物理在可靠性筛选上有很大用途，不仅在筛选方法模型的建立上有较大作用，而且以根据失效物理判别主要的失效机理，合理确定筛选项目和筛选方案。

失效物理与制造工艺也有密切关系。由于产品失效与其制造方法关系极大，必须借助失效物理方法，研究无缺陷的制造方法，重视制造工艺的管理，并采用失效物理方法的质量保证体系和计划。例如，高可靠是通过元器件寿命试验、严密的工艺管理与失效分析来达到的；又例如，某公司制定了对半导体特性的物理控制程序，它是一项"事前的可靠性"工作，其物理控制程序如图4.3所示。

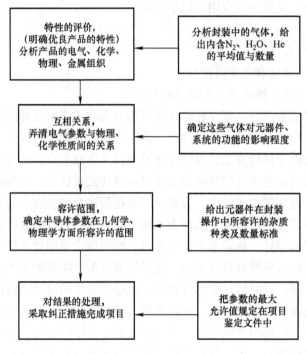

图4.3　物理控制程序

物理控制程序侧重于产品鉴定的初期阶段，一经鉴定投入生产制造后，只需稍作一些修改，使之进一步完善。同时为其他可靠性活动提供了准确的技术数据。

对于可修复的产品，失效物理提供了如何充分利用有关失效信息，设计最适用的预防维修方针，降低维修费用，如趋势分析和故障诊断等，进行有针对性的按需维修。

失效物理不仅只局限于上面所述的范围，还有其他方面的用途，例如，用试验方法再现实际使用状态的失效模式和失效机理，为事先采取应对措施提供了可能性；又例如，元器件的劣化模型和失效分布及其与应力之间的关系，可以通过失效物理分析加以确定。显然，失效物理的研究可以为可靠性开展提供非常广泛的途径，从而能从根本上提高元器件的可靠性水平。

4.3　氧化层中的电荷

4.3.1　电荷的性质与来源

20世纪60年代初，MOS晶体管开始批量生产，人们发现与Si热氧化结构有关的电荷严重影响元器件的成品率、工作的稳定性和可靠性，于是展开了关于氧化层电荷的研究。这里用面密度$Q(C/cm^2)$表示，面密度Q是指Si-SiO$_2$界面处单位面积上的净有效电荷量，距界面有一定距离时要折合到界面处。用N表示相应电荷数$N=|Q/q|$，q为电子电荷。现已公认：在Si-SiO$_2$界面的SiO$_2$一侧存在4种氧化层电荷，如图4.4所示。

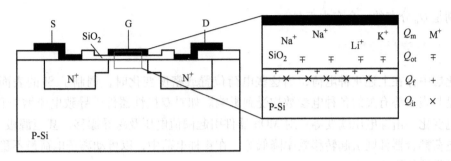

图 4.4　SiO$_2$ 中的电荷

1. 固定氧化层电荷

固定氧化层电荷（Fixed Oxide Charge）Q_f 是指分布在 SiO$_2$ 一侧距离 Si-SiO$_2$ 界面小于 2.5nm 的氧化层内的正电荷。Q_f 起源于 Si 材料在热氧化过程中引入的缺陷，如生成离子化的 Si 或 O 空位，它们都带正电而形成正电荷。这种电荷的特点是，它不随外加偏压和 Si 表面势变化，与 Si 衬底杂质类型和浓度，以及与 SiO$_2$ 层厚度基本无关。

2. 可动离子电荷

可动离子电荷（Mobile Oxide Charge）Q_m 主要是 SiO$_2$ 中存在的 K$^+$、Na$^+$、Li$^+$ 等正离子引起的。负离子及重金属离子在 500℃ 以下是不动的，影响较小。Na$^+$ 性质活泼，在地壳中含量很大，生产中所用的容器、水、化学试剂等都含有 Na$^+$，它在一定温度及偏压下即可在 SiO$_2$ 内部或表面产生横向及纵向移动，调制了元器件的表面势，引起器件参数不稳定，它对元器件可靠性构成主要威胁。如何防止 Na$^+$ 玷污一直受到广泛关注。

3. 界面陷阱电荷

界面陷阱也叫快表面态或界面态，起源于 Si-SiO$_2$ 界面的结构缺陷、氧化感生缺陷，以及金属杂质和辐射等因素引起的其他缺陷。如 Si-SiO$_2$ 界面处 Si 原子在 SiO$_2$ 方向晶格结构排列中断而产生的所谓悬挂键，就是一种结构缺陷，这种结构缺陷可接受空穴或电子而带一定的电荷，此即界面陷阱电荷（Interface Trap Charge）Q_{it}。接受电荷即悬挂键与 Si 表面交换电子或空穴，从而调制了 Si 表面势，造成器件参数的不稳定性。此外，这种界面陷阱可以同时俘获一个电子或一个空穴而起复合中心的作用，这导致器件表面漏电、$1/f$ 噪声增加和电流增益（跨导）降低。

4. 氧化层陷阱电荷

氧化层陷阱电荷（Oxide Trap Charge）Q_{ot} 可以是正电荷，也可以是负电荷，取决于氧化层陷阱中俘获的是空穴还是电子，而这些被俘获的载流子来自 X 射线、γ 射线或电子束在氧化层中引起的辐射电离，以及沟道内或衬底的热载流子的注入。

以上 4 种电荷，除了在 Si 热氧化等生产工艺过程中形成的之外，在随后元器件工作时也会不断产生。如 Na$^+$ 等离子玷污，可从外界环境中通过扩散进入氧化层中。沟道或衬底中的热载流子可越过 Si-SiO$_2$ 壁垒进入氧化层中，在 Si 与 SiO$_2$ 的过渡区内如果能打断 Si-H、Si-OH 键或者形成其他缺陷，即可产生 Q_{it} 及 Q_{ot}。外加热、电应力条件下产生 Q_{it} 及 Q_{ot} 的情况，可从 MOS 器件的高频 C-V 曲线上得知。而电荷汞技术的采用，更是研究氧化层内电荷

变化特别是 Q_{it} 分布的一个有力工具。

4.3.2 对可靠性的影响

氧化层中存在上述 4 种电荷，当这些电荷位置或密度变化时，调制了 Si 的表面势，因此，凡是与表面势有关的各种电参数均受到影响。如对双极性器件，导致电流增益和 PN 结反向漏电变化、击穿电压蠕变等；对 MOS 器件引起阈值电压及跨导漂移，甚至源极-漏极穿通；对电荷耦合器件则引起转移效率降低等。在 4 种电荷中，以可动离子电荷最不稳定，对元器件可靠性的影响最大。

氧化层电荷对可靠性的影响有以下方面。

1. 增加 PN 结反向漏电，降低了结的击穿电压

当氧化层中 Na$^+$ 全部迁移至 SiO$_2$ 表面时，Q_m 等于"零"；Na$^+$ 全部集中在 Si-SiO$_2$ 界面时，Q_m 为最大，可使 P 区表面反型，形成沟道漏电，从而引起击穿，在 PNP 型晶体管中引起基区表面反型，产生沟道，导致晶体管交叉漏电增加、高电平幅度降低，甚至失效。图 4.5 所示为 PNP 晶体管的场感应结及其击穿特性。

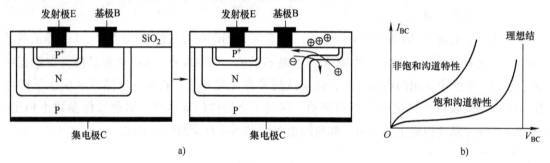

图 4.5 PNP 晶体管的场感应结及其击穿特性

a）P 区反型引起的沟道漏电 b）相应基极-集电极结的击穿特性

2. 引起 MOS 器件阈值电压漂移、跨导和截止频率下降

对 N 沟道 MOS 器件，阈值电压表达式为

$$V_T = -\frac{Q_f + Q_m + Q_{SDmax}}{C_O} + V_{ms} - 2V_F \tag{4.6}$$

式中，C_O 为 SiO$_2$ 层单位面积电容；V_{ms} 为全一半接触电位差；V_F 为半导体衬底的费米势；Q_{SDmax} 为表面耗尽层最大电荷密度；Q_m 变化引起 V_T 漂移，漂移超过一定量即为失效；Q_f 为氧化层电荷。

N 沟道 MOS 器件的跨导和截止频率分别为

$$g_m \propto \mu_{neff} \frac{W}{L} \tag{4.7}$$

$$f_m \propto \frac{\mu_{neff}}{2\pi L^2} \tag{4.8}$$

式中，L 为沟道长度；W 为沟道宽度；μ_{neff} 为 N 沟道内载流子的有效迁移率；$\mu_{neff}^{-1} = \mu_L^{-1} + \mu_I^{-1} + \mu_S^{-1}$，$\mu_L$、$\mu_I$、$\mu_S$ 分别为晶格散射、电离杂质散射及表面漫散射迁移率。Q_{it} 是散射中心，使 μ_S 降低，其结果使 g_m 及 f_m 降低。

3. 对电流增益 h_{FE} 及噪声的影响

Q_{it} 可同时俘获（产生）电子-空穴对，起复合中心的作用。晶体管发射结附近表面的复合中心浓度决定其表面的产生或复合电流，Q_{it} 增加，必然要降低小电流下的电流增益。

当发射结雪崩击穿后，热载流子从势垒区电场获得足够能量，轰击 Si-SiO$_2$ 界面，使有效复合中心密度即 Q_{it} 增加，这在浅结、重掺杂发射区的双极高频晶体管中尤为突出，它导致 h_{FE} 及输出功率下降。

界面态是一种表面复合中心，其产生率或复合率有一定涨落，这种涨落调制了基区表面少数载流子产生或复合的速度，从而产生了叠加在基极和集电极电流上的噪声电流，该电流的方均根值与 $1/f$ 成正比，所以称为 $1/f$ 噪声。

4. MOS 结构的 MS 界面态的影响

MESFET 器件和 MS 肖特基器件的核心是金属-半导体接触，由于半导体制备过程及金属化过程的影响，在金属和半导体接触的界面会引入一层绝缘层，其厚度与工艺有关，从而形成了 MOS 结构的金属-半导体接触，同时会引入界面态电荷 D_{it}，其对 MESFET 器件的夹断电压 V_P 的影响可为

$$\Delta V_P = V_{bi} - \frac{W}{2\varepsilon_0 \varepsilon_S} \int_{E_0}^{E_{F0}} q D_{it} \mathrm{d}E \tag{4.9}$$

式中，V_{bi} 为自建电势；W 为空间电荷区宽度；E_0 为表面态的电中性能级；E_{F0} 为表面态的费米能级。

由于界面态对器件夹断电压的影响，从而影响器件的 I-V 和 C-V 特性，引起器件参数的漂移等可靠性问题。

4.3.3　降低氧化层电荷的措施

1）对 Q_m，在生产工艺中，可采取各种预防 Na$^+$ 沾污的措施，如保证容器（改用石英制）、工具和氧化炉管的清洁，热氧化的气氛中加有适量的 HCl 或氯气，对氧化层表面加一层磷硅玻璃钝化层，以固定残存 Na$^+$ 并防止外界侵入的二次沾污，目前的工艺已可使氧化层中 Q_m 的含量在 1×10^{10} 个/cm^2 以下，即使用好的 C-V 测试仪进行温度-偏压试验测不出可动电荷密度。

2）对 Si 材料选用（100）晶向，使 Q_f 及 Q_{it} 最小。

3）氧化层生长后进行适当高温退火处理，以降低 Q_f 及 Q_{it}。

4）在低频、低噪声工艺中，适当腐蚀发射区表面，降低基区表面掺杂浓度，以及采用减少应变或热感生缺陷的工艺，可降低 Q_{it}，从而降低低频（$1/f$）噪声。

5）对半导体表面进行等离子体刻蚀处理，降低界面态。

4.4　热载流子效应

4.4.1　热载流子效应对器件性能的影响

所谓热载流子是指其能量比费米能级大几个 KT 以上的载流子。这些载流子与晶格没有

处于热平衡状态，当其能量达到或超过 Si-SiO$_2$ 界面势垒时（对电子注入为 3.2eV，对空穴注入为 4.5eV），便会注入到氧化层中，产生界面态、氧化层陷阱或被陷阱所俘获，使氧化层电荷增加或波动不稳，这就是热载流子效应（Hot Carrier Effect）。由于电子注入时所需能量比空穴低，所以一般不特别说明的热载流子多指热电子，它对不同器件造成不同的可靠性问题。

1. 双极性器件

热载流子效应会引起电流增益下降、PN 结击穿电压的蠕变。Q_{it} 的存在使晶体管 h_{FE} 下降及产生 1/f 噪声。随着 Q_{it} 的增加，情况将进一步恶化甚至导致器件失效。

当 PN 结发生表面雪崩击穿时，载流子不断受到势垒区电场的加速，有可能注入附近的 SiO$_2$ 中并为陷阱所俘获。注入载流子可为电子，也可为空穴，与 SiO$_2$ 中电场的方向有关。如注入热载流子后使 PN 结表面处势垒区宽度变窄，降低击穿电压，反之则增高击穿电压，使击穿电压随时间变化，此即击穿电压的蠕变。

2. MOS 器件

随着沟道电流增加，热载流子增加，注入氧化层中使 Q_{it} 及 Q_{ot} 增加，这使 MOS 器件的平带电压 V_{FB}、阈值电压 V_T 漂移，跨导 g_m 减小，变化达到一定数值即引起失效。图 4.6 给出了热载流子效应对 NMOS 和 PMOS 的 I-V 特性的影响。

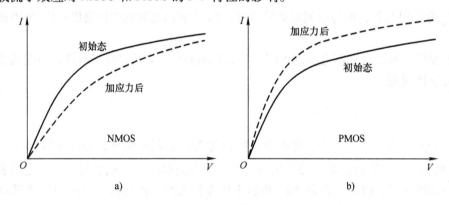

图 4.6　热载流子效应对 NMOS 和 PMOS 的 I-V 特性的影响

a) NMOS　b) PMOS

热载流子主要为热电子，所以 N 沟道 MOS 器件的热载流子效应比 P 沟道的要明显。某文献报道：对深亚微米器件，有效沟道长度缩短到 0.15μm，V_{DS} 降至 1.8V 时仍发生热载流子效应，此时 PMOS 的热载流子效应变得明显起来。

热电子的来源一般分为衬底热电子和沟道热电子，它对应于器件不同的工作状态。当 V_D 与 V_S 接地、$V_{GS} > 0$、$V_{BS} < 0$（B 为衬底）时，主要产生衬底热电子，它起源于漏极电流，当衬底掺杂浓度增加，衬底负电压增大及沟道长宽比很大时，都使衬底热电子效应显著；当 $V_{GS} = V_{DS}$、$V_{BS} < 0$ 时，主要是沟道热电子效应，此时注入区主要发生在漏极附近，与衬底热电子基本上从栅极下均匀注入不同，所以是 V_{DS} 控制着沟道热电子注入量。当漏极电压一定，V_T 与 I_{sub} 随 V_{GS} 变化的情况如图 4.7a 所示，可见 V_{GS} 是 V_{DS} 的一半附近，V_T 与 I_{sub} 均达到最大。这是因为此时漏极附近形成高电场区，载流子一进入该区，就从电场获得

高的能量而成为热载流子。另外，漏极附近热载流子的运动因碰撞电离而产生电子-空穴对。产生的多数空穴流向衬底，形成 I_{sub}，部分空穴随着漏极向栅极正向电场的形成而注入氧化层中，这样电子和空穴两种热载流子都注入 SiO_2，将引起器件特性的很大变动，这时的条件叫雪崩热载流子条件，其情况如图 4.7b 所示。

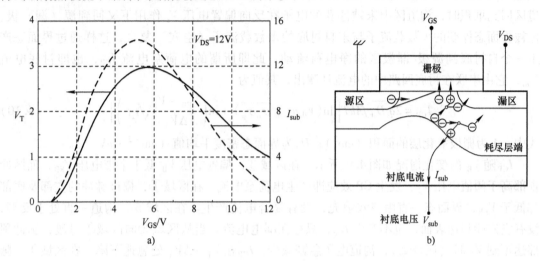

图 4.7　阈值电压与衬底电流随栅极电压变化的情况及雪崩热载流子条件情况

a）固定漏极电压时 NMOS 器件的阈值电压变化量及衬底电流随栅极电压变化关系

b）雪崩热载流子产生和注入

4.4.2　电荷泵技术

热载流子效应引起器件性能退化，原因在于界面态的产生及电荷注入氧化层中。目前，研究界面态情况及氧化层中电荷性质的一项有效手段是电荷泵（Charge Pumping，CP）技术，电荷泵测试原理图如图 4.8 所示。

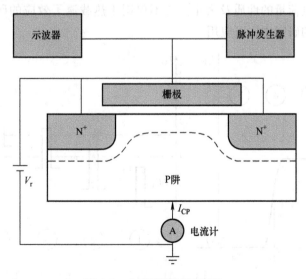

图 4.8　电荷泵测试原理图

117

MOS 器件的源极和漏极连在一起后与衬底间施加反向偏压 V_r，栅极连到脉冲发生器，波形及幅度由示波器监视。脉冲常用矩形，幅度为 ΔV_A，脉冲上升、下降时间分别为 t_r、t_f，脉冲周期 T_P，重复频率 f，脉冲上叠加有偏置电压 V_B。当脉冲电压使 N 沟道 MOS 器件从堆积进入反型时，从源极-漏极区进入沟道的电子，一部分被界面态所俘获，当栅极脉冲使沟道区回到堆积时，沟道区中未被俘获的电子在反向偏置电压 V_r 作用下又回到源（漏）极，但被界面态俘获的少数载流子与来自衬底的多数载流子（空穴）复合，这样通过界面态产生一个自衬底到源极-漏极区的净电荷流动，此即所谓的电荷泵电流 I_{CP}，也即衬底电流 I_{sub}，它由串联在衬底回路中的电流计测出，其值为

$$I_{CP} = 2q \overline{D_{it}} fAkT \Big[\ln \big(V_{th} n_i \sqrt{\sigma_n \sigma_p} \big) + \ln \Big(\frac{V_{FB} - V_T}{|\Delta V_A|} \sqrt{t_f t_r} \Big) \Big] \tag{4.10}$$

式中，A 为栅极氧化层的面积（cm^2）；$\overline{D_{it}}$ 为界面态密度平均值（$cm^{-2} \cdot eV^{-1}$）。

I_{CP} 随 V_B 的变化情况如图 4.9 所示。在区域③，偏置电压 V_B 低于平带电压 V_{FB}，而脉冲顶部高于阈值电压 V_T，发生 CP 效应即产生电荷泵电流。在区域①，栅极脉冲的左部及底部都低于 V_{FB}，界面态一直由空穴填充，没有复合电流产生。在区域⑤，沟道一直处于反型，没有空穴能到达表面，也不产生 I_{CP}，只存在漏电电流。当从区域③向区域①过渡，脉冲顶部达不到 V_T 时（区域②），沟道电子急剧减少，I_{CP} 在 $V_T - \Delta V_A$ 处急速下降。在区域④，脉冲底部比 V_{FB} 高，没有空穴流入，在 V_{FB} 处 I_{CP} 也急速下降。I_{CP} 的幅值是界面态的一种度量，由 CP 特性的过渡边可推得 V_T 和 V_{FB}。当沟道中发生局部退化时，器件的 CP 特性是沟道退化部分和未退化部分特性之和。因此，施加电应力后 I_{CP} 值增加，反映了 D_{it} 局部或均匀地增加，CP 特性边缘的畸变或向更正（负）的 V_B 方向漂移，表明局部或均匀的负（正）氧化层电荷的存在。图 4.10 表示 N 沟道 MOSFET 在电子束辐照前后的 CP 曲线，由 I_{CP} 幅值增加可算出 $\overline{D_{it}}$ 从原来的 $1.7 \times 10^{10} cm^{-2} \cdot eV^{-1}$ 增加到 $6.6 \times 10^{11} cm^{-2} \cdot eV^{-1}$，同时伴有曲线边缘的伸展。辐照后曲线向左移动，表明氧化层内和界面处有净的正电荷产生。因此 CP 技术可给出更多更精确的 MOS 器件界面信息，即使发生局部退化，也能提供诱生界面陷阱的数量和被栅极介质俘获电荷量的性质及大小。它不仅用于热载流子效应的研究，在 F-N 隧穿电流应力、辐照损伤的研究中也可应用。

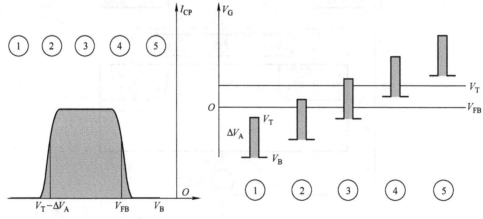

图 4.9　N 沟道 MOSFET 在 ΔV_A 固定时，其 I_{CP} 随 V_B 的变化关系

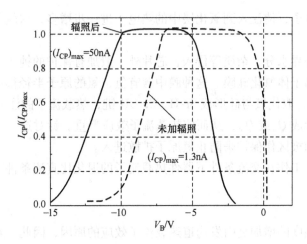

图 4.10 N 沟道 MOSFET 在电子束辐照前后的 CP 曲线（剂量：25keV，$5 \times 10^{-5}\text{C/cm}^2$，
$L_{\text{eff}} = 7\mu\text{m}$，$W = 80\mu\text{m}$，$t_{\text{ox}} = 80\text{nm}$，$\Delta V_A = 10\text{V}$，$f = 100\text{kHz}$，$V_r = 0.2\text{V}$）

4.4.3 退化量的表征

热载流子效应的原因在于氧化层中注入电荷及界面态的产生，它使器件的 V_T 漂移、g_m 减少及亚阈值电流摆幅漂移，即引起器件性能退化。如果用 ΔV_T 来表征界面陷阱产生情况，若 V_T 的漂移量达 10mV 时所经历的时间，定义为对应于产生一定量界面态所需的应力时间 τ，则器件寿命与测得的漏电流 I_d 和 I_{sub} 的关系为

$$\frac{\tau I_d}{W} = C\left[\frac{I_{\text{sub}}}{I_d}\right]^{-m} \tag{4.11}$$

式中，C 为常数；W 为沟道宽度；$m = \varphi_{\text{it}} / \varphi_i$，$\varphi_{\text{it}}$ 是沟道电子产生界面陷阱所需能量，约为 3.5eV，φ_i 是碰撞离化所需最低能量，约 1.3eV。因此，在不同时期测定 I_d 及 I_{sub}，就可估计热载流子退化对寿命 τ 的影响。

实际上 MOS 器件的退化是不均匀的，N 沟道 MOS 晶体管退化主要发生在漏极附近的高电场区，对非均匀氧化层电荷和界面陷阱分布的沟道，阈值电压的物理意义已经不够确切。而且当器件工作在低栅极电压区（$V_{\text{GS}} \ll V_{\text{DS}}/2$）及接近 V_{DS} 时，阈值电压的漂移非常小，这是由于氧化层中俘获电荷屏蔽了界面陷阱效应的缘故。如果将 ΔI_{CP} 达到一定数量（如 $1\text{pA}/\mu\text{m}$ 沟道宽）所需的应力时间作为寿命 τ 的定义，则可得到与上述 $\tau I_d \sim I_{\text{sub}}/I_d$ 的相似关系。但用于热载流子退化的寿命预计尚有一些问题，有待进一步研究。

4.4.4 影响因素

首先，考虑温度的问题，大多数可靠性试验证明，环境温度越高，器件退化越严重。而热载流子的情况则相反，温度越低，热载流子效应越明显。研究显示在 $-40\,℃$ 时比室温下退化更为严重。热载流子在低温下的加速可这样来解释：低温下，Si 原子的振动变弱，衬底中运动的电子与硅原子间的碰撞减少，电子的自由程增加，从电场中获得的能量增加，容易产生热电子，提高了注入氧化层的概率。另外，也容易发生电离碰撞产生二次电子，这些二次电子也可成为热电子，使注入到氧化层中的热电子进一步增多，这就导致低温下热电子效应的加速。

其次，为防止外界水分、杂质等侵入，芯片外一般加有保护的钝化膜。钝化膜原用磷硅玻璃，后来采用等离子体氮化硅膜。这种膜中含有氢，氢的原子半径很小，极易扩散进入栅极下 Si-SiO$_2$ 界面处，取代氧与硅形成 Si-H、Si-OH 键，热载流子的注入使 Si-H、Si-OH 键破坏，在氧化层中形成 Q_{it} 或 Q_{ot}，从而使热载流子效应严重。针对这一问题，可用化学气相沉积的氮化硅膜对栅极区作保护来防止氢原子扩散进入。

一些研究证明，工作在交流条件下器件热载流子的退化比直流条件下更严重。

4.4.5 改进措施

漏极附近电场强度的增加是引发沟道热载流子效应的原因，因此，对策就是要减轻漏极附近的场强，比较有效的措施是采用轻掺杂源极-漏极结构（LDD，Lightly Doped Drain-Source），使雪崩注入区向硅衬底下移，离开栅极界面处，LDD 结构和普通结构电场强度的比较如图 4.11 所示。

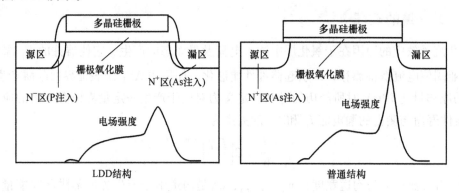

图 4.11　LDD 结构和普通结构电场强度的比较

对深亚微米器件，还可采用 P-I-N 漏极 MOSFET 结构来抑制热载流子效应，所谓 P-I-N 漏极结构是在常规沟道区的源极-漏极段降低掺杂浓度至接近本征的（$10^{15} \sim 10^{16}$）/cm^3（N 沟道仍为 P 区），可进一步降低近漏极端的电场强度。

此外，工作时限制 V_{DS} 及 V_{BS} 的大小，也可改善热载流子效应。

4.5　栅氧击穿

4.5.1　击穿情况

在 MOS 器件及 IC 中，栅极下面存在薄层 SiO$_2$，即通称的栅氧（化层）。栅氧的漏电与栅氧质量关系极大，漏电增加到一定程度即构成击穿，导致器件失效。

当前由于 VLSI 技术的进步，一方面，器件尺寸在不断缩小，要求栅氧厚度不断减薄，但电源电压并不能随之按比例减小，栅介质所承受的电场强度在不断增加，例如，原来 64kB DRAM 的栅氧厚度为 40nm，电源电压为 5V，栅氧场强为 1.25MV/cm，1MB DRAM 的栅氧厚度为 10nm，电源电压降至 2.5V，栅氧场强为 2.5MV/cm，目前 64MB DRAM 的栅氧厚度仅为 7nm，电源电压降为 3.3V，器件内部不降压时场强将达到 4.7MV/cm，这对栅氧质量及厚度的均匀性都提出了严格要求，以保证栅氧有一定寿命；另一方面，IC 集成度的提高，电路功能扩大，可将一个系统集成在一个芯片上，芯片面积不断扩大，相应地芯片上栅氧总面积增大，存在缺陷的概率增加，加上受到高电场作用，栅氧发生击穿的地方增多，可靠性问题变得严重。

栅介质按照击穿时的情况，通常可分为如下两方面。

1. 瞬时击穿

电压一加上去，电场强度达到或超过该介质材料所能承受的临界场强，介质中流过的电流很大而马上击穿，这叫本征击穿。实际栅氧化层中，某些局部位置厚度较薄，电场增强；也可存在空洞（针孔或盲孔）、裂缝、杂质、纤维丝等缺陷，会引起气体放电、电热分解而产生介质漏电甚至击穿，由这些缺陷引起的介质击穿叫非本征击穿。

2. 与时间有关的介质击穿

与时间有关的介质击穿（Time Dependent Dielectric Breakdown，TDDB）是指施加的电场低于栅氧的本征击穿场强，并未引起本征击穿，但经历一定时间后仍发生了击穿。这是由于施加电应力过程中，氧化层内产生并积聚了缺陷的缘故。

栅氧的瞬时击穿可通过筛选、老化等方法剔除，所以 TDDB 是本节讨论的中心。

在氧化层较厚时，栅极材料采用铝。这时栅氧击穿有两种形式：一种是由于铝的熔点低，且氧化层很薄，栅氧某处击穿时，生成的热量将击穿处的铝层蒸发掉，使有缺陷的击穿处与其他完好的 SiO₂ 层隔离开来，这叫自愈式击穿；另一种是毁坏性击穿，铝彻底侵入氧化层，使氧化层的绝缘作用完全丧失，栅氧较薄，用自对准工艺，栅电极采用多晶硅材料制作。

栅氧的击穿与硅中杂质、氧化工艺、栅极材料、施加电场大小及极性等因素有关，其击穿失效百分比与击穿时施加场强的关系如图 4.12 所示。击穿的情况可分为 A、B、C 三个区

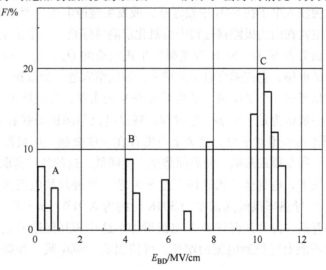

图 4.12　栅氧的击穿失效百分比与击穿时施加场强的关系

域模式。A 区一般场强在 1MV/cm 以下，它是由于栅氧中存在针孔引起的；B 区的击穿场强 E_{BD} 为 2MV/cm < E_{BD} < 8MV/cm，一般认为是由于 Na$^+$ 玷污等缺陷引起的；C 区的 E_{BD} > 8MV/cm，为本征击穿。

过去认为栅氧的 TDDB 主要是 Na$^+$ 等玷污引起的，经过不断努力，采用各种有效防止 Na$^+$ 玷污的措施，现已做到基本上无 Na$^+$ 玷污（MOS 电容经温度-偏压的 B-T 处理后，可动电荷在 1×10^{10} 个/cm^2 以下，处理前后 C-V 曲线已无移动），以及采用二步（三步）HCl 氧化法，使 Si-SiO$_2$ 界面处从微观上平整无凹凸接触，以减少界面处场强，这种栅氧的击穿场强基本上在 10MV/cm 以上，但仍发生 TDDB，所以栅氧的 TDDB 是 VLSI 中一个重要的可靠性问题。

4.5.2 击穿机理

氧化层的击穿机理（过程），目前认为可分为两个阶段，第一阶段是建立（磨损）阶段，在电应力作用下，氧化层内部及 Si-SiO$_2$ 界面处发生缺陷（陷阱、电荷）的累积，累积的缺陷（陷阱、电荷）达到某一程度后，使局部区域的电场（或缺陷数）达到某一临界值，转入第二阶段，在热、电正反馈作用下，迅速使氧化层击穿。栅氧寿命由第一阶段中的建立时间所决定。

对电应力下氧化层中界面处产生的缺陷，一般多认为是电荷引起的，对电荷的性质，有两种看法：

一种看法认为 SiO$_2$ 的导电机理是电子从阴极注入，注入电子以 F-N（Fowler-Nordheim）隧穿电流出现，而不是空穴从阳极注入，因为与空穴有关的势垒高度和有效质量都较大。

SiO$_2$ 在一定电场作用下，产生 F-N 隧穿电流，电子从阴极注入氧化层中，注入电子在阴极附近可产生新的陷阱或被陷阱所俘获，局部电荷的累积使其与阳极间某些局部地区的电场增强，由于 SiO$_2$ 中场强分布不是线性的，只要达到该处 SiO$_2$ 介质的击穿场强就发生局部介质击穿，进而扩展到整个 SiO$_2$ 层，这是电子负电荷累积模型。

另一种看法认为注入电子在 SiO$_2$ 中被俘获，或发生碰撞电离，产生电子-空穴对，也可能产生新的陷阱；空穴在向阴极漂移过程中被氧化层陷阱俘获，产生带正电的空穴累积。另外，电子注入在界面处使 Si-O、Si-H 键断裂产生正电荷的 Q_{it}、Q_{ot}。因正电荷的累积，增强了阴极附近某处的电场，它使隧穿电子流增大，导致空穴进一步累积。这样正电荷的累积和隧穿电子流的增加形成一个正反馈，最终引起 SiO$_2$ 的击穿，这就是正电荷累积模型。

具体击穿过程一般认为是一个热、电过程。隧穿电流与阴极场强有关。这涉及 Si-SiO$_2$（或 Al-SiO$_2$）界面不可能绝对平整，微观上可能存在一些突起，使局部电场增强，也可能氧化层中某处存在一些杂质或缺陷，使界面势垒高度降低，这都使该薄弱处首先产生隧道电子流。在外电场作用下，电流呈丝状漂移穿过 SiO$_2$ 膜，这种丝状电流直径仅数纳米，电流密度很大，而 SiO$_2$ 的导热率很低（温度为 300K 时约为 0.01W/cm·℃），局部地区产生很大的焦耳热使温度升高，温升又促进 F-N 电流增加，这样相互促进的正反馈作用，最终形成局部高温，如果不能及时控制电流的增长，可使铝膜、SiO$_2$ 膜、和硅熔融，发生烧毁性击穿。

当前，对栅氧击穿主要是由负电荷的电子或正电荷的空穴起主要作用的问题尚无明确结论，文献报道中说明是正电荷空穴累积的很多。但也不能否定电子的作用，所以可能两者都起作用，只是何种（可能是空穴）为主的问题。

4.5.3 击穿的数学模型与模拟

根据氧化层击穿时由于空穴被陷入并积聚在氧化层内的局部陷阱（弱斑）处，陷入的空穴流可表示为

$$Q_p \propto J(E_{OX})\alpha(E_{OX})t \tag{4.12}$$

式中，$J(E_{OX})$ 为 F-N 电流密度，它正比于 $e^{-\frac{B}{E_{OX}}}$；α 为电离碰撞空穴产生系数，$\propto E_{OX} \propto e^{-\frac{H}{E_{OX}}}$；$B$ 为与电子有效质量和阴极界面势垒有关的常数，约为 240MV/cm；$H \approx 80$MV/cm；t 为经历的时间。

当 Q_p 达到某一临界值时即产生击穿，时间 t_{BD} 为

$$t_{BD} \propto e^{\frac{B+H}{E_{OX}}} \propto e^{\frac{G}{E_{OX}}} \tag{4.13}$$

实际氧化层中可能存在局部减薄区（如盲孔），局部电荷的累积，存在杂质或玷污，使局部电场增强或界面处势垒减弱，这都使 F-N 电流增加、栅氧提前击穿。如果不考虑其击穿的物理机制，仅从击穿的后果来考虑，引入等效氧化层减薄这一概念，上述栅氧的各种缺陷用等效减薄量来表示，则式（4.13）成为

$$t_{BD} = \tau_0 e^{\frac{G}{E_{OX}}} = \tau_0 e^{\frac{G(X_{OX} - \Delta X_{OX})}{V_{OX}}} = \tau_0 e^{\frac{G X_{eff}}{V_{OX}}} \tag{4.14}$$

式中，X_{OX} 为栅氧名义厚度；ΔX_{OX} 是由于存在缺陷而使栅氧减薄的量；X_{eff} 为等效栅氧厚度；τ_0 为常数。这样栅氧击穿时间的统计分布就可并入 ΔX_{OX} 的统计分布中，而局部减薄处的面积并不重要。当某个局部处发生短路，整个栅氧就发生失效。根据这一思路，就可编制程序对栅氧可靠性加以模拟，这就是 RERT（美国加利福尼亚大学伯克利分校的可靠性模拟工具）中 CORS（电路氧化层可靠性模拟器）的数学基础。

4.5.4 薄栅氧化层与高场有关的物理/统计模型

20 世纪 90 年代以来，一些研究者对栅氧击穿的物理过程及统计方法提出了一种新的看法，还没有正式名称，这里称之为薄栅与高场有关的物理/统计模型。

1. 前提

模型的提出是基于下述分析。

1）质量良好的栅氧化层，在未加应力前的 I-V 测试中，在产生 F-N 隧穿电流前，其电流值很低，按面积归一化后 $J = 10^{-12}$A/cm^2。在施加电应力后，F-N 隧穿前的电流增加，经过多种测试分析，认为是由于氧化层中产生了中性陷阱所致。

2）氧化层中产生带间碰撞电离所需的能量约为氧化层禁带宽度的 1.5 倍，氧化层禁带宽度约为 9eV，所以电子需要的能量约为 13.5eV，当栅氧厚度降至 22nm 以下时，电离碰撞产生电子-空穴对已不大可能。

3）在栅氧厚度较薄时，击穿时间与栅氧厚度及通过栅氧的电子流无关，只与氧化层上的电场强度有关。

2. 物理（磨损）模型

陷阱产生的物理模型如图 4.13 所示，在高电场作用下，原子间键（如 Si-Si 键或 Si-O 键）断裂，在氧化层内部或界面处产生陷阱，其荷电状态可从外部电场作用下以隧穿的充放电方式变化，从而带正电、负电甚至呈中性。荷电状态的变化并不消除陷阱，这与前述陷阱由空穴或电子表征不同。除 Si-O 断键外，氧化层内杂质原子特别是氢、氮、氩、碳、氯、氟等也可产生不同能量的陷阱。依据这些陷阱所在的位置，而分别叫作氧化层陷阱、界面陷阱等。

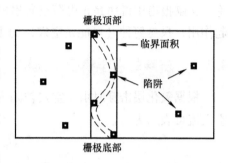

图 4.13　陷阱产生的物理模型

氧化层在施加高电场应力后，其 I-V 特性中发生隧穿前的电流比高场应力前增加，在移除电压脉冲后，其瞬态电流正比于氧化层中产生的陷阱数，反比于时间 t，而且陷阱的产生是均匀随机分布的。如果电子注入的界面处粗糙不平，可能伴生较高的陷阱产生速率，从而导致较短的击穿时间。利用隧穿波阵分析，可确定陷阱产生与电压、应力流、极性及时间的关系。实测表明：体陷阱产生数与应力流的 1/3 次方成正比，界面态的产生数与应力流的 1/2 次方成正比，而与电压极性及衬底类型无关。陷阱的产生与极性无关，表明热载流子或碰撞电离不涉及薄氧化层中陷阱的产生。次方的不同说明界面态的陷阱是二维的，而体陷阱本质上是三维的。当体（界面）陷阱密度在 $10^{19}/cm^3$（10^{12}个 $cm^{-2} \cdot eV^{-1}$）范围时，氧化物就引发击穿。

3. 统计（击穿）模型

高场下氧化层内部产生陷阱。随着陷阱密度的增加，有更高的电流流过。当某个局部区域陷阱密度超过某一临界值，触发局部电流密度上升，若沿局部路径足以促使热烧毁，即发生击穿。据此提出的统计（击穿）模型如图 4.14 所示。氧化层面积为 $A = LW$，厚度为 d，氧化层被划分为 N 个面积为 a 的本征小单元，陷阱随机分布其中，当某个小单元的陷阱数超过临界值 K，引发该单元击穿，整个氧化层烧毁。

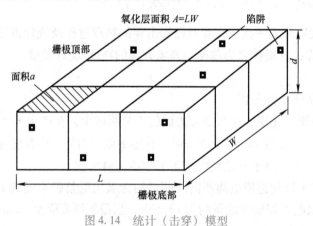

图 4.14　统计（击穿）模型

由 J. Sune 等提出的统计模型，其累积失效率可表示为

$$\ln\left[-\ln(1-F(\rho))\right] = \ln A + \ln\left[(Pd) - \frac{1}{a}\right]\ln\left[\sum_{n=0}^{K-1}\frac{(ad\rho)^n}{n!}\right] \qquad (4.15)$$

式中，ρ 为氧化层中陷阱密度，是时间的函数，可从陷阱密度-应力时间关系求得。利用 a 及 K 两个可调整参数，来描述栅氧的 TDDB 分布。a 表示陷阱的俘获截面积，其值为 10^{-14}cm^2 量级；K 约为 10，低值说明氧化物中有缺陷，氧化层的质量低；高值 K 表示将伴随本征击穿。不同的 a 及 K 值可用来模拟各种 TDDB 值分布，其中包括双模式或多模式分布，预计值与文献中实测结果相符。但 a 及 K 值如何从应力试验中求取，尚有困难，这是它未能实用的原因。

在 VLSI 技术中，栅氧厚度均在 10nm 左右，本模型提出了栅氧击穿的物理本质，有较大的应用前景。

4.5.5 改进措施

从栅氧击穿的机理，也就清楚了改进措施。如应注意控制原材料硅中的 C、O_2 等微量杂质的含量，以及在加工工艺中采用各种有效的洁净措施防止 Na^+、灰尘微粒等沾污。热氧化时采用二步或三步 HCl 氧化法：先用高温低速生长一层约 2nm 的 SiO_2，使 Si-SiO_2 界面平整，然后再正常生长 SiO_2 层。可以用 CVD 生长 SiO_2 或掺氮氧化以改进栅氧质量等。

栅氧易受静电损伤，它的损伤是累计性的，使用中必需采取防护措施。

4.6 电迁移

在微电子器件中，金属互连线大多数采用铝膜。这是因为铝具有一些优点，如导电率高，能与硅材料形成低阻的欧姆接触；能与 SiO_2 层等介质膜具有良好的粘附性和便于加工等。但使用中也存在一些问题，如硬度性软，机械强度低，容易划伤；化学性活泼，易受腐蚀；在高电流密度时，抗电迁移能力差。在电路规模不断扩大、器件尺寸进一步缩小时，金属互连线中电流密度在上升，铝条中的电迁移现象更为严重，成为 VLSI 中的一个主要可靠性问题。

4.6.1 电迁移原理

当器件工作时，金属互连线的铝条内有一定电流通过，金属离子会沿着导体产生质量的运输，其结果会使导体的某些部位产生空洞或晶须（小丘），即电迁移现象（Electro Migration）。在块状金属中，其电流密度较低（$<10^4\text{A/cm}^2$），电迁移现象只在接近材料熔点的高温时才发生。薄膜材料则不然，淀积在硅衬底上的铝条截面积很小并且有良好的散热条件，电流密度可高达 10^7A/cm^2，所以在较低温度下就会发生电迁移。

在一定温度下，金属薄膜中存在一定的空位浓度，金属离子通过空位而运动，但自扩散只是随机引起原子的重新排列，只有受到外力时才可产生定向运动。通电导体中作用在金属离子上的力 F 有两种：一种是电场力 F_q；另一种是导电载流子和金属离子间互相碰撞发生动量交换而使离子产生运动的力，这种力叫摩擦力 F_e。对铝、金等金属膜，载流子为电子，这时电场力 F_q 很小，摩擦力起主要作用，离子流与载流子运动方向相同，这一摩擦力又称

"电子风"，经过理论分析有

$$F = F_q + F_e = ZqE \tag{4.16}$$

式中，Z 称有效原子价数；E 为电场强度；q 为电子电荷。铂、钴、金、铝材料，其 Z 分别为 $+0.3$、$+1.6$、-8、-30。Z 为负值是电子风，使金属离子向正极移动，Z 为正值是空穴风，使金属离子向负极方向迁移，Z 绝对值小，抗电迁移能力就大。

产生电子迁移失效的内因，是薄膜导体内结构的非均匀性，外因是电流密度。因电迁移而失效的中位寿命 t_{MTF} 可用 Black 方程表示（直流情况下）为

$$t_{MTF} = AW^p L^q J^{-m} \exp \frac{E_a}{kT} \tag{4.17}$$

可进一步转化为

$$t_{MTF} = A_{dc} J^{-m} \exp \frac{E_a}{kT} \tag{4.18}$$

式中，A、p、q 为经验常数；W、L 分别为互连线的线宽和长度；A_{dc} 为与线宽有关的一个常数；J 为流过的电流密度 A/cm^2；m 为 $1 \sim 3$ 的常数；E_a 为激活能（eV），T 为金属条温度（K）；k 为玻尔兹曼常数 8.62×10^{-5}（eV/K）。

由式（4.18）可知，电迁移与 J、T 关系密切，而 m 是一个很重要的参量，它与 J、T、膜的微观结构、膜上温度等有关，在 VLSI 中一般取 $1.5 \sim 2$。

电路实际工作在交流条件下，由于自愈合效应（两个反向的空洞流可以抵消一些），交流下的 t_{MTF} 比直流下的 t_{MTF} 要大 3 个量级。所以近来电迁移的研究多采用双向电流，波形可以是正弦、脉冲及任意波形，频率从几 MHz 到 200MHz，根据空位松弛模型可推出其中位寿命。方法是：令 δ 是互连线中空洞（或其他缺陷、损伤，最终能导致失效的机制）体积，δ 的增加率正比于空位电流 F_V，F_V 等于空位浓度 n 与空位速度的乘积，速度正比于电流密度，而与脉冲工作比及频率无关。

$$\frac{d\delta}{dt} \propto F_V = nv \propto nJ = R(\delta) n(t) J(t) \tag{4.19}$$

式中，比例常数 R 是 δ 的函数；中位寿命 t_{MTF} 是 δ 达到某临界值 δ_C 所需的时间。

$$\int_0^{t_{MTF}} n(t) J(t) dt = \int_0^{\delta_C} \frac{1}{R(\delta)} d\delta \equiv C \tag{4.20}$$

假定空位松弛时间是 τ，空位产生率正比于 $|J|^{m-1}$，比例常数为 α，则

$$\frac{dn}{dt} = -\frac{n}{\tau} + \alpha |J(t)|^{m-1} \tag{4.21}$$

使用 $|J|$，是由于产生空位数依赖于向晶格传递动量的有效电子数，而与电子流方向无关，求解式（4.21）得

$$n = \tau \alpha J_{dc}^{m-1} \tag{4.22}$$

$$t_{MTFdc} = \frac{C}{\tau \alpha J_{dc}^m} = \frac{A_{dc}(T)}{J_{dc}^m} \tag{4.23}$$

同理可推得脉冲直流（Pulse Direct）条件下的中位寿命为

$$t_{MTFp,d} = \frac{A_{dc}(T)}{J \overline{J^{m-1}}} \tag{4.24}$$

纯交流（Alternating）条件下的中位寿命为

$$t_{\text{MTFac}} = \frac{A_{\text{ac}}(T)}{|\bar{J}||J|^{m-1}} \tag{4.25}$$

一般双向电流波形条件下的中位寿命为

$$t_{\text{MTFac,dc}} = \frac{A_{\text{dc}}(T)}{\bar{J}\left[1 + \dfrac{A_{\text{dc}}(T)}{A_{\text{ac}}(T)}\dfrac{(\bar{J} - |\bar{J}|)}{\bar{J}}\right]\overline{J^{m-1}}} \tag{4.26}$$

式中，$\bar{J}$ 为电流密度平均值；$|\bar{J}|$ 为绝对电流密度的平均值；m、$A_{\text{dc}}(T)$、$A_{\text{ac}}(T)$ 都是由试验确定的参数，一般情况下 $m = 2$，并且 $A_{\text{dc}}(T)$、$A_{\text{ac}}(T)$ 都与温度 T 有指数关系，激活能 E_{a} 也相同，但两者之间无相互关系，对于具有直流偏置的大多数双向电流波形，可用 Black 方程（用 $\bar{J}$ 代入），并乘以一个减小因子 $\bar{J}/|\bar{J}|$ 求得。

4.6.2　影响因素

1. 布线几何形状的影响

从统计观点看，金属条是由许多含有结构缺陷的体积元串接而成的，则薄膜的寿命将由结构缺陷最严重的体积元决定。若单位长度的缺陷数目是常数，随着膜长的增加，总缺陷数也增加，所以膜条越长寿命越短，寿命随布线长度而呈指数函数缩短，最后在某一个值附近趋近恒定。

同样，当线宽比材料晶粒直径大时，线宽越大，引起横向断条的空洞形成时间越长，寿命增长。但线宽降到与金属晶粒直径相近或以下时，断面为一单个晶粒，金属离子沿晶粒界面扩散减少，随着条宽变窄，寿命也会延长。

电流恒定时线宽增加，电流密度降低，本身电阻及发热量下降，电迁移效应就不显著。如果线条截面积相同时，条件允许，增加线宽比增加厚度的效果要好。

在台阶处，由于布线形成过程中台阶覆盖性不好，厚度降低，J 增加，易产生断条。

2. 热效应

由上述 t_{MTF} 的计算可知，金属膜的温度及温度梯度（两端的冷端效应）对电迁移寿命的影响极大，当 $J > 10^6\,\text{A/cm}^2$ 时，焦耳热不可忽略，膜温与环境温度不能视为相同。特别当金属条的电阻率较大时影响更明显。金属条中载流子不仅受晶格散射，还受晶界和表面散射，其实际电阻率高于该材料体电阻率，使膜温随电流密度 J 增长更快。

3. 晶粒大小

实际的铝布线为多晶结构，铝离子可通过晶间、晶界及表面 3 种方式扩散，在多晶膜中晶界多，晶界的缺陷也多，激活能小，所以主要通过晶界扩散而发生电迁移。在一些晶粒的交界处，如图 4.15 所示的金属离子沿晶界扩散引发失效示意图（A 和 B 处），由于金属离子的散度不为零，会出现净质量的堆积和亏损。在 A 点，进来的金属离子多于出去的金属离子，所以成为小丘堆积，B 处则相反，成为空洞。

同样，在小晶粒和大晶粒交接处也会出现这种情况，晶粒由小变大处形成小丘，反之则出现空洞，特别在整个晶粒占据整个条宽时，更易出现断条，所以膜中晶粒尺寸宜均匀。

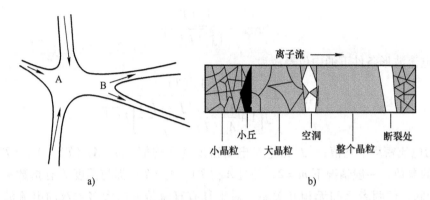

图 4.15　金属离子沿晶界扩散引发失效示意图

a）金属离子的散度不为零处，引起净质量的堆积和亏损　b）大小晶粒交界处出现小丘和空洞

4. 介质膜

金属互连线上覆盖介质膜（钝化层）后，不仅可防止铝条的意外划伤，防止腐蚀及离子沾污，也可提高其抗电迁移及抗电浪涌的能力。介质膜能提高抗电迁移的能力，是因为其表面覆盖有介质时降低金属离子从体内向表面运动的概率，抑制了表面扩散，也降低了晶体内部肖特基空位浓度。另外，表面的介质膜可作为热沉使金属条自身产生的焦耳热能从布线的双面导出，降低金属条的温升及温度梯度。

5. 合金效应

铝中掺入 Cu、Si 等少量杂质时，硅在铝中溶解度低，大部分硅原子在晶粒边界处沉积，且硅原子半径比铝大，降低了铝离子沿晶界的扩散作用，能提高铝的抗电迁移能力。但是当布线进入亚微米量级，线条很细，杂质在晶界处聚集使电阻率提高，产生电流拥挤效应，这是一个新问题。

6. 脉冲电流

电迁移讨论中多针对电流是稳定直流的情况，实际电路中的电流可为交流或脉冲工作，此时其 t_{MTF} 的预计可根据电流密度的平均值 $\bar{J}$ 及电流密度绝对值 $\overline{|J|}$ 来计算。

4.6.3　失效模式

1. 短路

互连布线因电迁移而产生小丘堆积，引起相邻两条互连线短路，这在微波器件或 VLSI 中尤为多见。铝在发射极末端堆积，可引起发射结-基结（E-B 结）短路。多层布线的上下层铝条间也会因电迁移发生短路等。

2. 断路

在金属化层跨越台阶处或有伤痕处，应力集中，电流密度大，可因电迁移而发生断开。铝条也可因受到水汽作用产生电化学腐蚀而开路。

3. 参数退化

电迁移还可引起 E-B 结击穿特性退化、电流放大系数 h_{FE} 变化等。

4.6.4　抗电迁移措施

1. 设计

合理进行电路版图设计及热设计，尽可能增加条宽，降低电流密度，采用合适的金属化图形（如网络状图形比梳状结构好），使有源器件分散。增大芯片面积，合理选择封装形式，必要时加装散热器防止热不均匀性和降低芯片温度，从而减小热阻，有利于散热。

2. 工艺

严格控制工艺，加强镜检，减少膜损伤，增大铝晶粒尺寸，因为大晶粒铝层结构的无规律性变弱，晶界扩散减少，激活能提高，中位寿命增加。蒸铝时提高芯片温度，减缓淀积速度及淀积后进行适当热处理可获得大晶粒结构，但晶粒过大会妨碍光刻和键合，晶粒尺寸宜选择得当。工艺中也应该使台阶处覆盖良好。

3. 材料

可用硅（铜）-铝合金或难熔金属硅化物代替纯铝。进一步的发展，在 VLSI 电路中，目前已采用和铜作互连材料。此时以铝基材料作为互连线使用，其电导率不够高，抗电迁移性差，已不适应要求。铜的导电性好，用直流偏置射频溅射方法生成薄膜，并经在氮气下 450℃、30min 退火，可得到大晶粒结构铜的薄层，其电阻率仅为 $1.76\mu\Omega \cdot cm$，激活能为 $1.26eV$，几乎比 Al-Si-Cu 的激活能（$0.62eV$）大 2 倍，在同样电流密度下，寿命将比 Al-Si-Cu 长 3~4 个数量级。

4. 多层结构

采用以金为基的多层金属化层，如 Pt_5Si_2-Ti-Pt-Au 层，其中，Pt_5Si_2 与硅能形成良好欧姆接触，Ti 是粘附层，Pt 是过渡层，Au 是导电层。对于微波器件，常采用 Ni-Cr-Au 及 Al-Ni-Au 层。当然，多层金属化使工艺复杂，提高了成本。

5. 覆盖介质膜

PSG、Al_2O_3 或 Si_3Ni_4 等介质膜能抑制表面扩散、压强效应和热沉效应的综合影响，延长铝条的中位寿命。

4.6.5　铝膜的再构

铝条经过热循环或脉冲功率老化后，表面变得十分粗糙甚至发黑，在扫描电镜下可看到铝表面出现许多小丘、晶须或皱纹等，这就是铝表面的再构。再构现象会导致铝膜电阻增大或器件内部出现瞬间短路，也可引起某些地方电流密度增大，从而加速电迁移的发生。

铝的再构是其承受热应力引起的，铝层厚度约为 $1\mu m$，比其衬底硅片（$200\mu m$）要薄得多，而铝的线热膨胀系数（$23.6 \times 10^{-6}/℃$）比硅（$3.3 \times 10^{-6}/℃$）和 SiO_2（$0.5 \times 10^{-6}/℃$）的都大，因此器件在高温时，铝膜将受到压应力，而冷却时又受到张应力。在热循环过程中，这种热应力变化使铝表面产生小丘、晶须、空洞或皱纹。因此热循环的温度差越大，铝膜所受的应力也越大，再构现象也越严重。在铝中掺入铜，增大铝条晶粒尺寸并覆盖 SiO_2 等介质膜，可减少甚至避免铝的再构现象，提高器件抗热循环能力。

4.6.6　应力迁移

当铝条宽度缩小到 $3\mu m$ 以下时，经过温度循环或高温处理，也会发生铝条开路断裂的失效。这时空洞多发生在晶粒边界处，这种开路失效叫应力迁移，与通电后铝条产生电迁移的失效相区别。铝条越细，应力迁移失效越严重。

应力迁移的原因，早期认为是铝中含氧使之易碎，或材料的类似蠕变现象所致。目前一般认为是铝条较窄，其晶粒直径可能与条宽相比，其上、下两侧受介质膜（SiO_2、Si_3Ni_4）的影响而存在拉伸（或压缩）应力。在温度作用下，为缓和这种应力，铝原子可发生位错、滑动等，致使某些位置产生空洞，直至断条。当铝条上不覆盖钝化层或覆盖性能柔软的涂层（如有机树脂）时，铝条未发现有这种应力失效，所以应力的形成主要来源于铝条的上、下两侧各介质膜层的热失配。当老化温度增加，应力失效速度增加，其激活能约为 0.35 ~ 0.6eV，温度超过 300℃，失效率又会下降。失效速度与铝条尺寸的关系密切，应力迁移的寿命正比于线宽的 2 ~ 3 次方和厚度的 4 ~ 5 次方。所以电路集成度提高时应力迁移将变得严重。硅-铝合金条中含有氮及硅的析出可促进空洞的形成，硅-铝中掺入 0.1% 铜或铝条上覆盖 W、TiN 及 TiW 等耐熔材料可减缓空洞的形成，但难熔材料的电阻率较高，抗电迁移能力也较差。在尺寸继续缩小时也会引起问题，根本问题在于降低铝条中应力至一个安全水平，这可通过改进钝化层的淀积过程或用单晶铝制作互连线，这样既可解决应力迁移及电迁移的问题又可保证高的导电性。

4.7 与铝有关的界面效应

4.7.1 铝与二氧化硅

以硅基为材料的微电子器件中，SiO_2 层作为一种介质膜的应用很广泛，而铝经常用作互连线的材料，SiO_2 与铝在高温时将发生如下化学反应：

$$4Al + 3SiO_2 \rightarrow 2Al_2O_3 + 3Si$$

使 Al 层变薄，如果 SiO_2 层因反应消耗而穿透，会造成铝-硅直接接触，这是一种潜在的失效机构，尤其对功率器件，结温度高，易产生热斑，热斑处 Al-SiO_2 反应而造成 PN 结短路。克服措施如下：

1）版图设计时考虑热分布均匀、散热好、热阻低。

2）采用如 SiO_2-Al_2O_3-SiO_2 或 Si_3N_4-SiO_2 复合钝化层。

3）用双层金属如 Ti-Al、W-Al 等代替单一 Al 互连线。

4.7.2 铝与硅

1. 物理过程

（1）形成固溶体

铝在硅中几乎不溶解，而硅在铝中有一定溶解度，在共晶点 577℃时达到 1.59%（原子比）最大。铝与硅反应是铝先与天然的 SiO_2 层反应，穿透 SiO_2 后让铝-硅接触，随后硅原子向铝中扩散并溶解，逐步形成渗透坑。

（2）硅在铝中的电迁移

固体溶解在铝膜中的硅原子，由于分布不均匀，存在浓度梯度，逐步向外扩散。如有电流通过，电子的动能也可传递给硅原子，使之沿电子流方向移动，即产生电迁移。铝-硅界面不仅有质量传递还有动量传递，可引起 PN 结短路（如 NPN 晶体管的基区接触窗口）。

（3）铝在硅中电热迁移

在高温、高的温度梯度和高电流密度区，铝-硅界面可发生铝的电热迁移。这种迁移通常沿 PN 结在 Si-SiO$_2$ 界面处的硅表面进行，其温度梯度最大、热阻最小、路径最短处呈丝状渗入，形成通道；也可纵向进行，硅不断向铝中扩散，远离界面向铝表面迁移，同时在硅中留下大量空位，加剧铝-硅接触孔处铝在硅中的电热迁移，使铝进入硅后的渗透坑变深变粗，形成合金铝，严重时可穿越 PN 结使之短路。顺便指出：对于金，由于其与硅的共晶点温度仅 377℃，当温度大于 325℃ 时金的电热迁移比铝更快，器件更易失效。所以一般情况下，不能使金膜与硅直接接触，中间必须加阻挡层。

必须指出，铝-硅界面因局部电流集中出现热斑而发生的上述 3 个物理过程，几乎同时发生，而且相互作用，互有影响，加速器件失效。硅向铝中溶解，硅中留下大量空位，加剧了铝在硅中的电热迁移，反过来铝中空位浓度增加，又加剧了硅在铝中的扩散和电迁移。

2. 失效模式

（1）双极型浅结器件 E-B 结退化

硅-铝反应形成的渗透坑多发生在接触孔四周，这是因为该处溶解的硅可向旁侧扩散，降低了界面处硅的含量，允许硅进一步溶解，另外，边缘处 SiO$_2$ 与硅的应力增大了该处的溶解能力，所以在接触窗口边缘，能发生较深的渗透坑。这在双极型小功率浅结器件（如微波器件、超高速 ECL 电路）中容易引起 E-B 结退化、反向漏电增加，击穿特性由原来的硬击穿变为软击穿，明显表现为一个电阻器跨接在 E-B 结上，严重时造成如图 4.16 所示的铝-多晶硅反应引起浅结器件中 E-B 结短路。铝的合金化过程中，或在器件受到强电流冲击的过电应力时，常发生这类失效。

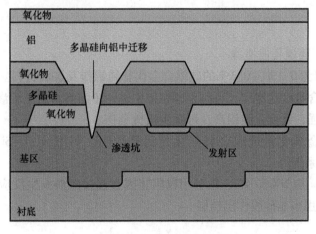

图 4.16　铝-多晶硅反应引起浅结器件中 E-B 结短路

（2）铝肖特基势垒二极管的失效

铝肖特基势垒二极管（Al-SBD）用于各种抗饱和集成电路中。这种势垒也因硅向铝中的固态溶解而存在不可靠性。

Al-SBD 退化的一种模式是蒸铝后合金（450℃条件下）时会使铝穿透硅表面的天然 SiO_2 膜，由于穿透的不均匀，因而铝-硅界面也不均匀，在硅表面出现渗透，这些坑是正向电流（反向电场）集中处，是击穿的薄弱点，导致反向漏电流增加，击穿电压降低，有过电应力冲击时，渗透坑处首先被烧毁。

Al-SBD 退化的另一种模式是在高温老化过程中，因硅向铝中的固体溶解，硅片骤冷后便有 P 型硅层析出（铝在硅中的溶解），于是肖特基势垒逐渐转化为 PN 结，势垒高度增加，SBD 的作用消失，器件失效。

（3）结间短路

在浪涌电流作用下，电路某处会出现结间短路现象，也是硅向铝中溶解并在铝中电迁移造成的。

N-MOS IC 中，为防止静电损伤和浪涌电流造成栅极击穿，一般在输入端加有保护电路。但输出是无法加这种保护网络的，因此输出端易受到静电损伤，表现为铝在硅的电热迁移。铝在 $Si-SiO_2$ 界面的硅层呈丝状渗入，形成通道，导致临近的两个 N^+ 结短路，N^+ 区到 P 型衬底间形成约 $2k\Omega$ 的电阻。图 4.17 所示为铝在硅中电热迁移形成 IC 中 N^+ 间短路。

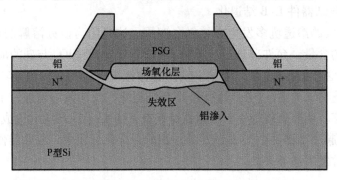

图 4.17　铝在硅中电热迁移形成 IC 中 N^+ 间短路

3. 防止铝-硅界面退化的措施

1）采用含硅量为 0.1% ~0.3% 的硅铝合金代替纯铝作互连线材料。采用硅铝合金的优点是，因膜内硅的含量已达饱和，可防止硅在铝中进一步溶解，避免了渗透坑的形成。此外它的抗电迁移能力强，硬度比纯铝高，可减少机械划伤。

2）采用多层金属化系统或金属硅化物代替纯铝，如用 Al-Ti-Si、Al-(Ti 10%，W 90%)-PtSi-Si 多层系统等。

3）在铝-硅之间加 NiCr、Mo、Ti 等用以阻止因直接接触而发生反应的阻挡层。在激波及 ECL 电路中也有用多晶硅膜作阻挡层。

4.7.3　金与铝

金引出线与铝互连线间或铝键合丝与管壳镀金引线的键合处，产生 Au-Al 界面接触。由于这两种金属的化学势不同，经长期使用或 200℃ 以上高温储存后将产生多种金属间化合物，如 Au_5Al_2、Au_2Al、Au_4Al、$AuAl$、$AuAl_2$ 等，其晶格常数和热膨胀系数均不相同，在键合点内产生很大应力，电导率较低。Au-Al 反应造成 Al 层变薄，黏附力下降，造成半断线状态，接触电阻增加，最后导致开路失效。

AuAl$_2$ 发紫色叫紫斑；而 Au$_2$Al 呈白色，叫白斑，性脆，极易产生裂纹引起开路。

Au-Al 接触在 300℃ 以上高温下容易发生空洞，这叫柯肯达尔（Kirkendall）效应。这是高温下金向铝中迅速扩散并形成 Au$_2$Al 的结果，它在键合点四周出现环形空洞，使铝膜部分全部脱离，形成高阻或开路。

金-铝键合处开路失效后，在电测试中又会恢复正常，表现出时通时断现象，此时可进行高温（200℃ 以上）储存，观察开路失效是否再次出现来确定。

4.8　热电效应

4.8.1　热阻

晶体管工作时，因消耗功率要转换成热量而使结温（有源区）上升，工作结温 T_j 与器件寿命 t 有关系

$$\ln t = a + \frac{b}{T_j} \tag{4.27}$$

式中，a、b 为常数，因此确定工作结温是使用器件时可靠性设计中的一个重要参数。一般对金属封装的硅器件，最大允许结温为 150 ~ 175℃，塑料封装时则为 125 ~ 150℃。

热量的散失有辐射、对流和热传导 3 种方式。半导体芯片上有源区产生的热量通过热传导向四周传热，使芯片各处温度不均匀呈一定分布，即产生温度场，在一定边界条件下求解热传导方程可得到芯片的温度场分布，这对可靠性热设计是有帮助的，现在已有这种软件可供使用。

在一般情况下，经过截面 A 传出的热量 Q 与该方向的温度梯度成正比

$$\overline{Q} \propto -\nabla T \cdot A = -k(T)\nabla T \cdot A = \frac{\Delta T}{R_T} \tag{4.28}$$

式中，$k(T)$ 为与温度有关的材料导热率，假定它与方向无关，各向同性，是一标量；∇T 为温度梯度，负号表示热量从高温向低温传递；ΔT 为温差；R_T 为热阻，这是任意两点间的温差与热流之比，是热传递路径上的阻力，热量与功耗成正比，可改写为

$$P_C = \frac{T_j - T_C}{R_{Tjc}} = \frac{\Delta T}{R_{Tjc}} \tag{4.29}$$

式中，R_{Tjc} 为晶体管集电极电结与管壳之间的热阻；T_j 和 T_C 为结温和壳温；P_C 为晶体管耗散功率，因此热阻可定义为晶体管单位功耗引起的结温升，单位是℃/W。

事实上，晶体管在开关及脉冲电压驱动下，有源区温度要经一定弛豫时间（常数 τ）才能逐步达到稳态，在此之前，在热阻的作用下，温度是随时间呈指数变化的函数：

$$T_j - T_C = \Delta T = P_C R_T \left[1 - \exp\left(-\frac{t}{\tau} \right) \right] = P_C R_{TS} \tag{4.30}$$

式中，R_{TS} 为瞬态热阻；常数 τ 与热阻及材料热容量有关。

在集成电路中，热源很多，其在各处的密集程度各不相同，且芯片尺寸不断增大，热阻及热分布的情况比分立器件复杂得多。

4.8.2 热应力

芯片加工完成后还需通过后工序组装成一个独立的工作单元，才能提供使用，所以微电子器件是由性能各异的一些材料组成，如硅片、SiO_2、铝、连线、金属框架和引线，以及塑封外壳等。这些材料的线热膨胀系数各不相同，当其连成一个整体后，在不同材料界面间存在压缩或拉伸应力，这时热应力与材料间线热膨胀系数差及温度差成正比，由热应力引起的失效可分为下述两类：

1. 破坏性失效

热应力大到一定程度后会对器件产生破坏作用，例如，塑封管壳出现裂纹，引线封接处裂开，造成气密性失效；大功率器件的管芯与底座间烧结层出现裂纹或空洞使欧姆接触不良，热阻增大，导致早起失效或瞬时烧毁。为此，不仅要选用线热膨胀系数相近的材料，还应加强沾污控制，保证焊接表面清洁，改进工艺，防止焊接面裂纹及空隙的产生。

2. 热疲劳

器件工作时，由于材料间的线热膨胀系数不同及温度变化，在焊接面间产生周期性的剪切应力，使硅片龟裂或焊料"疲劳"而龟裂。界面间结合的损伤，最终导致焊接层破坏、键合引线开路、器件性能退化或失效。

改进办法是提高焊料抗拉强度，焊接面中间用垫片过渡或硅片背面多次金属化，以降低材料间的线热膨胀系数差。密封金属壳中充以高纯氮（其中 O_2 的体积比小于 200×10^{-6}）也可改善热疲劳状况。

4.8.3 热稳定因子

从分立器件发射极电流的正温度系数的角度出发，引入器件热稳定因子 S 的概念。任何一个功率器件可看成是由 N 个子器件并联而成，由 N 个子器件并联的功率晶体管如图 4.18 所示。

设初始时刻电流均匀分布，第 i 个子器件 I_i（$= I/N$），因某种原因有 ΔI_{i1} 的增量，它导致该子器件上功耗增加为 ΔP_i（$= U\Delta I_{i1}$），进而引起温度增量 ΔT_i。若忽略热阻的温度效应，则 $\Delta T_i = U\Delta I_{i1} R_{Ti}$（$R_{Ti} = NR_T$），由于 PN 结正向电流或发射极电流及电流放大系数都具有正温度系数，所以温度增高又导致电流增量 ΔI_{i2}

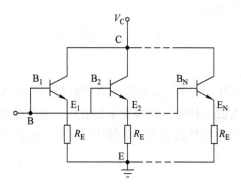

图 4.18　由 N 个子器件并联的功率晶体管

$$\Delta I_{i2} = \frac{\partial I_i}{\partial T_i}\Delta T_i = \frac{\partial I_i}{\partial T_i}R_{Ti}U\Delta I_{i1} \qquad (4.31)$$

当 $\dfrac{\Delta I_{i2}}{\Delta I_{i1}} > 1$ 时，则第 i 个子器件的电流急剧增加，峰值结温上升，发射极接触区出现熔坑，发生热奔，器件烧毁。

由此可知：$S = \dfrac{\Delta I_{i2}}{\Delta I_{i1}} < 1$ 时器件热稳定；$S = 1$ 时器件临界热稳定；$S > 1$ 时器件不稳定，称 S 为热稳定因子。由晶体管原理可知

$$I_C \approx I_E = CT_j^m e^{\frac{-E_g(0) - qU'_{BE}}{kT}} \tag{4.32}$$

式中，U'_{BE} 为加在发射结上的压降；$E_g(0)$ 为外推至温度为 0K 时的禁带宽度，C 为与晶体管结构尺寸和基区掺杂有关的常数。有

$$U'_{BE} = U_{BE} - I_C\left(R_E + \frac{R_B}{h_{FE}}\right) \tag{4.33}$$

所以

$$I_C \approx I_E = CT_j^m \exp\left\{\frac{q\left[U_{BE} - I_C\left(R_E + \dfrac{R_B}{h_{FE}}\right)\right] - E_g(0)}{kT}\right\} \tag{4.34}$$

$$T_j = U_{CE}I_C R_{Tjc} + T_C \tag{4.35}$$

考虑到发射极重掺杂效应对电流增益温度特性的影响，略去系数 CT_j^m 的温度关系，有

$$S = \frac{\Delta I_{i2}}{\Delta I_{i1}} \approx R_{Tja}U\frac{\partial I_C}{\partial T} = R_{Tja}U_{CE}\frac{\dfrac{k}{q}\ln\left(\dfrac{CT_j^m}{I_C}\right) + I_C\dfrac{R_B}{h_{FE}}\dfrac{\Delta E_g}{kT^2}}{\dfrac{kT}{qI_C} + \left(R_E + \dfrac{R_B}{h_{FE}}\right)} \tag{4.36}$$

式（4.36）即为双极型功率晶体管的热特性关系式，由式（4.36）可见：

1）热稳定因子与器件总热阻 R_{Tja}（结到环境的热阻）成正比，所以降低 S 就要对器件结构进行热设计，以降低芯片热阻，采用良好的烧结工艺、焊接材料、底座材料，降低芯片与底盘间的接触热阻，正确使用和合理安排散热器，以降低器件外热阻。

2）S 与使用偏压 U_{CE} 成正比，同样功耗下低压大电流使用比高压小电流要安全得多。

3）分析式（4.36）的分母可知，当发射极等效的串联电阻 $R_E + \dfrac{R_B}{h_{FE}}$ 比发射结动态电阻 kT/qI_C 大很多时，S 与 $R_E + \dfrac{R_B}{h_{FE}}$ 成反比，这就是 R_E、R_B 的电流负反馈效应，所以 R_E、R_B 分别称为发射极、基极的镇流电阻，正确设计 $R_E + \dfrac{R_B}{h_{FE}}$ 值对提高功率管可靠性是很重要的。

4）由式（4.36）的分子第二项可见，ΔE_g 越大，则 S 越大，所以重掺杂引起发射区禁带变窄效应，削弱了 R_E 和 R_B 的镇流作用。这就是 LEC（低发射区浓度）结构、多晶发射区结构及新的异质结 NPN（GaAlAs-GaAs）结构的双极型功率晶体管热稳定性好的原因。

5）肖特基势垒二极管的正向压降 U_f 及正向电流密度变化率 $\dfrac{\partial I_f}{\partial T}$ 比硅二极管小，故其热稳定性相对较好。

令 $S = 1$，可得热稳定临界曲线，临界曲线以内为热稳定区。所以功率器件热电是互为反馈的，任一子器件上电流增量必然会导致结温增加，进而引起电流高度集中，出现热斑。热斑处温度迅速增加，经毫微秒至毫秒的延迟时间迅速趋于"热奔"，直至器件烧毁。与此相反，有时热斑处温度恒定，器件可暂时在这种状态工作一段时间，称此为稳定热斑。其原

因是热斑处电流高度集中，出现了一系列高电流密度效应，例如，基区扩展效应和电流集边效应，这些效应综合结果使 S 有下降趋势，$S \leqslant 1$ 即为稳定热斑区。

4.8.4 二次击穿

二次击穿（Secondary Breakdown，SB）现象不仅在双极型功率晶体管中存在，而且在点接触二极管、CMOS 集成电路中也存在。当器件被偏置在某一特殊工作点（$U_{CE} \sim I_C$ 平面上 U_{SB}、I_{SB} 处）时，电压突然降落，电流突然上升，出现负阻的物理现象叫二次击穿。这时若无限流或其他保护措施，器件将烧毁。双极型功率晶体管的二次击穿曲线如图 4.19 所示。

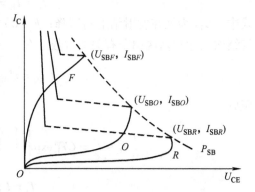

图 4.19　双极型功率晶体管［发射结正偏 $F(I_B > 0)$、反偏 $R(I_B < 0)$ 和基极开路 $O(I_B = 0)$ 时］的二次击穿曲线

二次击穿与雪崩击穿（一次击穿）不同，雪崩击穿是电击穿，一旦反偏电压下降，器件（若击穿是在限流控制下）又可恢复正常，是可逆非破坏性的。二次击穿是破坏性的热击穿，为不可逆过程，有过量电流流过 PN 结，温度很高，使 PN 结烧毁。

电压开始跌落点称二次击穿触发点，其功率记为 P_{SB}，在二次击穿触发点停留的时间 τ_d 称二次击穿"延迟时间"，则二次击穿触发能（耐量）为

$$E_{SB} = I_{SB} U_{SB} \tau_d = P_{SB} \tau_d \tag{4.37}$$

由于 $P_{SBR} < P_{SBO} < P_{SBF}$，发射结反偏时最容易引起二次击穿，这是由于反偏时电流在基区电阻上产生横向压降使电流聚集在发射区中间，电流密度更大所造成的。二次击穿与电压、电流脉冲作用时间和基区电阻率有关。

防止二次击穿，改善器件可靠性的措施如下：

1）设计方面。在发射极和集电极条上串接镇流电阻，提高功率晶体管二次击穿耐量。对微波功率晶体管也可利用键合引线的电感和氧化物电容组成的网络，选择适当的匹配参数实现功率的自动调整。

2）工艺方面。发生二次击穿的部位常是存在工艺缺陷的地方，如管芯与底座间烧结层的空洞、发射极键合点偏压使镇流电阻短路、硅铝合金常使基区厚度不均匀等，这些缺陷使电流集中、热阻增大，局部发热过甚导致 PN 结烧毁，所以有针对性地加强工艺控制，确保工艺质量。

3）使用方面。使用时根据相关手册使其工作在安全工作区内，在此区域内不会引起二次击穿或特性的缓慢退化。

二次击穿是器件体内现象，其击穿机理及有关安全工作区等情况可见有关参考书。

4.9　CMOS 电路的闩锁效应

闩锁效应是指 CMOS 电路中寄生的固有可控硅结构被外界因素触发导通，在电源和地之间形成低阻通路现象，一旦电流流通，电源电压不下降至临界值以下，导通就无法终止，引

起器件的烧毁，构成 CMOS 电路的一个主要的可靠性问题。随着集成度提高、尺寸缩小、掺杂浓度提高，寄生管的 h_{FE} 变大，更易引起闩锁效应。

4.9.1　物理过程

由于 CMOS IC 结构形成了 PNPN 四层寄生可控硅（SCR）结构，也可视作 PNP 晶体管和 NPN 晶体管的串联，这种寄生的晶体管的 E-B 结都并联有一个由相应衬底构成的寄生电阻，因此触发闩锁效应的条件如下。

1）寄生 NPN（PNP）晶体管的共基极电流增益 α_N（α_P）间有如下关系：

$$\frac{\alpha_N R_W}{R_W + r_{EN}} + \frac{\alpha_P R_S}{R_S + r_{EP}} \geqslant 1 \tag{4.38}$$

式中，R_W、R_S 分别为晶体管 E-B 结上并联的寄生电阻；r_{EN}、r_{EP} 为相应发射极的串联电阻。

2）电源电压必须大于维持电压 U_H，它所提供的电流必须大于维持电流 I_H。

3）触发电流在寄生电阻上的压降大于相应晶体管 E-B 结上的正向压降。

触发信号可以是外界噪声或电源电压波动；触发端可以是电路的任一端。下面以输出端的噪声触发为例来分析其触发的物理过程，其他端的情况类似。

电路输出端闩锁触发的等效电路如图 4.20 所示，当输出端上存在正的外部噪声时，在寄生 PNP 晶体管 T_{r1} 的 E-B 结正向偏置，基极电流通过 R_S 流入 U_{DD} 中，T_{r1} 导通，其集电极电流通过 P 阱内部 R_W 进入 U_{SS}，R_W 上产生压降；当 T_{r2} 的 U_{BE} 达到正向导通电压时，T_{r2} 导

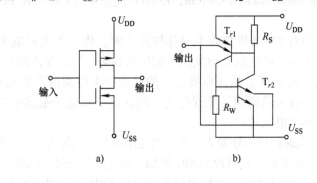

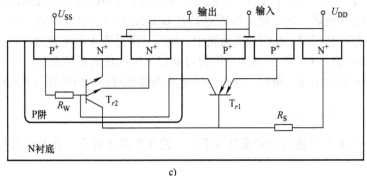

图 4.20　电路输出端闩锁触发的等效电路

a）输出电路　b）寄生 SCR 等效电路　c）电路剖面和寄生 SCR 结构

137

通，T_{r2} 的集电极电流流向 T_{r1} 基极使其电位降低；T_{r1} 进一步导通使 U_{DD} 与 U_{SS} 之间形成低阻电流通路，这就发生了闩锁。

温度升高，晶体管 E-B 结正向导通电压下降，电流增益和寄生电阻随温度升高而增大，导致维持电流 I_H 随温度升高而下降，另外 PN 结反向漏电随温度上升而增大，而 P 阱衬底结的反向漏电正是寄生 SCR 结构的触发电流，所以高温下闩锁更易发生。

4.9.2　检测方法

对闩锁效应的检测，可测定 CMOS IC 抗闩锁性能的好坏和芯片内部闩锁通路，为失效分析、改进设计提供依据。

1. 直流电源法

提高器件的电源电压（输入端接成适当逻辑电平，输出端开路），根据电源电流的变化，便可判断发生闩锁效应的触发电平，或用示波器记录电源 I-U 特性。

2. 电信号触发法

对器件施加电源电压 10V，在被测端子上施加电压或电流信号（输入端接成适当逻辑电平，输出端开路），用以模拟正常工作状态下输入/输出端受电干扰信号时引起的触发，根据这时电源电流的变化，便可判断闩锁发生时的电信号电平。

3. 扫描电镜法

这是利用扫描电子显微镜（Scanning Electron Microscope，SEM）（简称扫描电镜）的电子束感生电流（Electron Beam Induced Current，EBIC）成像来对 CMOS IC 进行分析，可确定发生闩锁的具体通路。

当高能电子束入射到有 PN 结势垒的半导体样品上时，将产生大量电子-空穴对，在势垒区两边的一个扩散长度内，产生的自由载流子能扩散到势垒区，受内部自建场的作用，空穴被拉向 P 区，电子被拉向 N 区，从而在势垒区的两边产生电荷的积累和束感生电势，将电子束感生电势引出，经放大后调制显像管亮度，便获得一幅电子束感生电势像；若将 PN 结短路，就形成电子束感生电流像。

用 EBIC 成像测定闩锁通路的原理如下：在被测电路电源端施加大于正常偏压的适当电压，这电压实际加在 P 阱和衬底之间，使其反向漏电增加，它还不足以触发闩锁，但却可大大提高电路的闩锁灵敏度。扫描电镜工作时，高能电子束激发的 EBIC 与上述反向漏电流叠加，当其在 P 阱或衬底的寄生电阻上的压降超过寄生晶管 E-B 结正向导通电压时，就会引起寄生晶体管导通，导致电路出现闩锁。在闩锁的通路中，电压下降并有大电流通过，可控硅效应的通路在 EBIC 像中呈现亮区，根据电路相应版图便可确定发生闩锁的具体部位。改变入射电子束能量或改变 P 阱与衬底间的注入电流，便可判断电路内部各闩锁结构的触发灵敏度。

4.9.3　抑制闩锁效应的方法

主要方法是切断触发通路及降低其灵敏度，使寄生晶体管不工作及降低寄生晶体管电流放大系数。

1. 选材及设计改进

（1）采用 SOS/CMOS 工艺

在绝缘层衬底上生长一层单晶硅外延层，然后再制作电路，这样从根本上清除了可控硅结构，防止闩锁的发生。

（2）采用保护环

用保护环抑制闩锁效应是一种有效方法，带保护环的剖面结构如图 4.21 所示。N⁺ 和 P⁺ 环都可有效降低横向电阻和横向电流密度。

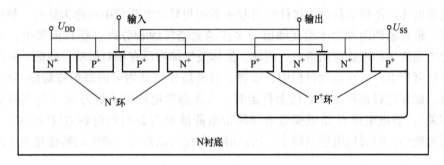

图 4.21　带保护环的剖面结构

（3）采用 N/N⁺ 外延并在阱区设置埋层

N/N⁺ 外延和 P⁺ 阱的剖面结构如图 4.22 所示。在重掺杂硅衬底上外延 3～7μm 厚同型轻掺杂硅，减少了寄生电阻 R_S、R_W 和 NPN 晶体管的电流放大系数，可使闩锁效应降低到最低程度。

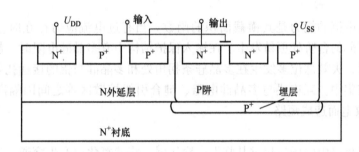

图 4.22　N/N⁺ 外延和 P⁺ 阱的剖面结构

2. 改进版图设计

尽可能多开电源孔和接地孔，以增加周界、减小接触电阻。电源孔应放在 P-MOS 和 P 阱间，减小 P 阱面积，以便减少辐照所引起的光电流。

3. 遵守使用规程，确保使用可靠性

发生闩锁不仅与电路抗闩锁能力有关，还与使用恰当与否有关。如加电次序、不应带电操作等。

4.10　静电放电损伤

微电子器件在加工生产、组装、储存及运输过程中，可能与带静电的容器、测试设备及操作人员相接触，所带静电经过器件引线放电到地，使器件受到损伤或失效，这就叫静电放电（Electrostatic Discharge，ESD）损伤。它对各类器件都有损伤，而 MOS 器件特别敏感。

4.10.1　静电的来源

通常物体上所带正、负电荷相等而呈电中性，因某种原因使物体上电荷发生转移时，物体即变成带电体。所带电荷被绝缘体隔离起来不能与异性电荷相中和称为静电。静电产生的方法很多，最普通即两种物体相互摩擦（多次的紧密接触和分离过程）而带电；导体或电介质在静电场产生静电感应而带电，固体、流体及气体物质在相对运动、摩擦、挤压、研磨等过程中也可带电。人在活动过程中，衣服、鞋及所带用具均可因摩擦或解除-分离过程而产生静电，如穿塑料鞋在化纤地毯上行走时，人体静电电压可达近万伏（与当时空气的相对湿度有关）。静电电压 U 是根据带电体所带电荷量 Q 与其对地电容 $C(Q = CU)$ 确定的。一般电荷量较小，但对地电容也很小，所以静电电位可以很高。静电的特征是电压高及电荷量小。

4.10.2　损伤机理与部位

1. PN 结短路

由于 ESD 引起 PN 结短路是常见的失效现象，它是放电电流流经 PN 结时产生的焦耳热使局部铝-硅熔融生成合金钉穿透 PN 结造成的。耐放电能量与接触孔大小、位置及面积有关。且反向放电时，电流集中在边角处，功率密度较大，所以击穿耐量比正向时低。

2. 互连线与多晶硅的损伤

互连线通过电流的能力是其横截面积的函数。当有过电流应力存在时，也会过热而开路，这在厚度较薄的台阶处更易发生。在输入保护结构中有多晶硅电阻时，静电放电也会使多晶硅电阻烧毁，失效部位多发生在多晶硅条拐角处和多晶硅与铝的接触孔处，因为该接触孔处电流多比较集中。互连线与多晶硅电阻、键合引线扩散区等之间因隔离介质（一般是 SiO_2 层）击穿放电而造成短路。

3. 栅氧穿通

若静电使氧化层中的场强超过其临界击穿场强，将使氧化层产生穿通，这在氧化层中有针孔等缺陷时更易发生。一般输入端都接有保护结构，但由于保护电阻对 ESD 有延迟作用，使保护二极管的雪崩击穿响应变慢，当 ESD 脉冲迅速上升时，ESD 就直接施加到栅电极上引起栅穿。需要设计保护电阻以控制二极管开关速度。

ESD 发生的部位，多半是在器件的易受静电影响部分，如输入回路、输出回路、电场集中的边缘、结构上的薄弱处等，又如细丝、薄氧化层、浅结、热容量小的地方等。

4.10.3　静电损伤模式

1. 突发性失效

它使器件的一个或多个参数突然劣化，完全失去规定功能，通常表现为开路、短路或电参数严重漂移，如介质击穿、铝条熔断、PN 结反向漏电增大甚至穿通。对 CMOS 电路，可因静电放电而触发闩锁效应，器件会因过大电流而烧毁。

2. 潜在性失效

如果带电体的静电势或储存的能量较低，或 ESD 回路中有限流电阻存在，一次 ESD 不足以引起器件突然失效，但它会在器件内部造成一些损伤，这种损伤是累积性的，随着 ESD 次数的增加，器件的损伤阈值（电压或能量）在降低，其性能在逐渐劣化，这类损伤叫潜在性失效，它降低了器件抗静电能力。因此器件不能进行抗静电筛选。

4.10.4　静电损伤模型及静电损伤灵敏度

如前所述，微电子器件在生产、使用过程中不可避免的会涉及静电损伤，特别当电路规模进一步扩大、器件尺寸日益细微化时，对 ESD 也更加敏感。因此有必要确定某种方法或技术对器件进行测试，以表征器件抗静电的能力。抗静电能力用静电放电敏感性（Electrostatic Discharge Sensitivity，ESDS）表示，它采用人体模型进行测量。人体模型（HBM）是目前广泛采用的一种静电放电损伤模型。人体对地构成静电电容，容量约为 100pF，人体内部导电性较好，从手到脚之间大约有数百欧，皮肤表面导电性不好，表面电阻为 $10^5 \Omega / \mathrm{cm}^2$，因此人体相当于人体对地电容 C_b 和人体电阻 R_b 串联。当人体与器件接触时，人体所带能量经过器件的引脚，通过器件内部到地而放电，放电时常数 $\tau = C_b R_b$，总能量 $E = 0.5 C_b U_0^2$。

美国标准 MIL-STD-883C 中规定了半导体器件 ESDS 进行测定的方法与步骤。ESDS 的测试电路及对放电波形的要求如图 4.23 所示。如果放电波形没有得到严格控制，不同测试设备对同样的样品测出的 ESDS 存在很宽的分布范围，不能得出正确结论。这是因为测试线路中的寄生参数对高频（100MHz）、高压（kV）有强烈影响，容易出现波形过冲和高频振荡。此外 MOS 电路的输入保护电路响应有一个延迟，如果波形上升过快，保护电路不起作用，因此图中 t_s 取 10～15ns，t_d 约 300ns。

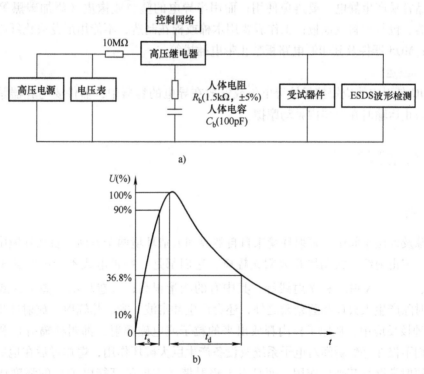

图 4.23　ESDS 测试电路及对放电波形的要求

a）测试电路　b）放电波形

根据我国标准 GJB 597A,器件的 ESDS 分成 1、2、3 三个等级,其抗静电电压分别为小于 2kV、2000~3999V 及大于 4kV。

4.10.5 防护措施

器件抗静电能力与器件类型、输入端保护结构、版图设计、制造工艺及使用情况有关。应在各个环节采取相应有效措施。

1. MOS 电路

最易引起 ESD 的是输入端,一般输入端都接有电阻-钳位器件保护网络。限流电阻多为扩散电阻或多晶硅电阻,钳位管可分为一般二极管、栅控二极管、MOS 管等,根据情况和使用要求选用。保护网络除了要有快的导通特性和小的动态电阻外,还应具有大的功率承受能力。此外还要考虑保护网络的引入对电路性能、版图和工艺等的影响。

2. 双极性器件

双极性器件一般不设计保护网络,在小器件的基极也可加串联电阻或在 E-B 结上反向并联二极管,以便形成充电回路。

3. 生产与使用环境

要消除一切可能的静电源或使静电尽快消失,对一切可能产生静电的物体和人员提供放电通路,各种仪器设备要良好接地,人员带接地的肘带、腕带等。空气湿度对静电损伤的影响很大,冬季天气干燥,器件的静电损伤严重,湿度增加,绝缘体表面电导增加,能加速静电的泄放,所以工作场所可用喷水等措施增加湿度,一般相对湿度在 0.5~0.6;各种塑料和橡胶制品容易产生静电,要避免使用;而用半导电的塑料或橡皮(添加碳黑等材料)制作各种容器、包装材料及地板;工作服要用木棉或棉花制造,不能用尼龙或化纤制品,防止摩擦带电;MOS 器件及其印制电路板禁止带电插拔等。

4. 储存或运输

MOS IC 各引出线应短接保持等电位或安放在导电的容器中,器件要与容器紧密接触并固定住,防止运输时在容器内晃动摩擦。

4.11 辐射损伤

4.11.1 辐射来源

在地球及外层空间中,辐射环境来自自然界和人造环境两个方面。自然环境中存在着天然辐射带、宇宙射线、太阳风和太阳光耀斑,它们都是一些带电或不带电的粒子,包括质子、电子、中子、X 射线和 γ 射线等,其中有的能量很高;人造环境如高空核武器爆炸环境,爆炸时除产生大火球和蘑菇云之外,还会产生冲击波、光、热辐射、放射性尘埃、核辐射(在各种核反应中,从原子核内释放出来的粒子或电磁辐射,都叫核辐射)和核电磁脉冲等。它们不仅在爆炸瞬间对电子系统及设备产生巨大破坏作用,爆炸过后在地磁场作用下形成人工辐射带继续其破坏作用。而且人工辐射带(主要是高能电子)的强度比天然辐射带强的多。此外核反应堆附近也存在一定的核辐射,主要是中子和 γ 射线。所以在辐射环境中，器件会受到这些粒子的伤害而叫辐射损伤。

辐射对微电子器件的损伤，可分为永久损伤、半永久损伤及瞬时损伤等几种情况。永久损伤就是指辐射源去除后，器件仍不能恢复其应有的性能；半永久损伤是指辐射源去除后，在较短时间内可逐渐自行恢复性能；而瞬时损伤是指在去除辐射源后，器件性能可立即自行恢复。

4.11.2　辐照效应

1. 位移效应

中子不带电，具有很强的穿透能力。当中子与硅材料中的原子发生碰撞时，晶格原子在碰撞中获得能力而离开其原来位置进入晶格间隙，在原来位置处留下一个空位，这种现象称为位移效应，这是一种永久损伤。若晶格原子能量较高，它的运动还可使路径上更多晶格原子位移，在晶格内形成局部的损伤区，这是一种缺陷。由于位移效应破坏了半导体晶格的势能，在禁带中形成新的电子能级，起复合中心和散射中心的作用。复合中心可使半导体内多子减少，使材料电阻率增大，向本征硅转变（起杂质补偿作用）。这种多子减少效应是以多子为导电机理的半导体器件性能衰退的根本原因，它对双极型器件危害最大。它增加了发射结空间电荷区的产生-复合电流，缩短基区少子寿命，使电流放大系数下降、饱和压降增加，引起性能退化。其中少子寿命是中子辐照引起半导体材料特性变化最灵敏的参数。

2. 电离效应

电子、质子、γ射线等辐射粒子进入硅材料并与原子轨道上的电子相互作用。若电子获得足够能量脱离原子核的束缚而成为自由电子，原子则成为带正电的离子束，即辐射粒子产生电子-空穴对，这即是碰撞电离过程。γ射线和X射线通过光电效应很容易产生电离效应，在MOS器件的栅氧中产生陷阱并使 $Si\text{-}SiO_2$ 界面态密度增加。空穴的迁移率小，被氧化层陷阱俘获而带正电，引起平带电压向负栅压方向漂移，导致阈值电压变化、跨导下降。γ射线还可使管壳内气体电离，在芯片表面积累可动电荷，引起表面复合电流和漏电。

3. 瞬时辐照效应

瞬时γ脉冲在PN结空间电荷区内产生大量电子-空穴对，它们在结电场作用下产生瞬时光电流，对器件形成瞬时损伤。瞬时辐照还可在具有PNPN四层可控硅结构的器件内引起闩锁。

4. 单粒子效应

α射线、高能中子和宇宙射线中的高能重粒子，使DRAM的存储单元产生错误，称之为软误差，后面将介绍。

核辐射引起的损伤与辐射吸收剂量有关，辐射吸收剂量是指在辐射环境下，材料单位质量所吸收的能量值，单位为戈瑞（Gy）。材料不同吸收剂量不同，所以应注明是什么材料。对中子辐照则用单位面积照射的中子数表示注入量，如 10^{10} 个/cm²。

4.11.3　核电磁脉冲损伤

核武器爆炸时产生的核电磁脉冲，在电子系统的输入电缆或天线回路中产生感应电流，电流流入系统内部，产生瞬时干扰和永久损伤。感应电流对数字电路损伤较大，能改变其逻辑状态，发生二次击穿而烧毁。对 MOS 器件主要引起栅穿或烧毁保护电路，也可引发 CMOS 电路的闩锁。对双极性器件，主要对 PN 结有损伤，引起反向漏电或击穿。

通常对半导体器件用最低损伤能量来表示核电磁脉冲引起烧毁或破坏的阈值，它一般在 $10^{-5} \sim 10^{-3}$ J，对电路引起干扰的最低能量为 10^{-9} J。

4.11.4　抗核加固

提高器件抗核辐射的能力叫抗核加固，这是一个专门领域，主要涉及如下方面：

1）不同类型器件具有不同抗核能力，应根据使用需要，选用性能合适、抗核辐射能力好的器件。

2）在器件的设计制造过程中，提高器件本身抗核损伤能力主要包含三方面内容：

① 抗中字辐射加固。对双极型功率晶体管可减小基区宽度，增加基区掺杂浓度，基区掺杂 Au 以降低少子寿命。

② 抗电离辐射加固。对 MOS 器件，选用 < 100 > 晶向的衬底，栅氧热氧化温度降低，减小栅氧厚度，减少离子注入引起的损伤。对双极型器件，表面钝化层用 Al_2O_3 层核 Si_3N_4，可明显提高它的抗电离辐射能力。

③ 抗瞬时辐射加固。减小 PN 结面积，降低反偏电压和少数载流子寿命，用介质隔离代替电路中的 PN 结隔离，有助于器件抗瞬时辐射的能力。对 CMOS 电路则应消除其产生闩锁的条件。

3）整机或系统设计中，注意增加器件增益等参数的余量，采用补偿电路，全面屏蔽和良好的接地都是一些有力措施。

4.12　软误差

4.12.1　产生机理

器件的封装材料（如陶瓷管壳、作树脂填充剂的石英粉等）中含有微量元素铀、钍等放射性物质，它们衰变时会放出高能 α 射线，当这些 α 射线或宇宙射线照射到半导体存储器上时，引起存储数据位的丢失或变化，在下次写入时存储器又能正常工作，它完全是随机发生的，所以把这种数据位丢失叫作软误差。

引起软误差的原因是 α 射线的电离效应。能量为 5MeV 的 α 射线，穿入硅衬底的深度约在 25μm，沿其运动路径随着能量损失约产生 2.5×10^6 个电子-空穴对，电子可被收集到带正电的 N^+ 扩散区域，空穴被排斥流入衬底。根据 N^+ 扩散区位置的不同可分为两种情况。

1. 存储单元模式

DRAM 的存储单元多为 MOS 管与 MOS 电容构成，利用电容上存储的电荷或电位来表示信息。当存储单元衬底侧的势阱有电子（信息为 0）不会引起信息丢失，若势阱为空（信息为 1），α 射线产生的电子流入，流入到一定的量，信息就丢失，即由 1 到 0，这即产生软误差，图 4.24 所示为在 N^+ 电路节点 α 粒子软误差的产生示意图。

2. 位线模式

存储器中的数据经读出放大器读出时位线浮空，存储的信息由位线传递，位线电位与基

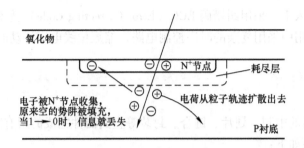

图 4.24　在 N⁺ 电路节点 α 粒子软误差的产生示意图

准位线上的电位相比，如 α 射线产生的电子流入存储位线，使位线电位降低，信息就会由原存储的 1 到 0。若 α 射线使基准位线电位降低，信息就会从原存储的 0 变到 1。因此位线电位的变化，会造成分不清存储信息究竟是 1 还是 0，实际观察到的软误差是上述两种失效机理造成的。

4.12.2　临界电荷

版图结构中电路节点收集电子的数量用收集效率来表示，是给定单元收集 α 粒子感生荷电载流子与 α 粒子所产生的比率，它与节点耗尽层大小、载流子在衬底中扩散长度和 α 粒子入射位置和角度有关。

引起电路产生误差所需的最小电荷量定义为临界电荷 Q_{crit}，对 DRAM 可表示为

$$Q_{crit} = Q_c - Q_{min} \tag{4.39}$$

式中，Q_c 为单元的正常电荷；Q_{min} 为能正确读出时的最小电荷。因此存储器的软误差率取决于 Q_{crit} 和该单元的收集效率。DRAM 最敏感的部位是位线和读出放大器，而不是存储单元，这是因单元的临界电荷比位线的大，而位线和读出放大器的收集效率比较高。16kB DRAM 的 Q_{crit} 约为 10^6 个电荷，α 射线产生的电子-空穴对也在这一数量级。而 64kB CCD 器件（电荷耦合器件）的 Q_{crit} 约为 10^5，所以 CCD 的软误差失效很严重。随着集成度的提高，器件缩小，Q_{crit} 下降，软误差失效将会日趋严重。

4.12.3　改进措施

知道了产生软误差的物理过程，也就有了防止的措施，主要包含：

1）提高封装材料的纯度，减少 α 粒子来源。

2）芯片表面涂阻挡层（如聚酸胺系列有机高分子化合物），组织 α 粒子入射到芯片中。

3）从器件设计入手，增加存储单位面积的电荷存储容量，如采用介电系数大的材料或沟槽结构电容。沟槽结构电容剖面图如图 4.25 所示，增大存储电容面积。也可在衬底中加隐埋层，提高杂质浓度，并使隐埋层杂质分布优化，使电荷收集效率小而又不致提高结电容，降低电路性能。

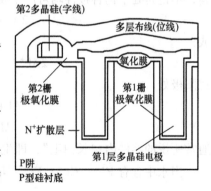

图 4.25　沟槽结构电容剖面图

4）从电路设计入手，采用纠错码 ECC（Error Correcting Code）技术。

5）DRAM 的使用中采用复杂的时序控制电路，缩短位线电压浮动时间，减少软误差。

4.13 水汽的危害

管芯加工完成后的中测、划片、键合、封装等直到器件完成的所有工序统称后工序，其中存在的可靠性问题如下：

1）由湿气引起金属材料的腐蚀。

2）由湿气引起器件性能的退化。

这两种失效在塑封器件中较为明显。塑封是在环氧树脂中加入硬化剂、填充剂等，加热加压固化成管壳，其耐湿差，湿气的危害不容忽视。

4.13.1 水汽的来源与作用

塑封器件中水汽包括封装时残留于器件内部、表面吸附、或经材料间的缝隙渗入及由外界通过塑料材料本身扩散进入等。水汽可把外界及树脂表面的污染带入，也可溶解树脂中含有的杂质（如 Cl^-、Na^+）及保护膜中的磷等形成电解液，以及引起体积膨胀等变化，影响器件可靠性。

4.13.2 铝布线的腐蚀

铝的氧化性活泼，其电极电位为负（相对于氢电极），在空气中常生成薄层 Al_2O_3，它具有保护膜性质。但当有水汽存在时，便生成两性的 $Al(OH)_3$，它既可溶于酸又可溶于碱，且 $Al(OH)_3$ 的体积比铝的大，使 Al_2O_3 变得疏松，露出基底铝来，促使铝的进一步腐蚀。

铝腐蚀模式视铝附近有无电场或其他金属而可分为 3 种：化学的、电化学的和电腐蚀的（与其他金属构成电池）。铝互连线的电位各处可不等，从而构成单一阳电池而发生电化学腐蚀，条件是要有水的存在作为电解液，电位高处为阳极，电位低处为阴极，铝是两性金属，不论是处于何种极性均可产生腐蚀，如在阴极处

$$2Al + 6H^+ \rightarrow 2Al^{+++} + 3H_2 \uparrow$$

或

$$2Al^{+++} + 6H_2O \rightarrow 2Al(OH)_3 + 6H^+$$

在阳极处

$$Al + 3OH^- \rightarrow Al(OH)_3 + 3e$$

$$Al(OH)_3 \rightarrow Al_2O_3 + H_2O$$

通常所说的器件内"长白毛"，即生成了 $Al(OH)_3$。

当水中含有 P^{3+}、Cl^-、F^-、Na^+ 等离子时，会加速铝的腐蚀，如

$$Na^+ + e^- \rightarrow Na$$

$$Na + H_2O \rightarrow Na^+ + OH^- + \frac{1}{2}H_2 \uparrow$$

$$Al(OH)_3 + Cl^- \rightarrow Al(OH)_2Cl + OH^-$$

$$Al + 4Cl^- \rightarrow AlCl_4^- + 3e$$
$$AlCl_4^- + 3H_2O \rightarrow Al(OH)_3 + 3H^+ + 4Cl^-$$

Cl^- 与 $Al(OH)_3$ 反应生成的 $Al(OH)_2Cl$ 是可溶性盐，溶解后露出基底铝，引起进一步反应，Na^+ 等造成 OH^- 离子增加，促进了 $Al(OH)_3$ 的生成，故腐蚀加速。

PSG 钝化层中含 P 量一般在 0.02 ~ 0.05（质量），对 Na^+ 等可动电荷有俘获固定作用，如果含 P 量过多，易潮解，吸水成磷酸，PH 值增加，也会使铝腐蚀加速。

Cl^- 引起的铝腐蚀与 P 引起的有明显的区别，Cl^- 趋向高电位，引起的铝腐蚀多发生在电位较高处，而 P 是正离子，引起的腐蚀多发生在电位相对为负的铝上。

4.13.3　外引线的锈蚀

引线材料多用柯伐合金，它是 Fe-Ni-Co 的合金，其线膨胀系数和 Mo 相近，使用中常引起锈蚀。除了其在机械加工中引入应力而产生应力腐蚀外，还存在电化学腐蚀，这是由于柯伐合金本身质量不好，表面存在裂缝，或表面镀层不完整、不致密，存在针孔，因毛细作用使孔内凝聚水汽，出现伽伐尼（Galvanic）电池而形成电化学腐蚀。当存在 Cl^- 等杂质离子时，腐蚀速度加快。

当外引线周围有水汽凝结、引线间有电位差（如分立器件插在印刷板上）时，引线间的漏电流不断通过，离子化倾向大（标准电极电位为负）的材料（如 Fe）就产生电化学腐蚀而断裂，这时应采用离子化倾向小的 Cu 作引线。

如外引线镀 Ag，阳极 Ag 也会离子化成 Ag^+，在电场作用下发生迁移，至阴极处析出，以树脂状向阳极生长，引起绝缘性变坏，甚至短路。降低电极间电位，镀 Sn 作保护层可防止 Ag 的迁移。

4.13.4　电特性退化

塑封中水汽通过压焊点或钝化层上的微裂纹进入芯片表面，其溶入的一些杂质和污染物会引起器件漏电、表面反型、耐压降低、增益下降、阈值电压漂移等性能退化。器件微细化后，水汽引起电特性退化将更加突出，可比铝线腐蚀早出现，因电特性劣化常呈现饱和特性。当器件特性有余量时，不易发现，没有余量时，才出现特性劣化。而铝腐蚀一旦开始，就会不断腐蚀下去直到断条。

4.13.5　改进措施

1）改用低吸湿性树脂，提高树脂纯度，减少其中所含 Na^+、Cl^- 等有害杂质。

2）降低树脂的热膨胀系数，添加耦合剂，改变引线框架形状，以改善材料间黏合强度，防止引线框与树脂间界面进入水分。

3）芯片表面加钝化层保护。如 Si_3N_4、SiO_2、磷硅玻璃、有机涂料或聚酰亚胺等，其中以等离子体淀积的 Si_3N_4 效果明显，不过键合处仍不能保护。

4）开发耐腐蚀布线材料及工艺。如利用等离子体放电的铝表面氧化，以及利用 As、P 等的离子注入提高铝布线膜质，这些方法有实效，但还未推广。另外难熔金属硅化物（如 $TiSi_2$ 等新的布线材料）可望代替铝作互连线使用。

4.14 失效分析方法

4.14.1 失效分析的目的和内容

电子元器件丧失规定的功能称为失效，对失效的元器件进行分析，鉴定其失效模式和失效机理，找出其失效的内在原因的整个工作称为失效分析。显然，失效分析是非常重要的，它是提高电子元器件可靠性的一个极重要的问题，必须充分重视。人们对元器件进行失效分析是要确定其失效模式，弄清它的失效机理，从而有可能提出改进措施，达到提高产品质量的目的。因此，失效分析的目的，就是分析所产生的失效是属于哪一种性质、有什么特征、是由什么原因造成的、关键所在是什么，以便提出消除导致失效原因的一些设想或建议，包括原材料的选择、原始设计和生产工艺的改进等。同时，也可借此来确定哪些筛选在改进可靠性指标行之有效，以便取得供系统设计用的可靠性数据。此外，加速寿命试验技术本身也需要对有关失效模式和失效机理有所了解，以便合理地选用加速应力或使用这些数据。

失效分析在电子元器件可靠性中的作用，可用以下 3 个方面进行说明：

1）从原材料进厂、生产、使用出现失效到可靠性的质量反馈的全过程，失效分析是一个重要的环节。只有经过失效分析来确认并提供各种信息，才能使可靠性提高，做到心中有数、有的放矢。

2）生产过程的可靠性监督和质量保证措施，要通过失效分析来加以鉴定和确认。

3）工艺改进和工艺措施效果的比较也与失效分析密切有关，因此，失效分析是可靠性工程的最重要环节之一。

一个完整的失效分析，应包括以下几个方面的内容。

1）调查失效现象，分析失效数据。准确地收集和统计电子元器件失效的数据，对以后能否确切判断失效品的失效模式和失效机理，并得以分析证实都具有直接的作用。例如，在试验或使用过程中，产品电性能表现为开路、短路、电参数退化或漂移超过标准等失效现象，并详细记录失效时的情况，如工作时间、日期、产品使用环境和条件（包含用途、环境、使用运行类型、工作条件及应力等）。

2）比较、分析失效数据，鉴别失效模式。根据观察到的效应和现象进行分析，确定失效的可能部位或可能原因。例如，开路这一现象的可能原因是内部引线焊丝与电容器极板压焊点脱开或者是引线折断。

3）描述失效特征。对失效现象进行观测、分析、调查的基础上，以形状、位置、化学组成、物理结构、物理性质等诸式科学表征或阐明和上述失效模式有关的失效现象或效应。

4）假设失效机理。所谓失效机理就是引起失效的物理、化学变化等内在原因，根据失效部位有关特征描述，结合材料性质、有关制造工艺的知识，提出可能导致失效模式发生的内在原因。例如，薄膜电容器所造成的开路，可能由于电极的机械划伤、也可能由于蒸发电极太薄或表面不洁所造成局部过载发热而烧断、还可能由于表面潮气而发生电解腐蚀所引起、或者由于电极电迁移现象所造成。从而利用失效物理的理论与经验，利用失效诱因和失效机理的假设，建立相应的理化模型和数学摸型。

5）验证与证实假设的失效机理。根据失效部位有关的特征和产生某些失效模式的可能诱发原因，通过有关试验证实上述失效机理的假设是否属实。如果一次证实不了，则重复上述步骤，直到证实为止。

6）提出改进措施。根据上述的分析和判断，提出旨在消除产生失效因素的根源，改进或提高质量与可靠性的措施或建议。这包括材料、工艺、结构、设计、使用方法、使用条件等方面，视上述具体失效模式和机理不同而定。

7）找出新的失效因子。由于工艺、材料或设计等采取相应改进措施后，产品的性能、成品率或可靠性得到提高。但也可能带来一些新的失效因子，甚至出现以前没有遇到过的新的失效模式和失效机理，这就需要进一步分析和改进。这样反复进行，可使产品的可靠性水平不断提高。

4.14.2 失效分析程序和失效分析的一般原则

失效分析是一件非常细致的工作，因为每一步基本上是一次性的，并且不能重复。例如，密封外壳漏气现象，一旦外壳被打开之后就极难再去测定或证实。所以必须有计划、有步骤地进行。在分析过程中还必须十分小心，防止将真正导致失效的原因或迹象弄掉，或者引起（或引入）新的失效因子，因此，必须建立一个科学的分析程序。电子元器件的失效分析程序制定的基本原则是：先做外部分析，再做内部分析；先做整体分析，再做局部分析；先做非破坏性分析，再做破坏性分析。首先要确定失效原因，由于造成失效的原因不同，拟定计划和程序应有所不同。

电子元器件失效分析的一般程序如图 4.26 所示，对于各种电子元器件的失效分析程序，5 个大阶段应完成的工作和提供的信息是基本相同的，但是由于其失效模式和失效机理各不相同，相应的失效分析程序中的每一阶段上的工作项目是有所不同的。应根据失效分析经验的积累，逐步形成一些规范性的分析程序法。

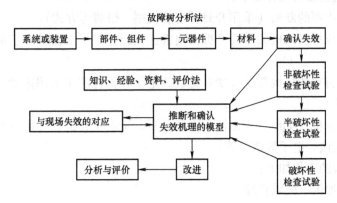

图 4.26 电子元器件失效分析的一般程序

确认失效阶段的任务如下：

1）发生时间（季节依赖性，如多湿或干燥）。

2）发生地点（包括工序、检查、可靠性试验、现场等）。

3）使用环境（包括室内、室外、周围环境的温、湿度等）。

149

4）位用条件（电压、负荷等工作条件）。

5）失效产品的履历（生产数量、工序、检查不合格率）。

6）批量的依赖性（批量的发生率、过去的发生率）。

7）失效的症状（包括恶化变质、破坏、复现性有无等）。

8）使用履历（包括工作状况和工作时间等）。

9）失效产品信息（目录、特性试验资料）。

非破坏检查试验阶段的任务如下：

1）外观检查沾染、损伤、断裂、弯曲（如采用目视、显微镜观察、照片、近摄等方式）。

2）功能、特性参数等各项电气试验。

3）结构缺陷等的内部检查。

4）与性能缺陷有关的沾染的化学洗涤。

5）为检出内部反常缺陷的 X 射线透视。

6）密封失效件的漏泄试验（如管壳漏气检查，可用放射性质谱检漏仪做细检，后用氟碳法做粗检）。

7）为检出内部反常缺陷，测定温度分布。

半破坏检查试验阶段的任务如下：

1）为检查内部结构，开封管壳。

2）检查在生产、组装工序中所附着的沾染物。

3）利用各种显微镜检查内部。

4）利用探测器进行电气试验。

5）测定失效产品表面的形状、膜厚等（如用显微光波干涉仪测定芯片的表面）。

6）为鉴别组成材料的机械分析。

破坏检查试验阶段的任务如下：

1）制作显示内部的断面（采用开封管壳后切割、研磨等方式）。

2）为鉴别组成材料的机械分析（拆去内部连接或把电子元器件芯子从封装中分量出来的试验方式）。

3）试验使用材料的机械强度（如对封装或电子元器件芯子采用振动、冲击、温度循环等破坏性机械试验）。

4）进行物性分析（如红外光谱仪、质量分析、X 射线分析、气相色谱法、放射性摄谱仪、原子吸收分析法、电子显微镜等）。

分析报告阶段的工作如下：

1）推断失效原因、失效机理。

2）进行综合评价。

3）提出防止重发的措施。

失效分析使用的分析设备常采用的是理化分析设备和电气测试设备。随着电子学和计算机技术、光学、金相学等的发展，许多新型理化分析仪器的研制成功，大大扩展了失效分析功能，可以说，现代各种分析仪器和设备均可在电子元器件的失效分析中得到应用。为了便于概括了解常用的失效分析的设备和工具，根据其检查项目将常用失效分析设备和工具列于表4.1。

表 4.1　常用失效分析设备和工具

检查项目	可采用的分析仪器、设备或工具
外观检查	低倍率显微镜、高倍率显微镜
内部检查	扫描电镜、照相装置
X 射线照相透视	X 射线照相装置
电气特性	集成电路测试仪、曲线绘图仪、示波器、阻抗电桥、频谱分析仪、电感电容电阻测试仪、超高阻计、毫欧计
漏泄试验	真空压力槽、氦泄漏检测仪、荧光涂料、红染料检漏液、放射性示踪气体检漏装置
化学洗涤	通风室、超声波洗涤器、各种有机溶剂、去离子水
温度、环境	恒温槽、温湿度箱
机械振动冲击	热冲击试验箱、振动试验杯、冲击试验机
开封	开封器、化学药品、研磨机、刀具、通风室、平口虎钳、棱镜反应器
表面温度分布	红外摄相机、热像仪、温度传感器
制作断面	切割机、研磨机、腐蚀用药品
仪器分析	发光光谱分析仪、原子吸收分析仪、可视紫外光谱分析仪、色谱仪、离子微量分析仪、奥格电子光谱仪、X 射线微量分析仪、紫外光电子光谱仪、红外线光谱分析仪、核磁共振装置
测定表面形状	表面粗糙度形状测定仪、透射电子显微镜
机械破坏试验	拉伸试验机、硬度计、通用材料试验器

在进行非破坏性检查、试验之后，就可以揭盖或开封，以便进一步观察和分析内部的情况。因此，解剖技术在失效分析中是很重要的。在解剖前，必须对电子元器件的封装结构有充分了解才能进行，否则开封过程极易毁坏芯片。通常最好的办法是用同类结构的样品进行试验性开封，取得经验后再对要分析的样品进行开封。在开封过程中，应严防污染管芯。

对于金属壳封装的电子元器件，开封时应注意使内引线与外壳引线脱离。一般采用切割的方法，可以利用小型铣床、车床或钳工工具，也可以用切割或研磨的方法。例如，液体钽电容器，由于电解液有腐蚀性，必须设法去除，可以在电容器中部小心地锯开两个口子，让电解液先流出来，然后在阳极引线和玻璃绝缘子的封口处，用钳子打开。如果要仔细研究封口的性能，则应在相邻部位进行研磨，同时进行观察。

现在多数电子元器件采用塑料封装，常用的 3 种方法：

一是切割、研磨或使用风钻等机械方法去除塑料层；

二是利用化学有机溶剂（丙酮、二甲基甲酰哌）或热浓酸等溶解，剥离塑封料。但去除塑封料有可能导致化学反应或电气损伤，多数情况还是可以的。目前可采用如下方法：

1）发烟硫酸，它适用于酚醛塑料的电子元器件。当样品浸入热硫酸中，在温度 200℃ 时将使塑料分解碳化，然后浸入冷酸中，浸泡 4~5s，用无水乙醇漂洗，最后用去离子水清洗。

2）发烟硝酸（70℃），它适用于以酸酐固化的环氧及一些硅酮和环氧酚醛材料。

3）二胺乙烯，它能溶解高度固化的酸酐环氧塑料。

三是等离子体灰化法，即在氧气中进行高频放电，利用生成的氧等离子体把包封料灰化掉，但这一反应速度很慢，花费时间太多，通常先用机械的方法将包封料大量削磨掉以后再使用这一方法。

在电子元器件表面一般都涂有一层保护胶，这种内涂料品种很多，去除的方法如下：

1）甘油热裂解，主要去除高分子聚合物。它是将样品放入甘油加热至沸点，保持半小时。然后取出样品用去离子水冲洗干净，烘干。

2）溶解法，如1152胶可用二甲基甲酰胺浸泡12～24h；6235胶可用三氯甲烷、甲酚、石腊油混合液或乙二胺浸泡8～16h；GN521胶可用甲苯、环巳酮、香蕉水、醋酸乙酯的混合液浸泡10～20h，把胶泡胀，再小心揭除。

4.14.3　常用微观分析设备概述

失效分析常使用各种微观分析设备，它们广泛应用于成分分析、结构分析、表面形态分析等方面。其详细工作原理、结构可以在微观分析相关文献中找到，这里只简要加以介绍，目的在于使可靠性工作者选择适当的分析仪器进行失效分析工作。

扫描电镜是采用最多的一种大型分析设备，它是通过高能入射电子束在样品上逐点轰击扫描，激发出各种有用的信息，分别收集这些二次电子、背射电子、透射电子等转换而成像，可以研究三维表面结构及其物理、化学性质。根据扫描电镜的电子图像形成不同，可以有不同用途。

1）利用二次电子像可以观察复杂的表面形貌，研究电子元器件的工作状态（如导通、短路、开路等）。例如，集成电路电阻器的二次电子像所显示的电位分布，在短略处显示的高电位。

2）背散射电子像可以测得平均原子序数及表面凹凸情况的形貌，可以观测电子元器件膜层的均匀性、致密性和完整性。

3）吸收电流像可以研究晶体管或集成电路 PN 结性能、晶格缺陷和杂质的关系，检查扩散区边缘的完整性，确定载流子寿命。

4）扫描透射电子像可以进行选区的元素分析。

5）X 射线像显微分析可用波长色散法通过 X 射线光谱仪及用能量色散法通过 X 射线能谱仪进行元素分析。

6）阴极荧光像可以分析晶体结构缺陷及杂质存在的情况。

7）电子感生电动势像可以用来观察半导体器件的电子电动势像，这对研究 PN 结内部和边缘发生的各种现象很有效，特别是在加电情况下，对样品可以进行动态观察，以确定 PN 结的电性能与晶格缺陷及杂质的关系。

扫描电镜可安装专用附件实现一机多用，达到快速、直观、综合功能的要求。其他常用微现失效分析设备，它们的工作原理、性质及应用范围见表4.2。科学技术的进步促使分析设备不断出现和更新，大大推进了失效分析技术的发展，新型的分析设备层出不穷，关于失效分析的技术方法将结合具体电子元器件的分析技术加以介绍。

表4.2　常用微观失效分析设备的工作原理、性质及应用范围

设备名称	原理、性质	应用范围
透射电子显微镜（TEM）	电子束按几何光学原理透过样品	固体表面结构、状态、微粒、形状，衍射分析，确定物质成分及其含量，观察抛光损伤，晶体缺陷

（续）

设备名称	原理、性质	应用范围
电子探针（X射线微观分析仪）（EMP）	利用电子所形成的细电子束，打在要分析的样品表面，固体被激发产生特性 X 射线，分析这些 X 射线可确定样品的成分	观察样品的形貌，分析耗尽层、扩散杂质分布、PN 结部位的物质成分，可以确定潜在的失效模式
X 射线衍射仪	X 射线在物质中产生衍射，精度与 X 射线狭缝有很大关系，对较厚样品可以进行分析	对有机、无机、金属、化合物进行定性、定量分析，观察材料加工、处理后组织变化情况，可测残留应力
荧光 X 射线仪	观察二次 X 射线谱，确定物质成分	对金属含量进行定性、定量分析
微聚焦 X 射线仪	X 射线对微小区域进行分析	同 X 射线衍射仪
电子衍射仪	电子束通过样品晶格按布拉格衍射成像，分析物质结构成分	固体表面结构、杂质含量测定、表面吸收气体研究，Si 上沉积薄膜成分、厚度测量
X 射线光电子能谱仪	利用高能量的 X 射线照射物质，产生光电效应，从而发射出光电子，测定光电子的动能谱	表面反应、表面组成元素及其存在状态，可研究元素、化合物的状态
俄歇电子能谱仪	利用低能电子束打在样品上，将发出不同能量的二次电子，测定其能谱，根据俄歇电子峰，确定出组成元素及其含量	分析表面层、表面反应、表面微量杂质、表面层沿深度反向的成分、半导体表面态
扫描俄歇电子显微镜	利用扫描电子束作为俄歇电子能谱的探针，检测俄歇电子信号，分析其能谱	分析较轻元素（Cl、O、C）杂质含量，研究表面沾污的空间分布
核磁共振	固体内靠近原子核局部磁场的吸收线	分析有机物结构
原子吸收光谱	利用原子对特有波长放射线产生共振吸收	元素的定量分析
发射光谱仪	利用电弧等使样品发光，研究其特有光谱分布	多种金属元素同时分析
激光显微分析仪	以细小激光照射样品使之发光，通过摄谱仪对成分进行分析	金属、半导体的微区定性、定量分析
离子微探针	利用一次离子束轰击试样表面，溅射出各种离子（中性原子、中性分子、少数正离子、负离子），通过检测和分析这些二次离子，可以确定样品表面的成分及其元素含量	分析试样表面的微量杂质元素，对样品进行深度分析，确定各种元素的纵向分布，得到三维空间浓度分布
红外吸收光谱仪	利用红外线自吸收来分析	有机物的定量分析，Si 上氧化膜的结构研究，Si 中微量 O 的定量分析，对反应机理、反应生成物分子构造的研究
红外辐射测温仪	电子元器件设计、材料的缺陷、制造工艺问题，导致内部温度不均匀，会通过热效应反映出来，根据物体内部分子热运动产生红外线辐射的强度，研究其特性，显示样品表面的热分布图	判断电子元器件热设计的合理性，发热元件导电膜层的均匀性，以及制造工艺和原材料中的缺陷
透射式红外显微镜	根据锗、硅等半导体材料和薄的金属层对近红外辐射是基本透明的，从而可观察内部缺陷及其特性	直接观察器件的金属化缺陷、位错、PN 结表面缺陷、芯片裂纹等
硅靶摄像机	将透过半导体晶片的红外光，经过显微物镜放大，成像在硅靶摄像管的靶面上，并使红外图像转换成电信号，来显示材料内部结构缺陷	检查表面抛光质量、表面缺陷、掩蔽缺陷，以及金属化系统开路、短路、结深等

4.14.4　电子元器件的失效机理及其分析简述

由子构成半导体器件的材料、结构、性能的不同，以及失效的内容和程度的不同，进行失效分析的程序也有较大的差异。

失效分析的工作是一项非常细致的工作，在进行分析时，需要运用各种经验知识，认真拟订工作程序。在掌握失效模式和失效机理上一步一步地进行分析，把可能引起的失效因素范围逐渐缩小，将典型的失效原因揭示出来。如有可能，最好对每一步分析使用好的器件和失效器件同时进行，以便检查每一个步骤是否会引进新的失效机理。

1. 常见的失效模式和主要的失效机理

半导体器件的失效模式大致可划分为6大类，即开路、短路、无功能、特性劣化、重测合格和结构不好等。最常见的有烧毁、管壳漏气、引脚腐蚀或折断、芯片表面内涂树脂裂缝、芯片粘结不良、键合点不牢或腐蚀、芯片表面铝腐蚀、铝膜伤痕、光刻/氧化层缺陷、漏电流大、阈值电压漂移等。如果将器件品种按失效模式不同进行分类，作出累积频数立方图，就能准确找出主要问题和提出针对性改进措施。

主要的失效机理按照导致的原因如下：

1）设计问题引起的劣化：版图、电路和结构等方面的设计缺陷。

2）体内劣化机理：二次击穿、CMOS 闩锁效应、中子辐射损伤，以及重金属沾污和材料缺陷引起的结构特性退化、瞬间功率过载。

3）表面劣化机理：钠离子沾污引起沟道漏电、γ辐射损伤、表面击穿（蠕变）、表面复合引起小电流增益减小。

4）金属化系统劣化机理：金铝合金、铝电迁移、铝腐蚀、铝划伤、铝缺口、台阶断铝、过电应力烧毁。

5）氧化层缺陷引起的失效：针孔、接触孔腐蚀、介质击穿等。

6）封袋劣化机理：引脚腐蚀、漏气、亮内有外来物引起偏电或短路等。

7）使用问题引起的损坏：静电损伤、电浪涌损伤、机械损伤、过高温度引起的破坏、干扰信号引起的故障、焊剂腐蚀引脚等。

2. 半导体器件失效分析基本程序

半导体器件失效分析基本程序，见表4.3。

表4.3　半导体器件失效分析基本程序

程序	设备及方法	分析内容
现场失效数据调查	—	失效分析与环境的关系
外观检查	立体显微镜	喷漆质量、引脚镀层质量、玻璃绝缘子质量、密封情况
性能参数复测	晶体管图示仪、电参数测试设备	引脚极间的短、断路情况；PN 结的 I-V 特性分析；复测参数值，研究复测值与初始值的关系；特性改变、相对变化情况、时好时坏现象（特性参数无改变时，应考虑失效数据是否有误）

（续）

程序	设备及方法	分析内容
密封性检查	氦质谱检漏仪、氟油冒泡法	检漏
X 射线照相检查	X 射线探伤仪	芯片焊接质量；内引线焊接质量或损伤；封壳内的外来金属物
模拟试验	负荷设备、高温烘箱、环境试验设备等	采取失效复制法；再现失效现象；分析失效与环境的关系
管壳开封	小型铣床或车床、化学法（塑料器件）	—
电性能复测	晶体管图示仪、电参数测试设备	性能复测，检查开封过程可能引进的新的损伤
显微镜检查（无内涂胶）	立体显微镜；高倍数金相显微镜观察及照像；扫描电镜分析	引线位置；机械缺陷、芯片裂缝；芯片位置及焊接质量；光刻质量、铝层质量及划伤；过电应力造成的熔融及闪烁；PN 结位置、缺陷、反应层分析；金属化迁移或腐蚀，金属间化合物
去除内涂胶	化学方法去除，或有机溶剂泡胀揭除清洗，真空烘焙	—
电性能复测	晶体管图示仪、机械探针	去胶后的电性能变化，确定胶对表面的离子沾污
电性能分析及失效部位分离	晶体管图示仪、电参数测试仪、机械探针、用探针划断铝互连线，以及对 IC 元件、分立器件的发射极逐个测试	根据以上步骤检查初步结果，结合器件结构、参数指标、工艺特性进行初步综合分析；失效部位分离，分析 IC 元件（如晶体管、电阻器、电容器）是否正常，确定失效部位
去除金属化层	用化学法腐蚀（稀盐酸或稀硫酸）	—
电性能测试	晶体管图示仪、机械探针	氧化层针孔引起的短路
显微镜检查	光学显微镜电化学显示氧化层针孔、液晶方法显示氧化层针孔；扫描电镜	氧化层针孔引起短路的位置；金属化层对硅渗透分析；局部失效位置的成分分析；引线孔中的 N 型或 P 型小岛
芯片与底座分离	—	芯片与底座的焊接分析
剖面分析	磨角染色及显微照相	扩散层深度、结的平坦性
去除 SiO_2	HF 腐蚀、探针测试	确定氧化层沾污问题

习　题

1. 讨论电子元器件的失效物理模型有哪些。
2. 讨论在 SiO_2 的界面会有什么样的污染，对器件的可靠性影响如何。
3. 什么是热载流子效应？试讨论电荷泵测试的工作原理。
4. 什么是电迁移失效？讨论如何避免电子元器件的此种失效。
5. 辐射损伤的来源有哪些，如何提高电子元器件的抗辐射能力？
6. 简述通常的失效分析程序及常用设备。

第5章 基础元器件的可靠性

电子元器件（Electronic Components）是元件、器件及其连接的总称。电子元件，又称无源元件（Passive Components），指在工厂生产加工时不改变分子成分的成品；电子器件，即半导体器件，对电压、电流有控制、变换作用（放大、开关、整流、检波、振荡和调制等）；连接类器件：连接器，插座，连接电缆，印制电路板（PCB）。所以，电子元器件包括电阻器、电位器、电容器、电子管、散热器、机电元件、连接器、半导体分立器件、电声器件、激光器件、电子显示器件、光电器件、传感器、电源、开关、微型特种电机、电子变压器、继电器、印制电路板、集成电路、各类电路、压电、晶体、石英、陶瓷磁性材料、印制电路板用的基材基板、电子功能工艺专用材料、电子胶（带）制品、电子化学材料及部品等。

电子元器件在质量认证方面有中国的 CQC（China Quality Certification）认证、美国的 UL（Underwriters Laboratories）和加拿大的 CUL（Canadian Underwriters Laboratories）认证、德国的 VDE（Verband Deutscher Elektrotechniker）认证和 TÜV（Technischer Überwachungs-Verein），以及欧盟的 CE（Conformite Europeenne）等认证等。

本章讨论了电阻器（包括电位器、保险电阻）、电容器、连接类器件、磁性器件等电子元器件工程中的基础元器件的常见类型、使用知识及其可靠性问题。

5.1 电阻器和电位器、保险电阻的可靠性

5.1.1 电阻器

1. 常用电阻器类型

（1）碳膜电阻器（RT 型）

碳膜电阻器是最早期也最普遍使用的电阻器，其制备方式是在陶瓷管架上高温沉积碳氢化合物的电阻材料（如高温真空中分离有机化合物之碳），经切割处理，并在表面涂上环氧树脂密封保护而成的，它是一种膜式电阻器，其表面常涂以绿色或其他颜色的保护漆。碳膜的厚度决定阻值的大小，通常通过控制碳膜的厚度和刻槽来控制电阻器。引线使用铜、铜包铁、铜包钢等，质量好的碳膜电阻器用粗铜引线。

自动化生产、价格便宜、品质稳定、信赖度极高的碳膜电阻器已广泛应用在各类产品上。目前，市场上的碳膜电阻器很多，但是质量良莠不齐，需要使用者判断。

碳膜电阻器的特点如下：

1）良好的稳定性：改变电压对阻值的影响极小，且具有负温度系数。

2）高频特性好：可制成高频电阻器和超高频电阻器。

3）固有噪声电动势小：在 $10\mu V/V$ 以下。

4）阻值范围宽，一般为 $1\Omega \sim 10M\Omega$。

5）工作温度范围广：$-55 \sim 155℃$。

6）额定功率有 $1/8W$、$1/4W$、$1/2W$、$1W$、$2W$、$5W$、$10W$。

7）包装方式有带装、散装。

8）应用范围非常广泛，适用于交流、直流和脉冲电路。

碳膜电阻器属于引线式电阻器，方便手工安装及维修，且价格低廉，多用在一些（如电源、适配器之类）低端产品或早期设计的产品中。

（2）金属膜电阻器、合金箔电阻器（RJ 型）

金属膜电阻器是一种膜式电阻器，符号为 RJ，是在陶瓷管架上用真空蒸发或烧渗法形成金属膜（镍铬合金）制备而成，通过切割达到精密阻值，最后在表面涂覆环氧树脂封装。金属膜电阻器的制造工艺灵活，可以通过改变材料的成分和膜层的厚度调整电阻值。

金属膜电阻器有普通金属膜电阻器、半精密金属膜电阻器、低阻半精密金属膜电阻器、高精密金属膜电阻器、高阻金属膜电阻器、高压金属膜电阻器、超高频金属膜电阻器、无引线精密金属膜电阻器。

金属膜电阻器的特点如下：

1）功率负荷大：$0.125 \sim 5W$。

2）体积小。

3）稳定性好，如温度系数小（$\pm 100PPM/℃$）、电流噪声小。

4）耐高温（$+155℃$）、高频特性好。

5）精度高：$0.05\% \sim 0.5\%$。

6）阻值范围宽：$1\Omega \sim 620M\Omega$。

7）多种包装形式（带装、散装）。

8）成本较高。

合金箔电阻器（又称金属箔电阻器），符号为 RJ，是在玻璃基片上黏结一块合金箔，用光刻法蚀刻出一定图形并涂覆环氧树脂保护层，装上引线封装制成。与金属膜电阻器的区别是，其电阻体是合金材料且具有一定的厚度；其具有高精度（可达 $\pm 0.001\%$）、高稳定性（无感抗、无 ESD 感应、低电容）、自动补偿温度系数的功能，可在较宽的温度范围内保持极小的温度系数，这些功能有助于提高电路系统的稳定性和可靠性，弥补了金属膜电阻器和绕线电阻器的不足。

金属膜电阻器、合金箔电阻器应用范围广，作为精密和高稳定性的电阻器通用于各种电子设备、仪器仪表中，与碳膜电阻器相比，具有体积小、噪声低、稳定性好等优势，但成本较高。

（3）金属氧化膜电阻器（RY 型）

金属氧化膜电阻器是将金属盐溶液（$SnCl_4$ 和 $SbCl_3$）用喷雾器送入 $500 \sim 550℃$ 的加热炉内，喷覆在旋转的陶瓷基体上形成的电阻器，导电材料是一层金属氧化物。

金属氧化膜电阻器的特点如下：

1）金属氧化膜比金属膜和碳膜厚得多，并且厚度均匀。

2）金属氧化膜阻燃、与基体附着力强。

3）有极好的脉冲、高频和过负荷性能。

4）机械性能好、坚硬、耐磨。

5）在空气中不易被氧化，化学稳定性好。

6）阻值范围为 $1\Omega \sim 200k\Omega$。

7）功率大，$25W \sim 50kW$。

8）温度系数比金属氧化膜电阻器差。

金属氧化膜电阻器由于高温稳定、耐热冲击、负载能力强，常用于中高档电子产品。

（4）炭质电阻器：无机实心电阻器（RS 型）和有机实心电阻器（RN 型）

炭质电阻器又叫合成电阻器，这类电阻器是将导电材料与非导电材料按一定比例混合成不同电阻率的材料制成的。其最突出的优点是可靠性高，但噪声大。合成电阻器的种类较多，按黏合剂种类可分为有机型（如酚醛树脂）和无机型（如玻璃、陶瓷）；按用途可分为通用型、高阻型、高压型等。常见的有实心电阻器、合成膜电阻器等。

有机实心电阻器（RS 型）是由导电颗粒（碳粒、石墨）、填充物（云母粉、石英粉、玻璃粉、二氧化钛等）和有机黏合剂（如酚醛树脂）等材料混合并热压而成的。阻值 $470\Omega \sim 22M\Omega$，功率 $0.25 \sim 2W$。具有较强的过负荷能力，噪声大，稳定性差，分布电感和分布电容较大。

无机实心电阻器（RN 型）使用的是无机黏合剂（如玻璃釉），该电阻温度系数小，稳定性好，但阻值范围小。

（5）金属玻璃釉电阻器（RI 型）

金属玻璃釉电阻器用玻璃釉做黏合剂与金属（银、钯、铑、钌等）氧化物混合用印刷烧结工艺在陶瓷基体上形成电阻膜，电阻膜的厚度比普通电阻膜要厚得多，此种电阻器又称厚膜电阻器。其特点是：阻值范围宽，为 $5.1\Omega \sim 200M\Omega$；价廉；功率大，为 $5 \sim 500W$；耐高温，温度系数小；耐湿性好；最大工作电压高，为 15kV；常用于高阻、低温度系数场合。也可制备贴片电阻。

（6）绕线电阻器（RX 型）

绕线电阻器是一种在绝缘骨架外面用高阻合金线缠绕制作而成的电阻器。电阻线可用康铜、锰铜、镍-铬合金等金属丝制备，外面涂有耐热的釉绝缘层或绝缘漆。电阻器可分为固定式和可调式两种。通过调整缠绕电阻丝的长度，可以精确调整绕线电阻器的阻值，可以制成精度高达 0.1% 的极高精度电阻器。由于这种电阻器的材料能够耐高温，因此，通过增大电阻丝直径的方法，还可以制成大功率的电阻器。

绕线电阻器主要做精密大功率电阻使用，缺点是高频性能差、时间常数大，其特点如下：

1）体积大、阻值较低，多在 $100k\Omega$ 以下。

2）阻值精度极高。

3）耐热耐腐蚀、工作时噪声小、性能稳定可靠。

4）具有较低的温度系数、能承受高温，在环境温度为 170℃ 下仍能正常工作。

5）由于结构上的原因，其分布电容和电感系数都比较大，不能在高频电路中使用。

6）通常在大功率电路中作降压或负载等使用。

（7）水泥电阻器

水泥电阻器将电阻线缠绕在无碱性耐热瓷件上，外面加上耐热、耐湿及耐腐蚀的材料保护固定，并把绕线电阻体放入方形瓷器框内，用特殊不燃性耐热水泥充填密封而成。水泥电阻器的外侧主要是陶瓷材质。水泥电阻器的体积小、功率较大，在电路中常用作降压或分流电阻器。

水泥电阻器的特点如下：

1）瓷棒上绕线有耐震、耐湿、价格低等特性。

2）后接头电焊，能制出精确电阻值并延长寿命。

3）高电阻值采用金属氧化皮膜体代替绕线方式制成。

4）耐热性好，电阻温度系数小，呈直线变化。

5）耐短时间超负载，低杂音，阻值常年无变化。

6）防爆性能好，起保护作用。

水泥电阻器的用处如下：

1）水泥电阻器通常用于功率大、电流大的场合，有 2W、3W、5W、10W 甚至更大的功率，如空调、电视机等功率在百瓦级以上的电器中，基本都会用到水泥电阻器。

2）完全绝缘，适用于印制电路板。

水泥电阻器的缺点在于：体积大、使用时发热量高且不易散发、精密度往往不能满足使用要求等。

（8）排电阻器（B-YW 型）

排电阻器（Line of Resistance）也叫集成电阻器或厚膜网络电阻器，是一种集多只电阻器于一体的电阻器。它综合应用掩膜、光刻、烧结等工艺技术，在一块陶瓷基片上通过丝网印刷的方式形成电极和电阻器并印制玻璃保护层，制成多个参数和性能一致的电阻器，连接成电阻器网络，并制备坚硬的钢夹接线柱，最后用环氧树脂包封。阻值为 $51\Omega \sim 33k\Omega$，功率小、精度高、稳定性好、温度系数小、高频特性好。常用于计算机、仪器仪表及 A/D、D/A 转换电路。适用于密集度高的电路装配。

排电阻器有单列直插封装（Single Inline Package，SIP）和双列直插封装（Dual Inline Package，DIP）两种外形结构，内部电阻器的排列有多种类型，不同厂家给出的表示不同，有的用数字表示（如 01，02，03 等）；有用字母表示（如 A 型、B 型、C 型、D 型、E 型、F 型、G 型等），其中，A 型表示多个电阻器共用一端，共用端左端引出；B 型表示每个电阻器各自引出，且彼此没有相连；C 型表示各个电阻器首尾相连，各个端都有引出；D 型表示所有电阻器共用一端，共用端中间引出；E 型表示所有电阻器共用一端，共用端两端都有引出；F 型和 G 型较为复杂，可以参考相应产品说明书。

排电阻器的外形和结构如图 5.1a 所示，产品示意图如图 5.1b 所示。在图 5.1a 中，BX 表示产品型号；"10" 表示有效数字；"3" 表示有效数字后边加 0 的个数，103 即 10000（10k）；"9" 表示此排电阻器有 9 个引脚，其中一个是公共引脚，公共引脚一般都在两边，用色点标示。

排电阻器体积小、安装方便，适合多个电阻器阻值相同而且各电阻的其中一个引脚都共连在电路同一位置的场合。

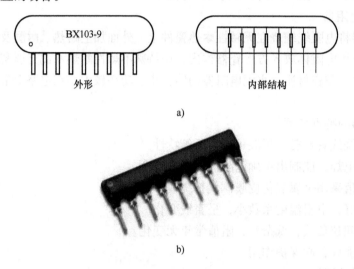

图 5.1　排电阻器的外形和结构及产品示意图

a）排电阻器的外形和结构　b）排电阻器产品示意图

（9）片式电阻器（RL 型）

片式电阻器又称贴片电阻或 SMD（Surface Mounted Devices）电阻，如图 5.2 所示。片式电阻器是在高纯陶瓷（氧化铝）基板上采用丝网印刷金属化玻璃层的方法制成的，通过改变金属化玻璃层的成分，可以得到不同的电阻器阻值。为了保证可焊性，电阻器的两端头采用了电镀镍-锡层。采用了保护介质对电阻层进行保护，保证正反面都可贴装。其有两种类型：片式厚膜电阻器和片式薄膜电阻器。目前常用的是片式厚膜电阻器，如国产 RL11 系列片式电阻器。片式电阻器也有集成电阻器。

片式电阻器的特点如下：

1）组装密度高：体积小、重量轻。

2）可靠性高：电性能稳定、高频特性优越、电磁和射频干扰减少。

3）抗振能力强：机械强度高。

4）焊点缺陷率低：适应流焊与回流焊。

5）易于实现自动化：装配成本低并与自动贴装设备匹配、生产效率高。

目前，片式电阻器大量应用在混合厚膜和薄膜集成电路、通信设备、电子计算机、电子钟表、照相机、高频头、收音机、录音机、医疗或军用设备、电脑主板等的电路中。

2. 选用

固定电阻器的选用有多种类型，选择哪一种材料和结构的电阻器，应根据应用电路的具体要求而定。高频电路应选用分布电感和分布电容小的非绕线电阻器，如碳膜电阻器、金属电阻器和金属氧化膜电阻器、薄膜电阻器、厚膜电阻器、合金电阻器、防腐蚀镀膜电阻器等；高增益小信号放大电路应选用低噪声电阻器，如金属膜电阻器、碳膜电阻器和绕线电阻器，而不能使用噪声较大的合成碳膜电阻器和有机实心电阻器。

所选电阻器的电阻值应接近所在电路中计算值的一个标称值，应优先选用标准系列的电阻器。一般电路使用的电阻器允许误差为 ±5% ~ ±10%；精密仪器及特殊电路中使用的电阻器，应选用精密电阻器，精密度是误差 1% 以内的电阻，如 0.01%、0.1%、0.5%；所选电阻器的额定功率，要符合应用电路对电阻器功率容量的要求，一般不应随意加大或减小电阻器的功率。

图 5.2　片式电阻器

若电路要求是功率型电阻器，则其额定功率可高于实际应用电路要求功率的 1~2 倍。

电阻器选用的三项基本原则：

1）选择通过认证机构认证的生产线制造出的执行高水平标准的电阻器。

2）选择具备功能优势、质量优势、效率优势、功能价格比优势、服务优势的制造商生产的电阻器。

3）选择能满足上述要求的制造商。

3. 可靠性应用

电阻器在使用前要进行检查，检查其性能好坏就是测量实际阻值与标称值是否相符，误差是否在允许范围之内。方法就是用万用表的电阻档进行测量。

代换时还要注意电阻器的功率，通常用 1/4W 或 1/8W 的电阻来代换贴片电阻是没什么问题的；在要求阻值偏差小的电路中，可选用 E48、E96、E192 精密电阻器系列；在电阻器的使用中，根据实际需要选用不同精密度的电阻器，一般来说，误差小的电阻器，其温度系数也小，阻值稳定性高。

电阻器测量时要注意两点：

1）要根据被测电阻值确定量程，使指针指示在刻度线的中间一段，这样便于观察。

2）确定电阻档量程后，要进行调零，方法是两表笔短路（直接相碰），调节"调零"按钮使指针准确指在"Ω"刻度线的"0"上，然后再测电阻器的阻值。

另外，还要注意人手不要碰电阻器两端或接触表笔的金属部分，否则会引起测试误差。用万用表测出的电阻值接近标称值，就可以认为基本上质量是好的，如果相差太多或根本不通，就是坏的。

电阻器的检测方法如下：

1）外观检查。对于固定电阻，应查看标志清晰、保护漆完好、无烧焦、无伤痕、无裂痕、无腐蚀、电阻体与引脚紧密接触等。对于电位器，还应检查转轴灵活、松紧适当、手感舒适。有开关的电阻器还要检查开关动作是否正常。

2）万用表检测 。固定电阻器的检测，用万用表的电阻档对电阻值进行测量，对于测量不同阻值的电阻器，选择万用表的不同倍乘档。对于指针式万用表，由于电阻档的示数是非线性的，阻值越大，示数越密，所以选择合适的量程，应使表针偏转角大些，指示于 1/3 ~ 2/3 满量程，读数更为准确。若测得阻值超过该电阻器的误差范围、阻值无限大、阻值为 0 或阻值不稳，说明该电阻器已坏。

在测量中，应注意拿电阻器的手不要与电阻器的两个引脚相接触，这样会使手所呈现的电阻与被测电阻并联，影响测量准确。另外，不能带电情况下，用万用表电阻档检测电路中电阻器的阻值。在线检测应首先断电，再将电阻器从电路中断开出来，然后进行测量。

3）用电桥测量电阻。如果要求精确测量电阻器的阻值，可通过电桥（数字式）进行测试。将电阻器插入电桥元件测量端，选择合适的量程，即可从显示器上读出电阻器的阻值。例如，用电阻丝自制电阻器或对固定电阻器进行处理来获得某一较为精确的电阻值时，就必须用电桥测量自制电阻器的阻值。

5.1.2 电位器

1. 各种常见电位器种类

（1）绕线电位器

绕线电位器如图 5.3 所示，具有高精度、稳定性好、温度系数小、接触可靠等优点，并且耐高温、功率负荷能力强。缺点是阻值范围不够宽、高频性能差、分辨力不高，而且高阻值的绕线电位器易断线、体积较大、售价较高。这种电位器广泛应用于电子仪器、仪表中。绕线电位器的电阻体由电阻丝缠绕在绝缘物上构成，电阻丝的种类很多，电阻丝的材料是根据电位器的结构、容纳电阻丝的空间、电阻值和温度系数来选择的。电阻丝越细，在给定空间内越能够获得较大的电阻值和分辨率。但电阻丝太细，在使用过程中容易断开，影响绕线电位器的寿命。

图 5.3　绕线电位器

（2）合成碳膜电位器

合成碳膜电位器，具有阻值范围宽、分辨力较好、工艺简单、价格低廉等特点，但动噪声大、耐潮性差。这类电位器宜作为函数式电位器，在消费类电子产品中大量应用。采用印刷工艺可使碳膜片的生产实现自动化。

（3）有机实心电位器

有机实心电位器阻值的范围较宽、分辨力高、耐热性好、过载能力强、耐磨性较好、可靠性较高，但耐潮热性和动噪声较差。这类电位器一般是制成小型半固定形式，在电路中作微调用。

（4）金属玻璃釉电位器

金属玻璃釉电位器既具有有机实心电位器的优点，又具有较小的电阻温度系数（与绕线电位器相近），但动态接触电阻大、等效噪声电阻大，因此多用于半固定的阻值调节。这类电位器发展很快，耐温、耐湿、耐负荷冲击的能力已得到改善，可在较苛刻的环境条件下可靠工作。

（5）导电塑料电位器

导电塑料电位器的阻值范围宽、线性精度高、分辨力强，而且耐磨寿命特别长。虽然它的温度系数和接触电阻较大，但仍能用于自动控制仪表中的模拟和伺服系统。

（6）多圈精密可调电位器

在一些工控及仪表电路中，通常要求可调精度高，为了适应生产需要，这类电路采用一种多圈精密可调电位器。多圈精密可调电位器具有步进范围大、精度高等优点。

（7）其他电位器

有旋转式电位器、按键式电位器、推拉式电位器。

2. 主要功能

电位器广泛用于电子设备，例如，用在音箱音量开关和激光头功率大小调节的电位器是一种可调的可变电阻器。电位器在电路中的主要作用有以下几个方面：

1）用作分压器（含直流电压与信号电压）。电位器是一个连续可调的电阻器，当调节电位器的转柄或滑柄时，动触点在电阻体上滑动，此时在电位器的输出端可获得与电位器外加电压和可动臂转角或行程呈一定关系的输出电压。

2）用作变阻器。电位器用作变阻器时，应把它接成两端器件，这样在电位器的行程范围内，便可获得一个平滑连续变化的电阻值。

3）用作电流控制器。当电位器作为电流控制器使用时，其中一个选定的电流输出端必须是滑动触点引出端。

3. 可靠性应用

1）电位器的电阻体大多采用多碳酸类的合成树脂制成，应避免与以下物品接触：氨水、其他胺类、碱水溶液、芳香族碳氢化合物、酮类、脂类的碳氢化合物、强烈化学品（酸碱值过高）等，否则会影响其性能。

2）电位器的端子在焊接时应避免使用水溶性助焊剂，否则将助长金属氧化与材料发霉；避免使用劣质焊剂，焊锡不良可能造成上锡困难，导致接触不良或者断路。

3）电位器的端子在焊接时若焊接温度过高或时间过长可能导致对电位器的损坏：插脚式端子焊接时应在235℃±5℃、3s内完成，焊接应离电位器本体1.5mm以上，焊接时勿使用焊锡流穿线路板；焊线式端子焊接时应在350℃±10℃、3s内完成，且端子应避免重压，否则易造成接触不良。

4）焊接时，松香（助焊剂）进入印刷机板的高度应调整恰当，应避免助焊剂侵入电位器内部，否则将造成电刷与电阻体接触不良，产生断路、杂音不良现象。

5）电位器最好应用于电压调整结构，且接线方式宜选择"1"脚接地；应避免使用电流调整式结构，因为电阻与接触片间的接触电阻不利于大电流通过。

6）电位器表面应避免结露或有水滴存在，避免在潮湿地方使用，以防止绝缘劣化或造成短路。

7）安装"旋转型"电位器在固定螺母时，强度不宜过紧，以避免破坏螺牙或转动不良等；安装"铁壳直滑式"电位器时，避免使用过长螺钉，否则有可能妨碍滑柄的运动，甚至直接损坏电位器本身。

8）在电位器套上旋钮的过程中，所用推力不能过大，否则将可能造成电位器损坏。

9）电位器回转操作力（旋转或滑动）会随温度的升高而变轻、随温度降低而变紧。若电位器在低温环境下使用时需特别说明，以便采用特制的耐低温油脂。

10）电位器的轴或滑柄在使用设计时应尽量越短越好。轴或滑柄长度越短，手感越好且稳定。反之越长晃动越大，手感易发生变化。

11）电位器碳膜的功率能承受的周围温度为70℃，当使用温度高于70℃时可能会丧失其功能。

4. 电位器的选用

电位器品种规格较多，选用时应从以下几方面考虑：

（1）根据电位器结构形式选取

1）在收音机、电视机中，音量和电源开关常用一个旋钮控制，这就要选带开关的电位器。而带开关的电位器又可以分为旋转式和推拉式；旋转式电位器关机时，必须逆时针旋转才能关机，这就增加了对电阻体的磨损，缩短使用寿命；推拉式电位器关机时，动接点不参与工作，对电阻体不磨损，所以选推拉式电位器比旋转式电位器好。

2）在立体声设备中，两声道音量需一起调整，可选用双联电位器。

（2）根据阻值变化规律选用

1）直线式电位器阻值变化均匀，适合作分压器，在电视机中，多用于控制亮度、对比度、聚焦等。

2）对数式电位器的阻值变化前小后大，与人耳对声音的感觉相互补，因而适合做收音机、电视机、音响设备的音量控制用。

3）反转对数式电位器的前段阻值变化大、后段阻值变化小，前段具有粗调性质，后段适合细调性质，常用来做收音机、音视设备的音调控制用。

电位器在使用前还需进行检测，首先测量两固定端之间的电阻值是否正常，若为无限大或为零欧姆，或与标称相差较大，超过误差允许范围，都说明已损坏；电阻体阻值正常，再将万用表的一只表笔接电位器滑动端，另一只表笔接电位器（可调电阻）的任一固定端，缓慢旋动轴柄，观察表针是否平稳变化，当从一端旋向另一端时，阻值从零欧变化到标称值（或相反），并且无跳变或抖动等现象，则说明电位器正常，若在旋转的过程中有跳变或抖动现象，说明滑动点与电阻体接触不良。

5. 常见故障及维修

电位器使用频繁，常易出现下述故障现象：

1）动触点簧片压力不足，出现接触不良，使信号时通时断、时大时小；维修方法是打开外壳，适当调节簧片压力。

2）动触点与电阻体长期摩擦，会产生碳粉（金属粉）末，调节时，产生的杂音或信号时大时小；维修方法是可打开外壳，用酒精棉球擦洗干净，用少许凡士林油涂在电阻片上，可保持长时间不产生杂音。

3）电位器引出焊片与电阻体铆接处松动，会引起接触不良；维修方法只要将松动处铆紧即可。

5.1.3 熔断电阻器

1. 常用种类

（1）可恢复式熔断电阻器

可恢复式熔断电阻器是将普通电阻器（或电阻丝）用低熔点焊料与弹簧式金属片（或弹性金属片）串联焊接在一起后，再密封在一个圆柱形或方形外壳中。外壳有金属和透明塑料等。

在额定电流内，可恢复式熔断电阻器起固定电阻器作用。当电路出现过电流时，可恢复熔断电阻器的焊点首先熔化，使弹簧式金属丝（或弹性金属片）与电阻器断开。在排除电路故障后，按要求将电阻器与金属丝（或金属片）焊好，即可恢复正常使用。

常用的可恢复式熔断电阻器有 TH 系列 R×90 系列等。

（2）一次性熔断电阻器

一次性熔断电阻器按电阻体使用材料分为绕线式熔断电阻器和膜式熔断电阻器。

1）绕线式熔断电阻器属于功率型涂釉电阻器，其阻值较小，通常应用于工作电流较大的电路中。

2）膜式熔断电阻器是目前使用最多的熔断电阻器，它又分为碳膜熔断电阻器、金属膜熔断电阻器和金属氧化膜熔断电阻器等。

2. 可靠性应用

熔断电阻器是具有保护功能的电阻器，选用时应考虑其双重性能，根据电路的具体要求选择其阻值和功率等参数。既要保证它在过负荷时能快速熔断，又要保证它在正常条件下能长期稳定工作。电阻值过大或功率过大，均不能起到保护作用。保险丝电阻的阻值一般只有几欧到几十欧，若测得阻值为无限大，则已熔断。也可在线检测保险丝电阻的好坏，分别测量其两端对地电压，若一端为电源电压，一端电压为 0V，说明保险丝电阻已熔断。

5. 1. 4　电阻器与电位器的可靠性设计

随着电子器件制备技术的提高和灵活多样的消费类电子市场的发展需求，电阻器（包括电位器）的应用市场越来越大，其发展方向简单可以总结如下：

1）小型化、高可靠性。

2）分立的小型电阻器仍有广泛用处，但将进一步缩小体积、提高性能、降低价格。

3）在消费类电子产品中，碳膜电阻器仍占优势，而精密电阻器则将以金属膜电阻器为主，大部分的小功率绕线电阻器将被取代。

4）为适应电路集成化、平面化的发展，对片式电阻器的需求将明显增加；通用型电阻器将倾向于厚膜电阻器，而精密型则仍倾向于薄膜类中的金属膜和金属箔电阻器。

5）发展组合的电阻器网络。

所以，既要适应电阻器的发展方向，又要提高电阻器的可靠性，电阻器的可靠性设计有以下几方面要求：

（1）额定功耗的裕度设计

为提高可靠件，应有计划地减少电阻器、电位器的内部应力，也就是在综合体积、重量和经济性的前提下，设计的安全工作功耗范围应大于实际工作功耗范围。

（2）性能容差设计

性能容差设计是性能参数符合设计所要求的容差能力的设计，也就是按性能参数要求，设计标称值及控制范围，以保证设计参数在要求范围之内。

（3）热设计

电阻器、电位器是发热元件，温度对产品本身性能影响很大，可使电阻体内部老化，造成阻值变化、温度系数变化、噪声变大、外部漆层脱落、绝缘下降等。因此，减少热应力对电阻器、电位器的影响，对保证满足可靠性指标要求是至关重要的。

1）尽量降低电阻器、电位器工作时的自身发热温度，利用热传导、热辐射、热对流技术来增强散热功能，达到降低产品工作温升和热分布均匀的目的。

2）了解产品工作时的环境温度及其变化，使产品能在该条件下可靠工作。

3）对材料的耐热及热稳定性进行优化选择。

（4）三防设计

潮湿、盐雾、霉菌对电阻器、电位器会造成阻值变化、绝缘性降低、短路、断路和腐蚀等，从而影响产品的可靠性，应采取适当设计技术加以防护。

1）选择金属表面涂覆对潮湿、盐雾、霉菌较稳定的金属。

2）应防止不同金属接触而造成的电化腐蚀，按照相关标准中各种金属允许和不允许的电化腐蚀规定来处理金属的接触关系。

3）表面涂覆三防漆。

4）选用适合的灌封材料进行灌封。

5）其他密封技术，如外壳封装等。

（5）耐振设计

振动、冲击等应力会造成电阻器、电位器断引线、脱焊点、断线，甚至造成动触点与电阻体之间接触不良或其他机械损伤，设计时，应减轻机械应力对产品的影响及提高产品耐机械应力的能力。

1）确定产品本身的固有频率，使之处于使用频率之外，避免因共振而造成产品性能的破坏。

2）尽量减轻产品的重量。

3）合理的结构有利于产品耐振。

4）选择强度好的引出端材料，且尺寸、形状满足耐振要求。

5）提高整个产品的强度，改善耐振性能。

（6）抗辐射设计

1）核辐射、电磁辐射对电阻器、电位器的电性能有一定影响，甚至导致电阻器、电位器的失效，所以在有辐射的环境条件下使用时，产品应进行抗辐射可靠性设计。

2）了解产品在使用环境中受辐射能量的大小。

3）辐射效应对各类电阻器、电位器差别较大，对设计对象中同类产品的辐射效应需有清楚的了解，有针对性地采取相应措施。

4）可以采用绝缘材料涂覆、灌封。

5）采用屏蔽外壳进行屏蔽。

6）选用对辐射不敏感的材料，如陶瓷材料、金属钛、聚乙烯、硅酮塑料等。

（7）重点工艺的设计

1）电阻体的制造工艺。

2）电阻体与引出端的连接工艺。

3）动触点的引出工艺。

4）各类电阻器、电位器的稳定性热处理及老炼工艺。

（8）针对失效机理的设计

1）清楚产生失效的原因并经过设计予以控制或消除。

2）收集国内外同类产品在生产、使用、试验中的失效产品，分析找出失效机理，并研究采取消除失效的技术措施，经过验证选择最佳设计。

5.1.5　电阻器与电位器的失效机理与分析

1. 电阻器的主要失效因素

电阻器失效可分为两大类，即致命失效和参数漂移失效。从现场使用失效统计表明，电阻器失效的85% ~ 90%是属于致命性失效，如断路、机械损伤、接触损坏、短路、绝缘击穿等，只有10%左右是由阻值漂移导致失效。

导致电阻器失效的因素主要有以下几个方面。

（1）导电材料结构的变化

薄膜型非绕线电阻器以沉积方法得到的导电膜层中存在无定形结构，在通常环境条件下或工作条件下无定形结构将以或高或低的速度向结晶化趋势发展，这个过程将导致电阻值的变化，特别是对精密电阻器会因此而造成失效。

对于绕线电阻器，在制造过程中合金电阻线会受到各种机械应力的作用导致内部结构发生某些畸变，这种畸变会随时间逐步消失，然而由此将导致电阻线的电阻发生变化。

（2）吸附效应的影响

对于非绕线电阻器，导电体的晶粒界面上，会吸附一定数量的气体，从而构成了晶粒间的中间层，将影响其阻值。在工作或存放期间由于吸附气体的逐渐释放，导致阻值变化。当电阻器具有强烈气体吸附效应时，其工作初期极不稳定，但经过长期搁置后，其阻值会逐步趋于稳定。电阻器气体吸附和去气过程从表面到体内逐渐减弱，因此对薄膜电阻器影响就比较明显。

（3）氧化过程的存在

对于多数电阻器的导电材料，空气中的氧气会导致氧化过程，从而使其阻值不断增加。氧化的速率会随温度的升高和相对温度的增大而增大。氧化与导电膜层的厚度有关，导电膜层越薄，氧化作用影响越显著，氧化一般从表面向里进行。

（4）有机材料非可逆变化

当采用有机材料合成的电阻器，由于存在有机材料的黏合剂，在生产过程中聚合不完全，因此在存放或使用中继续存在聚合过程，导致阻值不可逆变化；或者导致黏合剂硬化、黏合剂体积收缩，使电阻值降低；或者因长时间的老化过程，聚合物发生破坏或弹性不足而引起机械损坏，从而导致阻值增加。

（5）保护层的影响

当采用有机材料作保护层时，涂层没有干化时，电阻器使用过程本身的发热会放出起缩聚作用的挥发物或溶剂的蒸气，其中一部分挥发物扩散到导电元件内部，将引起阻值变化。

（6）接触电阻的变化

电阻体与金属引出线之间的接触电阻变化，对低阻电阻器的影响较大。其主要原因是接触部分黏合剂的变化或破坏所致。

（7）储存期的影响

电阻器储存时间要占其总寿命的一半以上，特别是对军用电子设备中所使用的元器件更显得突出。因此，储存的稳定性对失效影响是很重要的。储存过程是电阻器或快或慢发生着缓慢的老化过程。

上述各影响因素与储存期限、环境条件，以及电阻器的型号、结构和阻值大小有关，图 5.4 所示为非绕线电阻器各影响因素与时间的关系图。

（8）电负荷老化的影响

在任何场合，电负荷均加速电阻器的老化过程。一般来说，增加电负荷促使老化比升高周围环境温度促使

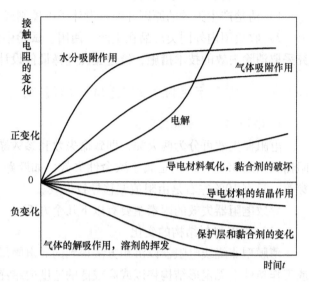

图 5.4　非绕线电阻器各影响因素与时间的关系图

老化要快。这是因为导电体和接触部分的温升总是超过电阻体发热的平均温度。当有潮气存在时，电压还会引起电解，加速老化进程，特别是刻槽电阻体间隙间存在较大的电位梯度，这使问题显得更加突出。

2. 电阻器的主要失效模式和失效机理

电阻器在电子设备中使用的数量很大，而且电阻器是发热元件，因而由电阻器失效导致电子设备故障的比例也相当高，据统计约占 15%。电阻器的失效模式和原因与其产品的结构、工艺特点、使用条件等有密切关系。根据现场使用失效情况统计，电阻器的主要失效模式及分布情况见表 5.1。

表 5.1　电阻器的主要失效模式及分布情况　　　　（单位:%）

比例			类型			
			非绕线固定电阻器	非绕线电位器	绕线固定电阻器	绕线电位器
失效模式	开路	导电层	49	16	—	—
		绕线导线	—	—	67	40
		接点	—	—	23	—
		接触导线	—	—	—	33
	阻值漂移（超过允许范围）		27	9	2	2
	引线机械损伤		17	—	7	10
	接触损坏		—	72	—	14
	其他		7	3	1	1

显然，非绕线电阻器和电位器的主要失效模式为开路、阻值漂移、引线机械损伤、接触损坏；而绕线电阻器和电位器的主要失效模式为开路、引线机械损伤和接触损坏。

电阻器失效机理视电阻器类型不同而不同，主要有如下方面：

1）碳膜电阻器：引线断裂、基体缺陷、膜层均匀性差、膜层刻槽缺陷、膜材料与引线端接触不良、膜与基体污染等。

2）金属膜电阻器：电阻膜不均匀、电阻膜破裂、基体破裂、电阻膜分解、银迁移、电阻膜氧化物还原、静电荷作用、引线断裂、电晕放电等。

3）绕线电阻器：绕组断线、电流腐蚀、引线接合不牢、线材绝缘不好、焊点熔解等。

4）可变电阻器：接触不良、焊接不良、接触簧片破裂或引线脱落、杂质污染、环氧胶接不好、轴倾斜等。

3. 碳膜电阻器的失效分析

碳膜电阻器的失效分析可以采用非破坏性检测和破坏性解剖分析两类方法。非破坏性检测主要有外观检查、X 射线检验、电性能测量等；破坏性解剖分析是检测电阻体内的结构和缺陷，从而正确地确定失效原因，以便从根本上改进产品质量和可靠性指标。

（1）失效分析方法及程序

碳膜电阻器的失效分析方法与产品的失效模式和失效机理密切有关。表 5.2 列出碳膜电阻器对应不同失效模式和失效机理的失效分析方法及程序。

表 5.2 中失效机理的字母符号代表不同含义。其中，A 是杂质污染；B 是引线脱落；C是电阻体破裂；D 是陶瓷基体破裂；E 是金属端头脱落；F 是刻槽损伤；G 是金属帽盖装配不当；H 是电阻轨道氧化物还原；I 是电阻体截面积过小；J 是静电作用；K 是引线电镀质量差；L 是引线破裂。

表 5.2　碳膜电阻器对应不同失效模式和失效机理的失效分析方法及程序

分析方法	检验方法	分析内容	失效机理			
			开路	短路	参数漂移	机械缺陷
非破坏性检测	外观检测	M1	—	—	A	K L
	X 射线检测	M2	A B C E	F	—	—
	测定阻值	M3	A B C D E	A F	A G H I J	—
	检查基体破裂	M4	D	—	—	—
密封试验	检漏	—	—	—	—	—
	测定阻值	M5	A B C D E	A F	A G H I J	—

（续）

分析方法	检验方法	分析内容	失效机理			
			开路	短路	参数漂移	机械缺陷
破坏性解剖法	解剖分析	M6	A B C D E	F	A G H J	—
材料分析	微量化学法、微探针法、光谱法	M7	A	A	A G H J	—
例行试验	试验条件	M8	—	—	—	—
	测定电参数	—	—	—	—	—

　　分析内容中，M1：记录所有鉴定标志和外部损伤（一般照相）；M2：如果是用固定聚焦射线照相，则应在相互关联的两正交面上进行，以便能记录电阻器的任一内在缺陷，如果是光导摄像，则按照观察到的情况进行鉴定和记录；M3：在规定温度（室温和临界高、低温）下测量，记录阻值；M4：进行小冲击试验，记录阻值最大变化（比较试验，即试验结果与好的基体在同等条件下的试验结果相比较）；M5：在规定温度条件下测量阻值并记录阻值变化；M6：去除电阻体外表涂层或外壳，在显微镜下观察或照相等，解剖分析时必须小心，勿使重要的缺陷漏掉或被破坏；M7：可结合破坏性分析技术一起进行；M8：要求鉴定失效部位，进行耐温、振动、温度循环和短时过负荷试验。

　　（2）非线性测试的失效分析法

　　正常的电阻器中，其三次谐波电压都在一定范围内。三次谐波电压过大的电阻器往往具有引起早期失效的潜在缺陷。如碳膜电阻器存在引线与帽盖、帽盖与薄膜接触不良、薄膜不均匀或有斑点、刻槽存在膜渣或边缘毛刺、陶瓷基体有裂纹等，都将引起三次谐波电压增大，因此可通过测试三次谐波电压，剔除非线性大的或异常的、有缺陷的电阻器。我国GB/T 5729—2003《电子设备用固定电阻器》中关于电子设备用固定电阻器试验方法规定，采用三次谐波衰减 A_3 来定量表示电阻器的非线性特性，以分贝（dB）为单位，即

$$A_3 = 20 \lg \frac{U_1}{E_3} (\text{dB}) \tag{5.1}$$

式中，U_1 为基波电压的有效值；E_3 为三次谐波电动势。

　　（3）使用应力与失效

　　在实际使用中，碳膜电阻器的性能老化及失效是由温度、湿度和电应力等综合影响引起的。作为发热元件，电阻器不仅要受高环境温度的热影响，还要受本身温升的热影响。碳膜电阻器在通电负荷下，其表面温度上升，形成电阻体的中心温度高、两端温度低。电阻体碳膜厚度不均匀及刻槽不当会导致电应力集中，从而产生局部过热现象。局部过热不仅导致保护漆层老化加速，而且可能导致电阻体局部烧断而开路。在高温及电负荷条件下，瓷棒基体

中碱金属离子（特别是 Na^+ 离子）的迁移率增大，而且随着温度的升高而加大，当施加直流负荷电压时，在刻槽低电位侧的碳膜部位呈现出褐色或黑色，同时将伴随部分析出物蒸气。这是因为钠与碳膜的微结晶结合，能逐渐使碳膜分离，从而使阻值和负温度系数增大，负荷寿命降低。为提高碳膜电阻器高温负荷下的寿命，必须采用含碱金属量少的瓷棒基体。

对于非密封的碳膜电阻器，涂覆清漆或磁漆保护层防潮作用有限，湿气会浸入。当保护材料的透湿、吸湿率大时，或保护层的涂覆次数不够与干燥工艺处理不当时，湿气的侵蚀会加快。特别是受到热、紫外线，以及空气中的二氧化硫、臭氧等作用，漆层容易老化，致使表面产生许多小孔和细微龟裂，使湿气更易侵蚀。另外，瓷棒中含有碱金属离子时，碱成分有极高的吸湿性。湿气侵入电阻体中，在直流负荷作用下会发生电解，导致电位为正的碳膜侧析出 $(OH)^-$，在电位为负的碳膜析出氢气。氢气出现使该部位的漆层鼓胀起泡，加速湿气的侵蚀。因此，保护层的性能和质量对提高碳膜电阻器的耐湿负荷寿命是很重要的。

4. 金属膜电阻器的失效分析

金属膜电阻器是以合金粉为原材料，通过真空高温蒸发的方式，将其沉积在绝缘瓷棒上，形成一层金属膜，然后进行高温热处理，使之形成结构致密、完善、电性能优良的电阻膜，然后再通过加引线帽，切割螺旋槽，调整阻值，涂保护漆层等工艺而形成。

金属膜电阻器的失效模式主要有：开路、短路、阻值的异常漂移和超差（Out of Tolerance，即超出标准值的公差范围）等。导致这些失效与产品生产过程和使用条件及本身存在的各种缺陷有密切关系。导致金属膜电阻器开路的失效机理主要原因有瓷心基体破裂、电阻膜破裂、电阻膜分解及引线断裂等；导致金属膜电阻器短路的原因有电晕放电、银迁移等；阻值的异常漂移和超差是金属膜电阻失效的主要模式，它是由于导电膜层的厚度不均匀，有疵点、膜层的螺旋槽间有导电沾污物，以及膜层与帽盖的接触不良等，这些均导致电压分布不均匀，存在着很高的电位梯度和严重的局部过热，严重时达到击穿或烧毁，通常由缺陷引入潮气可使局部电解，从而使阻值发生显著漂移，或加速膜层的氧化和有机材料的显著老化，从而引起阻值的显著漂移。

5. 电位器的失效分析

从上面的介绍可知，绕线或非绕线电位器共同的失效模式有：参数漂移、开路、短路、接触不良、动噪声大、机械损伤等，但是，实际数据表明实验室试验与现场使用之间主要的失效模式差异较大，表 5.3 列出了电位器在实验室与现场使用中的失效模式分布百分比数据。

表 5.3　电位器在实验室与现场使用中的失效模式分布百分比数据

电位器类型	失效模式					
	实验室			现场		
	参数漂移	开路	短路	接触不良	开路	短路
普通绕线	95	5	—	49.7	42.5	7.8
微调线圈	93	7	—	10	80	10
有机实心	98	1	1	35.8	51.4	12.8
合成碳膜	99	1	—	64.1	27.3	8.6

根据这些失效模式，从失效机理分析可找出提高可靠性的途径。

（1）参数漂移或阻值超差

对于绕线电位器，由于是电感性负载，在高频作用下，因电磁感应效应作用而影响阻值的稳定性。其在运行过程中，由于磨损使接触轨道上电阻线的面积减小、阻值增大，或者因磨损产生的导电物（金属或金属氧化物）可能导致相邻的线匝短路，从而使其限值减小。此外，由于潮湿的影响，会使绕线电位器的导线及金属线锈蚀。

对于有机实心电位器，由于受潮使有机黏合剂和电阻成分膨胀、导电装置腐蚀（如电位器端头引线腐蚀、金属件生锈等）、材料老化（特别是在高温负荷下黏合剂炭化）、导电装置变形等均导致阻值漂移或超差。

对于合成碳膜电位器，由导电材料、填料、黏合剂、各种添加剂及溶剂等组成的浆料配方与制备不良，使之耐磨性和热老化性能不好，导致阻值变化，若热聚合温度过高或时间过长，使碳膜层变硬变脆，加速老化进程，甚至导致碳膜层产生细纹或开裂，使之阻值变大；反之，若热聚合温度低或时间短，则碳膜层未完全聚合，导致在使用过程中碳膜层进一步聚合，使碳膜层阻值变小。此外，电阻体碳膜层有裂纹，或者基片与碳膜层性能匹配不良，可使阻值变大或使电阻温度系数增大。电刷触点压力调整不良或触点表面有缺陷，加速碳膜层磨损程度，造成阻值增大。电位器零部件加工精度差会导致组装不良、出现局部径向移动，使阻值出现非规则变化。

上述各种电位器还会因冲击和振动作用，导致接触点移动；或因机械应力、环境应力、负荷应力的异常，均会造成阻值变化。

（2）接触不良

电位器接触不良在使用中普遍存在，据统计，在电信设备中达90%，电视机中约占价87%，可见接触不良对电位器是致命的缺陷，造成接触不良的原因主要包含如下方面：

1）接触压力太小，簧片应力松弛，滑动接点偏离接触轨道或导电层，以及机械装配不当或在很大机械负荷下（如碰撞、跌落）导致接触簧片变形等。

2）导电层或接触轨道因氧化、污染，而在接触处形成各种不导电的膜层。

3）工作时间过长、导电层或电阻合金线磨损与烧毁，致使滑动接点不能与其良好接触。

（3）开路

电位器开路失效主要是由局部过热或机械损伤造成。例如，电位器的导电层或电阻合金线氧化、腐蚀、污染或者由于工艺不当（如绕线粗细不均匀、导电膜层厚薄不均匀等）所引起电的过负荷，产生局部过热，使电位器烧坏而开路；若滑动触点表面不光滑，接触压力又过大，将使绕线严重磨损而断开所导致的开路；又如电位器选择与使用不当，或电子设备的故障危及电位器，使其处于过负荷或在较大负荷下工作，从而加速电位器寿命衰减而失效。

上述失效充分暴露出电位器在设计、生产中潜在的各种缺陷，以及在选用、使用电位器过程中存在的问题，通过失效分析可以找出相应的失效机理，以便有针对性地采取措施，提高可靠性。

5.2　电容器的可靠性

5.2.1　常用的电容器

1. 按材料分类的电容器

（1）纸介电容器（CZ）

纸介电容器是由两层正、负铝箔或锡箔为电极，在其中间夹一层厚度为 0.008 ~ 0.012mm 的绝缘蜡纸作为介质，重叠卷绕成圆柱形或扁体长方形，接出引线，再经过浸渍处理，用外壳封装或环氧树脂灌封而成，如图 5.5 所示。

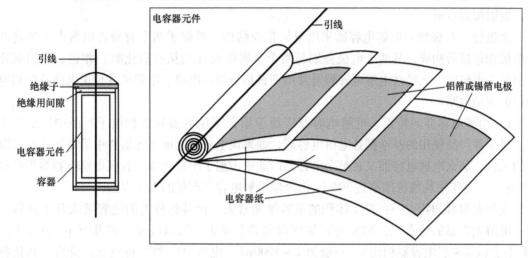

图 5.5　纸介电容器

纸介电容器由于介质厚度小、电容纸具有较高的抗拉强度，故可卷绕成容量大（容量可以达到 1 ~ 20μF）、体积小的电容器。所以，其有制造工艺简单、电容量范围宽（小电容量是 pF 数量级）、工作电压高（额定电压一般在 63 ~ 250V）、价格便宜等优点。纸介电容器的缺点是化学稳定性和热稳定性都比较差、工作温度一般在 100℃ 以下、吸湿性大、容易老化、介质损耗大、不适合高频电路工作、需要密封。目前，低值纸介电容器正被薄膜电容器所取代。

纸介电容器一般应用在低频电路内，通常不能在高于 3 ~ 4MHz 的频率上应用。油浸电容器的耐压值比普通纸介电容器高，稳定性也好，适用于高压电路。

现代纸介电容器由于采用了硬塑外壳和树脂密封包装，不易老化，又因为它们基本工作在低压区且耐压值相对较高，所以损坏的可能性较小。万一遭到电损坏，一般症状为电容器外表发热。

（2）电解电容器

电解电容器通常是由金属箔（铝或钽）作为正电极（阳极），金属箔的绝缘氧化层（氧化铝或五氧化二钽）作为电介质，负电极（阴极）由导电材料、电解质（电解质可以是液体或固体）和其他材料共同组成。电解质是负电极的主要部分，电解电容器因此而得名。

因为氧化膜有单向导电性质，所以电解电容器具有极性。电解电容器的正负极不可接反，这是其在应用中的主要注意事项。

电解电容器以其正电极的不同分为铝电解电容器和钽电解电容器。电解电容器的结构与纸介电容器相似，两电极金属箔与纸介质卷成圆柱形后，装在盛有电解液的圆形铝桶中封闭起来，电容器上一般只标明负极。

有极性电解电容器通常在电源电路或中频、低频电路中起电源滤波、退耦、信号耦合及时间常数设定、隔直等作用。一般不能用于交流电源电路，在直流电源电路中作滤波电容使用时，其阳极（正极）应与电源电压的正极端相连接，阴极（负极）与电源电压的负极端相连接，否则会损坏电容器。电解电容器的极性，注意观察在电解电容的侧面有"－"，是负极，如果电解电容器上没有标明正、负极，也可以根据它的引脚长短来判断，长引脚为正极，短引脚为负极。

无极性（双极性）电解电容器采用双氧化膜结构，类似于两个有极性电解电容器将两个负极相连接后构成，其两个电极分别与两个金属极板（均粘有氧化膜）相连，两组氧化膜中间为电解质。无极性电解电容器通常用于音箱分频器电路、电视机 S 校正电路及单相电动机的起动电路。

1）电解电容器的特点。电解电容器广泛应用在家用电器和各种电子产品中，由于主板、显卡等产品使用的基本都是电解电容器，如果说电容器是电子元器件中最重要和不可取代的元件，那么电解电容器又在整个电容器产业中占据了半壁江山。我国电解电容器年产量300 亿个，且年平均增长率高达 30%，占全球电解电容器产量的 1/3 以上。

电解电容器的特点一：单位体积的电容量非常大，比其他种类的电容量大几十到数百倍；电解电容器的特点二：额定的容量可以做到非常大，可以轻易做到几万 μF 甚至几 F（但不能和双电层电容器相比），一般为 1 ~ 1000μF；电解电容器的特点三：价格比其他种类具有压倒性优势，因为电解电容器的组成材料都是普通的工业材料，如铝等。制造电解电容器的设备也都是普通的工业设备，可以大规模生产，成本相对比较低。

电解电容器通常是圆柱形，体积大而容量大，在电容器上标明的参数一般有电容量（μF）、额定电压和最高工作温度（℃）。其中，额定工作电压范围一般为 6.3 ~ 450V，最高工作温度一般为 85 ~ 105℃。指明电解电容器的最高工作温度，就是针对其电解液受热后易膨胀这一特点的。若工作环境温度过高、或者电解电容器漏电，就容易引起电解液发热，从而出现外壳鼓起或爆裂现象。

电解电容器的缺点是介质损耗大、容量误差大（允许偏差为 － 20% ~ 100%），耐高温性较差，存放时间长容易失效。

目前，新型的电解电容器发展很快，某些产品的性能已达到无机电容器的水准，电解电容器正在替换某些无机和有机介质电容器。电解电容器的使用范围相当广泛，基本上，有电源的设备都会使用到电解电容器。例如，通信产品、数码产品、汽车及家用电器。由于技术的进步，如今在小型化要求较高的军用电子对抗设备中也开始广泛使用电解电容器。

2）铝电解电容器（CD）。铝电解电容器的负电极由浸过电解质液（液态电解质）的薄纸/薄膜或电解质聚合物构成，正电极是铝箔。电容量范围为 0.47 ~ 10000μF；额定电压范围为 6.3 ~ 450V。

　　铝电解电容器的特点是容量大、能耐受大的脉动电流，但是漏电大、误差大、稳定性差、不适于在高频和低温下应用、不宜使用在频率 25kHz 以上。常用作交流旁路和滤波，在要求不高时也用于信号耦合。

　　3）钽电解电容器（CA）。钽电解电容器的负电极通常采用 MnO_2，用烧结的钽块作正电极。电容量范围为 $0.1 \sim 1000\mu F$；额定电压范围为 $6.3 \sim 125V$。

　　钽电解电容器的温度特性、频率特性和可靠性均优于普通电解电容器，特别是漏电流极小、储存性能良好、寿命长、容量误差小，而且体积小，单位体积下能得到最大的电容电压乘积，在要求高的电路中可代替铝电解电容器，广泛应用在电源滤波、交流旁路等用途上。但是其对脉冲电流的耐受能力差，若损坏易呈短路状态。

　　4）铌电解电容器（CN）。铌电解电容器的负电极是由一类介质为 Nb_2O_5 的半导体 MnO_2 形成，正电极是由铌引出线与烧结铌块这两类材料组成。其性能与钽电解电容器相近，但价格便宜。

　　5）电解电容器的发展。以往传统的看法是钽电容性能比铝电容好，因为钽电容的介质为阳极氧化后生成的 Ta_2O_5，它的介电常数比铝电容的 Al_2O_3 介质要高。因此在同样容量的情况下，钽电容的体积能比铝电容做得更小（电解电容器的电容量取决于介质的介电常数和体积，在容量一定的情况下，介电常数越高，体积就可以做得越小；反之，体积就需要做得越大）。同时钽的性质比较稳定，所以通常认为钽电容性能比铝电容好。

　　目前决定电解电容器性能的关键并不在于阳极，而在于电解质，也就是阴极。采用同一种阳极的电容器由于电解质不同，性能可以差距很大，不同的阴极和不同的阳极可以组合成不同性能的电解电容器，阳极对于电容器性能的影响远远小于阴极。

　　① 电解液。电解液是最传统的电解质，电解液是由 γ-丁内酯有机溶剂加弱酸盐电容质经过加热得到的。我们所见到的普通意义上的铝电解电容器的阴极，都是这种电解液。使用电解液做阴极有不少好处。首先，液体与介质的接触面积较大，这样对提升电容量有帮助；其次，使用电解液制造的电解电容器，最高能耐受 260℃ 的高温，这样就可以通过波峰焊（波峰焊是 SMT 贴片安装的一道重要工序），同时耐压性也比较强；此外，使用电解液做阴极的电解电容器，当介质被击穿后，只要击穿电流不持续，那么电容器能够自愈。但电解液也有其不足之处：首先，在高温环境下容易挥发、渗漏，对寿命和稳定性影响很大，在高温高压下电解液还有可能瞬间汽化，体积增大引起爆炸，即爆浆；其次，电解液所采用的离子导电法其电导率很低，只有 0.01S/cm，这造成电容的 ESR（等效串联电阻）值特别高。

　　② MnO_2。MnO_2 是钽电容所使用的阴极材料。MnO_2 是固体，传导方式为电子导电，电导率是电解液离子导电的 10 倍（0.1S/cm），所以其 ESR 值比电解液低，而且固体电解质也没有泄漏的危险，MnO_2 的耐高温特性也比较好，能耐受的瞬间温度在 500℃ 左右，造就了钽电容比铝电容好得多。MnO_2 的缺点在于当极性接反的情况下容易产生高温，在高温环境下释放出氧气，同时 Ta_2O_5 介质层发生晶质变化，变脆产生裂缝，氧气沿着裂缝和钽粉混合发生爆炸。另外这种阴极材料的价格也比较贵。

　　总结可见，钽电容比铝电容性能好的主要原因是钽加上了 MnO_2 阴极。如果把铝电解电容器的阴极更换为 MnO_2，那么铝电解液电容器的性能其实也能提升不少。

　　③ TCNQ 阴极。TCNQ 是一种有机半导体，是一种络合盐，因此使用 TCNQ 的电容器也

叫作有机半导体电容器。20世纪90年代中后期，TCNQ开始应用于电容器方面，使电解电容器的性能出现飞跃，在很多领域其性能可以直接挑战传统陶瓷电容器，电解电容器的工作频率由以前的20kHz直接上升到了1MHz。TCNQ的出现，改变了过去按照阳极划分电解电容器性能的方法。因为即使是阳极为铝的铝电解电容器，如果使用了TCNQ作为阴极材质的话，其性能照样比传统钽电容（钽 + MnO_2）好得多。TCNQ的导电方式也是电子导电，其电导率为1S/cm，是电解液的100倍，是MnO_2的10倍。

使用TCNQ作为阴极的有机半导体电容器，其性能非常稳定，也比较廉价。但是它的热阻性能不好，其熔解温度只有230～240℃，所以有机半导体电容器一般很少用SMT贴片工艺制造，因为无法通过波峰焊工艺，有机半导体电容器基本都是插件式安装的。TCNQ还有一个不足之处就是对环境的污染，由于TCNQ是一种氰化物，在高温时容易挥发出剧毒的氰气，因此在生产和使用中会有限制。

④ PPy（Polypyrrole，即聚吡咯）阴极、PEDT固体聚合物导体。20世纪70年代末，人们发现使用掺杂法可以获得优良的导电聚合物材料，从而引发了一场聚合物导体的技术革命。1985年，日本首次开发了聚吡咯膜，如果使用复合法的话，可以使其电导率达到铜和银的水平，但它又不是金属而相当于工程塑料，附着性比金属好，同时价格也比铜和银低很多。此外，在受力情况下，其电导率还会产生变化（其特性很像人的神经系统），拉伸强度可达50～100MPa。聚吡咯的应用非常广泛，从隐形战斗机到人工机械手，以及显示器和电池、电容器等。

PEDT Poly（3，4-Ethylene Dioxy Thiophene），即导电聚合物3，4-乙烯二氧噻吩，在20世纪80年代后期，在德国研制成功，其导电性能好，电导率为550S/cm，性能稳定，应用于线路板涂层、传感器、充电电池、光电二极管及固体电解电容器等方面。

使用PPy聚吡咯和PEDT作为阴极材料的电容器，叫作固体聚合物导体电容器。其电导率可以达到100～1000S/cm，这是TCNQ盐的100倍，是电解液的10000倍，同时也没有污染。固体聚合物导体电容器的温度特性也比较好，可以耐受300℃以上的高温，因此可以使用SMT贴片工艺安装，也适合大规模生产。固体聚合物导体电容器的安全性较好，当遇到高温时，电解质只是熔化而不会产生爆炸，因此它不像普通铝电解液电容器那样开有防爆槽。固体聚合物导体电容器的缺陷在于其价格相对偏高，同时耐电压性能不强。

使用不同的阳极和阴极材料可以组合成多种规格的电解电容器。例如，钽电解电容器也可以使用固体聚合物导体作为阴极，而铝电解电容器既可以使用电解液，也可以使用TCNQ、PPy和PEDT等。现在新型的钽电容也采用了PPy和PEDT这类固体聚合物导体做阴极，因此性能进步很多，也没有以往MnO_2阴极易爆炸的危险。目前最好的钽聚合物电容器的ESR值可以达到5mΩ。这类性能高、体积小的钽聚合物电容器一般应用在手机、数码相机等一些对体积要求较高的设备上。

（3）云母电容（CY）

云母是一种极为重要的、优良的无机绝缘材料，其作为介质材料的优点是介电强度高、介电常数大、损耗小、化学稳定性高、耐热性好及易于剥离成厚度均匀的薄片，同时云母具有优良的机械性能，因此可以装配成叠片式的电容器。

云母电容器就结构而言，可分为金属化式（被银式）及金属箔式。金属化式电极为直接在云母片上用真空蒸发法或烧渗法镀上银层而成，金属箔式用金属箔为电极，按需要的容量将极板和云母一层一层叠合后，浸渍压铸在胶木粉或封固在环氧树脂中制成。由于消除了空气间隙，温度系数大为下降，被银式云母电容器的稳定性比箔片式高，频率特性也好。

云母电容器是一种无极性电容器的，电容量为 $10pF \sim 0.5\mu F$，额定电压为 $100V \sim 7kV$，最高达到 40kV。由于云母介质的优异性能，使得云母电容器具有以下优点（是其他电容器不能代替的）：

1）介质损耗小：容量小于或等于 82pF 时，损耗角正切值为 $10 \sim 30 \times 10^{-4}$，容量大于82pF 时，损耗角正切值都在 10×10^{-4} 以下，最小可达 3×10^{-4} 以下，即使在很高温度下，损耗角正切值仍在允许范围内。

2）绝缘电阻大：一般可达 $1000 \sim 7500M\Omega$。

3）温度特性好：使用环境温度在 $-55 \sim 85℃$（耐热性好，耐温高达460℃）。

4）高频特性优良：因其固有电感小，云母电容器可以在较高的频率下工作，试验证明，金属包封的这种电容器最高工作频率可达 600MHz。

5）精度高：一般可达 ±1%、±2%、±5%，最高精度可达 ±0.01%。

6）容量稳定性好：温度系数最好的可稳定在 $\pm 10 \times 10^{-6}/℃$ 范围内，在规定的储存条件下，储存 14 年后，其容量变化不超过 ±1%。

云母电容器特别适合用在高频振荡电路、高精度运算放大电路、滤波电路等场合，是性能优良的高频电容器之一，虽然价格较高，但是其不仅广泛用于电子、电力和通信设备的仪器仪表中，而且还用于对电容器的稳定性和可靠性要求很高的航天、航空、航海、火箭、卫星、军用电子装备及石油勘探设备中。例如，价格几万到几十万的 Hi-Fi（高保真）音响里，基本上用的也都是云母电容器。

（4）有机薄膜电容器

1）有机薄膜电容器概况。有机薄膜就是常说的塑料薄膜，用有机薄膜为介质制造的电容器叫有机薄膜电容器。制造电容器使用的有机薄膜多达十几种，以聚苯乙烯、聚四氟乙烯、聚丙烯、聚脂（涤纶）、聚碳酸脂等有机薄膜电容器最为成熟。

有机薄膜分极性有机薄膜和非极性有机薄膜两类，极性有机薄膜有聚酯（涤纶）、聚碳酸酯、聚酰亚胺、聚亚苯基硫醚、环氧树脂、酚醛树脂、有机硅树脂、纤维素、聚砜等，介电常数一般在 $3.0 \sim 6.5$；非极性有机薄膜有聚苯乙烯、聚乙烯、聚丙烯、聚四氟乙烯、聚偏氟乙烯、聚二氟乙烯、石蜡等，介电常数一般在 $1.8 \sim 2.6$。用极性有机薄膜制造的电容器具有比容大、耐温高、耐压强度高等优点；用非极性有机薄膜制造的电容器具有损耗角正切值小、绝缘电阻高、介质吸收系数小、有负温度系数等优点。

有机薄膜电容器的制造有两种结构：一种结构是用两层约 $70\mu m$ 厚的铝箔作为极板，再用两层有机薄膜为介质，采用卷绕工艺制成四层结构的电容器，结构类似纸介电容器，这种结构电容器的有机薄膜和铝箔可分离，称为箔式电容器；另一种结构是以有机薄膜为介质，直接在它的单面制作一层 20nm 厚的金属膜作为极板，用两片这样的极板并叠卷绕，便可制得两层结构的有机薄膜电容器，由于有机薄膜与金属膜不能分离，属金属化，故称为金属化有机薄膜电容器。

由于箔式电容器的极板层厚度为 $70\mu m$，极板传输电流比金属化电容器迅速，加之四层叠卷结构，所以损耗角正切值小、绝缘电阻高。金属化电容器由于极板薄，体积相对小，比电容较高，重量也较轻。它最突出特点是有自愈性能。

制取金属膜的方法有多种：可用物理或化学方法取得金属液，然后均匀地喷在有机薄膜上成为金属膜极板；可采用镀金工艺，在有机薄膜单面均匀地镀一层金属膜，同样可制得极板；可用蒸发工艺将金属蒸镀到有机薄膜单面形成极板。

卷绕的电容器可进一步加工成圆柱形、扁平状、叠片块状及片状等形状，然后是浸渍、封装。有机薄膜电容器有金属外壳密封封装、浸环氧树脂半密封封装、本体缩合密封封装等形式。最后印刷标记，便成为有机薄膜电容器产品。

2）聚苯乙烯电容器（CB）。聚苯乙烯电容器（Polystyrene Film Capacitors Type）是选用电子级聚苯乙烯膜作介质、高导电率铝箔作电极卷绕而成圆柱状，然后采用热缩密封工艺制作而成（由于聚苯乙烯薄膜是一种热缩性的定向薄膜，故卷绕成形的电容器可以采用自身热收缩聚合的方法做成非密封性结构）。对于高精度、需密封的电容器，则用金属或塑料外壳进行灌注封装。电极有金属箔式和金属化式两种；导线封装类型有径向引出 PSR（Packing Series Radial）和轴向引出 PSA（Packing Series Axial）两种。

聚苯乙烯电容器的种类很多，包含：以 CB11 型、CB10 型为代表的普通聚苯乙烯电容器；以 CB14 型、CB15 型为代表的精密聚苯乙烯电容器；以 CB40 型为代表的密封金属化聚苯乙烯电容器；以 CB80 型为代表的高压聚苯乙烯电容器等。

聚苯乙烯电容器从结构原理、介质特性、电容参数等方面来讲，有以下特点：

① 聚苯乙烯具有很宽的耐压范围，一般耐压在 30V~15kV 范围内。普通聚苯乙烯电容器的额定电压一般为 100V；高压聚苯乙烯电容器的工作电压可达 10~40kV，专供特殊场合或高压电路使用。电风扇、洗衣机使用的聚苯乙烯电容器，其额定电压一般为 400V。电视机常用的聚苯乙烯电容器，其额定电压有 63V、160V、400V、15kV 等规格。

② 聚苯乙烯的绝缘电阻很高，一般大于或等于 $100G\Omega$，所以漏电流很小。聚苯乙烯电容器在充电后静置 1000h，仍能保持电荷量的 95%，表明聚苯乙烯电容器的性能很好。

③ 在电容器的损耗上，通常损耗角正切值是 $(5~15)\times10^{-4}$。工作在高频时，损耗角正切值将大大增加，使高频损耗加重，同时也使绝缘电阻大大下降。这是由于在高频工作时，极板金属微粒会渗透到聚苯乙烯微孔中，所以在高频电路或要求绝缘电阻高的场合不宜使用金属化聚苯乙烯电容器。

④ 在电容器的电容上，由于聚苯乙烯薄膜的金属化工艺简单、极板易造性强、资源丰富，所以电容器可造范围较宽，一般可生产 $10pF~100\mu F$ 的电容器。

⑤ 因为金属化聚苯乙烯的厚度、均匀度、平整度便于工艺控制，下裁面积的精度更容易控制，所以能制造出精度很高的电容器，其误差等级常有 ±1%、±2%、±5%、±10%、±20% 等规格。在特殊需要时还可以生产出高精密度的电容器，误差可控制在 ±0.3%，甚至 ±0.1%。

⑥ 聚苯乙烯电容器的温度系数很小，具有负温度系数，一般为 $-(70~200)\times10^{-6}(\text{℃}^{-1})$，在电路中工作稳定性高，适合在环境温度为 -40~55℃ 的条件下工作，但工作温度不应超过 70℃，因此在电器高温电路部位不宜使用这种电容器。

⑦ 聚苯乙烯薄膜的化学性质较稳定，介质吸收系数小于 0.1%，抗酸碱腐蚀性强，耐潮

湿侵蚀性很高。

⑧ 从极板的形成看，喷覆、蒸发和镀馏都是直接在聚苯乙烯单面生成金属膜，这一过程叫介质金属化。聚苯乙烯金属化多采用蒸发的方式，与铝箔极板相比，具有许多优点。

a）蒸发制造极板，金属密度均匀，极板层极薄；当高压将局部击穿时，由于击穿电流大、温度高，能使击穿点金属薄层挥发到击穿点之外，从而实现自愈，能避免击穿造成短路。

b）采用蒸发工艺生产极板，消除了极板与介质间的间隙，降低了介质的整体厚度，同时也消除了极板与介质间的空气。因此制造的电容器相对体积小、电容大；在较高电压条件下工作时，电离损耗较小。

c）卷绕工艺也相对简单。

⑨ 聚苯乙烯电容器成品的形状多种多样，可在制得毛坯后自然包封成为圆柱形；也可采用热合工艺将圆柱形毛坯压偏成椭圆柱形；还可在毛坯外包封树脂材料，使其外表成方形；在外表标记上，"C"表示电容器量，"B"表示聚苯乙烯介质，其他标记表示电容量、误差等级、耐压等。

⑩ 金属化聚苯乙烯电容器有良好的自愈能力。聚苯乙烯电容器应用于对稳定性和损耗要求较高的电路，如各类精密测量仪表、汽车上的收音机、工业用接近开关、高精度的数/模转换电路。聚苯乙烯薄膜电容器可用于高频电路（金属化聚苯乙烯电容器除外）。

3）聚四氟乙烯电容器（CBF）。聚四氟乙烯电容器（Polytetrafluoroethylene Capacitor）因为绝缘介质的特性，具有较高的绝缘电阻值。聚四氟乙烯材料的电阻率大于 $10^{19}\Omega\cdot cm$，用这种绝缘材料制成的电容器，绝缘电阻可高达 1000GΩ；聚四氟乙烯电容器的电容范围为 100pF ~ 0.1μF；在耐压方面，聚四氟乙烯电容器常用的规格有 250V、630V 两种；热稳定性极好，在 250℃高温下，能工作 25h 不损坏；在 -150℃时，聚四氟乙烯也不发脆，这是薄膜电容器中工作温度范围最宽的一种。

聚四氟乙烯电容器从低频到超高频范围，损耗角正切值都比较小，一般为 2×10^{-4} ~ 10^{-3}，就是在微波段，损耗角正切值也只有 5×10^{-4}。因此，聚四氟乙烯电容器是一种在频率特性方面较为理想的电容器。喷气发电机中的点火器件、雷达发射机的空腔谐振器宜选用这种电容器。

聚四氟乙烯的化学稳定性较强，能承受各种强酸、强碱而不腐蚀。用聚四氟乙烯材料为介质生产的薄膜电容器质量很高，但是聚四氟乙烯材料价格昂贵，所以生产成本较高。通常只在一些特殊场合选用这种电容器，如在高温、高绝缘、高频电路中使用。

4）聚丙烯电容器（CBB）。聚丙烯电容器（Polypropylene Film Capacitor）的电性能与聚苯乙烯电容器基本相似，但比电容大于聚苯乙烯电容器，一般应用在低频电路内，通常不能在高于 3 ~ 4MHz 的频率上使用。电容量为 1000pF ~ 10μF；额定电压为 63 ~ 2000V；上限温度高，为 85 ~ 100℃；损耗角正切值为 10^{-4} ~ 10^{-3}；温度系数为 -100×10^{-6} ~ -400×10^{-6}（℃$^{-1}$）。

聚丙烯电容器比聚苯乙烯电容器体积小、稳定性略差，应用于代替大部分聚苯乙烯电容器或云母电容器的场合，用于要求较高的电路。

① 金属化聚丙烯电容器。金属化聚丙烯电容器有以下优势：击穿场强高，平均值达到 240V/μm；介质损耗小，约 2×10^{-4}，因此功耗小、发热低、运行温升低、寿命长；比特性

好，达到 0.2g/Var，可使产品小型化、重量轻；具有自愈功能，可靠性高；加工特性好，可以将产品做成各种形状，满足不同安装要求。

对于金属化膜电容器，特别是 400V 以上的金属化电力电容器，浸渍处理有如下重要意义：聚丙烯膜与电容器纸相似，是多孔性材料，良好的浸渍剂能进入薄膜层间的气孔，排除气隙中的空气；浸渍处理后的电容器在局部放电、击穿性能和自愈性能方面得到了有效提高，同时浸渍还可隔绝外界湿气的侵入，是电容器防潮措施之一，如 CBB22 型金属化聚丙烯电容器（浸渍型）。

目前电力电容器浸渍剂一般是液体和固体，其中液体浸渍剂常用电容器油，所以称这类电容器为油浸电容器；使用固体浸渍剂的电容器称为干式电容器。液体浸渍剂有蓖麻油、十二烷基苯（AB 油）、二芳基乙烷（PXE，又称二芳基乙烷、S 油）、单/双苄基甲苯（M/DBT）、单个甲苯/二苯基乙烷、苯基乙苯基乙烷、苯基甲苯基乙烷、苄基甲苯（M/DBT）等；固体浸渍剂有石蜡、阻燃环氧树脂等。

金属化聚丙烯交流电容器正在逐步取代油浸纸介电容器，在交流电动机起动、交流电动机运转、照明和功率因数补偿等领域得到广泛应用。

② 金属箔金属化复合电极聚丙烯电容器。金属化薄膜电容器因为金属化膜层的厚度远小于金属箔的厚度，因此卷绕后体积也比金属箔式电容体积小很多，其最大优点是自愈特性：高压击穿发生后，电容器的两个极片重新相互绝缘而仍能继续工作，极大提高了电容器工作的可靠性。从原理上分析，金属化薄膜电容器应不存在短路失效的模式，而金属箔式电容器会出现很多短路失效的现象。但与金属箔式电容相比，金属化薄膜电容器有两项缺点：一是容量稳定性不如金属箔式电容器，这是由于金属化电容器在长期工作条件下，易出现容量丢失及自愈后均可导致容量减小，因此，如果在对容量稳定度要求很高的振荡电路使用，应选用金属箔式电容器更好；另一个主要缺点为耐受大电流能力较差，这是由于金属化膜层比金属箔要薄很多，承载大电流能力较弱。

为改善金属化薄膜电容器的缺点，膜/箔复合式串联结构电容器应运而生。此类电容器是用金属箔做电极、用金属化聚丙烯膜（或聚酯膜）做内部串联连接膜构成，此类电容器既有铝箔式电容器的大电流特性，又具有金属化电容器的自愈特性，其串联结构相当于内部两个电容器串联，成倍提高了电容器的耐压值。目前，CBB81 系列高压聚丙烯电容器即为此种结构，广泛用于电视机和显示器的行逆程电路上。

5) 聚酯（涤纶）电容器（CL）。聚酯电容器就是常说的涤纶电容器，也叫聚对苯二甲酸乙二酯电容器。电容量为 40pF ~ 10μF；额定电压为 50 ~ 1000V；介电常数较大（达到 3.1），所以比电容较大，可制成体积小、电容大的电容器；聚酯电容器耐热性能好，能在 120 ~ 130℃下稳定工作；损耗角正切值较大，为 10^{-3} ~ 10^{-2}，且随频率变化较大，因此，这种电容器不宜在高频下使用。

聚酯电容器可应用于对稳定性和损耗要求不高的低频电路。

聚脂电容器与聚丙烯电容器的区别：聚酯电容器的损耗角正切值是聚丙烯电容器的 10 倍以上；聚酯电容器的高频特性差，而聚丙烯电容器具有优良的高频性能，其电容量与损耗角正切值在很大频率范围内与频率无关，随温度变化也很小。

6) 聚碳酸酯电容器（CLS）。聚碳酸酯电容器（Polycarbonate Capacitor）是以极性的聚碳酸酯薄膜为介质制成的。这种电容器的电性能比聚酯电容器好一些，表现为介电常数较大（约为3），所以它的比电容较大；电容量稳定性较高；具有低的温度系数，为 $\pm 150 \times 10^{-5}$（$℃^{-1}$）；损耗较小，损耗角正切值为 $8 \times 10^{-4} \sim 15 \times 10^{-4}$；耐热性与聚酯电容器相近，具有很宽的工作温度范围，可在 $120 \sim 130℃$ 下长期工作；电容和损耗角正切值随频率变化很小。

聚碳酸酯电容器可应用于定时器和滤波器。

在有机薄膜电容器中，聚酯电容器与聚碳酸酯电容器具有比电容大、耐温高、耐压强度高等优点；聚苯乙烯电容器、聚丙烯电容器、聚四氟乙烯电容器具有损耗角正切值小、绝缘电阻高、介质吸收系数小、有负温度系数等优点。

（5）陶瓷电容器（瓷介电容器）

1）简介。陶瓷电容器（Ceramic Capacitor）就是用电容器陶瓷（钛酸钡、一氧化钛）作为电介质，在陶瓷基体两面喷涂银层，经低温烧成银质薄膜后作为极板而制成的。陶瓷电容器的电容量较小；额定电压一般为 $1 \sim 3kV$，陶瓷材料具有良好耐压性，所以一般只会出现机械破损；其外形以片式居多，也有管形、圆形等形状，其品种繁多，外形尺寸相差甚大。

陶瓷电容器按使用电压可分为高压、中压和低压陶瓷电容器；按温度系数可分为负温度系数、正温度系数和零温度系数陶瓷电容器；按介电常数不同可分为高介电常数、低介电常数等陶瓷电容器；按工作频率可分为高频陶瓷电容器和低频陶瓷电容器；按外形结构可分为圆片形、管形、穿心式、筒形及叠片式等。

陶瓷电容器的特点如下：

① 耐热性能良好，不容易老化。

② 能耐酸碱及盐类的腐蚀，抗腐蚀性好。

③ 低频陶瓷材料的介电常数大，因而低频陶瓷电容器的体积小、容量大。

④ 绝缘性能好，可制成高压电容器，具有在高压下长期工作的可靠性。

⑤ 高频陶瓷材料的损耗角正切值与频率的关系很小，因而在高频电路可选用高频陶瓷电容器。

⑥ 价格便宜，原材料丰富，适宜大批量生产。

⑦ 电容量较小，机械强度较低。

一般陶瓷电容器和其他电容器相比，具有使用温度较高、比容量大、耐潮湿性好、介质损耗较小、电容温度系数可在大范围内选择等优点。在电子电路中用量巨大，主要完成耦合、隔直、旁路、滤波、储能等功能，还可与其他电子元件组合构成振荡电路，以及执行信号发射、接收、处理等任务。

2）高频陶瓷电容器（CC）。按国际电工委员会（International Electrotechnical Commission，IEC）标准，陶瓷电容器被分为Ⅰ型、Ⅱ型、Ⅲ型等三大类。高频陶瓷电容器是Ⅰ型陶瓷电容器，又称陶瓷电容器温度补偿型（T/C 型，或 Class Ⅰ型），其容量的温度特性及高频的介质损耗是最主要的性能参数；电容量范围为 $1pF \sim 1000pF$，测试频率为 $1MHz$；介电常数小，通常为 $12 \sim 220$；额定电压为 $63 \sim 500V$；电气性能稳定，基本上不随温度、电压、时间的改变而变化，属于超稳定、低损耗的电容器。常用于对稳定性、可靠性要求较高的高频、超高频、甚高频的电路。

3) 低频陶瓷电容器（CT）。低频陶瓷电容器是Ⅱ型陶瓷电容器，又称陶瓷电容器高诱电型（Hi-K型，或Class Ⅱ型），材料主体是具有钙钛矿型结构的铁电强介瓷料，它以介质材料的高介电常数为主要特征，其介电常数在1000 ~ 20000；电容量范围为100pF ~ 0.047μF，测试频率为1kHz；额定电压为50 ~ 100V；电气性能较稳定，但是在频率超过一定范围时电容量的衰减幅度很大；低频陶瓷电容器的特点是体积小、价廉、损耗大、稳定性差，因此主要适用于隔直、耦合、旁路和滤波电路及对可靠性要求较高的中、低频电路。

4) 半导体陶瓷电容器（CS）。半导体陶瓷电容器是Ⅲ型陶瓷电容器，又被称为陶瓷电容器半导体型（S/C型，或Class Ⅲ型），主要有晶界型（BLC）和表面型（SLC）两大系列，其制作工艺有别于Ⅰ型、Ⅱ型陶瓷电容器，是一类利用特殊微观结构（晶粒及瓷体半导体，晶界或表面绝缘化）来获取巨大宏观介电效率的高性能陶瓷电容器，其中表面型电容器工艺性好、成本低，得到广泛使用，它以特别高的表观介电常数为主要特征，高达150000以上；电容量范围为0.01 ~ 0.33μF。半导体陶瓷电容器适合制作系列化高比容电容器，特别有利于电子整机的小型化设计，在很多领域取代Ⅱ型陶瓷电容器。广泛应用于对容量稳定性和损耗要求不高的场合。

5) 玻璃釉电容器（CI）。由一种浓度适于喷涂的特殊混合物喷涂成薄膜而成，介质再以银层电极经烧结而成独石结构，其性能可与云母电容器媲美，能耐受各种气候环境，一般可在200℃或更高温度下工作；电容量为10pF ~ 0.1μF；额定工作电压为63 ~ 500V；损耗角正切值为0.0005 ~ 0.008。

玻璃釉电容器的主要特点是稳定性较好、损耗小、耐高温，可应用于脉冲、耦合、旁路等电路中。

2. 按结构、容值变化等分类的电容器

（1）薄膜电容器

薄膜电容器又称塑料电容器，结构与纸介电容器相似，常用介质材料为有机薄膜，特点是频率特性好、介电损耗小、不能做成大的容量、耐热能力差等，被大量使用在模拟电路中，尤其是在信号交连的部分，确保信号不失真，所以常见于滤波器、积分、振荡、定时等电路中。

（2）独石电容器

独石电容器又称多层陶瓷电容器（Monolithic Ceramic Capacitor），由若干片陶瓷薄膜坯上被覆电极浆材料，叠合后一次绕结成一块不可分割的整体，外面再用树脂包封而成。独石电容器剖面图如图5.6所示。其特点是体积小、电容量大、可靠性高、耐高温耐湿性好等，不仅可替代云母电容器和纸介电容器，还取代了某些钽电容器；容量范围为0.5pF ~ 10μF；耐

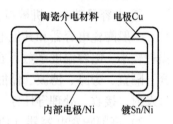

图5.6 独石电容器剖面图

压：2倍额定电压；广泛应用于电子精密仪器、各种小型电子设备（如手表、手机）中。

高介电常数的低频独石电容器也具有稳定的性能，Q值高，但是容量误差较大，用于噪声旁路、滤波器、积分、振荡等电路中。

（3）可变电容器

可变电容器是一种电容量可以在一定范围内调节的电容器，其容量是通过改变极片间相

对有效面积改变的，或片间距离改变时它的电容量就相应地变化。可变电容器一般由相互绝缘的两组极片组成：固定不动的一组极片称为定片，可动的一组极片称为动片。几只可变电容器的动片可合装在同一转轴上，组成同轴可变的电容器（俗称双联、三联等），可变电容器都有一个长柄，可装上拉线或拨盘调节。可变电容器通常在无线电接收电路中作调谐电容器用。

可变电容器按其使用的介质材料可分为空气介质可变电容器和固体介质可变电容器。

1）空气介质可变电容器。空气介质可变电容器的动片与定片之间以空气作为介质，当转动动片使之全部旋进定片间时，其电容量为最大；反之，将动片全部旋出定片间时，电容量最小。

空气介质可变电容器分为空气单联可变电容器（简称空气单联）、空气双联可变电容器（简称空气双联）和空气多联可变电容器，如图 5.7 所示，它们分别由一组和两组动片、定片组成，其中两组动片、定片可以同轴同步旋转。空气介质可变电容器一般用在收音机、电子仪器、高频信号发生器、通信设备及其他有关电子设备中。

空气介质可变电容器的可变电容量为 $100 \sim 1500pF$；主要特点是损耗小、效率高；可根据要求制成直线式、直线波长式、直线频率式及对数式等；应用领域为电子仪器、广播电视设备等。

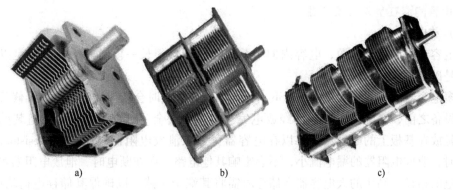

图 5.7　空气介质可变电容器

a）单联　b）双联　c）多联

2）固体介质可变电容器。固体介质可变电容器是在其动片与定片（动、定片均为不规则的半圆形金属片）之间加下云母片或塑料（聚苯乙烯等材料）薄膜作为介质，外壳为透明塑料。

固体介质可变电容器分为密封单联可变电容器（简称密封单联）、密封双联可变电容器（简称密封双联）和密封四联可变电容器（简称密封四联）。

密封单联可变电容器主要用在简易收音机或电子仪器中；密封双联可变电容器用在晶体管收音机和有关电子仪器、电子设备中；密封四联可变电容器常用在多波段收音机中。

固体介质可变电容器的可变电容量为 $15 \sim 550pF$；主要特点是体积小、重量轻；损耗比空气介质可变电容器大；缺点是杂声大、易磨损；应用在通信、广播接收机等领域。

（4）微调电容器

微调电容器也称半可变电容器，在各种调谐及振荡电路中作为补偿电容器或校正电容器使用。它分为云母微调电容器、薄膜微调电容器、陶瓷微调电容器、拉线微调电容器等多种。

薄膜微调电容器的可变电容量为 1~29pF；主要特点是损耗较大、体积小；应用在收录机、电子仪器等电路中作电路补偿。

陶瓷介质微调电容器的可变电容量为 0.3~22pF；主要特点是损耗较小、体积较小；应用在精密调谐的高频振荡回路。

（5）自愈式并联电容器

特指用聚脂、聚苯乙烯等低损耗塑材作介质，具有自愈功能的电容器。频率特性好、介电损耗小；不能做成大的容量，耐热能力差。

（6）双电层电容器

双电层电容器（Electrical Double-Layer Capacitor）又叫超级电容器，在结构上与电解电容器非常相似，它们的主要区别在于电极材料，早期的超级电容器的电极采用碳，碳电极材料的表面积很大，这种碳电极的大表面积再加上很小的电极距离，使超级电容器的容量可以非常大，大多数超级电容器可以做到法拉级，一般情况下容量范围可达 1~5000F。

5.2.2 可靠性应用

1. 电容的潜在危险及安全性

（1）放电

在电容充电后关闭电源，电容内的电荷仍可以储存很长一段时间。此电荷足以产生电击，或是破坏相连结的仪器。

许多电容器的等效串联电阻（ESR）低，因此在短路时会产生大电流。在维修具有大电容器的设备之前，需确认电容器已经放电完毕。为了安全，所有大电容器在组装前需要放电。若是放在基板上的电容器，可以在电容器旁并联泄放电阻器（Bleeder Resistor）。在正常使用时，泄放电阻器的漏电流小，不会影响其他电路。而在断电时，泄放电阻器可提供电容器放电的路径。高压的大电容器在储存时需将其端子短路，以确保其储存电荷均已放电，因为若在安装电容器时，若电容器突然放电，产生的电压可能会造成危险。

（2）爆裂

在高电压和强电流下工作的电容器有着超出一般的危险，高电压电容器在超出其标称电压下工作时有可能发生灾难性的损坏：绝缘材料的故障可能会导致在充满油（通常这些油起隔绝空气的作用）的小单元产生电弧致使绝缘液体蒸发，引起电容器凸出、破裂甚至爆炸，而爆炸会将易燃的油弄得到处都是，从而引起起火、损坏附近的设备。硬包装的圆柱状玻璃或塑料电容器比长方体包装的电容器更容易炸裂，而后者不容易在高压下裂开。

被用在射频电路和长期在强电流环境工作的电容器会过热，特别是电容器中心的卷筒会过热。即使外部环境温度较低，但这些热量不能及时散发出去，集聚在内部可能会迅速导致内部高热从而导致电容器损坏。

在高能环境下工作的电容器组，如果其中一个出现故障，使电流突然切断，其他电容器储存的能量会涌向出故障的电容器，这就极有可能出现猛烈的爆炸。

高电压真空电容器即使在正确的使用时也会发出一定的 X 射线。适当的密封、熔融

（Fusing）和预防性的维护会帮助减少这些潜在危险。

（3）污染

大型老式的油浸电容器中含有多氯联苯（Poly-Chlorinated Biphenyls），因此丢弃时需妥善处理。若未妥善处理，多氯联苯会进入地下水中，进而污染饮用水。多氯联苯是致癌物质，微量就会对人体造成影响。若电容器的体积大，其危险性更大，需要格外小心。新的电子零件中已不含多氯联苯。

2. 电容器的常见故障

当发现电容器的下列情况之一时，应立即切断电源。

1）电容器外壳膨胀或漏油。

2）套管破裂，发生闪络有火花。

3）电容器内部声音异常。

4）外壳温升高于55℃以上，示温片脱落。

3. 故障电容器的处理

由于电容器的两极具有剩留残余电荷的特点，所以，首先应设法将其电荷放尽，否则容易发生触电事故。处理故障电容器时，首先应拉开电容器组的断路器及其上下隔离开关，如果采用熔断器保护，则应先取下熔丝管。此时，电容器组虽已经过放电电阻自行放电，但仍会有部分残余电荷，因此，必须进行人工放电。放电时，要先将接地线的接地端与接地网固定好，再用接地棒多次对电容器放电，直至无火花和放电声为止，最后将接地线固定好。同时，还应注意，电容器如果有内部断线、熔丝熔断或引线接触不良时，其两极间还可能会有残余电荷，而在自动放电或人工放电时，这些残余电荷是不会被放掉的。故运行或检修人员在接触故障电容器前，还应戴好绝缘手套，并用短路线短接故障电容器的两极以使其放电。另外，对采用串联接线方式的电容器还应单独进行放电。

4. 电容器的应用

电容器在装入电路前要检查有没有短路、断路和漏电等现象，并且核对电容值。安装时，要使电容器的类别、容量、耐压等符号清晰可见，以便核实。电容器应用时有如下几个方面的常识。

（1）安装方式

无论是插件式还是 SMT 贴片式的安装工艺，电容器本身都是直立于 PCB 的，根本的区别方式是 SMT 贴片工艺安装的电容器有黑色的橡胶底座。SMT 贴片式的好处主要在于生产方面，其自动化程度高、精度也高，在运输途中不像插件式那样容易受损。但是 SMT 贴片工艺安装需要波峰焊工艺处理，电容器经过高温之后可能会影响性能，尤其是阴极采用电解液的电容器，经过高温后电解液可能会干枯。插件工艺的安装成本低、自动化程度低，但是维修方便。在性能方面，插件式电容器对频率的适应性差一些，但不到500MHz 以上的频率是很难体现出差异的。

（2）电容器保护膜

所有的直立式电容器都是铝壳电容器。只不过有一部分电容器外面包了 PVC 薄膜，这样对温度的适应性会好一点，但是这样做会污染环境，所以现在的电容器都很少使用了。从成本上讲，有塑料外皮的电容器对铝壳要求低，成本会低一些。例如，计算机的主板产品因为面积大，可以用稳压电源，这样开关频率相对较低，所以没必要用太好的电容器，而显卡因为面积小，对电容器要求就高，不过现在很多新款主板也开始用比较高档的电容器了。

（3）防爆槽

传统铝电解液电容器由于有爆浆的可能，都有防爆槽，这是为了让压力容易被释放，不会发生更大的爆炸。但某些产品为了节约成本省去了防爆槽的工序。

（4）选择的基本要点

所有无源器件中，电容器属于种类及规格特性最复杂的器件，尤其为了配合不同电路及工作环境的需求差异，即使是相同的电容量值与额定电压值，也有其他不同种类及材质特性的选择。

1）低频电容器可以使用高频特性比较差的电容器，此范围很大，如电解电容器、陶瓷电容器；但是在高频电路中一旦选择不当会影响电路的整体工作状态，如云母电容器；在高频电路中不可以使用绕纶电容器和电解电容器，因为它们在高频情况下会形成电感而影响电路的工作精度。

2）电解电容器由于其电容量值较大，能和塑料薄膜电容器或陶瓷电容器区别，使用中仍有下述各种特性差异：

① 使用温度范围。一般型温度为 −25 ~ 85℃、耐高温型温度为 −40 ~ 105℃。

② 使用高度限制。标准型最低高度为 11mm、迷你型为 7mm、超迷你型为 5mm（芯片电解电容器）。

③ 电容量误差值。在较高额定电压或电容量大于 100μF 时，一般型为 R 型（ +100% ）/（ −10% ）或 M 型 +/−20%。

④ 低漏电流量特性。用于某些特定电路与充放电时间常数准确性有关时（相当于钽电容特性）。

⑤ 低内阻特性。用于某些滤波电路，如交换电源滤波电路。

⑥ 双极性特性。用于高频脉冲电路，如偏转线圈的水平输出电路。

⑦ 无极性特性。用于低频高幅的音频信号电路，以避免造成输出波形失真。

3）陶瓷电容器。温度补偿型用于高频谐振电路；高诱电型用于滤波及信号电路；半导体型比高诱电型小、成本低，但耐压规格较低其中，温度补偿型有：CH 零温度补偿型（如 RC 谐振电路，不需补偿温度系数）、UJ 负温度补偿型（如 LC 谐振电路，需补偿线圈正温度系数）、SL 无控制温度补偿型（如高频补偿、非谐振电路，不需考虑温度影响）。

4）有机薄膜电容器。特性为容量不受温度影响，适合中低频电路使用；聚丙烯的损耗角最低，可适用于高压脉冲电路；金属化聚丙烯适用于直流高电压或交流电源电路工作；聚乙脂的损耗角低且容量较低，高频特性良好，可适用于中低频谐振电路工作；金属化聚乙烯容量范围广及无电感特性，可适用于一般脉冲电路；聚乙烯的损耗角较大，但成本较低，可适用于一般直流或低频电路；所有金属化有机薄膜电容器都有自愈功能。

5）不同电路的电容器。谐振电路：云母、高频陶瓷电容器；隔直电路：纸介、涤纶、云母、电解、陶瓷等电容器；旁路电路：涤纶、纸介、陶瓷、电解等电容器；高频旁路：陶瓷电容器、云母电容器、玻璃膜电容器、涤纶电容器、玻璃釉电容器；低频旁路：纸介电容器、陶瓷电容器、铝电解电容器、涤纶电容器；滤波电路：铝电解电容器、纸介电容器、复合纸介电容器、液体钽电容器；调谐电路：陶瓷电容器、云母电容器、玻璃膜电容器、聚苯乙烯电容器；高频耦合：陶瓷电容器、云母电容器、聚苯乙烯电容器；低频耦合：纸介电容器、陶瓷电容器、铝电解电容器、涤纶电容器、固体钽电容器。

6）小型电容器。金属化纸介电容器、陶瓷电容器、铝电解电容器、聚苯乙烯电容器、固体钽电容器、玻璃釉电容器、金属化涤纶电容器、聚丙烯电容器、云母电容器。

5.2.3　电容器的可靠性设计

1. 电容器芯子的可靠性设计

电容器芯子的可靠性设计是电容器可靠性设计的关键，其设计原则应遵守如下方面：

1）在规定体积下，应符合规定的基本电性能指标要求。

2）为确保规定的寿命（或失效率），额定工作电压的设计应按照寿命（或失效率）的要求，按逆幂律进行选择，即

$$t = \frac{1}{dV^C} \tag{5.2}$$

式中，t 为寿命；d 和 C 为由试验得到的常数，不同电容器的值不同；V 为工作电压。

3）额定最高工作温度的设计，应根据寿命（或失效率）的要求，按阿伦尼乌斯方程进行选择，即

$$t = A\exp\left(-\frac{E}{kT}\right) \tag{5.3}$$

式中，t 为寿命；A 为由试验得到的常数；k 为玻尔兹曼常数；E 为激活能；T 为工作温度。

4）工作介电强度的分布，不应与介电强度的应力强度极限分布交叉和重叠。

5）电极设计应尽量做到：减少等效串联电阻和分布电感、电导率尽量高、不氧化、与介质粘附好、不损伤介质。

6）电容器芯子应能承受规定的机械强度。

2. 电容器的封装设计

1）电容器封装设计应使电容器芯子得到完全保护，满足防潮、防火、防生物、化学侵蚀及防泄漏的要求。

2）金属玻璃密封应保证漏气率在 10^{-5}ml/s 以下。

3）模压、灌封封装时，应耐受温冲及压力锅试验。

4）金属封装的表面涂覆应按照相关标准来选择涂覆金属。

5）对在特殊环境使用的电容器，应根据特殊环境要求，选择相应的封装方式和封装材料。

3. 引出线设计

1）引出端应具有相应的机械强度，在同等截面积下，镍的强度最好，铜的导电性好。

2）引出端涂覆可采用镀金及锡铜材料，不宜镀纯锡。

3）引出端工作应力强度分布不应与极限应力强度分布交叉或重叠。

4. 电容器可靠性设计评审

电容器可靠性设计评审，分设计定型前的设计评审和生产定型前的工艺评审，对于只有

一个阶段的可进行一种评审。设计评审是在设计验证试验结束、产品设计定型之前进行。工艺评审主要指生产性和质量可控性评审。

5.2.4 电容器的失效机理与分析

1. 电容器的主要失效模式

对于不同类型的电容器，其失效模式是不同的。电容器常见的失效模式主要有击穿、开路、电参数退化、电解液泄漏及机械损坏等。导致这些失效的主要原因如下。

（1）击穿

1）介质中存在疵点、缺陷、杂质或导电粒子。

2）介质材料的老化。

3）金属离子迁移形成导电沟道或边缘飞弧放电。

4）介质材料内部气隙击穿或介质电击穿。

5）介质在制造过程中存在机械损伤。

6）介质材料分子结构的改变。

（2）开路

1）引出线与电极接触处氧化而造成低电平开路。

2）引出线与电极接触不良或绝缘。

3）电解电容器阳极引出箔腐蚀而导致开路。

4）工作电解质的干枯或冻结。

5）在机械应力作用下工作电解质和电介质之间的瞬时开路。

（3）电参数退化

1）潮湿或电介质奢化与热分解。

2）电极材料的金属离子迁移。

3）残余应力的存在和变化。

4）表面污染。

5）材料的金属化电极的自愈效应。

6）工作电解质的挥发和变稠。

7）电极的电解腐蚀或化学腐蚀。

8）杂质和有害离子的影响。

由于实际电容器是在工作应力和环境应力的综合作用下工作，因而会同时产生一种或几种失效模式和失效机理，还会由一种失效模式导致其他失效模式或失效机理的发生。例如，温度应力既可以促使表面氧化、加快老化进程、加速电参数退化，又会促使电场强度下降，加速介质击穿，而且这些应力的影响程度还是时间的函数。因此，电容器的失效机理是与产品类型、材料种类、结构差异、制造工艺及环境条件、工作应力等因素密切相关的。图5.8描述了固体钽电解电容器的失效（短路、漏电流增加、阻抗增加）原因及导致其各种失效的途径。

2. 电容器的失效机理

电容器的失效机理是多种多样的，它与材料、结构、制造工艺、性能、使用环境、工作

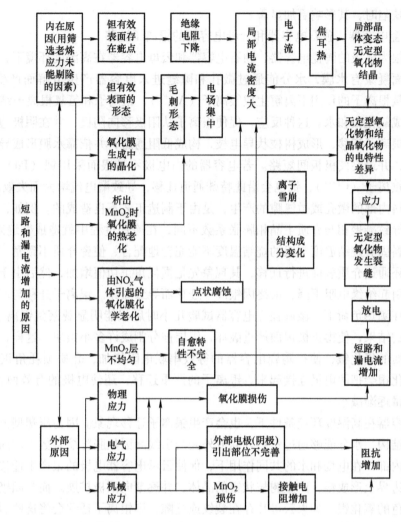

图 5.8　固体钽电解电容器的失效原因及导致其各种失效的途径

应力条件等有着极其密切的关系，下面就电容器的主要失效机理，结合产品类型分别作一些分析。

（1）潮湿引起电容器电参数漂移失效

对于非密封的固体介质电容器，潮湿是引起电参数漂移失效的主要原因。这是因为水分子具有很强的渗透和扩散能力，而水的介质系数很大（介电常数 80）、损耗很大，从而导致电容器的电气性能急剧恶化，如绝缘电阻及耐压强度下降，介质损耗角正切值和电容量增加。特别是当环境温度升高时，水分子的渗透和扩散能力增强，因此，高温高湿环境对电容器的电气性能影响更为显著，从而导致产品失效率增加、可靠性降低。但是，潮湿对电容器电性能的影响一般是可逆的，即潮气去除后电性能可以恢复，只是在高湿和电压作用下发生电解作用后才不可逆。

潮气对电容器的影响主要有两种方式：一种是以水膜状态附着在产品表面上，另一种是渗透到介质材料内部或表面上。当电容器表面涂覆漆层不是疏水性材料或介质材料存在缝隙、微孔等缺陷时，其影响更加显著。

（2）陶瓷电容器、独石电容器和云母电容器的银离子迁移

以金属银为电极的陶瓷电容器、独石电容器和云母电容器在高湿度环境下，当加电负荷时，由于表面凝聚有水膜，水分能通过微孔和隙缝进入电容器产生电解而产生 $(OH)^{-1}$，在电场和氢氧根离子的作用下离解生成银离子 (Ag^{+1})，银离子和氢氧根离子结合生成的氢氧化银分解成氧化银和水。这种反应，促使银离子从阳极移向阴极，并在阴极边界上形成金属银。由于银离子迁移，形成树枝状导电枝，构成低阻通道，并依靠水膜形成导电通路，导致漏电增大，并最终使极板间短路。若电容器的内电极不是银而采用钯（Pd）时，如果水不纯，含有氯离子 (Cl^{-1})，钯也会沿此特殊通道迁移，导致漏电流增大而失效。

介质材料内部的微孔或微缝隙的产生，是由于制造工艺不良造成的。例如，由于烧结工艺不良，将导致凝聚相与介质主晶相膨胀系数不同，在冷却过程中就造成微缝隙或小空洞。或者由于瓷料固有烧结温度与银的烧结温度不能完善地配合，使瓷介质不致密。

银离子还通过介质表面进行迁移，其现象先是损耗角正切值增加，然后由于电容器表面上的漏电流引起绝缘电阻下降，最终因银离子迁移而导致短路。银离子迁移与产品的结构有关，例如，在潮热负荷下，微调瓷介电容器试验几小时后就能明显观察到银离子迁移现象。银离子迁移的结果，使得正极银面严重破坏，银层被分割成许多小银块。这样，中间隔着具有半导体性质的氧化银，使得陶瓷电容器的等效串联电阻增加，介质损耗角正切值大大增加，甚至氧化银会把两电极连接起来。银离子的严重迁移，还使电极的有效面积逐渐减小，从而使电容量逐渐减小。

云母电容器在高湿度环境条件下，也会产生银离子迁移现象。因为压塑型云母电容器属于半密封型结构，水分能够通过塑料外壳或外壳与引线间因热胀冷缩系数不同而产生的缝隙进入电容器内部，在电场和水的共同作用下，促使云母电容器电极的银产生迁移，从而在与阴极相连的边界上形成银，产生树枝状银的晶体，并逐渐向阳极扩展。而与阳极相连的边界上，形成黑色的氧化银。如果云母片存在裂纹或缝隙，则银离子迁移会将这些裂纹或缝隙填满，导致介质通路而使电容器击穿。银离子的迁移使得其电性能严重恶化，如电容量显著下降、介质损耗角正切值显著增加和绝缘电阻下降。银离子迁移还可能导致阳极铜箔引出线严重腐蚀，甚至开路。云母电容器的银离子迁移随负荷电压的增加和时间的延长而加剧。

此外，银离子迁移还会使陶瓷电容器电介质老化和击穿电场强度下降，导致击穿失效。而且银电极的低频独石电容器比瓷介电容器银离子迁移严重得多。

（3）聚苯乙烯、云母电容器的低电平失效机理

所谓低电平失效是指电容器在远低于工作电压的低电平下使用时，出现电容器开路或容量衰减超差而失效。随着微电子技术的发展，电容器实际工作电压很低，在低电压工作情况下，电容器没有电容量或丧失部分电容量的现象经常出现，如果采用高电平冲击，电容器又可恢复原来的电容量，显然这不是引出线折断等结构上的开路造成的。

对于聚苯乙烯电容器，其电极材料是铝箔，与铜箔点焊接后引出作引线。由于铝箔在空气中极易氧化，会在表面生成一层薄的 Al_2O_3，它是导电性不良的半导体材料，在低电平下不易将其击穿而形成开路状态。但在高电平冲击下，可以使 Al_2O_3 薄层击穿，使引线与铝箔极板良好接触，从而恢复其电容量，此外，引线与铝箔极板点焊不牢或焊点接触电阻过大

时，也会出现低电平失效，因为它可导致有效容量大大降低。

对于云母电容器，由于有机物的污染，使银电极和引出铜箔之间或铜箔和引线卡箍之间，存在一层很薄的腊膜。在低电平下，当不足把这层腊膜击穿时就起到电气绝缘作用，从而导致低电平开路失效。另外，当银电极和铜箔受有害气体（如硫等）的侵蚀，使得接触电阻增大，从而也可导致低电平失效。

（4）陶瓷电容器和聚苯乙烯电容器的击穿失效机理

对于非密封的陶瓷电容器在潮热负荷或高湿度环境下工作时，击穿失效是一个突出的严重问题。陶瓷电容器的击穿失效可能是介质击穿，也可能是边缘飞弧击穿。

介质击穿又可分为早期击穿和后期击穿。早期击穿主要是由于材料、工艺方面的缺陷，如介质不纯、渗有杂质、气泡、开口裂缝等缺陷使介质的介电强度大大降低，在潮湿和电场的作用下，在试验或工作初期就发生电击穿，导致介质出现小孔或小黑点；后期击穿主要是材料老化导致电解老化击穿，因为在高湿和电场长期作用下，银离子能通过介质迁移到负极，并在负极放电逐渐形成伸入介质内部的树枝状导电枝，从而促进化学击穿的到来，这种击穿一般都发生在外表面电极间，击穿导致电容器断裂，在断裂处横截面可观察到银离子迁移所遗留的灰黑色状的条纹，此外，当击穿属于热击穿时，由于局部发热厉害而导致电容器烧毁。

边缘极间飞弧击穿主要是在高温条件下，由于银离子迁移的结果使得电容器极间边缘电场发生严重的畸变，如元件表面凝聚有水膜，使得电容器的表面放电电压显著下降，从而产生极间的辉光放电，导致电容器飞弧击穿。微调瓷介电容器和穿心式瓷介电容器常出现这种击穿失效，与其结构、形状、极间距离有密切关系。由于飞弧击穿是银离子迁移的结果，其产生和发展一般需要较长时间，因此，边缘飞弧击穿一般在使用或试验后期出现。

对于聚苯乙烯电容器，材料和工艺原因也会造成击穿失效。某厂商对 CB14 型 100V 5920pF ± 0.5% 聚苯乙烯电容器进行击穿试验，试验结果发现：击穿电压的分布大致为两个正态分布，其交接处所对应的击穿电压为 2kV。对击穿的试样逐个进行解剖，利用显微镜观察其击穿情况，击穿电压为 0 ~ 2kV 时的击穿主要是由于引线头部有尖端、毛刺、介质薄膜沾上了导电杂质和其他有害杂质，辅助引线头与头之间的间隙太小，引线在铝箔上点焊时产生的毛刺或测射的金属等工艺原因所导致的早期失效。特别是聚苯乙烯介质薄膜，由于绝缘电阻高，其表面有较强的静电吸附效应，在切割、卷绕等生产工序中易吸入尘埃、杂质和其他微粒。当生产过程中没有设置必要的防尘、防杂质等净化装置时，这些杂质微粒会夹杂在电容器芯子的介质和极板层之间。在电场作用下，介质间形成不均匀电场，产生电场畸变，引起杂质表面的局部过压而击穿。击穿失效是聚苯乙烯电容器早期失效的主要形式。而在 2 ~ 7kV 的击穿样品正态分布区，击穿则主要由于引线头部有尖端、薄膜存在厚度不均或针孔、沾上了导电杂质和其他有害杂质、引线尾部有气隙等材料及某些工艺原因引起的，其失效属于正常损坏。

早期失效样品按照击穿损坏原因的分类见表 5.4。

（5）聚苯乙烯电容器的电容量漂移失效机理

精密聚苯乙烯电容器在经过电压筛选剔除早期失效产品后，在长期储存或长期工作下，发现其电容量出现正超差失效，从失效分析可知，这主要是由于介质薄膜与极板之间存在残留气隙及介质吸潮引起的。当极板与介质薄膜间存在残留气隙时，构成残留气隙与介质薄膜

表 5.4　早期失效样品按照击穿损坏原因的分类

损坏原因	引线顶端的尖端与毛刺	薄膜材料的缺陷与有害杂质	点焊引线缺陷	辅助引线安置不当
损坏数 n/（个）	21	14	1	1
损坏率/（%）	56.8	37.8	2.7	2.7

的双层介质，其复合介电系数可按两电容器串联公式推得，即

$$\varepsilon' = \frac{\varepsilon_1 \varepsilon_2}{\varepsilon_1 d_1 + \varepsilon_2 d_2} \tag{5.4}$$

式中，ε_1 为聚苯乙烯介质薄膜的介电系数（$\varepsilon_1 = 2.5$）；d_1 为有残留气隙处的聚苯乙烯薄膜的厚度；ε_2 为空气的介电系数（$\varepsilon_2 = 1$）；d_2 为残留气隙的厚度。

因为 $\varepsilon_1 < \varepsilon_2$，其复合介质的介电系数要比纯薄膜时的介电系数小。但是，随着长期使用，由于温度的作用使残留空气不断排出，从而使电容器的容量逐渐增大，导致电容量正超差失效的发生。

同样，当介质内部吸潮后也会引起电容量的漂移。水分子进入介质薄膜后使其成为不均匀介质。由于水的介电系数比介质薄膜大得多，从而使电容器的容量增加，也将造成电容量正超差。

但是，也会有电容量负超差失效的情况。特别是在高温负荷工作（或试验）与高温储存试验的初期，电容量出现负变化，主要由于薄膜表面吸收的水分不断排出而代之以干燥空气。对于聚合不良的薄膜介质或表面吸湿严重的电容器，其容量减少更加明显。此外，电容器的引线与铝箔极板点焊不牢或点焊接触电阻过大也会引起电容量负超差失效。

（6）固体钽电解电容器的失效机理

固体钽电解电容器是将钽粉压制成型，在高温炉烧结而成阳极体，其电介质是将阳极体放入酸中赋能而形成多孔性非晶型的五氧化二钽（Ta_2O_5）介质膜，其工作电解质为硝酸锰溶液经高温热分解形成的二氧化锰（MnO_2），然后被石墨层作为引出连接用。固体钽电解电容器的失效机理与其结构、材料及工艺特点有着密切关系。其失效分为破坏性失效和劣化失效。前者主要是击穿失效，后者主要是参数超差（如容量超差、漏电流增大等）失效。

1）击穿失效。固体钽电解电容器的介质氧化膜五氧化二钽（Ta_2O_5），由于原材料不纯或工艺原因而存在杂质、裂纹、孔洞等疵点和缺陷，虽然钽块在高温烧结时，大部分被烧毁或蒸发掉，但仍有少量存在。在赋能、老炼过程中，这些疵点在电压、温度的作用下成为场致晶化的发源地——晶核，长期作用下，促使介质膜以较快的速度发毛物理或化学变化，也就是应力的累积，到一定程度会引起介质的局部击穿和过热。例如，在一定温度下（大约 425～450℃）因 MnO_2 的热分解还原成电阻系数较大的 Mn_2O_3 和新生态氧而得到自愈；如果温度更高（550～800℃），无定形的介质氧化膜还会转变成介电性能很差的结晶型氧化膜，通常把此转变称为热致晶化。如果介质中含有杂质，在强电场作用下，即使在比较低的温度下（如 0～100℃）也能出现晶化，把此称为场致晶化。当介质中因工艺原因已出现晶核，则在电场和温度作用下，晶区不断扩大，而形成晶化了的氧化膜，从而导致漏电流急剧增大而击穿。

进一步分析发现：这些晶化了的氧化物还包含有钽-锰共融结晶形成的黑色物质。此外，

当介质氧化膜中的缺陷部位较大而集中，一旦瞬时击穿，则很大的短路电流将使产品迅速过热而失去热平衡，局部的自愈已无法修补氧化膜，从而导致迅速击穿失效。

2）参数超差失效。参数超差失效除漏电流增大外，主要是容量超差。在同一温度和电压下，失效品随着时间增加而容量减小，相应的损耗角正切值 tgδ 也明显减小，但当减小到一定程度后基本不变。导致容量和损耗减小是与产品内部的物理或化学过程密切相关的。由于介质氧化膜中存在疵点，在电场作用下，疵点部位电场发生畸变，从而导致局部击穿所引起的发热，使 MnO_2 产生自愈，出现容量和损耗的变化。随着时间的增加，自愈次数和面积越来越增加，引起电容量的进一步减小。但是，缺陷总是有一定限度的，当疵点部位自愈得差不多的时候，其容量减小也就接近于极限。即负荷时间再增加，其容量基本上不再减小。在容量减小的同时，tgδ 也明显减小。因为电解电容器损耗 $tgδ = ωcr$，当电容降低，必然使 tgδ 降低。特别是随着 MnO_2 中含氧量的减小，使得 Ta_2O_5 与 MnO_2 接触面上的绝缘膜难以形成。另外，自愈后温度的聚变而引起附近氧化膜出现新的裂痕，实际上又导致 tgδ 增加。加之上面所述的，介质中场致晶化比自愈影响大，同样使得容量减小，漏电流增加。

3. 电容器的失效分析方法

由于电容器种类繁多，其结构、材料及工艺差别很大。周此，电容器的失效分析方法和失效分析程序不可能完全相同，图 5.9 给出了电容器失效分析方法。

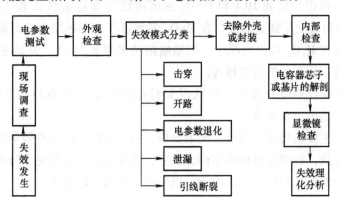

图 5.9　电容器失效分析方法

现场调查主要内容是记录产品名称（批号、产品号）、生产时间、失效时间、失效状况、使用时间、使用装置、使用条件（应力类型及强度）、使用环境等。

电参数测试主要内容是记录电容器的主要电气参数，如电容量、损耗角正切值、绝缘电阻或漏电流等。

外观检查利用目检或镜检，检查外形有无变色、变形、烧焦、泄漏、断裂、熔化、脱落、划痕、污染、裂纹、气泡、密封破坏等。

去除外壳或封装时，由于电容器采用不同的封装形式和材料，因而去除封装材料的方法也不同。

1）云母电容器除腊和除漆可加热或用溶剂去除，如浸入沸腾的碳氢化合物苯（沸点 80℃）或甲苯（沸点 110℃），或放入 80～90℃ 的烤箱中烘烤 1h，即可除腊。对于树脂或模塑外壳，可采用砂轮打磨，也可以放入 16% 的 NaOH 溶液，加温浸泡直到去掉树脂和模塑外壳为止，然后用水清洗，再用蒸馏水浸洗，干燥。

2）陶瓷电容器封装树脂的去除方法见表 5.5。采用溶剂法去除树脂，必须使树脂去除剂对陶瓷基片绝缘电阻特性的影响越小越好。

表 5.5　陶瓷电容器封装树脂的去除方法

方法	溶剂法（一）	溶剂法（二）	溶剂法（三）	机械法
使用药品	NaOH 10% 水溶液	二甲基甲酰胺	甲酸	—
处理方法	煮沸、洗净、干燥	煮沸或浸渍、干燥	浸渍、洗净、干燥	切割、研磨

经验表明，上述方法中二甲基甲酰胺对基片的影响最小。

焊点及金属电极的去除。对于陶瓷电容器，去除方法有三种：一是使用药物分阶段去除；二是利用金属的合金化性质去除；三是采用研磨方法去除。药物法如使用 KCl_3 30% 的水溶液或"王水"溶液（盐酸和硝酸的比例为 3 比 1）去除焊点；用 Kl 或 I_2（重量百分比为 4.5）的水溶液（40℃）分阶段去除，或者利用硝酸溶液（硝酸和蒸馏水的比例为 1 比 2）加热煮沸 30min 去除。对于云母片上的银电极，可采用 25% 浓度的硝酸加热来去除。

固体钽电解电容器由于其封装焊料是铅锡合金，通常将电容器加热到 200℃ 使焊料熔化后取下外壳，然后将钽块放在 HCl 和 HNO_3 强酸溶液［加适量双氧水（H_2O_2）］中加热，使 MnO_2 还原为低价锰而呈锰盐溶液，在 MnO_2 溶解过程中石墨层会自行解离和脱落，从而得到钽芯，也可以在 H_2O_2 存在情况下，用醋酸溶液来溶解 MnO_2，从而使氧化膜结晶体内的杂质不易被溶解，便于分析失效机理。

显微镜检查主要观察电介质的异常状况和存在的缺陷（如空洞、裂纹、结晶、划痕、气泡、导电通道、沾污、杂质等）。

失效理化分析主要采用化学分析、光谱分析、能谱分析、扫描电镜等方法，分析电介质微观失效机理的方法，特别是对物质结构、成分、微观缺陷等分析是十分有效的，表 5.6 列出了电容器常用失效理化分析方法及设备，供失效分析选择时参考。

表 5.6　电容器常用失效理化分析方法及设备

分析设备名称	适用场所
化学分析（分光光度法）	金属元素及化合物的定性、定量分析，可分析电介质或工作电解质中的杂质成分及含量
X 射线衍射	对于无机化合物、金属等，都可以进行定性和定量分析，可以了解结晶状态的差异和对混合物、化合物、固溶体等做出判别。试样采用固体粉末
X 射线透视	观察壳体内部电容器芯子的形状、位置和装置质量，以及有无熔渣等多余物
光谱分析	金属元素的定性、定量分析，可以做微量检测，固体、气体、液体皆可
扫描电镜	对样品表面进行高分辨率、高放大倍数（最大放大倍数 10^5）的表面检查，观察表面微小区域的缺陷、杂质沉淀和晶格排列等
能量色散谱仪	金属和非金属元素的定性或定量分析，它能分析元素周期表中从 11 号元素（Na）到 92 号元素（U），试样采用固体材料

5.3　连接类器件的可靠性

连接类器件又称接触元件，即用机械压力使导体与导体之间彼此接触，并具有导通电流或传输信号功能的元件总称，包括连接器（接插件、接头、插座）、连接电缆、开关、继电器等。

5.3.1　连接器

1. 常见形式的连接器

常见的连接器可以分为以下几类：

1）条形/压按式连接器。

2）圆形连接器。

3）矩形/重载连接器。

4）射频同轴连接器。

5）PCB 连接器。

6）线对线连接器。

7）FFC/FPC/薄膜电缆连接器。

8）扁平电缆连接器。

9）电脑设备连接器。

10）视频/音频信号连接器。

11）手机连接器。

12）电源连接器。

13）高压连接器。

14）车用连接器。

15）航空连接器。

16）高速信号连接器。

17）光纤连接器。

18）微波连接器。

19）防水连接器。

20）耐高温连接器。

2. 连接器发展趋势

连接器技术的发展趋势是信号传输的高速化和数字化、各类信号传输的集成化、产品体积的小型化和微型化、产品的低成本化、接触件端接方式表贴化、模块组合化、插拔的便捷化等。近年来，随着电子产品需求的多样性发展，连接器技术的发展方向和创新研究集中体现在如下几个方面。

（1）小微型化技术

由于很多产品向更小和更轻便的趋势发展，对连接器的间距、大小和高度都有一定要求，如线对板连接器的间距为 0.6mm 和 0.8mm。Mini USB 连接器的间距为 0.3mm，要求更加精密，该技术为连接器微型化而开发，可用于多接点扩充卡槽连接器，能达到并超越多接点表面黏着技术对接点共面的严格要求。

（2）高频率、高速度无线传输技术

为满足多种无线设备的通信应用，连接器对高频率、高速度的要求越来越紧迫：高速传输是指现代计算机、信息技术及网络化技术要求信号传输的时标速率达兆赫频段，脉冲时间达到亚毫秒，因此要求有高速传输连接器；高频化是为适应毫米波技术发展，射频同轴连接器均已进入毫米波工作频段。

（3）高密度化技术

连接器高密度化是指实现大芯数化，高密度 PCB 连接器有效接触件总数达 600 芯，专用器件最多可达 5000 芯。

（4）模拟应用技术

模拟应用技术是以多种学科和理论为基础，以计算机及其相应的软件（如 AutoCAD、Pro/E program 应力分析软件）为工具，通过建立产品模型和相应的边界条件，对其机械、电气、高频等性能进行仿真分析确认，从而减小因材料选择、结构不合理等因素造成的产品开发失败的成本，提高开发成功率，有助于为产品实现复杂系统应用提供支持。

（5）智能化技术

该技术主要使用在 DC 系列电源连接器产品上，在传输电源前可以进行智能信号侦测，以确保插头插入到位后才导通正、负极并启动电源，可避免因插头插入未到位即导通接触而造成电弧击伤、烧机的不良后果，未来企业需开发其他产品的类似智能化技术。

（6）精密连接器技术

精密连接器涉及产品设计、工艺技术和质量控制技术等诸多环节，主要技术包括以下几个方面：

1）精密模具加工技术：采用 CAD、CAM 等技术，引进业界高精密加工设备，利用人员生产经验和先进设备技术手段以实现高精度的优质模具产品。

2）精密冲压和精密注塑成型技术：实现各类冲压件和注塑件精密、高效、稳定的全方位控制及完美的表面质量，确保产品质量。

3）自动化组装技术：通过应用精密控制技术、半自动检测机技术等的应用，克服精密产品人工操作的难题，提高核心竞争力。

3. 连接器的可靠性设计

（1）连接器可靠设计的指导思想

连接器可靠性设计是以预防为主、以系统管理为指导思想，在性能设计、结构设计、原材料选用和工艺设计的同时，针对产品在规定条件下和规定时间内可能出现的失效模式，采用相应的可靠性设计技术，消除或控制其失效模式，使连接器满足规定的可靠性要求。

连接器可靠性设计的目的是对性能、可靠性、费用和时间等因素进行综合权衡，通过采用相应的可靠性设计技术，使性能、可靠性、费用和时间等因素实现最佳组合，以保证连接器在寿命周期内符合规定的可靠性要求。

连接器可靠性设计时，应在满足连接器功能要求的前提下，努力使整体结构简化，减少不可靠因素，积极采用经过验证或已成熟的设计原理和结构材料；应尽力采取措施，消除或控制在相似产品中出现的失效现象；应用成熟的工艺或新工艺；在保证功能和可靠性的基础上，尽可能降低成本。

（2）可靠性设计的依据

1）研制任务书、合同或技术协议。

2）有关的标准及规范。

3）连接器在全寿命周期内所承受的各种应力条件。

4）国内外同类型连接器的主要失效模式。

5）连接器的研制周期、研制费用、年需求量、成本价格，以及用户对连接器外形尺寸、安装方式的要求等。

（3）可靠性设计指标

1）连接器所能承受的环境应力范围，如高温、低温、潮湿、低气压、振动、冲击和碰撞等。

2）连接器的主要性能参数，如接触电阻、绝缘电阻和抗电强度等的数值大小，以及这些参数在规定条件下和规定时间内的稳定性指标。

3）连接器的寿命或质量等级。

（4）热设计

1）连接器的使用可靠性与温度密切相关。控制连接器的温升对提高连接器的可靠性具有重要作用。应对连接器进行热设计，特别是多接点排列及大负荷接触均应进行热设计。

2）连接器热设计的目的是分析产生热量的来源及散热状况，研究接触对在允许负载下的接点温升，检查有关应用材料的热适应性及裕度，选用导热性好、耐温性好、热性能稳定的结构材料，改善散热条件，采用降温措施等。

3）改善射频同轴连接器的阻抗匹配、驻波比和射频泄漏。

4）由于产品结构要求方面的限制，使整个连接器内形成阻抗不连接，造成驻波比大。应采用阻抗补偿原理，对内部结构进行修正和改进，以达到技术标准要求的驻波比。在结构上应充分考虑射频泄漏问题。

（5）接触电阻稳定性设计

1）选择能满足性能要求的接触对的结构形式。接触对的结构形式通常有针孔式、簧片式和双曲面线簧式等。根据使用要求、产品结构特点、可靠性、寿命、接触对的负载和温升、接触电阻及经济性等的不同要求，确定接触对的结构形式，以及确定接触对在绝缘安装板内的固定形式和接线的端接形式（一般端接形式有焊接式、压接式、绕接式和刺破连接等）。

2）接触对材料的选用。根据接触对的接触电阻要求、触点负载和温升等参数，选择接触对的材料。一般应具有良好的导电性、导热性，以及一定的机械强度和良好的工艺性。对于弹性接触件，其材料还应具有良好的弹性和耐疲劳性。接触对材料的选择应保证能完成连接器技术标准赋予接触对的规定功能。

3）接触对表面涂覆层的选择。连接器接触对应具有规定功能要求的涂覆层，在规定条件下和规定时间内具有抗环境应力腐蚀的能力。环境应力的种类和大小由相应的技术标准规定。接触对应尽量避免不相容金属相互接触，必要时应采取适当的防电化学腐蚀措施。对于可靠性要求较高的产品，接触对一般都采用镍层作为中间防护涂覆层，再涂覆一定厚度的硬金层，其厚度由功能性和经济性确定，金层厚度一般应不小于 $1.27\mu m$。

4）接触对插入力和拔出力的确定。接触对的插入力和拔出力是连接器设计的重要参数。在材料和涂覆层选定的条件下，插入力和拔出力的确定取决于接触电阻要求和插拔寿命。为了使插入力和拔出力在寿命周期内数值稳定，需采取多种工艺保证措施。在加工中，一般都应设立质量控制点。对于用磷青铜和铍青铜等材料所制作的弹性接触件，应进行严格的热处理工艺。成形后的弹性件应进行应力失效工艺处理，以保证在使用期内的弹性稳定性。

（6）绝缘结构件的可靠性设计

1）结构形状及中心距的确定。根据产品结构要求及抗电强度、绝缘电阻、负载、触点温升等参数的要求，合理选择绝缘件的结构形状和中心距，并留有参数要求的足够富余量。

2）绝缘材料的选用。高可靠要求的绝缘件一般都要承受高温、低温、潮湿、低气压、盐雾、砂粒、霉菌等环境应力的影响和作用。所以，应选择具有良好绝缘性能、机械性能、吸湿性小并具有良好工艺性的绝缘材料。对于在一定核辐射环境条件下工作的连接器，其绝缘材料还应考虑耐辐射性。总之，绝缘材料的选择应保证连接器在寿命周期全过程中能完成规定的功能，并做到功能性和经济性的统一。

3）必须充分考虑绝缘件的结构工艺性或成形可能性。绝缘件结构应符合塑料绝缘件的加工工艺规范。应尽量避免因结构工艺性差所形成的不可靠因素，必要时对绝缘结构件进行计算机辅助应力应变分析和塑料模具的浇口、浇道的模拟分析，以及熔料的流动分析等，以保证结构和工艺性的最佳统一。

4）工艺条件的保证。应注意绝缘材料加工前的工艺处理。对于成形后的绝缘零件，必要时还需进行后处理。以上要求应列入工艺规范，加以严格要求。

（7）连接方式的设计

连接器的插头和插座连接方式目前大都采用螺纹连接、卡口连接、直插连接、直插锁紧连接、卡口式连接机械分离或电磁分离等。

根据使用要求设计连接器的连接结构时，应考虑使用要求和连接器的插合寿命及锁紧性能要求。在插合时，应有可靠的定位装置和防斜插作用，结构应符合先定位后插合的原则。

对于插拔寿命要求较高的连接器，应尽量不采用塑料支撑挂钩式锁紧装置，设计时应特别注意锁紧与分离机构的可靠性。

连接器的外壳应具有良好的机械强度，还应具有牢固的防护性、密封防水性和抗射频干扰性。对高可靠性要求的连接器，在外壳结构设计时采用多键定位、先插合后接触等多种措施。

根据使用要求，在外壳结构设计时，还应考虑端接引线固定装置。它对减小端接引线对接触对的机械应力作用、提高接触对的稳定性和可靠性有重大影响。

金属外壳直接经受各种环境应力的影响，一般都需进行防护性涂覆。对于特殊要求的连接器，如用在舰船等海洋性气候和较严酷环境中的连接器，金属外壳一般应涂覆镉层或化学镍层等。

5.3.2　继电器

1. 继电器分类及常见继电器工作原理

（1）继电器的分类

继电器的种类繁多，可以有不同的分类方法。

1）按工作原理分类：电磁型继电器、热继电器［恒温式、电热式、极化继电器（二位置极化式、二位置偏倚极化式)）、延时继电器（电磁式、电子式、混合式、电热式和电动机式）等。

2）按输入信号分类：电流继电器、电压继电器、功率继电器、速度继电器、压力继电器、温度继电器等。

3）按输出形式分类：有触点继电器和无触点继电器。

4）按触点负载分类：微功率继电器、弱功率继电器、中功率继电器、大功率继电器等。

5）按防护特征分类：密封继电器、封闭式继电器、敞开式继电器等。

6）按用途分类：测量继电器与辅助继电器。

7）按外形尺寸分类：微型继电器、超小型继电器、小型继电器等。

8）按防护特征分类：敞开式继电器、封闭式继电器、非气密式继电器、气密式继电器等。

（2）电磁继电器

电磁继电器一般由铁心、线圈、衔铁、触点簧片等组成的，如图 5.10 所示，只要在线圈两端加上一定的电压，线圈中就会流过一定的电流，从而产生电磁效应，衔铁就会在电磁力吸引作用下克服返回弹簧的拉力吸向铁心，从而带动衔铁的动触点与静触点（常开触点）吸合。当线圈断电后，电磁的吸力也随之消失，衔铁就会在弹簧的反作用力下返回原来的位置，使动触点与原来的静触点（常闭触点）吸合。这样通过吸合、释放，从而达到在电路中导通、切断的目的。电磁继电器有动合型、动断型。

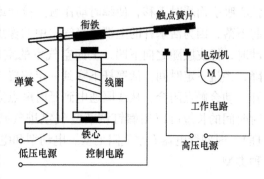

图 5.10　电磁继电器

（3）热敏干簧继电器

热敏干簧继电器是一种利用热敏磁性材料检测和控制温度的新型热敏开关，它由感温磁环、恒磁环、干簧管、导热安装片、塑料衬底及其他一些附件组成。热敏干簧继电器不用线圈励磁而由恒磁环产生的磁力驱动开关动作。恒磁环能否向干簧管提供磁力是由感温磁环的温控特性决定的。

（4）固态继电器

固态继电器（Solid State Relay，SSR）是具有隔离功能的无触点电子开关，在开关过程中无机械接触部件。固态继电器的输入电路可分为直流输入电路、交流输入电路和交/直流输入电路三种；隔离和耦合方式有光电耦合和变压器耦合两种，光电耦合通常使用光电二极管（如 LED，发光元件）到光电晶体管（接收元件），光电二极管到双向光控可控硅或光伏电池（接收元件），实现控制侧与负载侧隔离控制；高频变压器耦合是利用输入的控制信号产生自激高频信号，经耦合到二次侧，经检波整流、逻辑电路处理形成驱动信号；输出电路主要使用大功率晶体管（开关管）、单向可控硅整流器（SCR）、双向可控硅（TRIAC）整流器、功率 MOS 场效应晶体管（MOSFET）、绝缘栅双极晶体管（IGBT）等，也可分为直流输出电路、交流输出电路和交直流输出电路等形式。

固态继电器可以接收低压（DC 或 AC）信号输入，而驱动高压信号输出，具有隔离输出和输入及控制高功率输出的功能，按负载电源类型可分为交流型、直流型；按开关型式可分为动合型、动断型；按隔离型式可分为混合型、变压器隔离型和光电隔离型。

目前，光电隔离型固态继电器的应用最多，是一种发光器件和受光器件为一体的半导体继电器，输入侧和输出侧电气性绝缘，但信号可以通过光信号传输，其特点是寿命为半永久性、微小电流驱动信号、高阻抗绝缘耐压、超小型等。

固态继电器的优点是开关速度快、工作频率高、使用寿命长、噪声低和工作可靠等，可取代常规电磁继电器，广泛用于数位程控装置、量测设备、通信设备、安全设备、医疗设备等。

（5）时间继电器

时间继电器是一种利用电磁原理或机械原理实现延时控制的控制电器，如图 5.11 所示。当线圈通电（电压规格有 AC 380V、AC 220V 或 DC 220V、DC 24V 等）时，衔铁及托板被铁心吸引而瞬时下移，使瞬时动作触点接通或断开，但是活塞杆和杠杆不能同时跟着衔铁一起下落，因为活塞杆的上端连着气室中的橡皮膜，当活塞杆在释放弹簧的作用下开始向下运动时，橡皮膜随之向下凹，上面空气室的空气变得稀薄而使活塞杆受到阻尼作用而缓慢下降，经过一定时间，活塞杆下降到一定位置，便通过杠杆推动延时触点动作，使动断触点断开、动合触点闭合，从线圈通电到延时触点完成动作的这段时间就是继电器的延时时间，延时时间的长短可以用螺钉调节空气室进气孔的大小来改变（利用空气通过小孔节流的原理）。时间继电器有空气阻尼型、电动型和电子型等；也可分为通电延时型和断电延时型两种类型。

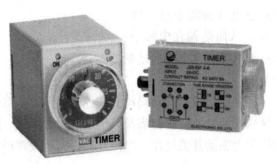

图 5.11　时间继电器

在交流电路中常采用空气阻尼型时间继电器，由电磁系统、延时机构和触点三部分组成，延时范围大（有 0.4 ~ 60s 和 0.4 ~ 180s 两种），结构简单，但准确度较低。

（6）中间继电器

中间继电器（Intermediate Relay）用于继电保护与自动控制系统中，以增加触点的数量及容量，它用于在控制电路中传递中间信号。中间继电器的结构和原理与交流接触器基本相同，与交流接触器的主要区别在于接触器的主触头可以通过大电流，而中间继电器的触头只能通过小电流。所以，中间继电器只能用于控制电路中，一般是没有主触点的，因为其过载能力比较小，所以它用的全部都是辅助触头，数量比较多。中间继电器线圈装在"U"形导磁体上，导磁体上面有一个活动的衔铁，导磁体两侧装有两排触点弹片，在非动作状态下触点弹片将衔铁向上托起，使衔铁与导磁体之间保持一定气隙。当气隙间的电磁力矩超过反作用力矩时，衔铁被吸向导磁体，同时衔铁压动触点弹片，使常闭触点断开、常开触点闭合，完成继电器工作。当电磁力矩减小到一定值时，由于触点弹片的反作用力矩，使触点与衔铁返回到初始位置，准备下次工作。"U"形导磁体可采用双铁心结构，即在两个边柱上均可装设线圈。

（7）功率方向继电器

功率方向继电器是当输入量（如电压、电流、温度等）达到规定值时，使被控制的输出电路导通或断开的继电器。可分为电气量（如电流、电压、频率、功率等）继电器及非电气量（如温度、压力、速度等）继电器两大类。具有动作快、工作稳定、使用寿命长、体积小等优点。广泛应用于电力保护、自动化、运动、遥控、测量和通信等装置中。

2. 继电器主要产品技术参数

（1）额定工作电压

额定工作电压是指继电器正常工作时线圈所需要的电压。根据继电器的型号不同，一般使用直流电压，但交流继电器可以是交流电压。

（2）直流电阻

直流电阻是指继电器中线圈的直流电阻，可以通过万用表测量。

（3）接触电阻

接触电阻是指继电器中的接点接触后的电阻值。此电阻值一般很小，不易通过万用表测量，宜使用低阻计配合四线测量方式来测量。对于许多继电器来说，接触电阻无穷大或者不稳定是最大的问题。

（4）吸合电流或电压

吸合电流或电压是指继电器能够产生吸合动作的最小电流或最小电压。在正常使用时，给定的电流必须略大于吸合电流，这样继电器才能稳定工作。而对于线圈所加的工作电压，一般也不要超过额定工作电压的 1.5 倍，否则会产生较大的电流而把线圈烧毁。

（5）释放电流或电压

释放电流或电压是指继电器产生释放动作的最大电流或最大电压。当继电器吸合状态的电流减小到一定程度时，继电器就会恢复到未通电的释放状态。这时的电流远远小于吸合电流。

（6）触点切换电压和电流

触点切换电压和电流是指继电器接点允许承载的电压和电流。它决定了继电器能控制的电压和电流大小，使用时不能超过此值，否则很容易损坏继电器的触点。

3. 继电器的测试

（1）测触点电阻

使用万用电表的电阻档测量常闭触点与动点电阻，其阻值应为 0；而常开触点与动点的阻值就为无穷大。由此可以区别哪个是常闭触点、哪个是常开触点。

（2）测线圈电阻

可用万能表 $R \times 10\Omega$ 档测量继电器线圈的阻值，从而判断该线圈是否存在开路现象。

（3）测量吸合电压和吸合电流

找来可调稳压电源和电流表，给继电器输入一组电压，且在供电回路中串联电流表进行监测。慢慢调高电源电压，听到继电器吸合声时，记下该吸合电压和吸合电流。为求准确，可以多试几次求出平均值。

（4）测量释放电压和释放电流

当继电器发生吸合后，再逐渐降低供电电压，当听到继电器再次发生释放声音时，记下此时的电压和电流，可多尝试几次而求出平均释放电压和平均释放电流。一般情况下，继电器的释放电压约为吸合电压的 10% ~ 50%，如果释放电压太小（小于 1/10 的吸合电压），则不能正常使用了，这样会对电路的稳定性造成威胁，工作不可靠。

5.3.3 连接类器件的失效机理与分析

连接类器件的可靠性水平很低，往往是电子设备或系统可靠性无法提高的关键所在，引起人们高度重视。在现场使用失效中发现，81% 的整机失效是由连接类器件失效引起的。因此，研究接触及其失效模式，揭示连接类器件不可靠的内在原因，进而提高其接触可靠性。

1. 接触电阻及其失效

从微观角度看，任何光滑的表面都是凹凸不平的，因此，两个接点接触时，不可能是整个接触面接触，而是有限点的接触。显然，实际接触面小于视在接触面，其差异决定于表面光滑程度和接触压力的大小。实际接触面分为两部分：一部分是金属与金属的直接接触，另一部分是通过界面氧化而形成氧化膜、有机气体吸附膜或尘埃等所形成的沉积膜而相互接触。因而，真正的接触电阻包括如下方面：

1）电流通过接触面时，由于接触面缩小而导致电流线收缩所显示的电阻，通常称为集中电阻。

2）由于接触表面所形成膜层而构成的膜层电阻，或称为界面电阻。

测量接触电阻时，往往都在接点引出端进行，因此，测得的接触电阻除包含集中电阻和膜层电阻外，还包含接触弹簧和引线等的金属欧姆电阻。通常为区别起见，把集中电阻和膜层电阻所形成的接触电阻称为真实接触电阻。

（1）集中电阻特性

集中电阻是由接触压力或热作用破坏界面膜而形成金属与金属直接接触所构成的电阻。从微观看，接触面是粗糙的面，其接触部分仅限于其中凸起的微点。因此，流过接触面的电流不是均匀地通过整个视在面，而是集中从视在面上分散的接触微点通过，从而导致电流线产生畸变，由此显示的电阻称为集中电阻。集中电阻的大小与材料本身的特性和生产工艺（如加工光洁度、电镀质量及热处理后的性能等）有关，还与接触压力和接点负荷有关。

当接触压力增加后，一方面由于接触触点的数量和面积逐渐增加，另一方面当接触面的平均压力超过材料屈服极限时，接触触点将从弹性形变过渡到塑性形变，因此，集中电阻将随之减小，最后趋于稳定。集中电阻与接触压力之间的关系如图 5.12 所示。为确保接触的可靠性，必须保证接触压力具有一定的要求。接触压力不足，除与设计、装调不当外，主要与材料热处理工艺不佳，以及长期应力下产生的累积效应使弹簧疲劳应力松弛和机械、电磨损等因素有关。此外，接点通电后，对集中电阻会产生影响，一方面，集中电阻产生的焦耳热（当达到再结晶温度时）可导致材料硬度降低，使原接触微点的接触面支撑不住接触压力，接触面积增大，从而使集中电阻降低；另一方面，由于金属材料是正温度系数，因而随温度的升高，固有电阻增大，从而又使集中电阻增大。这两种相反结果的综合效应可以得出：随着通电电流的增大，温度将随之增加，集中电阻也逐渐增大；当达到再结晶温度 T_s 时，集中电阻便显著减小；温度再继续增大，集中电阻再次呈现增加的趋势；当达到接点材料的熔融温度 T_m 时，接点金属熔接在一起，集中电阻便急速降低。集中电阻的变化曲线如图 5.13 所示。图中的 V_s、V_m 是对应于 T_s、T_m 时的接触压降。当产生的焦耳热足以使接触部位的金属呈熔融状态，一旦冷却下来便容易产生接点"粘结"失效。

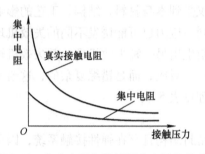

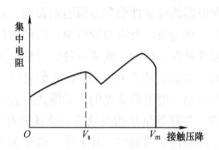

图 5.12　集中电阻与接触压力之间的关系　　　图 5.13　集中电阻的变化曲线

（2）膜层电阻特性

但是，并不是所有触点的接触电阻都随接触压力的增加而减小，这主要是由周围环境条件及有害气体的影响造成的。当触点金属采用镀银或涂覆银时，加电压通断试验后，发现碳、硫、锌、氧等元素在电接点上大量出现，表面生成了使接触电阻不稳定的氧化膜。由于电蚀的作用，银离子被剥蚀，随其深度增加，银含量不仅没有上升，反而还在继续下降，由于所形成的氧化层有一定深度，因此，加大接触压力仍不能使触点的接触电阻降低。触点表面之所以存在大量化学元素，是因为它吸附了微量的有机物体，从而构成了电阻率很高的有机层，其导热系数很低，当电流通过时，触点迅速发热，增加了触点电弧所耗能量，增大了接触电阻。触点在通断试验中又产生了电弧，电弧的高温使吸附在触点表面的有机物层分解成碳化物和聚合物，这些分解物又使电弧易于生成，增加了触点间的导电困难，促进了触点电蚀，这些化学元素成分在触点上扩散、转移，形成具有一定深度的氧化膜。氧化膜的生长与温、湿度有很大关系，而且温度、湿度越高，生长速度越快。这就是膜层电阻最重要的来源之一。膜层电阻的另一个来源是尘埃、松香、油污等在触点表面的机械附着、沉积所形成的较松散的表膜。由于带有微粒物质，极易嵌藏在接触表面的微观凹坑处，使得有效接触面积缩小，接触电阻增大，且极不稳定。

2. 触点粘结失效

产生接触粘结失效的主要原因如下：

1）在通电状态下，由于接触电阻产生的焦耳热，使触点处的金属处于熔融温度，导致接触面粘结。

2）对于开、闭工作状态的触点（如继电器和开关接点），在转换过程中出现放电，导致接触部位熔融而粘结。

3）触点部位的金属产生转移和飞溅，使接触面出现凹凸状而引起机械咬合，即接点锁紧现象。

4）由于金属表面分子间力的作用而导致粘结现象，如微型电磁继电器或干簧继电器中就可能出现。

3. 接触类器件的失效模式与失效机理

接触类器件本身是一个有机的整体，任何一个零部件出现问题都会导致产品失效。下面仅就最主要的接触元件的失效模式和失效机理分别加以介绍。

（1）继电器常见的失效模式及其失效机理

继电器的可靠性受多方面因素影响，它不仅受到本身材料、结构、工艺的影响，而且受到机械、环境条件及应力的影响。因此，即使同一应力也可能诱发不同的失效机理，甚至同时诱发几种失效机理，或某一种失效机理还可衍生出另一种失效机理。其失效机理与失效模式之间的关系也是极为复杂的，它们之间不是一一对应，而是错综复杂的，这给失效分析增加不少困难。继电器常见的失效模式及失效机理见表5.7。

（2）连接器常见的失效模式及其失效机理

连接器包括接插件、开关等，由于多为非密封结构且存在弹性接触系统，因此，其性能更易受环境温湿度变化、机械应力及各种有害气体、尘埃等的影响。连接器的品种极多，但其结构主要由接触系统和绝缘支撑系统两部分构成。它们的失效主要由电气和机械失效两方面因素所引起，表5.8列出了连接器常见的失效模式和失效机理。

表 5.7　继电器常见的失效模式及失效机理

失效模式	失效机理
接触不良	1）触点表面嵌藏尘埃污染物或介质绝缘物； 2）有机吸附膜及碳化膜； 3）摩擦聚合物； 4）有害气体污染膜； 5）电腐蚀； 6）接触簧片应力松弛使接触应力减小
触点粘结	1）火花及电弧等引起接触点熔焊； 2）电腐蚀严重引起接点咬合锁紧； 3）接触焦耳热引起接点熔焊； 4）分子间作用力（范德华力）冷焊
灵敏度恶化	1）水蒸气在低温时冻结； 2）衔铁运动失灵或受阻； 3）剩磁增大影响释放灵敏度
接点误动作	结构部件在机械应力下的谐振

（续）

失效模式	失效机理
接触簧片断裂	1）簧片有微裂纹及脆裂； 2）材料疲劳破坏； 3）有害气体在温、湿条件下产生应力腐蚀； 4）弯曲应力在温度作用下产生应力松弛
线圈断线	1）潮湿条件下的电解腐蚀； 2）潮湿条件下有害气体的腐蚀
短路（包含线圈短路）	1）线圈两端的电磁线及引出线焊接头； 2）绝缘不良且电磁线漆层有缺陷； 3）绝缘击穿引起短路； 4）导电异物引起短路
线圈烧毁	1）线圈绝缘的热老化； 2）引出线焊头绝缘不良引起短路而烧毁

表 5.8　连接器常见的失效模式和失效机理

失效模式	失效机理
接触不良	1）接触表面尘埃沉积； 2）有害气体吸附膜； 3）摩擦粉末堆积； 4）焊剂污染； 5）接点腐蚀； 6）接触簧片应力松弛； 7）火花及电弧烧毁
绝缘不良（漏电、电阻低、击穿）	1）表面有尘埃、焊剂等污染物且受潮； 2）有机材料检出物及有害气体吸附膜与表面水膜溶合形成离子性导电通道； 3）吸潮、长霉； 4）绝缘材料老化及电晕、电弧烧灼碳化
接触瞬断	弹簧结构及构件谐振
弹簧断裂	1）材料疲劳、破坏； 2）脆裂
吊力下降（连接器）	1）接触簧片应力松弛； 2）错插、反插及斜插使弹簧过度变形
动触刀断头（夹压型波段开关）	1）机械磨损； 2）火花、电弧烧损
跳步不清晰（开关）	1）凸轮弹簧或钢珠压簧应力松弛； 2）凸轮弹簧或钢珠压簧疲劳断裂
绝缘材料破损	1）绝缘体存在残余应力； 2）绝缘老化； 3）焊接热应力

4. 连接类器件的失效分析

继电器、连接器是目前元器件中可靠性最差的几种之一，由于影响因素很多，失效分析难度很大，这里仅就继电器（特别是结构比较复杂的密封继电器）失效分析中的主要问题作必要介绍。

（1）判定失效模式

在调查、收集失效现象和失效数据等失效信息后，必须进一步对失效件进行观测，从而判定失效部位及失效模式。密封式要比敞开式的继电器的判断更困难些，因为打开外罩会因受到振动或改变原配合状态而使本来的失效状态消失，从而无法确认其失效部位及失效模式。与密封性及其内部气隙有关的失效模式和失效机理，更不允许打开外罩来判断，必须借助各种分析手段及方法，以便在打开外罩前取得所需要的各种有用信息。例如，密封电磁继电器在高温运行试验中，监测显示系统同时出现全部常开接点"断开"及全部常闭接点"粘结"的失效，根据这些现象还不足以判定其失效模式。因为全部常开接点"断开"及全部常闭接点"粘结"的失效同时出现的概率极小，而上述监测现象可能有下面4种失效模式：

1）由于衔铁运动受阻或磁隙受污染而增大造成吸合不良。

2）线圈短路。

3）线圈开路。

4）常闭接点"粘结"。

想要判断清楚，需借助 X 射线透视检查及电性能测试来加以确认。X 射线透视检查可确定第 1 种失效模式，而测试线圈电阻便可判断是否存在第 2 种、第 3 种失效模式。通过测试灵敏度，也可以判断是否存在吸合不良的失效模式；用 X 射线透视检查不仅能检查吸合不良的失效模式，而且能检查推动杆碰擦外壳、衔铁与铁心之间存在粒状污染物等打开外罩后可能消失的失效模式和失效机理。通过上述检查分析，便可以判断其具体的失效模式及失效发生的部位。

（2）推断失效机理

由于失效模式与失效机理不是一一对应，因此，仅靠所获得的失效信息及失效模式还很难对其失效机理进行推断，必须利用解剖分析来对上述各种信息综合分析，推断失效机理。例如，密封电磁继电器接触不良，可以是接点污染、接触簧片应力松弛、电腐蚀及磁隙增大等失效机理造成的。X 射线透视检查可排除磁隙增大；接点电腐蚀可以凭经验及分析加以排除；接点簧片应力松弛需打开外罩后测量接触压力才能确定；接点污染除打开外罩分析接点表面外，打开外罩前对其检漏并分析密封腔内的气体成分也是十分重要的。若失效机理是接点污染时，则其污染源可以来自继电器内部（如装调、清洗等过程带入的污染或者由于有机绝缘材料溢出的有机气体等），也可以来自外部（如有害气体的侵入或水蒸气的侵入等），若来自外部可用氦质谱检漏仪检查何处存在微漏孔，如果不存在微漏孔，则必然来自内部；若来自内部，可进行试样腔内的气体成分及含量分析、或者直接分析继电器的有机材料的性能及其排气工艺、或者改变工艺条件的对比试验等来加以判断。这样一步一步深入，以便推断出比较符合实际的失效机理。

（3）失效分析程序

为了正确推断出失效机理，除了得到必要的失效现象和各种信息外，还必须正确选择和使用分析手段，才能达到预期目的。表 5.9 列出了密封电磁继电器的一般分析程序及其检查分析的内容，具体分析时可根据实际情况加以调整和补充。

表 5.9　密封电磁继电器的一般分析程序及其检查分析的内容

序号	分析程序	观测内容
1	外观检查	机械损伤；污染；密封缺陷
2	X 射线检查	密封部位的空隙；内部粒状污染物； 零件变形、损伤及配合状况；内部短路或开路
3	电性能分析	接触电阻；直流电阻；灵敏度； 异常通道及阻值；介电强度
4	密封性检查	氦质谱检漏仪细检
5	气体色谱分析	观测氮、氢、氧、水蒸气及碳氢化合物等的含量
6	打开密封外罩	锯或铣
7	内部检查	激励及不激励两种状态下的检查： 各种污染物；零件变形、损伤及配合不良； 烧伤痕迹及过热征兆；内部引线短路、开路及异常连接； 磁吸力及复原弹簧力；接触压力、超行程及接点间隙等
8	零件分解检查	将所有结构件及可动零件拆下来逐个检查分析
9	污染物的分析	接点表面的污染物及继电器腔内的各种污染物

5.4　磁性元件的可靠性

5.4.1　磁性材料及其应用

1. 分类

相关试验表明，任何物质在外磁场中都能够或多或少地被磁化，只是磁化的程度不同。根据物质在外磁场中表现出的特性，物质可分为 5 类：顺磁性物质、抗磁性物质、铁磁性物质、亚磁性（亚铁磁性）物质、反磁性（反铁磁性）物质。

根据分子电流假说，物质在磁场中应该表现出大体相似的特性，但是 5 类物质显示了物质在外磁场中的特性差别很大，这反映了分子电流假说的局限性。实际上，各种物质的微观结构是有差异的，这种物质结构的差异性是物质磁性差异的原因。通常把顺磁性物质和抗磁性物质称为弱磁性物质，把铁磁性物质和亚磁性物质称为强磁性物质。

磁性材料按磁化后去磁（即去掉磁性）的难易可分为软磁性材料和硬磁性材料。磁化后容易去磁的物质叫软磁性材料，不容易去磁的物质叫硬磁性材料。一般来讲，软磁性材料剩磁较小，硬磁性材料剩磁较大。

通常所说的磁性材料是指强磁性物质，广义还包括可应用其磁性和磁效应的弱磁性及反磁性物质；磁性材料按性质分为金属和非金属两类，前者主要有电工钢、镍基合金和稀土合金等，后者主要是铁氧体材料；按使用又分为软磁材料、永磁材料和功能磁性材料，功能磁性材料主要有磁致伸缩材料、磁记录材料、磁电阻材料、磁泡材料、磁光材料、旋磁材料及磁性薄膜材料等。

金属磁性材料在发电机、电动机、变压器，以及高频变压器、记录磁头等得到广泛应用。由于金属磁性材料的高频涡流效应严重，限制了它的使用范围；而铁氧体磁性材料性能优越、成本低廉、工艺简单，因而无论在高频或低频领域都占有独特地位，得到广泛应用。磁性材料由于其结构、性能的不同，可以做出各种磁性器件，按照磁性材料的基本性能可分为软磁、矩磁、旋磁、压磁、硬磁（永磁）等。

2. 软磁材料及应用

软磁材料易磁化也易退磁，大体上可分为 4 类。

1）合金薄带或薄片，如 FeNi(Mo)、FeSi、FeAl 等。

2）非晶态合金薄带，如 Fe 基、Co 基、FeNi 基或 FeNiCo 基等配以适当的 Si、B、P 和其他掺杂元素，又称磁性玻璃。

3）磁介质（铁粉心），如 FeNi（Mo）、FeSiAl、羰基铁和铁氧体等粉料，经电绝缘介质包覆和粘合后按要求压制成形。

4）铁氧体，包括尖晶石型 MFe_2O_4（M 代表 NiZn、MnZn、MgZn、$Li_{1/2}Fe_{1/2}Zn$、CaZn 等），磁铅石型 $Ba_3Me_2Fe_{24}O_{41}$（Me 代表 Co、Ni、Mg、Zn、Cu 及其复合组分）。

软磁材料的功能主要是导磁、电磁能量的转换与传输。因此，对这类材料要求有较高的磁导率和磁感应强度，同时磁滞回线的面积或磁损耗要小。与永磁材料相反，其剩余磁感应强度 B_r 和矫顽力 BH_c 越小越好，但饱和磁感应强度 B_S 则越大越好。软磁材料应用广泛，主要用于磁性天线、电感器、变压器、磁头、耳机、继电器、振动子、电缆、传感器、微波吸收材料、电磁铁、加速器高频加速腔、磁场探头、磁性基片、磁场屏蔽、高频淬火聚能、电磁吸盘、磁敏元件（如磁热材料作开关）等。

3. 矩磁材料及应用

常用的矩磁材料有镁锰铁氧体（$Mg-MnFe_2O_4$）和锂锰铁氧体（$Li-MnFe_2O_4$）等具有矩形磁滞回线的材料。

矩磁材料主要用作记忆器件，如信息记录、无接点开关、逻辑操作和信息放大等。

4. 旋磁材料及应用

旋磁材料（铁氧体）又称微波铁氧体，常用的材料已形成系列，有 Ni 系（$Ni-CuFe_2O_4$、$Ni-ZnFe_2O_4$）、Mg 系（$Mg-MnFe_2O_4$）、Li 系、YIG 系（$3Me_2O_3 \cdot 5Fe_2O_3$）和 Bi-CaV 系等铁氧体材料；并可按照器件的需要制成单晶、多晶、非晶或薄膜等不同的结构和形态。

具有独特的微波磁性，如导磁率的张量特性、法拉第旋转、共振吸收、场移、相移、双折射和自旋波等效应。据此设计的微波铁氧体器件主要用作微波能量的传输和转换，常用的有隔离器、环行器、滤波器（固定式或电调式）、衰减器、相移器、调制器、开关、限幅器及延迟线等，还有发展中的磁表面波和静磁波器件。

5. 压磁材料及应用

压磁材料指在外加磁场作用下会发生机械形变（伸长或缩短）的磁性材料，故又称磁致伸缩材料。其功能是磁声或磁力能量的转换，常用于超声波发生器的振动头、通信机的机械滤波器和电脉冲信号延迟线等，与微波技术结合可制作微声（或旋声）器件。由于合金材料的机械强度高、抗振而不炸裂，故振动头多用 Ni 系和 NiCo 系合金；在小信号下多用 Ni 系和 NiCo 系铁氧体，如镍锌铁氧体（$Ni\text{-}ZnFe_2O_4$）、镍铜铁氧体（$Ni\text{-}CuFe_2O_4$）和镍镁铁氧体（$Ni\text{-}MgFe_2O_4$）等。非晶态合金中新出现的有较强压磁性的压磁材料，适用于制作延迟线。

6. 硬磁材料及应用

硬磁材料磁化后不易退磁，又称永磁材料，即使在相当大的反向磁场作用下，仍能保持原磁化方向的磁性。对这类材料的要求是剩余磁感应强度 B_r 高、矫顽力 BH_c 强、磁能积（BH，即给空间提供的磁场能量）大。硬磁材料有合金、铁氧体和金属间化合物三类。

1）合金类，包括铸造、烧结和可加工合金，铸造合金的主要品种有 AlNi（Co）、FeCr（Co）、FeCrMo、FeAlC、FeCo（V）（W）；烧结合金有 Re-Co（Re 代表稀土元素）、Re-Fe 及 AlNi（Co）、FeCrCo 等；可加工合金有 FeCrCo、PtCo、MnAlC、CuNiFe 和 AlMnAg 等，后两种中 BH_c 较低者也称半永磁材料。

2）铁氧体类，主要成分为 $M_6Fe_{12}O_{19}$，M 代表 Ba、Sr、Pb 或 SrCa、LaCa 等复合组分。

3）金属间化合物类，主要以 MnBi 为代表。

根据使用需要，硬磁材料可有不同的结构和形态，有些材料还有各向同性和各向异性的区别。硬磁材料有多种用途：基于电磁力作用原理的应用主要有扬声器、扬声器、电表、按键、开关等；基于磁电作用原理的应用主要有磁控管和行波管、钛泵、微波铁氧体器件、磁阻器件、霍尔器件等；基于磁力作用原理的应用主要有磁轴承、选矿机、磁黑板、控温计等；其他方面的应用还有磁疗、磁化水、磁麻醉等。

7. 磁性元件及展望

磁电共存这一基本规律导致了磁性材料必然与电子技术相互促进而发展，现代磁性材料已经在磁性元件中得到广泛应用。磁性元件通常由绕组和磁心构成，它是储能、能量转换及电气隔离所必备的电力电子器件。基本的磁性元件是电感器和变压器两大类，随着磁性材料的研究发展，磁性材料与器件在各种家用电器、国防科技、地矿探测、海洋探测等领域的自动化、信息化方面得到全面应用。目前的研究热点包括：新的非晶态和稀土磁性材料（如 FeNa 合金）、磁性液体、新的物理和化学效应（如拓扑效应）产生的新磁性材料的研制和应用（如磁声和磁热效应）等。

5.4.2　电感器

1. 分类

电感器在电路中的符号如图 5.14 所示，其种类很多，可以有不同分类。

空心　磁心　铁心　带抽头　可调　磁心可调　　　　其他表示法
　　　　　　　　　　　　　　　外壳接地

图 5.14　电感器在电路中的符号

1）小型固定电感器：通常是用漆包线在磁心上直接绕制而成，主要用在滤波、振荡、陷波、延迟等电路中，它有密封式和非密封式两种封装形式，又分为立式和卧式两种外形结构；立式密封固定电感器采用同向型引脚；卧式密封固定电感器采用轴向型引脚。

2）可调电感器：常用的可调电感器有半导体收音机用振荡线圈、电视机用行振荡线圈、行线性线圈、中频陷波线圈、音响用频率补偿线圈、阻流电感器等。

3）按磁芯性质分类：空心线圈、铁氧体线圈、铁心线圈、铜心线圈。

4）按工作性质分类：天线线圈、振荡线圈、扼流线圈、陷波线圈、偏转。

5）按结构形式分类：绕线电感器、多层片式电感器、印刷电感器。

6）按绕线结构分类：单层线圈、多层线圈、蜂房式线圈。

7）按电感形式分类：固定电感线圈、可调电感线圈。

8）按工作频率分类：高频电感器、中频电感器、低频电感器。

2. 可靠性应用

1）电感类元件，其铁心与绕线容易因温升效果产生感量变化，需注意其本体温度必须在使用规格范围内。

2）电感器的绕线，在电流通过后容易形成电磁场。在元件位置摆放时，需注意使相临电感器彼此远离，或绕线组互成直角，以减少相互间的电感量。

3）电感器的各层绕线间，尤其是多圈细线，也会产生间隙电容量，造成高频信号旁路，降低电感器实际滤波效果。

4）以仪表测试电感量与 Q 值时，为求出正确数据，测试引线应尽量接近元件本体。

3. 发展趋势

随着电子产品小型化的发展，电感器的体积已减小到物理极限，如何在不增加成本的情况下，进一步缩小电感器的体积，是众多电感器生产厂商共同思考的问题。未来电感器的发展方向是集成化，电感器将与其他分立器件一起组合成复杂模块，为客户提供便于使用的完整系统。技术未突破前仍以小型化分立器件为主，要实现集成化还有一段距离。

为顺应未来发展方向，各大厂商不断改进电感器的制造工艺，扩大产能，满足不断增长的市场需求。小型电感器的市场需求量在不断增长，电感器生产厂商不断增加产品的附加值，这些都为小型电感器提供了成长空间。除了原材料价格上涨之外，危害物质限用指令（Restriction of Hazardous Substances Directive，ROHS）也为小型电感器生产厂商带来了成本压力。但随着各大厂商的努力，ROHS 等环保指令带来的影响，正被逐渐解决，已经不是影响小型电感器发展的主要因素。

5.4.3 变压器

1. 功能和分类

变压器的主要功能有电压变换、电流变换、阻抗变换、隔离、稳压（磁饱和变压器）等，具有多种分类方法。

1）按相数分类：单相变压器、三相变压器。

2）按冷却方式分类：干式变压器、油浸式变压器。

3）按用途分类：电力变压器、仪用变压器、试验变压器、特种变压器（电炉变压器、整流变压器、调整变压器、电容式变压器、移相变压器等）。

4）按绕组形式分类：双绕组变压器、三绕组变压器、自耦变电器。

5）按铁芯形式分类：芯式变压器、非晶合金变压器、壳式变压器。

2. 可靠性使用

1）防止变压器过载运行：如果长期过载运行，会引起线圈发热，使绝缘逐渐老化，闸间短路、相间短路或对地短路及油的分解。

2）防止变压器铁心绝缘老化损坏：铁心绝缘老化或夹紧螺栓套管损坏，会使铁心产生很大的涡流，铁心长期发热造成绝缘老化。

3）防止使用不慎破坏绝缘：变压器安装使用时，应注意保护线圈或绝缘套管，如果发现有擦破损伤，应及时处理。

4）保证导线接触良好：线圈内部接头接触不良，线圈之间的连接点，以及引至高、低压侧套管的接点和分接开关上各支点接触不良，会产生局部过热，破坏绝缘，发生短路或断路，此时所产生的高温电弧会使绝缘油分解，产生大量气体，变压器内压力增加，会发生爆炸。

5）防止电击：电器电源部分很容易遭受雷击，变压器会因击穿绝缘而烧毁。

6）短路保护要可靠：变压器线圈或负载发生短路，变压器将承受相当大的短路电流，如果保护系统失灵或保护定值过大，就有可能烧毁变压器。为此，必须安装可靠的短路保护装置。

7）保持良好的接地：对于采用保护接零的低压系统，变压器低压侧中性点要直接接地。当三相负载不平衡时，零线上会出现电流，当这一电流过大而接触电阻又较大时，接地点就出现高温，引燃周围的可燃物质。

8）防止超温：变压器运行时应监视温度的变化，如果变压器线圈导线是 A 级绝缘，其绝缘体以纸和棉纱为主，温度的高低对绝缘和使用寿命的影响很大，温度每升高 8℃，绝缘寿命要减少 50% 左右；变压器在正常温度（90℃）以下运行，寿命约为 20 年；若温度升至 105℃，则寿命为 7 年，若温度升至 120℃，寿命仅为 2 年。所以变压器在运行时，一定要保持良好的通风和冷却，必要时可采取强制通风，以达到降低变压器温升的目的。

5.4.4　微特电机

1. 种类

微特电机（Small and Special Electrical Machines），全称微型特种电机，简称微电机，是指直径小于 160mm 或额定功率小于 750W 或具有特殊性能、特殊用途的一类电机。微特电机种类繁多，大体可分为直流电动机、交流电动机、姿态角电机、步进电动机、旋转变压器、轴角编码器、交/直流两用电动机、测速发电机、感应同步器、直线电机、压电电动机、电机机组、其他特种电机等。

2. 性能参数

各类微特电机的性能差别很大，其性能参数难以统一，一般来说，用于驱动机械的侧重于运行及起动时的力能指标；作电源用的要考虑输出功率、波形和稳定性；控制用微特电机则偏重于静态和动态的特性参数。

（1）工作特性

控制用微特电机有其独特的特性参数，常用输出量与输入量或一个输出量与另一个输出量之间的关系来表示。从控制要求来说，静态特性曲线应连续、光滑，没有突变；动态特性常用频率曲线或响应曲线来表示：频率曲线应平稳，无突跳振荡点；响应曲线应快速收敛。

（2）灵敏度

灵敏度对应于单位输入信号的输出量的大小，一般常用比力矩、比电动势、放大系数等表示。

（3）精度

一定输入条件下，输出信号的实际值与理论值的差值代表微特电机的精度，常用误差大小表示。

（4）阻抗或电阻

在系统中，微电机的输入、输出阻抗应分别与相应电路匹配，保证系统的运行性能及精度。

（5）可靠性

可靠性不仅是控制用微特电机的特殊要求，驱动微特电机和电源微特电机也有此要求，常用使用寿命、失效率、可靠度和平均无故障时间等参数表征微特电机的运行可靠性。

3. 微特电机的可靠性设计

对于功能、可靠性要求及结构不同的微特电机，应针对其失效模式和失效机理选择相应的可靠性设计技术。

（1）电性能裕度设计

在微特电机的性能设计时，应考虑性能容差和裕度，保证产品在全寿命周期内不致出现性能失效。

1）充分估计磁性材料磁性能的温度系数、热处理的稳定性、机加工对磁性能的影响及磁性能的离散性。

2）导线线径公差及线圈尺寸公差。

3）线圈匝数公差。

4）气隙（转子外径和定子内径）公差。

5）磁路容差、漏磁估计、齿槽效应和电枢反应。

6）计算的准确度分析。

（2）结构设计

微特电机结构除保证性能要求外，应从以下方面保证其可靠性：

1）整体结构在机械应力（冲击、振动、加速度等）作用下的可靠性。

2）保证在环境气候条件下产品性能的稳定性。

3）为减小微特电机的摩擦转矩、保证运转灵活和寿命，需合理选择轴承和配合公差，按工作温度选择润滑剂。

4）对可修复的或不可修复的微特电机，都要保证安装可靠、替换及维修方便。

（3）工艺设计

为了使微特电机的固有可靠性得到保证，工艺是关键。通过工艺设计、工艺试验来确定最佳工艺路线、工艺方法和工艺参数。对关键工艺和关键工序要严格地实施控制。

工艺设计尽可能采用先进的、成熟的工艺方法和自动化程度高的设备、仪器和仪表，并加强控制、提高零部件的一致性、提高装配互换性，减少对微特电机固有可靠性的影响。

（4）接触可靠性设计

直流电机的换向器与电刷及信号电机的集电环与电刷，在旋转过程中执行电的传递，若接触不良就降低了产品功能，开路时产品则完全丧失功能，故必须采取技术措施保证其接触可靠性。

1）根据电流、转速等参数选择电刷与换向器（或集电环）的材料及其匹配关系。

2）电刷结构形式及其弹性力设计。

3）电刷与换向器（或集电环）的接触表面状况和粗糙度的控制。

4）电刷与换向器之间火花的抑制。

5）保证产品在全寿命周期内的稳态接触电阻变化在给定范围内。

6）采用无刷和无接触式结构替代接触式结构。

（5）电气绝缘设计

电气绝缘是微特电机的重要组成部分。一旦绝缘材料受热、吸湿和老化，则使寿命缩短、不安全因素增大，为此，产品电气绝缘设计应考虑如下因素：

1）根据使用环境温度和自身发热所产生的热分布，微特电机各部分的绝缘材料要采用相适应的耐热等级。

2）根据耐热等级采用相应的绝缘材料。

3）根据制造工艺，微特电机各部分绝缘结构应具有相应的机械性能和物理性能。

4）某些微特电机还应考虑耐辐射性和三防要求。

（6）评价试验设计

微特电机属于精密的机电组件，功能特性复杂，一般仅考核产品的环境适应性及使用寿命。按产品规范设计单项应力试验和极限应力试验，并根据合同逐项进行试验，其目的是验证微特电机可靠性设计的正确性，了解极限应力条件下的失效模式，评价微特电机的可靠性符合设计和产品规范的程度。

（7）故障模式分析技术

对同类产品的故障模式进行收集、分析，特别是收集使用现场中的故障，找出主要的失效原因，提出改进方案并进行验证，将有效措施用于设计。微特电机可靠性设计应采用故障树分析法（Fault Tree Analysis，FTA）。

（8）热设计技术

微特电机使用寿命与温度关系密切，某些微特电机温度升高，其机械参数、电气参数相应发生变化，导致产品寿命缩短、失效率增大。热设计时应考虑如下因素：

1）根据产品工作环境温度和自身发热温度及其分布等，选用耐热、热稳定与结构完好的材料。

2）性能设计时，尽可能降低功耗（铁耗、铜耗和机械损耗等）和采用热补偿措施。

3）结构设计时，充分利用热传导、热辐射和热对流技术及增强散热功能等，降低产品的温升，并使热分布趋于合理。

（9）耐环境设计技术

影响微特电机可靠性的环境应力有高温、低温、温度变化、冲击、振动、加速度、低气压、湿热、盐雾、霉菌、砂尘和辐射等。设计时要了解微特电机可能遇到的环境应力类型及应力强度，分析其对微特电机性能影响的程度，按最坏情况设计，使微特电机抗环境破坏的能力大于实际的环境应力强度。

5.4.5 磁性元件的失效机理与分析

如前所述，磁性元件的主要材料是铁氧体材料，一般情况下不会发生突然烧坏，因此，不存在突发故障，主要是由于电气参数和性能指标变坏从而导致产品失效。而性能的变坏与其化学组成、微观结构（晶粒结构和组织状况）、制备工艺等因素有密切关系。表 5.10 列出了常用的铁氧体的晶格类型。

表 5.10　常用铁氧体的晶格类型

结构	晶系	实例	主要用途
尖晶石型	立方	$NiFe_2O_4$	软磁、旋磁、矩磁和压磁材料
石榴石型	立方	$Y_3Fe_5O_{12}$	旋磁、磁泡、磁声和磁光材料
磁铅石型	六角	$BaFe_{12}O_{19}$	硬磁、旋磁和超高频软磁材料
钙钛矿型	立方	$LaFeO_3$	磁泡材料
钛铁石型	三角	$MnNiO_3$	较少
氯化钠型	立方	EuO	强磁半导体和磁光材料
金红石型	四角	CrO_2	磁记录介质

由于铁氧体材料和器件种类很多，现仅对使用较多的软磁铁氧体的失效分析进行介绍。软磁铁氧体的主要性能指标有磁导率、损耗角正切值、品质因素、工作频率范围及频率不稳定系数、工作温度范围及温度不稳定系数。此外，还有居里点、电阻率等。其失效主要是电磁参数随时间变化而发生物理、化学过程的结果。目前已知导致铁氧体老化引起性能变化主要有以下 3 种过程：

1）铁氧体阳离子价态的变化而引起的老化。

2）铁氧体晶格中阳离子分布的改变而引起的老化。

3）固溶体分解和热起伏引起的扩散而导致的老化。

这 3 种过程都可受温度、潮湿、磁场、机械负荷、电离辐射等各种因素的影响，而以温度影响最显著且最普遍。在居里温度下，随着温度升高，软磁铁氧体的磁导率随时间的变化加快。磁导率的变化，在宏观上表现为软磁材料的电感量下降（常作为电感性元件）。而磁导率的变化由不可逆部分（即老化）和可逆部分（即减落）组成。

1. 减落失效机理的分析

减落是指材料在交变磁场经过磁中性化（即完全退磁）以后，在未受任何机械和热干扰情况下，起始磁导率随时间而降低，最后趋于稳定的时间效应。导致减落的机理可以认为是材料制成或每次磁中性化过程后，其内部结构尚不稳定，需要调整变化过程，变为稳定态（降低其自由能）。在前一状态中，外磁场作用可得到较弧的磁化，相当于高磁导率；变到稳态后，则只能获得较弱的磁化，相当于低磁导率，这就是减落机理的概述。减落现象是可逆的，当铁氧体材料在减落以后，如果进行再磁化和去磁，磁导率又会恢复到较高值，然后再随时间降低。减落从晶体内部的调整变化过程来看，可分为两步：

1）离子迁移过程，即晶格中离子通过空位迁移，使局部各向异性改变，导致状态趋于稳定，这是减落的重要原因。

2）电子迁移过程，即不同价离子位置对换，它与配方掺杂及气氛控制等有关。

显然，减落受温度、化学成分和工艺条件的影响很大，实际的减落是很复杂的，研究表面减落对应于多种原因，如电子迁移、热激发、空位迁移等。

当化学成分适当，掺入适量的杂质可以在一个温度范围内降低减落，但却在另一个温度范围内使减落增加，因而掺杂的影响是比较复杂的。烧结温度和烧结气氛对减落的影响很大，随着烧结气氛中氧含量的增加，使空位的数量增加，从而使减落也有所增加；材料内部气孔率越高，则气孔周围的离子空位和 Fe^{+2} 的浓度越大，导致较高的减落。

此外，也可以采用自然老化或人工老化使材料内部的结构变化，如固溶体的分解或由热起伏引起的扩散等，使材料性能发生不可逆下降，从而也可加速减落的稳定。

2. 品质因素的机理分析

品质因素是软磁铁氧体的一个重要指标，它受限于材料的损耗，也限制了应用的上限频率。磁性材料和元件在交变磁场中一方面会受磁化，另一方面会发热，产生损耗。它的总损耗应包括磁化线圈的铜损耗、磁损耗和介电损耗。因此，铁氧体材料的单位体积的总磁损耗功率是由涡流损耗功率、磁滞损耗功率和后效损耗功率三部分组成。在低频弱交变磁场中，材料内部的总损耗可以看成各损耗的代数和，因此，相对应的损耗角正切值可为比涡流损耗、比磁滞损耗、比剩余损耗的代数和。

高磁导率和超高磁导率铁氧体有较大的涡流损耗，其主要原因是本身所含 Fe_3O_4 量大（非金属导电体）所致。从微观结构分析可知，当晶粒直径较大、晶界较薄、晶界的体积不大等，均使得电阻率低、涡流损耗大。可以采用某些酸性氧化物作添加剂或适当降低烧结温度来提高铁氧体的电阻率，从而可降低涡流损耗。

磁滞损耗在弱磁场时与材料的饱和磁感应强度成正比，而与起始磁导率的平方成反比，只有晶粒状完整、晶粒大小均匀、晶粒边界较厚、气孔较少、各向异性较小的铁氧体材料，其矫顽力较小，磁滞回线面积也可能小，因此，才可能具有较低的磁滞损耗。

后效损耗又称剩余损耗，在低频弱磁场中，剩余损耗主要是磁后效损耗（指由于弛豫过程而引起磁化滞后的损耗）；在较高频率下，剩余损耗主要包括畴壁共振损耗和自然共振损耗等。后效损耗是由电子扩散和离子（包括空穴）扩散造成的。它通常是可逆的，且与环境温度、频串有关，与烧结过程中的固相反应程度有密切关系。一般来说，固相反应越完善，后效损耗也越低。

3. 影响电特性的因素

直流电阻率、电导率和介电常数是铁氧体电特性的主要参量，导致电特性的差异主要是铁氧体的微观结构和化学组成不同。铁氧体是一种磁性半导体，在电性能上属于半导体，其电阻率随温度的增加而降低，它们的导电机理是不同的，可以是空穴导电，也可以是电子导电。为了提高电导率，应尽量避免离子以多价状态的存在，尤其是容易导电的 Fe 离子，如加入少量的 Mn 或 Al 来置换和稀释 Fe，均可提高电阻率。

4. 铁氧体微观结构的分析方法

铁氧体材料与元件失效主要是物理性能变坏超过标准而失效，此失效与材料的微观结构有着密切联系，研究材料的微观结构是分析失效机理、改善材料与元件性能的根本措施。材料的化学成分可以采用一般的化学分析方法进行定性和定量分析，而现代仪器分析技术使之可以迅速、简便、高精度地分析，同时还可对铁氧体材料的晶型、相组成和形貌（即晶粒、晶界、气孔的形状大小和分布，以及裂纹、位错等缺陷）进行直接观察。表 5.11 给出了铁氧体微观结构常用的分析方法，应用范围的解释说明：M1 是粉末颗粒和多晶材料的晶粒大小、分布、相组成的定性和定量分析；M2 是粉末颗粒和材料表面层形貌、晶型、相组成的定性和定量分析及内应力和缺陷；M3 是粉末颗粒、薄膜和材料表面层或断口的形貌；M4 是材料的晶体构造、晶格常数、相组成的定性和定量分析、晶体的缺陷、单晶定向和多晶结构等；M5 是材料的表面层各种元素的分布状态、化学成分和形貌的综合分析；M6 是粉末颗粒、薄膜材料表面或断口的形貌、材料的晶体构造。

表 5.11　铁氧体微观结构常用的分析方法

分析方法	放大范围	放大倍数	分辨率/Å	试样	应用范围
金相显微镜	500Å～2mm	3000	500	研磨、抛光、组织显示（腐蚀）	M1
偏光显微镜	500Å～2mm	3000	500	同上/可透光薄片	M2
扫描电镜分析	100Å～100μm	20000	100	普通试样	M3
X 射线显微分析	—	—	—	—	M4
电子探针显微镜	100Å～100μm	20000	100	普通试样	M5
透射电子显微镜	50Å～100μm 10Å～100μm	10^5 10^6	50 10	超薄切片、极薄薄膜或薄膜复型	M6

注：1Å = 0.1nm = 10^{-9}m。

此外，对于材料成分分析，采用的现代分析手段有发射光谱、原子吸收光谱、红外光谱及 X 射线荧光分析；对于杂质可采用质谱分析；对于相变和物质结构还可以采用热谱分析（差热分析和热量分析）、中子衍射、离子衍射、核磁共振、γ 射线的共振吸收效应、声发射、放射性同位素和全息显微镜等进行分析。

例如，为了研究取向尖晶石铁氧体材料的热特性和结构，可以利用差热分析仪进行热分析，再利用 X 射线衍射仪进行 X 粉末衍射分析。根据热分析，可以作出差热曲线和热重曲线。从差热曲线可以确定吸热峰和放热峰的温度。当差热曲线有吸热或放热反应而热重曲线无变化时，一般是相变；当差热曲线和热重曲线均变化，即热失重或热增重，则是物质发生分解或氧化，从而可以确定热反应过程的变化规律。当要进一步确定其热反应状态，可按差热曲线得出的反应温度，作 X 衍射，可得出其衍射峰，从而可鉴定结构和状态。

又例如，要研究 MnZn 铁氧体磁头的残余应力的影响，由于制作中要经过切割、研磨、抛光、开凹及磁头缝隙焊接等主要工序，其受到外来机械力的作用，可导致材料表面完整晶体结构破坏、扭曲或畸变，其是否出现可通过 X 射线衍射？通过所得衍射弥散分布可知，其加工表面晶格存在变形，一部分晶格被破坏而成为非晶态结构；由电子衍射相关结论可知，在样品表面 $0.1\sim0.2\mu m$ 范围内，电子衍射呈模糊的环状，无衍射斑点或斑点很少，从而证实表面晶格被破坏、出现非晶态结构。

习　题

1. 讨论电子元器件工程中常用元器件有哪些。
2. 请说明电阻器的主要失效模式。
3. 从材料发展的角度讨论电解电容器性能的改善。
4. 根据失效模式和失效机理讨论连接器的可靠性设计。
5. 微特电机的可靠性设计要考虑的因素有哪些。

第6章 特殊元器件和非工作环节的可靠性

电子元器件的可靠性可以分为固有可靠性和应用可靠性，前者是器件制造出来时的可靠性，后者是器件安装到整机后所表现出来的可靠性。如果整机研发和生产人员在器件的选用、安装、测试、筛选、整机试验等过程中，方法有误或操作不当，就会使器件遭受过应力的作用而造成损伤，使得其可靠性劣化，这样不仅不能充分发挥器件固有可靠性的潜力，而且会给整机带来隐患。可靠性应用技术就是要为器件的使用者提供一整套的器件选用、安装、测试、筛选等方法，以确保其可靠性。电子元器件可靠性应用的核心任务除了正确选择器件之外，就是要通过严格控制器件使用时的工作条件和非工作条件，防止各种不适当的应力或操作给器件带来损伤，最大限度发挥器件固有可靠性的潜力。

本章首先讨论了化学电源和物理电源、防护元件等电子元器件工程中特殊元器件的常见类型、使用知识及其可靠性问题；最后介绍电子元器件工程的非工作环节（即安装、运送、储存和测量等环节）中应该注意的可靠性方法。

6.1 化学电源和物理电源的可靠性

6.1.1 化学电源

1. 简介

化学电源通过化学反应，消耗某种化学物质，输出电能，常见的电池大多是化学电源。其在国民经济、科学技术、军事和日常生活方面均获得广泛应用。化学电池的品种繁多，现代电子技术的发展，对化学电池提出了很高的要求，每一次化学电池技术的突破，都带来了电子设备革命性的发展，如为电动汽车提供动力的化学电池具有广阔的应用空间。

2. 分类

化学电池使用面广、品种繁多。为不间断电源的大型固定型铅酸蓄电池或与太阳能电池配套使用的铅酸蓄电池是体积非常庞大的液体电池；对于移动电器设备，有些使用的是全密封、免维护的铅酸蓄电池，其中的电解液硫酸是由硅凝胶固定或被玻璃纤维隔板吸附的。

1）按照电解液状态分类：干电池、液体电池。

2）按照使用次数分类：一次性电池和可充电电池。

3）按照使用性质分类：干电池、蓄电池、燃料电池。

4）按照电解质性质分类：锂电池、碱性电池、酸性电池、中性电池。

一次性电池分类：碱性锌锰干电池、锌锰干电池、锂电池、锌电池、锌空气电池、锌汞电池、氢氧电池和镁锰电池；可充电电池按制作材料和工艺不同分类：铅酸蓄电池、镍镉电池、镍铁电池、镍氢电池、锂离子电池。

3. 干电池

干电池也称一次电池、原电池,即电池中的反应物质在进行一次电化学反应放电之后就不能再次使用了。

(1) 锌锰干电池

锌锰干电池,又称碳锌电池,是日常生活中常用的干电池,其结构由三部分组成:

1) 正极材料:MnO_2、石墨棒等。

2) 负极材料:锌片。

3) 电解质:NH_4Cl、$ZnCl_2$ 及淀粉糊状物等。

电池符号可表示如下:

$$(-)\, Zn \mid ZnCl_2 \text{、} NH_4Cl\,(\text{糊状}) \parallel MnO_2 \mid C\,(\text{石墨})\,(+)$$

负极:$Zn = Zn^{2+} + 2e$

正极:$2MnO_2 + 2NH_4^+ + 2e = Mn_2O_3 + 2NH_3 + H_2O$

总反应:$Zn + 2MnO_2 + 2NH_4^+ = 2Zn_2^+ + Mn_2O_3 + 2NH_3 + H_2O$

锌锰干电池的电动势为 1.5V,因产生的 NH_3 被石墨吸附,引起电动势下降较快。如果用高导电的糊状 KOH 代替 NH_4Cl,正极材料改用钢筒,MnO_2 层紧靠钢筒,就构成碱性锌锰干电池。

(2) 碱性锌锰干电池

碱性锌锰干电池以碱性电解质代替中性电解质,锌为负极,二氧化锰为正极,简称碱锰电池、碱性电池,化学方程式如下:

$$Zn + 2MnO_2 + 2H_2O = 2MnOOH + Zn(OH)_2$$

碱性锌锰干电池是普通干电池升级换代的高性能电池产品,碱性锌锰干电池的标称电压为 1.5V,最高电压为 1.65V,其放电性能与普通锌锰干电池相比有下列特点:

1) 内阻小,能在重负荷下连续工作的同时维持较高的稳定电压。

2) MnO_2 利用率高,相同体积条件下比较,其电荷量比纸板电池大 1 倍左右。

3) 储存期内自放电率小,一般储存 3 年仍能保持原有电荷量的 85%,寿命较长。

4) 低温性能好,在 $-20\,℃$ 能输出常温电荷量的 25%,轻负荷下还能在更低的温度下($-40\,℃$)工作。

5) 在特定的设计和严格控制的使用条件下,可作为廉价的蓄电池多次充电反复使用,MnO_2 掺杂钛或其他一些金属氧化物,可提高 MnO_2 的充电性能。

(3) 锌汞电池

锌汞电池由美国的罗宾发明,故又名罗宾电池,是最早的小型电池。锌汞电池的放电电压平稳,可用作要求不太严格的电压标准。缺点是低温性能差(只能在 0℃ 以上使用),并且汞有毒。锌汞电池已逐渐被其他系列的电池代替。

(4) 锌空气电池

锌空气电池以空气中的氧为正极活性物质,因此比容量大,有碱性和中性两种系列,结构上又有湿式和干式两种。湿式电池只有碱性一种,用 NaOH 为电解液,价格低廉,多制成大容量(100Ah $^{\ominus}$ 以上)固定型电池供铁路信号用。中性空气干电池原料丰富、价格低廉,但

$\ominus$ Ah 即安 [培小] 时,电量的单位。

只能在小电流下工作；碱性空气干电池可大电流放电，比能量大，连续放电比间歇放电性能好。所有的空气干电池都受环境湿度影响，使用期短，可靠性差，不能在密封状态下使用。

（5）固体电解质电池

固体电解质电池以固体离子导体为电解质，分为高温、常温两类。高温的有钠硫电池，可大电流工作；常温的有银碘电池，电压0.6V，价格昂贵，尚未获得应用。已使用的是锂碘电池，电压2.7V，其可靠性很高，可用于心脏起搏器，但这种电池的放电电流只能达到微安级。

（6）储备电池

储备电池有两种激活方式，一种是将电解液和电极分开存放，使用前将电解液注入电池组而激活，如镁海水电池、储备式铬酸电池和锌银电池等；另一种是用熔融盐电解质，常温时电解质不导电，使用前点燃加热剂将电解质迅速熔化而激活，称为热电池。这种电池可用钙、镁或锂合金为负极，KCl和LiCl的低共熔体为电解质，$CaCrO_4$、$PbSO_4$或V_2O_5等为正极，以锆粉或铁粉为加热剂，采用全密封结构可长期储存（10年以上）。

（7）标准电池

标准电池中最著名的是惠斯顿标准电池，分为饱和型、非饱和型两种，其标准电动势为1.01864V（20℃），非饱和型的电压温度系数约为饱和型的1/4。

4. 蓄电池

蓄电池是可以反复使用、放电后可以充电使活性物质复原以便再重新放电的电池，也称二次电池。其应用广泛，按照所用电解质的酸碱性质不同，可分为酸性蓄电池和碱性蓄电池。

（1）酸性蓄电池

酸性蓄电池（又称铅酸蓄电池）由一组充满海绵状金属铅的铅锑合金格板做负极，由另一组充满二氧化铅的铅锑合金格板做正极，两组格板相间浸泡在27%～37%电解质稀硫酸中，放电时，电极反应如下：

负极：$Pb + SO_4^{2-} = PbSO_4 + 2e$

正极：$PbO_2 + SO_4^{2-} + 4H^+ + 2e = PbSO_4 + 2H_2O$

总反应：$Pb + PbO_2 + 2H_2SO_4 = 2PbSO_4 + 2H_2O$

放电后，正、负极板上都沉积有一层$PbSO_4$，放电到一定程度后又必须进行充电，充电时用一个电压略高于蓄电池电压的直流电源与蓄电池相接，将负极上的$PbSO_4$还原成灰色的绒状铅（Pb），而将正极上的$PbSO_4$氧化成棕褐色的二氧化铅（PbO_2），充电时发生放电时的逆反应如下：

阴极：$PbSO_4 + 2e = Pb + SO_4^{2-}$

阳极：$PbSO_4 + 2H_2O = PbO_2 + SO_4^{2-} + 4H^+ + 2e$

总反应：$2PbSO_4 + 2H_2O = Pb + PbO_2 + 2H_2SO_4$

正常情况下，铅酸蓄电池的电动势是2.1V，随着电池放电生成水，H_2SO_4的浓度要降低，故可以通过测量H_2SO_4的密度来检查蓄电池的放电情况。铅酸蓄电池常用串联方式组成6V或12V的蓄电池组，具有充放电可逆性好、放电电流大、稳定可靠、使用温度及使用电流范围宽、价格便宜等优点；缺点是笨重、比能量（单位重量所蓄电能）小、对环境腐蚀性强。

使用时，铅酸蓄电池不宜放电过度，否则将使和活性物质混在一起的细小硫酸铅晶体结成较大的体,这不仅增加了极板的电阻,而且在充电时很难使它再还原,直接影响铅蓄电池的容量和寿命。正常使用的铅蓄电池能充、放电数百个循环、储存性能好(尤其适于干式荷电储存)。常用作汽车的启动电源、矿山和潜艇的动力电源,以及变电站的备用电源。

采用新型铅合金和电解液添加纳米碳溶胶,可改进铅蓄电池的性能。如采用铅钙合金作板栅,能保证铅蓄电池最小的浮充电流、减少添水量和延长使用寿命;采用铅锂合金铸造正板栅,可减少自放电并满足密封需要。此外,开口式铅蓄电池要逐步改为密封式,并发展防酸、防爆式和消氢式铅蓄电池。

(2) 碱性蓄电池

日常生活中用的充电电池就属于碱性蓄电池,它的体积、电压都和干电池差不多,携带方便,使用寿命比铅蓄电池长得多,使用得当可以反复充、放电上千次,但价格比较贵。常见的商品电池中有铁镍蓄电池和镍镉蓄电池,其反应都是在碱性条件下进行的,所以叫碱性蓄电池,它们的电池反应如下:

$$Fe + 2NaO(OH) + 2H_2O = 2Ni(OH)_2 + Fe(OH)_2$$
$$Cd + 2NiO(OH) + 2H_2O = 2Ni(OH)_2 + Cd(OH)_2$$

其中,铁镍蓄电池也叫爱迪生电池,铁镍蓄电池的电解液是碱性的氢氧化钾溶液,其正极为氧化镍、负极为铁。电动势约为 $1.3 \sim 1.4V$。其优点是轻便、寿命长、易保养,缺点是效率不高。

镍镉蓄电池的正极为氢氧化镍、负极为镉,电解液是氢氧化钾溶液。其优点是轻便、抗震、寿命长,常用于小型电子设备。

银锌蓄电池也是碱性蓄电池,正极为氧化银、负极为锌,电解液为氢氧化钾溶液。银锌蓄电池的比能量大、能大电流放电、耐震,可用作人造卫星、火箭等的电源。充、放电次数可达 $100 \sim 150$ 次循环。其缺点是价格昂贵、使用寿命较短。

(3) 铅晶蓄电池

铅晶蓄电池采用的高导硅酸盐电解质是传统铅酸电池电解质的复杂性改型,并且具有无酸雾内化成工艺。铅晶蓄电池产品在生产、使用及废弃过程中都不存在污染问题,更符合环保要求。由于铅晶蓄电池用硅酸盐取代硫酸液作电解质,从而克服了铅酸电池使用寿命短、不能大电流充放电的一系列缺点,更加符合动力电池的必备条件,铅晶蓄电池也必将对动力电池领域产生巨大的推动作用。

(4) 纳米电池

纳米电池即用纳米材料(如纳米 MnO_2、$LiMn_2O_4$、$Ni(OH)_2$ 等)制作的电池。纳米材料具有特殊的微观结构和物理化学性能,如量子尺寸效应、表面效应和隧道量子效应等。目前使用的纳米活性碳纤维电池主要用于电动汽车上,该种电池可充电循环 1000 次,连续使用 10 年左右,一次充电只需 20min 左右,平路行程达 400km,重量约为 128kg。

5. 燃料电池

燃料电池与前两类电池的主要差别在于:它不是把还原剂、氧化剂物质全部储存在电池内,而是在工作时不断从外界输入氧化剂和还原剂,同时将电极反应产物不断排出电池。燃料电池是直接将燃烧反应的化学能转化为电能的装置,能量转化率高,可达 80% 以上,而一般火电站的热机效率仅为 30% ~ 40%。

燃料电池以还原剂（氢气、煤气、天然气、甲醇等）为负极反应物、以氧化剂（氧气、空气等）为正极反应物，由中燃料极、空气极和电解质溶液构成。电极材料多采用多孔碳、多孔镍、铂、钯等贵重金属及聚四氟乙烯，电解质则有碱性、酸性、熔融盐和固体电解质等。

以碱性氢氧燃料电池为例，它的燃料极常用多孔性金属镍吸附氢气。空气极常用多孔性金属银吸附空气。电解质则由浸有 KOH 溶液的多孔性塑料制成，其电池符号表示如下：

$(-)$ $Ni \,|\, H_2 \,|\, KOH$（30%）$\,|\, O_2 \,|\, Ag$（$+$）

负极反应：$2H_2 + 4OH^- = 4H_2O + 4e$

正极反应：$O_2 + 2H_2O + 4e = 4OH^-$

总反应：$2H_2 + O_2 = 2H_2O$

电池的工作原理是，当向燃料极供给氢气时，氢气被吸附并与催化剂作用，放出电子而生成 H^+，而电子经过外电路流向空气极，电子在空气极使氧还原为 OH^-，H^+ 和 OH^- 在电解质溶液中结合成 H_2O。氢氧燃料电池的标准电动势为 1.229V。

燃料电池把燃烧反应所放出的能量直接转化为电能，所以它的能量利用率高，约为热机效率的 2 倍以上。此外它还有下述优点：

1）设备轻巧。

2）不发噪音，很少污染。

3）可连续运行。

4）单位重量输出电能高。

燃料电池的技术包括：碱性燃料电池（AFC）、磷酸燃料电池（PAFC）、质子交换膜燃料电池（PEMFC）、熔融碳酸盐燃料电池（MCFC）、固态氧化物燃料电池（SOFC），以及直接甲醇燃料电池（DMFC）等，而其中，利用甲醇氧化反应作为正极反应的燃料电池技术，更是被业界看好而积极发展。

氢氧燃料电池目前已应用于航天、军事通信、电视中继站等，随着成本的下降和技术的提高，可望得到进一步的商业化作用。

6. 海洋电池

1991 年，我国首创以铝-空气-海水为能源的新型电池，称为海洋电池。它是一种无污染、长效、稳定可靠的电源。海洋电池彻底改变了以往海上航标灯的两种供电方式：一种是一次性电池，如锌锰电池、锌银电池、锌空（气）电池等，这些电池体积大、电能低、价格高；另一种是先充电后给电的二次性电源，如铅蓄电池、镍镉电池等，这种电池要定期充电、工作量大、费用高。

海洋电池是以铝合金为电池负极、金属（Pt、Fe）网为正极，用海水为电解质溶液。它靠海水中的溶解氧与铝反应产生电能，海水中只含有 0.5% 的溶解氧，为获得这部分氧，把正极制成仿鱼鳃的网状结构，以增大表面积，吸收海水中的微量溶解氧，这些氧在海水电解液作用下与铝反应，源源不断地产生电能，其两极反应如下：

负极（Al）：$4Al - 12e = 4Al^{3+}$

正极（Pt 或 Fe 等）：$3O_2 + 6H_2O + 12e = 12OH^-$

总反应：$4Al + 3O_2 + 6H_2O = 4Al(OH)_3 \downarrow$

海洋电池本身不含电解质溶液和正极活性物质，不放入海洋时，铝极就不会在空气中被氧化，可以长期储存。用时，把电池放入海水中，便可供电，其能量比干电池高 20～50 倍。电池设计使用周期可长达一年以上，避免经常交换电池的麻烦。即使更换，也只是换一块铝板，铝板的大小可根据实际需要而定。

海洋电池没有怕压部件，在海洋下任何深度都可以正常工作；海洋电池以海水为电解质溶液，不存在污染，是海洋用电设施的能源新秀。

7. 高能电池

具有高"比能量"和高"比功率"的电池称为高能电池。所谓"比能量"和"比功率"是指通过电池的单位质量或单位体积计算电池所能提供的电能和功率。高能电池发展快、种类多。

（1）银-锌电池

电子手表、液晶显示的计算器或小型助听器等所需的电流是微安或毫安级的，它们所用的电池体积很小，有"纽扣"电池之称。它们的电极材料是 Ag_2O_2 和 Zn，所以叫银-锌电池。电极反应和电池反应如下：

负极：$Zn + 2OH^- - 2e = ZnO + H_2O$

正极：$Ag_2O + H_2O + 2e = 2Ag + 2OH^-$

总反应：$Zn + Ag_2O = ZnO + 2Ag$

利用其化学反应也可以制作大电流的电池，具有质量轻、体积小等优点。这类电池已用于航空、火箭、潜艇等领域。

（2）锂-二氧化锰非水电解质电池（锂锰电池）

以锂为负极的非水电解质电池有几十种，其中性能最好、最有发展前途的是锂-二氧化锰非水电解质电池，这种电池以片状金属为负极、电解活性 MnO_2 为正极、高氯酸及溶于碳酸丙烯酯和二甲氧基乙烷的混合有机溶剂为电解质溶液，以聚丙烯为隔膜，电池符号可表示如下：

（-）$Li \mid LiClO_4 \mid MnO_2 \mid C$（石墨 +）

负极反应：$Li = Li^+ + e$

正极反应：$MnO_2 + Li^+ + e = LiMnO_2$

总反应：$Li + MnO_2 = LiMnO_2$

该种电池的电动势为 2.69V，重量轻、体积小、电压高、比能量大，充电 1000 次后仍能维持其能力的 90%，储存性能好，已广泛用于电子计算机、手机、无线电设备等。

（3）钠 + 硫电池

它以熔融的钠作电池的负极，熔融的多硫化钠和硫作正极，正极物质填充在多孔的碳中，两极之间用陶瓷管隔开，陶瓷管只允许 Na^+ 通过。放电分三步进行（第一步放电）：

负极：$Na = Na^+ + e$

正极：$2Na^+ + 5S + 2e = Na_2S_5$

总反应：$2Na + 5S = Na_2S_5$

负极上生成的 Na^+ 通过陶瓷管，进入正极与硫进行作用，生成 Na_2S_5，使正极成为 S 和 Na_2S_5 的混合物，直到将硫全部转化为 Na_2S_5，当正极的硫被消耗完之后转为第二步放电反应：

负极：$2Na = 2Na + 2e$

正极：$2Na^+ + 4Na_2S_5 + 2e = 5Na_2S_4$

总反应：$2Na + 4Na_2S_5 + 2e = 5Na_2S_4$

当 Na_2S_5 作用完后，电池放电转入后期工作的第三步放电：

负极：$2Na = 2Na + 2e$

正极：$2Na + Na_2S_4 + 2e = 2Na_2S_2$

总反应：$2Na + Na_2S_4 = Na_2S_2$

钠-硫电池的电动势为 $2.08V$，可作为机动车辆的动力电池。为使金属钠和多硫化钠保持液态，放电过程应维持在 $300℃$ 左右。

8. 锂电池

（1）锂离子电池

锂离子电池的组成包括：正极——活性物质一般为锰酸锂或者钴酸锂、镍钴锰酸锂材料[电动自行车则普遍用镍钴锰酸锂（俗称三元）或者三元 + 少量锰酸锂、纯的锰酸锂和磷酸铁锂]，导电集流体使用厚度 $10 \sim 20\mu m$ 的电解铝箔；隔膜——经特殊成型的高分子薄膜，薄膜有微孔结构，可以让锂离子自由通过，而电子不能通过；负极——活性物质为石墨或近似石墨结构的碳，导电集流体使用厚度 $7 \sim 15\mu m$ 的电解铜箔；有机电解液——它主要由碳酸酯类溶剂溶解六氟磷酸锂构成，聚合物锂离子电池的则使用凝胶状电解液；电池外壳——分为钢壳（方型很少使用）、铝壳、镀镍铁壳（圆柱电池使用）、铝塑膜（软包装）等，电池的盖帽也是电池的正负极引出端。

锂离子电池的工作原理就是指其充放电原理。当对电池进行充电时，电池的正极上有锂离子生成，生成的锂离子经过电解液运动到负极；作为负极的碳呈层状结构，它有很多微孔，到达负极的锂离子就嵌入到碳层的微孔中，嵌入的锂离子越多，充电容量越高。当对电池进行放电时（即电池的使用过程），嵌在负极碳层中的锂离子脱出，又运动回到正极。在锂离子电池的充放电过程中，锂离子处于从正极→负极→正极的运动状态，所以锂离子电池又叫摇椅式电池。

锂离子电池是新型高能量电池，按所用电解质不同分类：高温熔融盐锂电池；有机电解质锂电池；无机非水电解质锂电池；固体电解质锂电池；锂水电池。锂离子电池的优点是单体电池电压高、比能量大、储存寿命长（可达 10 年）、高低温性能好、可在 $-40 \sim 150℃$ 使用。缺点是价格昂贵、安全性不高。另外，电压滞后和安全问题尚待改善。大力发展动力电池和新的正极材料的出现，特别是磷酸亚铁锂材料的发展，对锂离子电池的发展有很大帮助。

磷酸铁锂电池是指用磷酸铁锂作为正极材料的锂离子电池（钴酸锂是绝大多数锂离子电池使用的正极材料），磷酸铁锂也是一种嵌入/脱嵌过程，这一原理与钴酸锂、锰酸锂完全相同，但是磷酸铁锂电池具有超长寿命、使用安全、可大电流快速放电、耐高温、大容量、无记忆效应、体积小、重量轻、绿色环保等诸多优点。

（2）锂一次电池

锂一次电池（Primary Lithium Battery）是一种以锂金属或锂合金为负极材料，使用非水电解质溶液的一次电池，与可充电锂离子电池是不一样的，其发明者是爱迪生，是一种高能化学原电池，俗称锂电池（原电池）。由于锂金属的化学特性非常活泼，使得锂金属的加工、保存和使用工艺对环境要求非常高，所以，锂电池长期没有得到应用。随着 20 世纪末微电子技术的发展，小型化的设备日益增多，对电源提出了很高的要求，锂电池随之进入了大规模的实用阶段。

锂一次电池的主要材料一般用金属锂或锂合金为负极活性物质，由于金属锂是一种活泼金属，遇水会激烈反应释放出氢气，所以这类锂电池必须采用非水电解质，它们通常由有机溶剂和无机盐组成，以不与锂和电池其他材料发生持续的化学反应为原则，常用 $LiClO_4$、$LiAsF_6$、$LiAlCl_4$、$LiBF_4$、$LiBr$、$LiCl$ 等无机盐作锂电池的电解质，而有机溶剂则一般是用 PC、EC、DME、BL、THF、AN、MF 中的二、三种混合作为有机溶剂使用。锂电池常用的正极活性物质包含：固态卤化物如氟化铜（CuF_2）、氯化铜（$CuCl_2$）、氯化银（$AgCl$）、聚氟化碳（$(CF)_4$）；固态硫化物如硫化铜（CuS）、硫化铁（FeS）、二硫化铁（FeS_2）；固态氧化物如二氧化锰（MnO_2）、氧化铜（CuO）、三氧化钼（MoO_3）、五氧化二钒（V_2O_5）；固态含氧酸盐如铬酸银（Ag_2CrO_4）、铋酸铅（$Pb_2Bi_2O_5$）；固态卤素如碘（I_2），液态氧化物如二氧化硫（SO_2）；液态卤氧化物如亚硫酰氯（$SOCl_2$）。因此锂一次电池有很多系列，常见的有锂-二氧化锰、锂-硫化铜、锂-氟化碳、锂-二氧化硫和锂-亚硫酰氯等。

锂一次电池的分类十分复杂，通常按照所选电解质的性质可分为以下 4 类：锂有机电解质电池、锂无机电解质电池、锂固体电解质电池、锂熔盐电池。锂一次电池的型号和种类繁多，它们各自有其特点和应用范围，不能互相取代，如锂-碘（Li-I_2）电池主要应用于心脏起搏器的电源；锂-二氧化锰（Li-MnO_2）电池主要应用于照相机及电子仪器设备的记忆电源；锂-二氧化硫（Li-SO_2）电池或锂-亚硫酰氯（Li-$SOCl_2$）电池主要应用于需要较大功率的无绳电动工具的电源；锂-氧化铜（Li-CuO）电池、锂-二硫化铁（Li-FeS_2）电池可与常规电池互换使用，应用领域非常广泛。

锂一次电池的型号多种多样，以圆柱型、方型、扣式硬币型为主，圆柱型有圆柱碳包式、圆柱叠片式、圆柱卷绕式；方型有方型叠片式、方型卷绕式。锂一次电池的容量从几十毫安时到几百安时不等，锂一次电池的标称电压有 1.5V 级和 3.0V 级两种，如通用的扣式锂-二氧化锰（Li-MnO_2）电池和锂-氟化碳 $[(Li$-$(CF_x)_n]$ 电池分别用字母 CR 和 BR 表示，其下角标的数字表示电池的型号。锂一次电池具有比能量高、寿命长、耐漏液等优点，但安全性较差。

表 6.1 为锂一次电池的几个主要种类。其中，F1：最常见的一次性 3V 锂电池，常简称锂锰电池；F2：可用来替代一般 1.5V 碱性电池，常简称锂铁电池；F3：心脏起搏器；F4：输出功率高、低温特性好。

表 6.1　锂一次电池的几个主要种类

代号	化学成分分类	正极	电解液	负极	标称电压	附注
B	锂-氟化石墨 $[Li$-$(CF_x)_n]$	氟化石墨（一种氟化碳）	非水系有机电解液	锂	3.0V	—
C	锂-二氧化锰（Li-MnO_2）	热处理过的二氧化锰	高氯酸锂非水系有机电解液	锂	3.0V	F1

（续）

代号	化学成分分类	正极	电解液	负极	标称电压	附注
D	锂-氧化铋（Li-Bi$_2$O$_3$）	氧化铋	非水系有机电解液	锂	1.5V	—
E	锂-亚硫酰氯（Li-SOCl$_2$）	亚硫酰氯	四氯铝化锂非水系有机电解液	锂	3.6V/3.5V	—
F	锂-硫化铁（锂-FeS）	硫化铁	非水系有机电解液	锂	1.5V	F2
G	锂-氧化铜（Li-CuO）	氧化铜	非水系有机电解液	锂	1.5V	—
I	锂-碘（Li-I$_2$）	碘和乙烯基吡啶固态聚合物	非水系有机电解液	锂	2.8V	F3
W	锂-氧化硫 Li-SO$_2$	氧化硫	溴化锂，PC 和 AN	锂	3.0	F4
K	锂-硫化铜 Li-CuS	硫化铜	非水系有机电解液	锂	1.5V	—

9. 微生物燃料电池

微生物燃料电池是可以将有机物中的化学能直接转化为电能的反应器装置。随着研究的深入，微生物燃料电池已可以利用各种污水中所富含的有机物质生产电能。它的发展不仅可以缓解日益紧张的能源危机及传统能源所带来的温室效应，同时也可以处理生产和生活中的各种污水。因此微生物燃料电池是一种无污染、清洁的新型能源技术，其研究和开发必将受到越来越多的关注。

6.1.2 物理电源

物理电池是指将太阳能、热能或核能转换成电能的供电设备或器件，作为无污染、无废弃物的新能源被广泛用于家用电器、汽车蓄电池、航空航天等领域。

1. 太阳电池

（1）简介

太阳电池是一种利用光生伏打效应把光能转换成电能的器件，又叫光伏器件，主要有单晶硅电池和单晶砷化镓电池等，太阳电池的工作原理如图 6.1 所示。日光照射太阳电池表面时，半导体 PN 结的两侧形成电位差，典型的输出功率为 5～10mW/cm^2，单体电池尺寸为 $2 \times 2 \sim 5.9 \times 5.9 cm^2$。太阳电池具有可靠性高、寿命长、转换效率高等优点，可做人造卫星、航标灯、晶体管收音机等的电源。

用于航天领域的太阳电池常由半导体硅制成（又称硅光电池），使用的单晶硅太阳电池的基本材料为纯度达 0.999999、电阻率在 $10\Omega \cdot cm$ 以上的 P 型单晶硅，包括 PN 结、电极和减反射膜等部分，受光照面加透光盖片（如石英或掺铈玻璃）保护，防

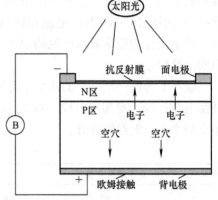

图 6.1　太阳电池的工作原理

止电池受外层空间范艾仑带内的高能电子和质子的辐射损伤；单晶砷化镓太阳电池的理论光电转换效率为 24%，实际达到 18%，它能在高温、高光强下工作，耐辐射损伤能力高于硅

光电池，但镓的产量较少，成本高。

级联 PN 结太阳电池是在一块衬底上叠加多个不同带隙材料的 PN 结，带隙大的靠光照面，吸收短波光，衬底往下的带隙依次减小，吸收的光波波长逐渐增长，这种电池可以充分利用太阳光，使光电转换效率大大提高。同时为了提高单体太阳电池的性能，可以采取浅结、密栅、背电场、背反射、绒面和多层膜等措施。增大单体电池面积有利于减少太阳电池阵的焊接点，提高可靠性。

（2）发展历史

1839 年，法国物理学家贝克雷尔发现了光伏效应（Photovoltaic Effect）；1883 年，第一个硒制太阳电池由美国科学家 Charles Fritts 制造出来；20 世纪 30 年代，硒制电池及氧化铜电池已经被应用在一些对光线敏感的仪器上，如光度计及照相机的曝光针上；硅制太阳电池在 1946 年由 Russell Ohl 开发出来；1954 年硅制太阳电池的转化效率提高到了 6% 左右；1974 年，Haynos 等人利用蚀刻工艺将太阳电池的转换效率达到 17% 。

1976 年以后，如何降低太阳电池成本成为业内关心的重点；1990 年以后，电池成本降低使得太阳电池进入民间发电领域，太阳电池开始应用于并网发电。

目前，太阳电池是光伏发电系统的核心，从产生技术的成熟度来区分，太阳电池可分为以下几个阶段：

1）第一代太阳电池：晶体硅电池。

2）第二代太阳电池：各种薄膜电池，包括非晶硅（a-Si）薄膜电池、碲化镉（CdTe）太阳电池、铜铟镓硒（$CuInxGa_{(1-x)}Se_2$，CIGS）太阳电池、砷化镓太阳电池、纳米二氧化钛染料敏化太阳电池等。

3）第三代太阳电池：各种超叠层太阳电池、热光伏（TPV）电池、量子阱及量子点超晶格太阳电池、中间带太阳电池、上转换太阳电池、下转换太阳电池、热载流子太阳电池、碰撞离化太阳电池等新概念太阳电池。

（3）分类

1）按照电池结构分类：晶体硅太阳电池、薄膜太阳电池。

2）按照使用的基本材料不同分类：硅太阳电池、化合物太阳电池、染料敏化电池和有机薄膜电池。

（4）硅基太阳电池

硅基太阳电池包括多晶硅太阳电池、单晶硅太阳电池和非晶硅太阳电池。产业化晶体硅太阳电池的效率可达 14% ~20% ，单晶硅太阳电池的效率为 16% ~20% ，多晶体硅太阳电池的效率为 14% ~16% 。目前，产业化太阳电池中多晶硅太阳电池和单晶硅太阳电池所占比例近 90% 。硅基太阳电池广泛应用于并网发电、离网发电、商业应用等领域。

1）单晶硅太阳电池。在硅基太阳电池中，单晶硅太阳电池的转换效率最高（16% ~20% ）、技术也最为成熟。目前，单晶硅的电池工艺已近成熟，在电池制作中，一般都采用表面微结构处理、发射区钝化、分区掺杂等技术，开发的电池主要有平面单晶硅太阳电池和刻槽埋栅电极单晶硅太阳电池。提高转化效率的途径主要是单晶硅表面微结构处理和分区掺杂工艺。

2）多晶硅太阳电池。多晶硅太阳电池成本低，转化效率较高（14% ~16% ），生产工艺成熟，占有主要光伏市场，是现在太阳电池的主导产品。多晶硅太阳电池已经成为全球太阳电池占有率最高的主流技术，但多晶硅太阳电池效率低于单晶硅太阳电池，单位成本发电效率两者接近。

3）非晶硅太阳电池。非晶硅的优点在于其对可见光谱的吸光能力很强（比结晶硅强500倍），所以只要薄薄的一层就可以把光子的能量有效吸收，而且非晶硅薄膜生产技术非常成熟，不仅可以节省大量的材料成本，也使得制作大面积太阳电池成为可能；主要缺点是转化率低（5%~7%），而且存在光致衰退，所谓的S-W效应，即光电转换效率会随光照时间的延续而衰减，使电池性能不稳定。因此非晶硅太阳电池在太阳能发电市场上没有竞争力，而多用于功率小的小分型电子产品市场，如电子计算器、玩具等。

（5）薄膜太阳电池

依据材料种类不同，薄膜太阳电池可细分为微晶硅薄膜硅太阳电池（Thin Film Crystalline Silicon Solar Cell，简称c-Si）；非晶硅薄膜太阳电池（Thin Film Amorphous Silicon Solar Cell，简称a-Si）、Ⅱ-Ⅵ族化合物太阳电池，如碲化镉（CdTe）、硒化铟铜；Ⅲ-Ⅴ族化合物太阳电池，如砷化镓（GaAs）、磷化铟InP、磷化镓铟（InGaP）。除了Ⅲ-Ⅴ族化合物太阳电池可以利用多层薄膜结构达到高于30%以上的转换效率外，其他集中薄膜型太阳电池的转换效率一般多在10%以下。

（6）Ⅲ-Ⅴ族化合物太阳电池

典型的Ⅲ-Ⅴ族化合物太阳电池为砷化镓（GaAs）电池，转换效率达到30%以上，这是因为Ⅲ-Ⅴ族是具有直接能隙的半导体材料，仅仅$2\mu m$厚度，就可在AM1（Air Mass，即光线通过大气的实际距离等于大气垂直厚度）的辐射条件下吸光97%左右。在单晶硅基板上，以化学气相沉积法成长GaAs薄膜所制成的薄膜太阳电池，因效率较高，可应用在太空。而新一代的GaAs多接面太阳电池，因可吸收光谱范围高，所以转换效率可达到39%以上，是目前转换效率最高的太阳电池，而且性能稳定，寿命也相当长。不过这种电池价格昂贵，平均每瓦价格可高出多晶硅太阳电池数十倍以上，因此不是民用主流。

Ⅲ-Ⅴ族化合物太阳电池因为具有直接能隙及高吸光系数、耐反射损伤性能好且对温度变化不敏感，所以适合应用在热光伏（Thermophotovolaics，TRV）系统、聚光系统（Concentrator System）及太空等领域。

（7）Ⅱ-Ⅵ族化合物太阳电池

Ⅱ-Ⅵ族化合物太阳电池包括碲化镉薄膜太阳电池和铜铟镓硒薄膜太阳电池。碲化镉薄膜太阳电池具有直接能隙，能隙值为1.45eV，正好位于理想太阳电池的能隙范围内，具有很高的吸光系数，成为可以获得高效率的理想太阳电池材料之一。此外，碲化镉薄膜太阳电池可利用多种快速成膜技术制作，由于模组化生产容易，因此近年来商业性表现较佳，玻璃衬底上制备CdTe已经用于生产大面积屋顶材料。但镉污染问题是发展该薄膜太阳电池的一项隐患。由于该电池制作过程耗时只有几分钟，易于快速批量生产，未来可能超过非晶硅太阳电池的使用量。

铜铟镓硒吸光范围非常广，而且在户外环境下稳定性相当好。由于其具有高转换效率和低材料制造成本，因此被视为未来最有发展潜力的薄膜太阳电池之一。在转换效率方面，若利用聚光装置的辅助，目前转换效率已经可以达到30%左右，在标准环境测试下最高也达到了 19.5%，可以和单晶硅太阳电池媲美。除了适合用在大面积的地表外，$Cu(InGa)Se_2$ 太阳电池也具有抗辐射损伤能力，所以也具有应用在太空领域的潜力。

（8）柔性衬底薄膜太阳电池

美国托力多大学的柔性衬底的单结非晶硅锗电池初始效率达到了 13%；日本已经建成了多条兆瓦量级的聚酯膜柔性电池生产线。无人驾驶的太阳能飞机上采用了柔性衬底非晶硅薄膜太阳电池作为能源，完成了横跨美洲大陆的飞行，显示了柔性非晶硅薄膜太阳电池作为飞行器能源的巨大潜力，图 6.2 所示为翼面安装有 62000 块双面非晶硅薄膜太阳电池板的太阳神号无人飞机。国内目前具备非晶硅薄膜太阳电池的研制技术基础，但是在柔性衬底上的研究还处于起步阶段，和国外的差距较大。

图 6.2　翼面安装有 62000 块双面非晶硅薄膜太阳电池板的太阳神号无人飞机

2. 核电池

核电池又叫放射性同位素电池，通过半导体换能器将同位素在衰变过程中不断放出（具有热能的）射线的热能转换为电能而制造的，即利用核裂变能量（放射性同位素衰变放出的载能粒子如 α 粒子、β 粒子和 γ 射线）使水蒸汽受热以推动发电机发电。核电池取得实质性进展始于 20 世纪 50 年代，由于其具有体积小、重量轻和寿命长的特点，而且其能量大小、速度不受外界环境的温度、化学反应、压力、电磁场等影响，因此可以在很大温度范围和恶劣环境中工作。

通常的核电池由辐射高能粒子、射线（高速电子流）的放射性源（如锶-90）、收集这些电子的集电器及电子由放射性源到集电器所通过的绝缘体等部分组成。放射性源一端因失去负电成为正极，集电器一端得到负电成为负极，在放射性源与集电器两端的电极之间形成电位差。

按照提供电压的高低，核电池可分为高压型（几百至几千伏）和低压型（几十毫伏至1V）；按照能量转换机制，可分为直接转换式和间接转换式，包括直接充电式核电池、气体电离式核电池、辐射伏特效应能量转换核电池、荧光体光电式核电池、热致光电式核电池、温差式核电池、热离子发射式核电池、电磁辐射能量转换核电池和热机转换核电池等。目前应用最广泛的是温差式核电池和热机转换核电池，这类核电池可产生高电压，但电流很小，用于心脏起搏器、人造卫星及探测飞船中，可长期使用。

3. 温差电池

（1）原理

温差电池就是利用温度差异使热能直接转换为电能的装置。温差电池的材料一般有金属和半导体两种。

用金属制成的温差电池的泽贝克效应较小，常用于测量温度、辐射强度等。这种电池一般把若干个温差电偶串联起来，把其中一头暴露于热源，另一个接点固定在特定温度环境中，这样产生的电动势等于各个电偶之和，再根据测量的电动势换算成温度或强度。例如，可用它来测量冶炼及热处理炉的高温。

1821 年，德国人泽贝克（Seebeck）发现，把两种不同的金属导体接成闭合电路时，如果把它的两个接点分别置于温度不同的两个环境中，则电路中就会有电流产生，这一现象称为泽贝克效应，又称第一热电效应，这样的电路叫作温差电偶、热电偶，这种情况下产生电流的电动势叫作温差电动势。例如，铁与铜的冷接头处为 $1℃$，热接头处为 $100℃$，则有 $5.2mV$ 的温差电动势产生。金属温差电偶产生的温差电动势较小，常用来测量温度差。但将温差电偶串联成温差电堆时，也可作为小功率的电源，就是温差电池。

用半导体制成的温差电池的泽贝克效应较强，热能转换为电能的效率也较高，因此，可将多个这样的电池组成温差电堆，作为功率电源。它的工作原理是，将两种不同类型的热电转换材料 N 型和 P 型半导体的一端结合并将其置于高温状态，另一端开路并给以低温时，由于高温端的热激发作用较强，空穴和电子浓度也比低温端高，在这种载流子浓度梯度的驱动下，空穴和电子向低温端扩散，从而在低温开路端形成电势差。如果将许多对 P 型和 N 型热电转换材料连接起来组成模块，就可得到足够高的电压，形成一个温差发电机。

（2）体温电池

体温电池是正在研究的新型电池，主要由一个可感应温差的硅芯片构成，其正面"感受"到的温度与背面温度具有一定温差时，内部电子就会产生定向流动，从而产生微电流。

虽然温差发电已有诸多应用，但长久以来受热电转换效率和较大成本的限制，温差发电技术向工业和民用产业的普及受到很大制约。虽然在近几年，随着能源与环境危机的日渐突出，以及一批高性能热电转换材料的开发成功，温差电技术的研究又重新成为热点，但突破的希望还是在于转换效率的稳定提高。

6.1.3 化学电源和物理电源的可靠性设计

1. 可靠性设计的一般概念和意义

化学电源和物理电源的可靠性设计是指在功能设计的同时，针对电源产品在规定条件下、规定时间内可能出现的失效模式，采取相应的可靠性设计技术，消除或控制其失效模式，使产品满足规定的可靠性指标要求。

电源的可靠性直接影响整机系统、设备、仪器仪表的可靠性。重视可靠性设计，提高化学电源和物理电源的固有可靠性，使电源产品在全寿命周期内满足规定的功能和可靠性指标的要求是非常重要的。

应考虑电池的结构、外型、工艺路线，使应用维修简便化，提高可操作性。

2. 建立可靠性模型

在进行化学电源和物理电源的可靠性设计之前，首先要建立可靠性模型，以表示电池的可靠性与组成它的重要部件和分系统之间的可靠性逻辑关系。它包括可靠性框图和可靠性数学模型。电源可靠性数学模型一般有串联模型、并联模型及三取二表决系统模型。

3. 可靠性预计

可靠性预计是一种预测过程，它是在系统建立了可靠性模型的基础上，利用元器件的失效率数据和其他信息来预测系统及各单元所能达到的可靠度或其他相应的可靠性特征量。

可靠性预计方法有相似产品法、相似电路法、元件计数法和元器件应力分析法等。前三种方法一般用于方案阶段的可靠性预计，后一种方法多用于设计阶段的可靠性预计。

4. 可靠性指标的分配

化学电源和物理电源的可靠性指标的分配是可靠性设计的重要手段，在保证新研制电源的可靠性达到目标值方面起着很重要的作用。

（1）可靠性指标分配的基本原则

1）可靠性指标分配应优先满足关键部件的可靠性要求。

2）对比较复杂的部件，分配的指标可略低一些。

3）对工作环境差的单元，如热源旁边的部件、接近振动源的部件等，分配的指标应低一些。

（2）可靠性指标分配的方法

可靠性指标分配的方法有平均分配法、复杂度与重要度分配法、系统失效率预计值法、工程加权分配法、相似系统等效法、综合评定分配法、相等失效率分配法及定值分配法等。选择分配方法时，应结合工作实际和已掌握的数据与资料，从实用性、简便性、经济性及与工程实际的一致性等方面考虑，选择最佳方法。

5. 安全性设计

（1）防止电池壳体炸裂

1）用"加强筋"等方法加强壳体的强度。

2）采用"破裂环"的方法，一旦电池内压增加，电池壳体在一定压力时缓慢破裂而不是瞬时炸裂，避免造成人员伤亡。

3）增加绝缘子的强度，减少电池内部水分，防止绝缘子飞出所造成的安全事故。

（2）防止"漏液"的安全设计措施

1）改善电池密封方法，防止密封不良。

2）改善电池结构，合理选择密封材料。

6. 元器件筛选试验的设计

筛选试验的目的是暴露元器件的固有缺陷及剔除早期失效，而不破坏元器件的固有可靠性，如果筛选试验的应力强度选择得当，劣质品会失效，合格品将会通过，从而可以将有缺陷的产品剔除，不至于使元器件的早期失效转化为整机系统的早期故障。应合理设计筛选试验的类型、方法、时间及试验项目和应力大小等。

7. 降额设计

降额设计是使元器件原材料工作在低于其额定值的应力条件下。运用降额技术可降低元器件的失效率，从而提高电池的固有可靠性。

应根据元器件的特点合理降额，降额不足或降额太大都是不适合的。一般来说，降额越大，元器件的寿命越长，然而也存在最低限度的应力水平，低于这种水平之后，可靠性的提高就会被系统复杂度的增加所抵销。

降额设计的方法是根据元器件在不同应力比值下失效率与温度的关系曲线来选用或确定降额因子。

8. 耐环境应力的设计

在可靠性设计时，应清楚电池的工作环境条件，还应了解影响电池可靠性的主要环境因素及其强度、频率、持续时间及各因素之间的相互关系等。影响电池可靠性的环境因素有高温、低温、潮湿、温度冲击、机械应力、辐射、低气压、盐雾等。

（1）高温环境

1）主要影响：高温环境会使电源内的电阻、电感、电容、电功率系数、介电常数等电性能参数发生变化；使绝缘子变软造成绝缘失效；活动性元件可能因膨胀而使结构失效、涂覆表面起泡、氧化和其他化学反应加速、润滑剂黏度降低和蒸发而丧失润滑性；由于物理膨胀而使活动部件的磨损增加及其结构强度降低等。

2）可靠性设计措施：采用散热装置、冷却系统、隔热耐热材料。

（2）低温环境

1）主要影响：低温环境会使电源的塑料和橡胶失去柔性而变脆，有潮气时会出现结冰，润滑剂变成胶质且变黏而失去润滑性；涂覆表面龟裂；由于物理性收缩而使结构失效，改变电和机械功能等。

2）可靠性设计措施：采用加热装置（电加热、化学加热、中和加热）、隔热、耐低温材料等。

（3）潮湿环境

1）主要影响：潮湿能渗入多孔性材料内，造成导电体之间漏电通路，产生氧气；零部件吸潮使绝缘电阻增加，影响激活时间、放电时间及工作电压，另外还可能造成正、负极柱锈蚀，零部件膨胀且容易破裂，丧失电强度和机械强度，造成结构崩溃。然而，过度干燥也会使某些材料变脆表面粗糙。

2）可靠性设计措施：采用密封、耐潮材料、干燥剂、防护涂层、镀层等。

（4）温度冲击

1）主要影响：温度冲击可使电源的材料承受瞬间超应力，造成龟裂和裂纹、层离等机械失效和密封破坏等，同时也使电性能永久性改变。

2）可靠性设计措施：使用防高温和防低温综合技术。

（5）机械应力

1）主要影响：机械应力主要是指冲击、振动和加速度，它能使电源的机械结构强度降低、磨损加剧，结构破坏，造成零部件松动、散架或脱落。机械性能受到破坏还可引起短路，导致电性能下降。

2）可靠性设计措施：加固结构件，降低惯性动量，采用抗震技术控制谐振。一般减震器有金属弹簧、橡胶蜂窝状纸质、泡沫聚苯乙烯塑料等。去耦技术和阻尼技术也是减少冲击、振动的一种可靠性设计技术。

（6）电磁辐射、核辐射和宇宙辐射

1）主要影响：产生错误信号，感生磁化，引起热老化；改变材料的物理、化学和电性能；产生气体和二次辐射，使表面氧化和褪色。

2）可靠性设计措施：采用屏蔽、选择合适的材料和元器件类型，并进行抗核加固设计。

（7）太阳辐射

1）主要影响：太阳辐射时，产生光化学作用和物理、化学反应，使其表面变质，内部温度升高，电性能受到影响。

2）可靠性设计措施：选择涂覆材料，加强稳定性设计。

（8）低气压

1）主要影响：因密封不良产生漏气，出现排气现象，其内部热量增加，影响电源的密封性能，导致空气介电常数降低；绝缘体飞弧或击穿，形成逆弧；出现电晕和臭氧，使电性能变化等；还可使包装材料破裂，机械强度降低。

2）可靠性设计措施：增加容器的机械强度，加强密封措施，改进绝缘和热传导方法。

（9）砂尘

1）主要影响：能擦伤电源、磨损精加工表面；造成气孔堵塞，润滑剂被沾污，绝缘件沾污，产生电晕通路，使电性能降低。

2）可靠性设计措施：采用空气过滤、密封等措施。

（10）盐雾

1）主要影响：盐和水结合能使材料沾上盐水而导电，引起金属锈蚀、化学腐蚀加剧，且使导电性提高，绝缘电阻降低，增加电压降。

2）可靠性设计措施：采用非金属防护盖，采用密封、干燥剂。

（11）风、雨、雪

1）主要影响：造成电源热损失、浸水、冲蚀、腐蚀、擦伤和堵塞等现象，而使其结构破坏、机械强度降低、磨损加剧、加速高低温效应，电性能也会受到影响。

2）可靠性设计措施：加强结构强度，密封防护。

（12）复合环境因素

电源在实际使用时，各种环境因素不是孤立的，单独作用的情况是极少的，往往是以复合的形式出现，同时各种环境因素之间也往往是相互关联的。可靠性工程师必须综合各种复合环境因素对电源的影响，采取相应的可靠性设计技术，以提高电池的固有可靠性。

9. 热设计

要使电源能在"全天候"（一般温度为 –50~70℃）环境下使用，同时要求电源向小型化（体积小、重量轻）、大功率方向发展，热设计技术是重要的可靠性技术之一。

一般来说，电源放电是一个放热反应过程。这些热量如果不及时地散发、导流出去，就会使电源内部温升过高而造成电压超额、容量降低、绝缘变小、壳盖飞出甚至使电源发生爆炸等失效。但是，当有些电化学系列电源的低温性能不好时，在低温环境中则需要加热。由于其热值设计偏低或保温层不好，会造成电源内部温度过低、电介质导电差和内阻增大、电压偏低、电源容量下降的失效模式。如果要求小型化电源内部元器件排列密度高，温升、温降显著，热设计是保证电源在规定环境温度下完成规定功能，提高其可靠性的重要方法。

温度过高或过低都会影响电源的可靠性，所以散热、冷却、热传导、加热和隔热等都是热设计首先要考虑的问题。热设计的目的就是要保证电源处于合适的温度环境中，使其功能和可靠性满足用户的要求。

热设计的基本方法如下：

1）加温、保温、隔热设计。

2）降温设计有自然冷却、强制冷却、蒸发冷却、热管冷却及低温防护。

3）热传导设计有热对流（自然对流，强迫对流）、热辐射等设计技术。

6.1.4 电池的可靠性测试

1. 电池的特性参量

在电池的可靠性测试中，需要测试的性能参量主要包括：电压、内阻、容量、内压、自放电率、循环寿命、密封性能、安全性能、储存性能、外观等，其他还有过充、过放、可焊性、耐腐蚀性等。

2. 电池的可靠性测试项目

1）循环寿命。

2）不同倍率放电特性。

3）不同温度放电特性。

4）充电特性。

5）自放电特性。

6）不同温度自放电特性。

7）储存特性。

8）过放电特性。

9）不同温度内阻特性。

10）高温测试。

11）温度循环测试。

12）跌落测试。

13）振动测试。

14）容量分布测试。

15）内阻分布测试。

16）静态放电测试。

3. 电池的安全性测试项目

1）内部短路测试。

2）持续充电测试。

3）过充电。

4）大电流充电。

5）强迫放电。

6）跌落测试。

7）从高处跌落测试。

8）穿刺试验。

9）平面压碎试验。

10）切割试验。

11）低气压内搁置测试。

4. 蓄电池的自放电测试（24h）

在蓄电池的充放电试验中常用 C 表示电池充放电时电流大小的比率，即倍率，表示放电快慢的一种量度，规定所用的容量在 1h 放电完毕，称为 $1C$ 放电，如容量 1200mAh 的电池，$0.2C$ 表示以放电电流 240mA（1200mA 的 0.2 倍率）放电 1h；$1C$ 表示以 1200mA（1200mA 的 1 倍率）放电 1h。

（1）镍镉和镍氢电池的自放电测试

由于标准荷电保持测试时间太长，一般采用 24h 自放电来快速测试其荷电保持能力，将电池以 $0.2C$ 放电至 1.0V；$1C$ 充电 80min，搁置 15min，以 $1C$ 放电至 1.0V，测其放电容量 C_1；再将电池以 $1C$ 充电 80min，搁置 24h 后，测 $1C$ 容量 C_2，$C_2/C_1 \times 100\%$ 则为自放电测试比率，如果值小于 15%，即通过测试。

（2）锂电池的自放电测试

将电池以 $0.2C$ 放电至 3.0V，恒流恒压 $1C$ 充电至 4.2V，截止电流 10mA，搁置 15min 后，以 $1C$ 放电至 3.0V，测其放电容量 C_1；再将电池恒流恒压 $1C$ 充电至 4.2V，截止电流 100mA，搁置 24h 后测 $1C$ 容量 C_2，$C_2/C_1 \times 100\%$ 即为自放电测试比率，合格产品的值应大于 99%。

5. 电池内阻的测试

电池的内阻是指电池在工作时电流流过电池内部所受到的阻力，一般分为交流内阻和直流内阻，由于充电电池内阻很小，测直流内阻时由于电极容易极化，产生极化内阻，故无法测出其真实值；而测其交流内阻可免除极化内阻的影响，得出真实的内值。

交流内阻的测试方法是利用电池等效于一个有源电阻的特点，给电池一个 1000Hz、50mA 的恒定电流，对其电压采样、整流、滤波等处理从而精确测量其阻值。

充电态内阻是指电池 100% 充满电时的内阻；放电态内阻是指电池充分放电后的内阻。一般来说，放电态内阻不太稳定，且偏大；充电态内阻较小，阻值也较为稳定。在电池的使用过程中，只有充电态内阻具有实际意义，在电池使用的后期，由于电解液的枯竭及内部化学物质活性的降低，电池内阻会有不同程度的升高。

6. 标准循环寿命测试（IEC 标准）

IEC 规定镍镉和镍氢电池的标准循环寿命测试为

电池以 $0.2C$ 放至 1.0V/支后：

第 1 步：以 $0.1C$ 充电 16h，再以 $0.2C$ 放电 2h30min（第 1 个循环）。

第 2 步：$0.25C$ 充电 3h10min，以 $0.25C$ 放电 2h20min（第 2~48 个循环）。

第 3 步：$0.25C$ 充电 3h10min，以 $0.25C$ 放电至 1.0V（第 49 循环）。

第 4 步：$0.1C$ 充电 16h，搁置 1h，以 $0.2C$ 放电至 1.0V（第 50 个循环）。

对镍氢电池重复以上 4 步共 400 个循环后，其 $0.2C$ 放电时间应大于 3h；对镍隔电池重复以上 4 步共 500 个循环，其 0.2C 放电时间应大于 3h。

IEC 规定锂电池的标准循环寿命测试如下：

电池以 0.2C 放电至 3.0V/支后，以 1C 恒流恒压充电至 4.2V，截止电流 20mA，搁置 1h 后，再以 0.2C 放电至 3.0V（一个循环），反复循环 500 次后容量应在初容量的 60% 以上。

7. 标准耐过充测试

IEC 规定镍镉和镍氢电池的标准耐过充测试为，将电池以 0.2C 放电至 1.0V/支，以 0.1C 连续充电 28 天，电池应无变形、漏液现象，且过充电后其 0.2C 放电至 1.0V 的时间应大于 5h。

IEC 规定锂电池的标准耐过充测试为，将电池 0.2C 放电至 3.0V，用电流 I 任意设置 10V 电压对电池充电，设电池 0.2C 的额定容量为 C_5，充电时间为 $T = 2.5 \times C_5/I$，电池最终不爆炸和起火。

8. 短路实验

将满电的电池在防爆箱内用一根导线连接正、负极短路，电池不应爆炸或起火。

9. 跌落测试

将满电电池组从 3 个不同方向于 1m 高处跌落于硬质橡胶板上，每个方向做 2 次，电池组的电性能应正常，外包装无破损。

10. 撞击实验

将一个 15.8mm 直径的硬质棒横放于满电电池上，用一个 9kg 的重物从 610mm 的高度掉下来砸在硬质棒上，电池不应爆炸、起火或漏液。

11. 穿刺实验

用一个直径为 2.0~25mm 的钉子穿过满电电池的中心，并把钉子留在电池内，电池不应爆炸或起火。

12. 温度循环实验

温度循环实验包含 27 个循环，每个循环由以下步骤组成：

第 1 步：电池从常温转为温度 66±3℃，在湿度 15（1±5%）条件下放置 1h。

第 2 步：在温度为 33±3℃、湿度 90（1±5%）的条件下放置 1h。

第 3 步：温度为 -40±3℃条件下放置 1h。

第 4 步：电池在温度为 25℃条件下放置 0.5h。

4 步即完成 1 个循环，经过 27 个循环实验后，电池应无漏液、爬碱、生锈或其他异常情况出现。

13. 灼烧实验

在防爆箱内，将满电电池在蓝色火焰上烘烤，电池安全阀应在一段时间后自动开启。

6.1.5 可靠性应用

1. 电池的选用

随着日用电器的多样化发展，电池的用途日益广泛，为了安全、可靠地使用电池，首先要会选择电池，应考虑几个基本方面。

1）根据电器的要求，选择适用的电池类型和规格尺寸，并根据电器耗电的大小和特点，购买适合电器的电池。

2）注意查看电池的生产日期和保质期，购买近期生产的电池（新电池），新电池性能好。

3）注意查看电池的外观，应选购包装精致、外观整洁干净、无漏液迹象的电池。

4）注意电池的标志，电池商标上应标明生产厂商、电池极性、电池型号、标称电压、商标等（注意要有中文）。

5）由于电池中的汞对环境有害，为了保护环境，在购买时应选用商标上标有"无汞""0%汞""不添加汞"字样的电池。

6）辨别充电电池的电池容量的大小，如一般的镉镍电池为 500mAh 或 600mAh；氢镍电池也不过 800~900mAh；锂离子手机电池的容量一般都在 1300~1400mAh。

7）观察充电的异常情况，如手机电池内部应有过流保护器，在外部短路等导致电流过大的情况下，自动切断回路，以免烧毁或损坏手机；锂离子电池还具有过流保护线路，当使用不规范电器时，交电电流过大时也会自动切断电源，导致充不进电，在电池正常情况下，可自动恢复到导通状态；质量差的充电电池会发热、冒烟，甚至爆炸。

2. 安全使用

电池在电器电路中的安全使用首先要参照电池自带的使用说明书，同时注意以下方面：

1）电器和电池接触件应清洁，必要时用湿布擦净，待干燥后按极性标示正确装入；认请电池极性再安装极为重要，应按照电器说明书的要求安装使用推荐的电池，如 3 只以上电池串联使用时，其中 1 只极性装反，反向电池会被充电，内部产生气体，将可能发生泄放和电解质泄漏。

2）新旧电池不要混用、同一种型号但不同电化学类型或牌号的电池不要混用、充电电池和一次电池不要混用，否则会使一组电池中的一些电池在使用中处于过放电状态，从而增加漏液的可能性。

3）一次性电池再生不能使用加热或充电方法，否则有可能发生爆炸。

4）不能将电池短路（存放电池时也不可与金属片或导线等混放在一起、不可撕掉电池的贴纸），以免电池产生泄漏或产生的热量损坏绝缘外包装，引起电池发热、漏液或爆炸。

5）不要拆卸电池，有些电解液有腐蚀性、毒性，如硫酸。

6）电器长期不用时应及时取出电池，使用后应关闭电源，以免电池继续放电使其内部发生不良化学反应而导致泄漏，如 S 型糊式电池，其容量低，在电池使用末期，极易漏液。

7）如果接上充电器后不能正常工作，不要强行将电池装入充电，先检查电池的正负极是否正确放置。

8）电池电路应远离外部电源的输出端等具有发热作用的装置、不能直接焊接电池，过高的温度会导致电池漏液，同时长时间在高温环境下也会降低电池的性能，减少电池的寿命。

9）注意充电短路情况，锂离子电池在充电过程中很容易发生短路情况：内部短路、外部短路等情况。虽然大多数锂离子电池都带有防短路的保护电路，但这个保护电路在各种情况下不一定会起作用。

10）选择合适的充电时间，就锂离子电池而言，锂的化学性质非常活泼，当电池充放电时，电池内部持续升温，活化过程中所产生的气体使电池内压加大，压力达到一定程度，如果外壳有伤痕，即会破裂，引起漏液、起火、甚至爆炸；聚合物锂离子电池如果充电时间过长，发生膨胀的可能性就会加大。

11）电池宜放置在干燥的温度（20~35℃）环境中，这样可以防止电池性能降低。

12）废电池不要随意丢弃，需要与其他垃圾分开投放。

3. 充电电池常识

（1）记忆性

如前所述，可充电电池的优点是循环寿命长，它们可全充放电200多次，有些可充电电池的负荷力要比大部分一次性电池高。普通镍镉、镍氢电池使用中，特有的记忆效应造成使用上的不便，常常引起提前失效。锂离子电池本身的特性，决定了它几乎没有记忆效应。

（2）容量

一般情况下，充电电池储存的总能量和其安全性是成反比的，随着电池容量的增加，电池体积也在增加，其散热性能变差，出事故的可能性将大幅增加。

（3）充电保护

为了避免因使用不当造成电池过放电或者过充电，在单体锂离子电池内设有三重保护机构。

1）开关元件，当电池内的温度上升时，它的阻值随之上升，当温度过高时，会自动停止供电。

2）使用隔板材料，当温度上升到一定数值时，隔板上的微米级微孔会自动溶解，从而使锂离子不能通过，热关闭性能好的隔板使内阻上升至2000Ω，让电池内部反应停止；如采用Celgard 2300 PE-PP-PE三层复合膜，在电池升温达到120℃的情况下，复合膜两侧的PE膜孔闭合，电池内阻增大，电池内部升温减缓；电池升温达到135℃时，PP膜孔闭合，电池内部断路，电池不再升温，确保电池安全可靠。

3）设置安全阀（就是电池顶部的放气孔），电池内部压力或温度达到预置的标准时，安全阀自动打开，开始进行卸压，以防止内部气体积累过多，发生壳体爆裂，保证电池的使用安全性。

有时，电池本身虽然有安全控制措施，但是因为某些原因造成控制失灵，缺少安全阀或者气体来不及通过安全阀释放，电池内压便会急剧上升而引起爆炸。

（4）多重保护

多重保护是指提高控制灵敏度、选择更灵敏的控制参数和采用联合控制，尤其是对于大容量电池。笔记本电脑和手机使用的锂离子电池所采用的底层技术是不安全的，大容量电池组除本身必须设置较为完善的保护功能外，还应有两种保护模块：电路板保护模块及智能电池控制模块，整套的电池保护设计包括：第1级保护，防止电池过充、过放、短路；第2级保护，防止第2次过压，包括保险丝、LED指示、温度调节等部件。

大容量锂离子电池组是由串/并联的多个电芯组成的，如笔记本电脑的电压为10V以上，容量较大，一般采用3~4个单电池串联，然后再将2~3个串联的电池组并联，以保证较大的容量。在多重保护机制下，即使是在电源充电器、笔记本电脑出现异常的情况下，笔记本电池还能转为自动保护状态，如果情况不严重，往往在重新插拔后还能正常工作，不会发生爆炸。

（5）充电电池特性

1）充电特性。充电电压会受到充电电流、充电时间和环境温度的影响，增大充电电流或降低环境温度都会导致充电电压增大；充电效率也会受到充电电流、充电时间和环境温度的影响，环境温度降低会导致充电效率下降。

2）放电特性。放电特性曲线会受到放电电流和环境温度等其他因素的影响，增大放电电流或降低环境温度都会减少放电容量和放电效率。

3）循环寿命。循环寿命与电池的使用电流和环境温度有关，当电池的充放电环境与用电设备和使用环境一致时，电池的效能可以发挥到最大。

4）存储性能。一般情况下，充好电后的电池在存放一段时间后，它的容量会损失一部分，这就是电池的自放电现象。储存电池的环境温度越高，电池的自放电越严重，但是损失的部分容量可以通过充电恢复。此外，电池不带电存储时间更长一些，只要存储环境适当，电池的容量都可以通过反复的充放电来恢复。

（6）充电电池的使用

1）正常充电。不同电池各有特性，简单的方法是按照说明书指示的方法进行充电，如果不是自制充电器，也就不需考虑充电电压与电流，一般只考虑充电时间。

2）快速充电。在储存、待机备用等状态下也要耗费电池，如果要进行快速充电，宜将电池拆下进行充电，如手机电池。有些自动化的智能型快速充电器在指示灯信号转变时，只表示充满了 90%，充电器会自动改用慢速充电将电池完全充满，最好将电池完全充满后使用，否则会缩短使用时间。

3）过度充电。当充电器对锂电池过度充电时，锂电池会因温度上升而导致内压上升，需终止当前充电的状态。此时，集成保护电路需检测电池电压，当到达 4.25V 时（设电池过充电压临界点为 4.25V）即激活过度充电保护，将 MOS 器件由开转为切断，进而截止充电。另外，为防止由噪音产生的过度充电而误判为过充保护，需要设定延迟时间，并且延迟时间不能短于噪音的持续时间以免误判。

4）记忆效应。如果电池属镍镉电池，长期不彻底充、放电，会在电池内留下痕迹，降低电池容量，这种现象被称为电池记忆效应。

5）消除记忆。方法是把电池完全放电，然后重新充满。放电可利用放电器或具有放电功能的充电器，也可以利用手机待机备用模式，如要加速放电可把显示屏及照明灯打开。要确保电池能重新充满，应控制时间，重复充、放电 2~3 次。

6）电池储存。锂电池可储存在环境温度为 -5℃~35℃ 和相对湿度不大于 75% 的清洁、干燥、通风的室内，应避免与腐蚀性物质接触，远离火源及热源。电池电量保持标称容量的30%~50%，推荐储存的电池每 6 个月充电一次。

6.1.6　锂离子电池失效分析

1. 保护三参数

锂电池芯过充到电压高于 4.2V 后，会开始产生副作用。过充电压越高，危险性也跟着越高。锂电芯电压高于 4.2V 后，正极材料内剩下的锂原子数量不到一半，此时储存格会垮掉，让电池容量产生永久性下降。如果继续充电，由于负极的储存格已经装满了锂原子，后续的锂金属会堆积在负极材料表面。这些锂原子会由负极表面往锂离子来的方向长出树枝状结晶。这些锂金属结晶会穿过隔膜纸，使正、负极短路。有时在短路发生前电池就先爆炸，这是因为在过充过程中电解液等材料会裂解产生气体，使得电池外壳或压力阀鼓涨破裂，使氧气进入电池内与堆积在负极表面的锂原子反应，进而爆炸。

锂电池充电时，一定要设定电压上限，才可以同时兼顾电池的寿命、容量和安全性。最理想的充电电压上限为4.2V。锂电芯放电时也要有电压下限，当电芯电压低于2.4V时，部分材料会开始被破坏。又由于电池会自放电，放越久电压会越低，因此，放电时最好不要放到2.4V才停止。锂电池从3.0V放电到2.4V这段期间，所释放的能量只占电池容量的3%左右。由此可见，3.0V是一个理想的放电截止电压。充、放电时，除了电压的限制，电流的限制也有其必要。电流过大时，锂离子来不及进入储存格，会聚集在材料表面。这些锂离子获得电子后，会在材料表面产生锂原子结晶，这与过充一样，会造成危险。万一电池外壳破裂，就会爆炸。

所以，对锂离子电池的保护，至少要包含充电电压上限、放电电压下限及电流上限。

2. 爆炸的原因分析

1）内部极化较大。

2）极片吸水，与电解液发生反应气鼓。

3）电解液本身的质量、性能问题。

4）注液时的注液量达不到工艺要求。

5）装配制程中激光焊的焊接密封性能差、漏气。

6）粉尘、极片粉尘首先易导致微短路。

7）正、负极片较工艺范围偏厚，入壳难。

8）注液封口问题，钢珠密封性能不好导致气鼓。

9）壳体来料的壳壁偏厚，壳体变形影响厚度。

10）外面环境温度过高也是导致爆炸的主要原因。

3. 爆炸类型分析

电池芯爆炸的类形可归纳为外部短路、内部短路及过充三种。

外部短路中的外部是指电芯的外部，包含了电池组内部绝缘设计不良等所引起的短路。当电芯外部发生短路、电子组件又未能切断回路时，电芯内部会产生高热，造成部分电解液汽化，将电池外壳撑大。当电池内部温度高到135℃时，质量好的隔膜纸会将细孔关闭，电化学反应终止或近乎终止，电流骤降，温度也慢慢下降，进而避免了爆炸发生。但是，细孔关闭率太差或是细孔根本不会关闭的隔膜纸，会让电池温度继续升高、更多的电解液汽化，最后将电池外壳撑破，甚至将电池温度提高到使材料燃烧并爆炸。

内部短路主要是因为铜箔与铝箔的毛刺穿破隔膜或是锂原子的树枝状结晶穿破膈膜所造成。这些细小的毛刺状金属会造成微短路。毛刺很细有一定的电阻值，因此，电流不见得会很大。铜铝箔毛刺是在生产过程中产生的，可观察到的现象是电池漏电太快，多数可被电池芯厂或组装厂筛检出来。而且，由于毛刺细小，有时会被烧断，使得电池又恢复正常。因此，因毛刺微短路引发爆炸的机率不高。

内部短路引发的爆炸，主要还是因为过充造成的。过充后极片上到处都是毛刺状锂金属结晶，刺穿点到处都是，到处都在发生微短路。因此，电池温度会逐渐升高，最后高温将电解液熔融为气体。这种情形，不论是温度过高使材料燃烧爆炸，还是外壳先被撑破，使空气进去与锂金属发生激烈氧化，都会爆炸。但是过充引发内部短路造成的这种爆炸，并不一定发生在充电时，有可能电池温度还未高到让材料燃烧、产生的气体也未足以撑破电池外壳时就终止充电，这时众多的微短路所产生的热，慢慢地将电池温度提高，经过一段时间后，才发生爆炸。

综合以上爆炸的类型，我们可以将防爆重点放在过充的防止、外部短路的防止及提升电芯安全性三方面上。其中，防止过充及防止外部短路属于电子防护，与电池系统设计及电池组装有较大关系。电芯安全性提升的重点为化学与机械防护，与电芯制造厂商有较大关系。

4. 寿命及影响因素

电池的使用寿命也包含储存不用的时间。锂电池一般能够充放电 300 ~ 500 次。最好对锂电池进行部分放电，而不是完全放电，并且要尽量避免经常的完全放电。电池容量的下降是由于氧化引起的内部电阻增加（这是导致电池容量下降的主要原因）。最后，电解槽电阻会达到某个点，尽管这时电池充满电，但电池已经不能释放已储存的电量。

锂电池的老化速度是由温度和充电状态决定的，这两种参数对电池容量的降低如下：充电 40% 和充电 100% 的电池在温度 0℃ 的环境存放，一年后容量分别是 98% 和 94%；在 25℃ 存放，一年后容量分别是 96% 和 80%；在 40℃ 存放，一年后容量分别是 85% 和 65%；在 60℃ 存放，一年后容量均为 75%、三个月后容量均为 60%。

由此可见，高充电状态和增加的温度加快了电池容量下降。如果可能的话，尽量将电池充到 40% 放置于阴凉地方。这样可以在长时间的保存期内使电池自身的保护电路运作。如果充满电后将电池置于高温下，这样会对电池造成极大的损害。因此，当我们使用固定电源时，此时电池处于满充状态，温度一般是在 25 ~ 30℃，这样就会损害电池，引起其容量下降。

6.2 防护元件的可靠性

为了抑制电路中可能出现的各种浪涌、静电、噪声和辐射等干扰对器件及设备产生的不良影响，除了采用常规的阻容元件和二极管构成的保护网络外，还有一些专用的防护元件，如瞬变电压抑制二极管、压敏电阻器、铁氧体磁珠、热敏电阻器和电花隙防护器等。这些防护元件在电子仪器、精密设备、家用电器、自动控制系统和计算机等军事和民用电子领域中的应用日益广泛，对保证电子元器件的应用可靠性起着重要作用。

防护元件主要是通过对进入电路或器件的干扰电压进行限幅、对干扰能量进行旁路、对干扰电流进行分流等途径，实现对不同电路或器件的保护。根据所要抑制的干扰信号的类型与幅值，可以采用不同的防护元件。例如，瞬变电压抑制二极管和压敏电阻器主要用于抑制变化迅速的浪涌电压，前者的保护电压一般在 200V 以下，后者可达几千伏；PTC 热敏电阻为功率晶体管提供过热保护，NTC 热敏电阻则用于冷浪涌保护；电火花间隙保护器通常是用来防护核爆炸引起的电磁感应脉冲；铁氧体磁珠则是用于抑制高频干扰。对防护元件的基本要求如下：

1）因接入防护元件在系统中引起的损耗应该尽可能的小。

2）防护元件对干扰电压或电流的响应时间尽可能的短。

3）防护元件应具有在规定时间间隔内吸收大量能量而不被损坏的能力。

6.2.1 瞬变电压抑制二极管

1. 特性

瞬变电压抑制（Transient Voltage Suppressor，TVS）二极管实际上是一种特殊结构的稳压二极管，有双向和单向两种，其电路符号与普通稳压二极管相同。双向的瞬变电压抑制二极管是由两个"背靠背"连接的齐纳二极管封装在一个管壳内构成，其电流-电压特性具有对称性。图6.3所示为双向瞬变电压抑制二极管的电流-电压特性和符号。一旦加在它两端的干扰电压超过临界电压 V_C，就会立刻被吸收掉。单向瞬变电压抑制二极管一般用于直流电路；双向瞬变电压抑制二极管则用于交流电路。

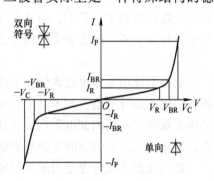

图6.3 双向瞬变电压抑制二极管的电流-电压特性和符号

与一般的稳压二极管相比，瞬变电压抑制二极管的突出特点是它的响应速度快（最高达 10^{-12} s）和串联电阻低，尤其是它能承受的瞬时功率容量很大，在 1ms 内可以吸收的脉冲功率可达 1000W 以上，可以有效保护对浪涌电压敏感的器件和线路。

瞬变电压抑制二极管的主要参数如下。

1）最大反向工作电压 V_{Rmax}，该参数表示瞬变电压抑制二极管的最大允许直流工作电压。在此电压下，该二极管是不导通的。使用时，应使 V_{Rmax} 不低于被保护器件或线路的正常工作电压。

2）最大钳位电压 V_{Cmax}，该参数规定了当峰值脉冲电流（持续时间通常为 1ms）流经瞬变电压抑制二极管时，在其两端出现的最大压降，它实际上是对浪涌电压的限值。使用时，应使 V_{Cmax} 不高于被保护器件的最大允许安全电压。例如，常规 CMOS 电路的电源电压是 3～18V，击穿电压为 22V 左右，则为了保证 CMOS 电路可靠工作，应选用 V_{Cmax} 为 18～20V 的瞬变电压抑制二极管。

3）最大峰值脉冲电流 I_{Pmax}，该参数规定了瞬变电压抑制二极管允许通过的最大脉冲电流（8/20μs 或 10/1000μs 波）。它与最大钳位电压 V_{Cmax} 的乘积就是瞬态脉冲功率的最大值。使用时，应使瞬变电压抑制二极管的额定瞬态脉冲功率 P_P 大于被保护器件或线路可能出现的最大瞬态浪涌功率。

4）击穿电压 V_{BR}，是加到瞬变电压抑制二极管的反向电压，在此瞬间，二极管成为低阻抗的通路，表示 TVS 器件导通的标志电压。

5）稳态功率 P_0，TVS 器件作为稳压二极管使用时的功率。

6）极间电容 C_j，电极间的寄生电容。单向 TVS 器件的极间电容比双向小，功率越大的 TVS 器件电容越大。

2. 分类

TVS 器件按照极性可以分为单极性和双极性两种。

TVS 器件按照用途可分为各种电路都适用的通用型器件和特殊电路适用的专用型器件。如各种交流电压保护器、4～200mA 电流环保器、数据线保护器、同轴电缆保护器、电话机保护器等。

TVS 器件按照封装及内部结构可分为轴向引线二极管、双列直插 TVS 阵列（适用多线保护）、贴片式、组件式和大功率模块式等。

3. 应用

TVS 是一种二极管形式的高效能保护器件，它具有响应速度快、瞬态功率大、漏电流低、击穿电压偏差小、箝位电压较易控制、无损坏极限、体积小等优点。

将 TVS 器件加在信号及电源线上，能防止微处理器或单片机因瞬间脉冲（如静电放电效应、交流电源的浪涌及开关电源的噪音）所导致的失灵；静电放电效应能释放超过 10000V、60A 以上的脉冲，并能持续 10ms；而一般的 TTL 器件，遇到超过 30ms 的 10V 脉冲时，便会损坏。利用 TVS 器件可有效吸收会造成器件损坏的脉冲，并能消除由总线之间开关所引起的干扰（Crosstalk）；将 TVS 器件放置在信号线及接地间，能避免数据及控制总线受到不必要的噪音影响。

图 6.4 所示为微机系统中应用瞬变电压抑制二极管的实例示意图。通过电源线、输入线和输出线及进入的各种干扰和瞬变电压，特别是来自开关电源、交流电网和静电的浪涌脉冲，会使系统产生误动作，严重时还可能损坏器件。将瞬变电压抑制二极管接到微机的电源线、输入线和输出线上，可防止瞬变电压进入数据总线和控制总线，加强微机对外界干扰的抵抗能力，提高其应用可靠性。

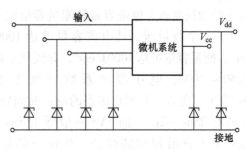

图 6.4　微机系统中应用瞬变电压抑制二极管的实例示意图

6.2.2　压敏电阻器

1. 简介

压敏电阻器是一种电阻值随外加电压变化的电压敏感元件，也称变阻器（Varistor）。压敏电阻器的电流-电压呈非线性关系。图 6.5 所示为氧化锌压敏电阻器的电流-电压特性，当外加电压增大到一定数值后，其电阻值急剧下降。这一特性及它所具有的高电流容量和耐强功率冲击能力，使得压敏电阻器可以用来对瞬态大电流和过电压进行防护，故也称之为浪涌吸收器。

压敏电阻器在导通区的电流-电压关系可以表示为

$$I = kV^{\alpha} \tag{6.1}$$

式中，I 为流过压敏电阻器的电流；V 为压敏电阻

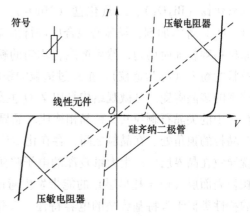

图 6.5　氧化锌压敏电阻器的电流-电压特性

两端的电压；k 为比例系数；α 为非线性指数，其值越大，说明浪涌吸收能力越强。α 值与压敏电阻器的工作电压和电流有关，图 6.6 给出了氧化锌压敏电阻器的非线性指数与电流的关系。

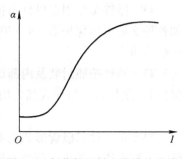

图 6.6　氧化锌压敏电阻器的非线性指数与电流的关系

根据所使用的材料不同，有碳化硅压敏电阻器、氧化锌压敏电阻器及其他金属氧化物压敏电阻器。其中氧化锌压敏电阻器的性能较好，因而得到了最为广泛的应用，其产量现已大大超过其他各类压敏电阻器产量的总和。目前，无论在电视机、计算机、程控交换机、电话机和保安系统的低压电器中，还是在发电机、变压器配电盘和变频电源等的高压电器中，都用氧化锌压敏电阻器作为安全保护元件。

2. 特性

与瞬变电压抑制二极管（即 TVS 二极管）相比较，氧化锌压敏电阻器对于瞬态电压的保护范围更大，一般为 30 ~ 1000V，最高可超过 5000V，而 TVS 二极管一般为 6 ~ 200V；它可承受的最高瞬态电流容量和能量容量比 TVS 大 1 ~ 2 个数量级，其电流容量可达 1000A/cm^2，能量容量可达 1000J/cm^3，非线性指数可达 50 ~ 1000，电压温度系数可低于 5×10^{-4}/℃。但是，压敏电阻器的响应时间较长，一般在 25ns ~ 2μs，而 TVS 一般低于 5ns，所以对于上升沿很陡的脉冲，往往不起作用。图 6.7 所示为氧化锌压敏电阻器和 TVS 二极管对同一电流陡度浪涌电压的响应波形的比较，可见压敏电阻器由于存在电压过冲效应，所以响应时间比 TVS 二极管长得多。

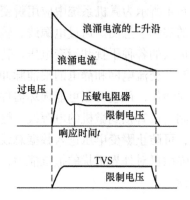

图 6.7　氧化锌压敏电阻器与 TVS 二极管对同一电流陡度浪涌电压的响应波形的比较

3. 失效机理

目前，国内生产的氧化锌压敏电阻器是以氧化锌（ZnO_2）粉料为主体，添加一定比例的氧化铋（Bi_2O_3）、二氧化锰（MnO_2）、氧化钴（Co_2O_3）、氧化锑（Sb_2O_3）和氧化铬（Cr_2O_3）等添加剂，经球磨混合后进行预烧（700 ~ 900℃），把烧结料再充分粉碎混合，使原材料颗粒细而均匀，然后把混合均匀的粉料加上有机黏合剂（如聚乙烯醇）球磨而成为粒状的粉末（称为造粒），把经过造粒的粉料压制成型，在 1200 ~ 1350℃ 下烧结而成，形成致密的多晶陶瓷。其微观结构是以 ZnO 主晶相、富铋相等添加剂的晶界相、分散在较宽的晶界中的尖晶石颗粒共 3 种晶相构成。晶界相的分布是不均匀、不连续的，大部分聚集在多个晶粒的顶角处。在晶粒之间，存在化学计量比的偏离、晶格结构的畸变和杂质的富集，这就导致在晶界层中产生大量较深的电子陷阱，在晶粒界面上产生受主型表面态。它使 ZnO_2 颗粒表面层（电子耗尽层）的能带发生弯曲，形成导电势垒。这种势垒的电容随偏压变化的特性类似于肖特基势垒的电容特性。氧化锌压敏电阻器的特性与其相特性和微观结构有关。其失效模式主要包含：退化失效，即材料的电性能逐步劣化；致命性失效，即材料突然发生完全损坏。

（1）退化失效

退化失效是指 ZnO_2 压敏电阻器在交流或直流电压的长期作用下，漏电流随时间不断增大，伏安特性变差、压敏电压不断跌落等性能的一种蜕变现象。以致性能变得越来越不稳定，甚至导致热击穿。这种性能的蜕变是一种潜在的不安全因素，也是导致失效的主要原因。测试分析表明，蜕变现象发生在伏安特性的小电流范围（预击穿区），而预击穿区的电流主要取决于反偏肖特基势垒，因此，长期偏置出现的电流蠕变现象与反偏肖特基势垒的蠕变有关，也即与势垒高度和宽度的变化有关。而势垒蠕变又是由离子迁移造成的。在外电场作用下，ZnO_2 晶粒表面层和晶界层中的易迁移离子作定向扩散，当达到新的平衡时，表面态密度下降，使势垒高度下降，从而引起漏电流增加，伏安特性发生退化。在 ZnO_2 中，由于间隙 Zn 离子的扩散活化能较低，在正常温度和电场作用下容易发生迁移，而 ZnO_2 中的 Zn、O 离子和其他杂质离子的扩散活化能大，因而不易迁移。要使压敏电阻器性能稳定，就要求材料中易迁移的离子少，同时使晶界相中离子导电率低。这可以通过热处理使 α、β 型 Bi_2O_3 转变为导电率低的 γ 型。为减少易迁移的 Zn 离子，而又不致于使电阻率串提高，可以在晶格中引入施主型杂质（如 Al、In、Ga 离子等），用本征缺陷来控制。

（2）致命性失效

ZnO_2 压敏电阻器在高能冲击下易产生致命性失效。失效形式通常有针孔击穿和"击裂"两种。针孔击穿是一种热（电）击穿，它是由能级损耗引起的。电阻各部位电、物理性能的不一致性是造成局部击穿或其他物理损伤的根本原因。而造成不均匀性的原因很多，除原材料不适当外，制造工艺起着决定性作用。制造工艺对晶粒的形状、大小、分布及气孔的多少、应力大小都带来影响。烧成温度和方法则是造成制品不均匀性的关键工序。

晶粒间存在"显微压敏结"，这相当于一个电容器，在外电场作用下，由于传导损耗而产生了介电常数损耗，当不均匀性大时，局部损耗增大，由损耗所产生的热量将大于向周围传递的热量，使局部温度迅速上升，从而导致局部热损坏，产生针孔击穿。

击裂是一种应力诱导失效。当材料内部存在异常的大颗粒时，在大颗粒与小颗粒之间由于电致形变不同而产生应力。当这种应力或材料中残存的应力较大时，在应力集中处可能产生"微裂缝"。在外电场作用下，微裂缝和气孔尖端处产生局部放电，从而又产生电腐蚀、热腐蚀、化学腐蚀，使裂缝不断扩大，最终导致材料开裂。

4. 失效分析

压敏电阻器的材料及组成的检测大多选用光谱分析、X 射线显微分析和荧光 X 射线分析。可以分析材料组成的基本成分、杂质成分和添加物的分布。

结晶构造的检测可采用 X 射线衍射仪，它可以分析添加物及其生成反应物的结晶相。例如，锑的存在形式为尖晶石时，有利于温度稳定性；Bi_2O_3 形成的 α、β、γ、δ 型的富铋相比例不同时，荷电稳定性不同。

晶体的形状、大小及添加金属氧化物形成的晶界厚度、分布在晶界上的颗粒（尖晶石类）可以采用高倍显微镜和扫描电子显微镜及图象分析装置来观测。因为提高单位厚度的压敏电压、浪涌特性等，必须保证单个电阻体内晶粒均匀一致。结晶粒界状态可利用 X 显微分析和扫描电子显微镜来分析。粒界阱势能级、粒界电子构造可借助于深度暂态光谱学来加以确定。

至于瓷件的内部缺陷（如夹层、空隙等）可用超声探伤和 X 射线透视方法来判断。

6.2.3 铁氧体磁珠

1. 简介

铁氧体磁珠（Ferrite Bead）是一种用来抑制高频干扰的新型元件。它具有价格低廉、使用方便和滤除高频噪声效果显著等特点，在国外已被广泛应用于各种电路中，目前在国内应用较少。使用铁氧体磁珠时，只要将导线或器件引脚如穿珠子一般穿过即可，十分方便。图 6.8 所示为铁氧体磁珠的简单用法、等效电路和片状磁珠结构。当载有瞬变电流的导线穿过铁氧体磁珠时，它因具有高导磁率，可把导线上辐射的磁场限制在磁珠内部。它对低频信号和直流电流几乎没有阻抗，而对于较高频率的电流却会产生较强的衰减作用，高频电流在其中以热量的形式散发能量。一般磁珠在 100MHz 时的阻抗为 150Ω 左右。铁氧体磁珠的等效电路为一个电感器和一个电阻器串联，电感和电阻的值均与磁珠的长度成正比。

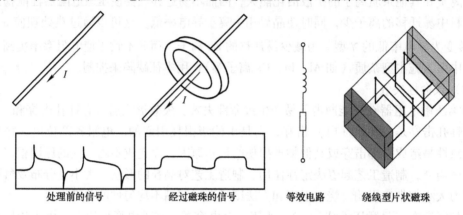

处理前的信号　　　经过磁珠的信号　　　等效电路　　　绕线型片状磁珠

图 6.8　铁氧体磁珠的简单用法、等效电路和片状磁珠结构

磁珠的大小（确切地说，应该是磁珠的特性曲线）取决于需要磁珠吸收的干扰波的频率。磁珠就是阻高频，对直流电阻低，对高频电阻高。因为磁珠的单位是按照它在某一频率产生的阻抗来标称的，阻抗的单位也是欧姆（磁珠是阻抗随频率变化的电阻器）。磁珠的测试数据表上一般会附有阻抗-频率特性曲线图。一般以 100MHz 为标准，如 2012B601（磁珠型号），就是指在 100MHz 时磁珠的阻抗为 600Ω。图 6.9 是铁氧体磁珠的典型阻抗-频率特性曲线。可见，插入一颗铁氧体磁珠对直流电流和低频控制信号影响甚微。但对较高频率的噪声、干扰或振荡有较大的阻尼作用。

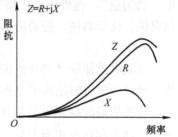

图 6.9　铁氧体磁珠的典型
阻抗-频率特性曲线
Z—阻抗　R—电阻　X—电抗

为了提高铁氧体磁珠对高频干扰的抑制能力，可采用多个磁珠串联的方法。也可将导线和电缆在磁珠上多绕两圈，其阻抗值将随圈数的平方而加大，不过分布电容也会随圈数的增加而加大，从而影响其抑制高频信号的能力。

如果穿过磁珠的高频电流很大，磁珠的发热将十分严重，这时除了必须选用大型磁珠外，还要注意采取磁珠的散热措施。此外，磁珠还可用作滤波器，滤除脉冲信号中的高次谐波，为不规则的波形整形。

　　铁氧体磁珠在电子设备中的应用十分广泛，例如，晶振产生的时钟信号引起的电磁波为窄带发射，能量集中且幅值大，在晶振的两个引脚套上铁氧体磁珠即可有效抑制这种电磁干扰；再例如，输入/输出（I/O）口是印制电路板上电磁辐射干扰的主要来源，把每根 I/O 线在端口处串接铁氧体磁珠，可使 I/O 线上的电磁波辐射减少 10~15dB，引入的时延不会超过 10ns。

2. 特性比较

电感和磁珠的联系与区别如下：

　　1）电感是储能元件，而磁珠是能量转换（消耗）器件。

　　2）电感多用于电源滤波回路，磁珠多用于信号回路，用于 EMC 对策。

　　3）磁珠主要用于抑制电磁辐射干扰，而电感用于抑制传导性干扰，两者都可用于处理 EMC、EMI 问题。处理 EMI 问题的两个途径，即辐射和传导，不同途径采用不同的抑制方法，前者用磁珠，后者用电感。

　　4）磁珠用来吸收超高频信号，RF 电路、PLL 电路、振荡电路、含超高频存储器电路（DDR SDRAM、RAMBUS）等都需要在电源输入部分加磁珠；而电感是一种蓄能元件，用在 LC 振荡电路、中低频的滤波电路等，其应用频率范围很少超过 50MHz。

　　5）电感一般用于电路的匹配和信号质量的控制，一般接地连接和电源连接及在模拟或数字结合的地方用磁珠，对信号线也用磁珠。

6.2.4　PTC 热敏电阻和 NTC 热敏电阻

1. PTC 热敏电阻

　　功率晶体管和功率集成电路在工作时会产生大量的热量，如果器件在工作时遇到过载或散热不良等意外情况，可能会使器件过热，若器件的结温超过了最高允许结温，就会使器件因热击穿或热电击穿而被破坏，正温度系数（Positive Temperature Coefficient，PTC）热敏电阻就是用来对功率器件进行过热保护的一种元件。

　　图 6.10a 为 PTC 热敏电阻的阻值-温度特性曲线。可见，在常温下随温度的变化非常缓慢，一旦温度超过了一个临界值，其阻值将急剧上升，上升曲线十分陡峭，正温度系数可达 20%~60%/℃。发生阻值急剧变化的临界温度称为转换温度或居里点温度。用户可根据具体用途来选择具有不同转折温度和不同常温阻值的 PTC 热敏电阻，一般转换温度的范围在 60~120℃，常温阻值在几百到几千欧姆。

　　PTC 热敏电阻是一种复合钛酸盐材料的 N 型半导瓷。它以钛酸钡为主体材料，掺入能改变居里点温度的物质和极微量的导电物质（如稀土金属镧），经研磨、压型和高温烧结而成。钛酸钡中如果掺入锶，可使居里点温度在 120℃ 以下；如果掺入铅，可使居里点温度在 120℃ 以上；如果不掺任何物质，则居里点温度在 120℃。

　　PTC 热敏电阻通常有螺丝固定型、分立元件型和表面安装型等外壳结构，可在不同的场合使用。螺丝固定型可直接安装在晶体管的散热器上，常用作带有散热器的功率晶体管的过热保护；分立元件型可安装在印制电路板上，也可以和发热体直接接触，对不宜安装散热器的晶体管进行过热保护；表面安装型则可用于对表面贴装电路或混合集成电路的保护。

2. NTC 热敏电阻

　　在电子设备中有一些呈现大电感或大电容的元器件，如变压器、继电器、白炽灯和大容量的滤波电容器等，开机时会出现很大的冲击或浪涌电流，如果不加保护，常会导致设备内部元器件的损坏。因此，有必要给电子设备设置软启动功能。负温度系数（Negative Temperature Coefficient，NTC）热敏电阻就是一种能够简便有效地实现软启动的元件。

NTC 热敏电阻的阻值随温度的上升而下降，其阻值-温度特性曲线如图 6.10b 所示。这一特性使得它特别适合于抑制某些元件由于温度突然升高所产生的浪涌电流。

NTC 热敏电阻的主要参数有最大稳定电流 I_{max}、零温度电阻值 R_t^0 和热时间常数等。最大稳定电流 I_{max} 是指 NTC 热敏电阻能够长时间稳定工作而不造

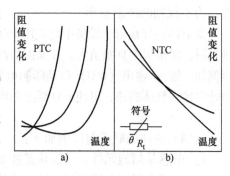

图 6.10　PTC 热敏电阻和 NTC 热敏电阻
a）PTC 热敏电阻的阻值-温度特性曲线
b）NTC 热敏电阻的阻值-温度特性曲线

成性能恶化的电流最大值，目前市售 NTC 热敏电阻的 I_{max} 一般在 $1 \sim 10A$，使用时应按照负载工作电流的 $1 \sim 5$ 倍来选取 I_{max} 值。零温度电阻值 R_t^0 是指 NTC 热敏电阻在 25℃ 环境中无电流作用时的自身电阻值，一般在 $1 \sim 50\Omega$，使用时应按照负载未通电时电阻值的 $1/5 \sim 1$ 倍来选取 R_t^0 的值，如某白炽灯的冷阻为 5Ω，则应选用 $R_t^0 = 1 \sim 5\Omega$ 的 NTC 热敏电阻。如果是用 NTC 热敏电阻保护滤波电容器，则应按照滤波电容器的大小来选取 R_t^0 的值。

NTC 热敏电阻的安装位置应远离设备中的易发热元器件，也不宜靠近散热窗，更不能紧靠散热器或有排风扇气流吹动处，引脚尽量留长，以免影响其性能。关机后，NTC 热敏电阻要恢复至零功率时的电阻值需要一定的时间（即热时间常数值），所以不要在短时间内频繁开机。

3. 应用

图 6.11a 是利用 PTC 热敏电阻对晶体管进行过热保护的电路原理图。PTC 热敏电阻应安装得使它紧靠被保护的晶体管 VT，一旦晶体管的壳温超过 PTC 热敏电阻的转换温度，PTC 热敏电阻的阻值便会急剧上升，VT 的基极电位随之降低，使晶体管的工作电流减少，从而保护晶体管不会因过热而损坏。

白炽灯未通电时的冷态电阻远小于正常发光时的电阻，所以每次开灯的瞬间，都会产生比稳定时大 $5 \sim 15$ 倍的浪涌电流，这种浪涌电流不仅会导致白炽灯自身寿命的下降（电丝急剧蒸发而变细），而且给与之相连的其他元器件造成威胁。如果白炽灯串联 NTC 热敏电阻，如图 6.11b 所示，则在通电的初始阶段，将由 NTC 热敏电阻降去 $1/5 \sim 1/2$ 的电源电压，使白炽灯作欠压启动。随之 NTC 电阻的阻值随温度上升而下降，灯丝因受热而阻值上升，白炽灯的端电压逐渐接近电源电压，使白炽灯正常发光。

在各种电子仪器和家用电器使用的整流电源中，常常安装有大容量的电解电容器作滤波或旁路。由于电容器上的电压不能突变，所以在开机瞬间，滤波电容器对电源几乎呈短路状态，这会引起很大的冲击电流，造成电源电路中的功率管、整流硅堆或保险元件的过载。为此，可在整流电源的输出端接上 NTC 热敏电阻，如图 6.11c 所示，这样在开机瞬间，电容器的充电电流便受到 NTC 热敏电阻的限制。在 $14 \sim 60s$ 后，NTC 白炽灯的升温相对稳定，其压降也逐步降至零点几伏。这样小的压降，可视 NTC 热敏电阻在完成软启动功能之后为

短接状态，不会影响整机的正常工作。

在图 6.11c 所示电路中，电容 $C = 4700\mu F$ 时，应选用 $R_t^0 = 12 \sim 20\Omega$ 的 NTC 热敏电阻；$C = 10000\mu F$ 时，选用 $R_t^0 = 5 \sim 12\Omega$ 的 NTC 热敏电阻；$C > 47000\mu F$ 时，则选用 $R_t^0 = 2.5 \sim 5\Omega$ 的 NTC 热敏电阻。热时间常数是指 NTC 热敏电阻在 25℃ 环境中由通电至最后达到最大稳定值所需的时间（相当于软启动时间），通常 NTC 热敏电阻的直径越大，热时间常数就越大，所以应根据软启动所需时间来选取 NTC 热敏电阻的直径（一般在 $5 \sim 20mm$）。

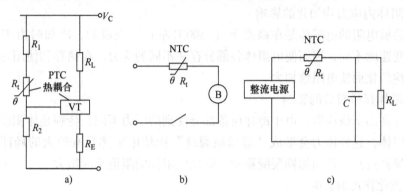

图 6.11　热敏电阻的典型应用电路

a）利用 PTC 热敏电阻对晶体管进行过热保护的电路原理图　b）白炽灯串联 NTC 热敏电阻

c）在整流电源的输出端接上 NTC 热敏电阻

4. 失效机理

如前所述，PTC 热敏电阻是以钛酸钡（$BaTiO_3$）为主要原料，再添加微量稀土元素（如锶、镧等），采用半导体陶瓷工艺制成。NTC 热敏电阻是以锰、钴、镍和铜等金属氧化物为主要原料，采用陶瓷工艺制造而成的。这些金属氧化物材料都具有半导体性质，在导电方式上类似锗、硅等半导体材料，温度低时，这些氧化物材料的载流子（电子和空穴）数目少，所以其电阻值较高；随着温度的升高，载流子数目增加，所以电阻值降低。

它们的失效模式主要是产品性能的长期稳定性及一致性比较差，特别是在长期储存和使用时引起电阻值的各种不可逆变化。产生这种变化的原因是由于电阻体中产生了各种物理和化学变化，这一变化除与本身有关外，还与外界影响有关。

（1）材料的组分与纯度的影响

材料的组分决定了氧化物热敏电阻生成相的晶格结构，对性能的稳定性有很大影响。凡热稳定性不好的材料，其晶点缺陷易受热振动而电离成为载流子（电子或空穴），使电导率和材料常数发生明显变化，从而使电阻值发生变化。材料的纯度不仅对其特性产生影响，而且对电阻值的稳定性产生很大影响。因此，除选择高纯度的氧化物外，在球磨和搅拌时要严防其他杂质混入，在烧结时要注意烧结气氛的纯度，避免高温烧结引进其他杂质。

（2）烧结温度的影响

氧化物热敏电阻在常温和烧结温度之间存在突变点，如果有高温结晶状态残留，则电阻值会发生较大变化。因为最高烧成温度是决定材料组分晶相结构的关键因素之一，升温过程就是材料组分发生固相反应"成核"的过程；在烧成温度下，晶核长大，晶粒间界减小；降温过程中阳离子排列趋于稳定的平衡位置。每一阶段都影响稳定性的好坏，否则其内部会产生残余应力。

（3）电阻体中结构变化的影响

由于热敏电阻体的材料一般都是具有尖晶石结构的氧化物固溶体，在结构内部有不同程度的无定形结构。无定形有结晶化的趋势，能使电阻体内部结构趋于致密，促使固溶体更加均匀化而电阻值增加。结晶化的过程是随时间而逐渐减慢的，但其周期很长，在整个工作寿命期内，其结晶化过程都自始至终进行着。

（4）电阻体内应力均匀化的影响

氧化物热敏电阻的电阻体是在高温下（1300℃左右）烧成的，冷却时由于散热不均匀及晶形的转变速度不同，因而使电阻体各部分存在不同的应力，在储存和使用过程中，这种应力会逐步均匀化而使电阻值加大。

（5）电阻体显微裂缝的影响

电阻体在高温下烧成后，由于冷却而各部分受到的压力不同，特别是体积较大和含挥发物较多的电阻体，这种压力会形成"显微型裂缝"而使电阻体具有较大的局部阻值，它在使用中形成局部过热，从而加剧裂缝蔓延，促使电阻体的阻值不断增大。

（6）电极化作用的影响

尖晶石结构的 NTC 热敏电阻的材料是半导体陶瓷，半导体陶瓷具有电子性电导的半导体特性，导致 NTC 热敏电阻产生高电导的载流子，载流子来源于过渡金属（3D 层）离子，这些金属离子处于能量等效的结晶学位置上，但具有不同的价键状态，由于晶格能等效，当离子间距较小时，通过隧道效应的作用，离子间可以发生电子交换。在电场作用下，这种电子交换引起载流子沿电场方向产生漂移运动，这一效应随温度的升高而加剧。

（7）保护层的影响

用有机瓷漆作保护层时，由于瓷漆的聚缩作用，会放出一部分挥发性气体，在一定温度下聚合和老炼时，这一部分气体会扩散到电阻器内部，形成物理吸附或者化学吸附，引起阻值的增加。在储存和使用过程中，被电阻体吸附的挥发性物质会逐渐向外排出，使阻值减小，这一现象会持续很长时间。

（8）接触部分老化的影响

对于低阻值电阻器（几欧姆到几十欧姆），导电体和金属引出线之间都以分子银为过渡层，在长期的高温作用下，银层会发生老化而使接触电阻增大。

此外，电阻体在一定的环境气氛中储存和使用，环境气氛会逐步地与电阻材料发生化学作用，如氧化、还原、化学吸附和解吸等都会引起电阻值发生变化。

根据对参散稳定性的影响因素，结合失效现象和特征，选择相应的分析、测试手段，确认导致失效的机理。

6.2.5 电火花间隙防护器

核爆炸时产生的强烈电磁脉冲（EMP）辐射，是导致电子元器件及设备失效的重要因素，必须采取措施予以防护。电火花间隙防护器（又称电间隙防护器）就是一种可以对核环境中的电磁感应脉冲进行有效防护的元件。

电火花间隙防护器的基本结构如图 6.12a 所示，它是一种用金属-陶瓷密封的充气元件，有阳极和阴极两个金属电极，电极之间有微小的间隙，间隙之间充满放射性气体（如氚气）。电火花间隙防护器的电压-电流特性曲线如图 6.12b 所示。在未加电压或外加电压很低时，它呈现出良好的绝缘性能。当外加电压升高至一定值（击穿电压）时，在强电场作用下，电极间隙间的气体分子发生电离，形成的电子向阳极加速运动，形成一定的电流，使间隙电压迅速降低，直至发生辉光放电。在辉光放电期间，间隙电压保持不变，但电流持续上升。由于气体离子轰击阴极，使阴极加热至一定程度即形成弧光放电，此时电火花间隙具有传导大电流的功能，峰值电流的大小由外电路决定。随着能量的释放，电流降到不足以维持电弧时，电弧就会熄灭，电流随之中止，电火花间隙便恢复到最初的绝缘状态。

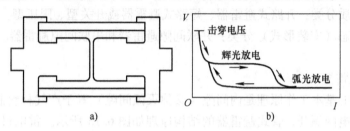

图 6.12 电火花间隙防护器

a）基本结构 b）电压-电流特性

电火花间隙防护器具有防护能量范围大（直流击穿电压从 90～10000V）、插入损耗小（极间电容小于 1pF）、放电能力强、频率范围宽（从交流电源频率到几百兆赫）和抗辐射性能好等优点，但其响应时间和能量泄漏比半导体防护元件要大。这些特点使得它特别适合于对核爆炸引起的电磁脉冲进行防护。除此之外，电火花间隙防护器还可用于对高压输电线和雷击闪电在电子设备中感应出的电浪涌进行防护。

6.2.6 避雷器

1. 简介

避雷器（Surge Arrester）也称浪涌保护器、过电压限制器（Surge Divider），是用于保护电气设备免受高瞬态过电压危害并限制续流时间或续流赋值的一种电器。避雷器通常连接在电网导线与地线之间，有时也连接在电器绕组旁或导线之间。

最原始的避雷器是羊角形间隙（如前所述的电火花间隙防护器），出现于 19 世纪末期，用于架空输电线路，防止雷击损坏设备绝缘而造成停电，故称"避雷器"。20 世纪 20 年代出现了铝避雷器、氧化膜避雷器和丸式避雷器。20 世纪 30 年代出现了管式避雷器。20 世纪 50 年代出现了碳化硅避雷器。20 世纪 70 年代又出现了金属氧化物避雷器。现代高压避雷器不仅用于限制电力系统中因雷电引起的过电压，也用于限制因系统操作产生的过电压。

避雷器是变电站被保护设备免遭雷电冲击波袭击的设备。当沿线路传入变电站的雷电冲击波超过避雷器保护水平时，避雷器首先放电，并将雷电流经过良导体安全的引入大地，利用接地装置使雷电压幅值限制在被保护设备雷电冲击水平以下，使电气设备受到保护。

2. 分类

避雷器按照发展的先后分类：保护间隙（是最简单形式的避雷器）；管式避雷器（也是一个保护间隙，但它能在放电后自行灭弧）；阀型避雷器（是将单个放电间隙分成许多短的串联间隙，同时增加了非线性电阻，提高了保护性能）；磁吹避雷器（利用了磁吹式火花间隙，提高了灭弧能力，同时还具有限制内部过电压的能力）；氧化锌避雷器（利用了氧化锌阀片理想的伏安特性，即在高电压时呈低电阻特性，限制了避雷器上的电压，在正常工频电压下呈高电阻特性，具有无间隙、无续流、残压低等优点，也能限制内部过电压）。

按照使用电压分为高压和低压避雷器；低压配电系统中的避雷器（电涌保护器，Surge Protection Devices，SPD）从组合结构分类，有间隙类（开放式间隙、密闭式间隙）、放电管类（开放式放电管、密封式放电管）、压敏电阻类（单片、多片）、抑制二极管类、压敏电阻器/气体放电管组合类（简单组合、复杂组合）、碳化硅类等。

按照保护性质分类：开路式避雷器、短路式避雷器或开关型、限压型。

按照工作状态（安装形式）分类：并联间隙避雷器和串联间隙避雷器。

3. 工作原理

（1）管式避雷器

管式避雷器的基本工作原理是内间隙（又称灭弧间隙）置于产气材料制成的灭弧管内，外间隙将管子与电网隔开，管式避雷器的结构原理如图 6.13 所示。雷电过电压使内、外间隙放电，内间隙电弧高温使产气材料产生气体，管内气压迅速增加，高压气体从喷口喷出灭弧。管式避雷器具有较大的冲击通流能力，可用在雷电流幅值很大的地方。但管式避雷器放电电压较高且分散性大，动作时产生截波，保护性能较差。主要用于变电所、发电厂的进线保护和线路绝缘弱点的保护。

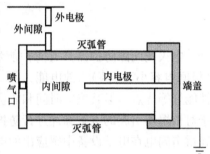

图 6.13　管式避雷器的结构原理

（2）碳化硅避雷器

碳化硅避雷器的基本工作原理是叠装于密封瓷套内的火花间隙和碳化硅阀片（电压等级高的避雷器产品具有多节瓷套）。火花间隙的主要作用是平时将阀片与带电导体隔离，在过电压时放电和切断电源供给的续流。碳化硅避雷器的火花间隙由许多间隙串联组成，放电分散性小，伏秒特性平坦，灭弧性能好。碳化硅阀片是以电工碳化硅为主体，与结合剂混合后，经压形、烧结而成的非线性电阻体，呈圆饼状。碳化硅阀片的主要作用是吸收过电压能量，利用其电阻的非线性（高电压大电流下，电阻值大幅度下降）限制放电电流通过自身的压降（称残压）和限制续流幅值，与火花间隙协同作用熄灭续流电弧。碳化硅避雷器按结构不同，又分为普通阀式和磁吹阀式两类。后者利用磁场驱动电弧来提高灭弧性能，从而具有更好的保护性能。碳化硅避雷器保护性能好，广泛用于交、直流系统，保护发电、变电设备的绝缘。

（3）金属氧化物避雷器

金属氧化物避雷器的基本工作原理是密封在瓷套内的氧化锌阀片。氧化锌阀片是以 ZnO 为基体，添加少量的 Bi_2O_3、MnO_2、Sb_2O_3、Co_3O_3、Cr_2O_3 等制成的非线性电阻体，具有比碳化硅好得多的非线性伏安特性，在持续工作电压下仅流过微安级的泄漏电流，动作后无续流。因此金属氧化物避雷器不需要火花间隙，从而使结构简化，并具有动作响应快、耐多重雷电过电压或操作过电压作用、能量吸收能力大、耐污秽性能好等优点。由于金属氧化物避雷器的保护性能优于碳化硅避雷器，已在逐步取代碳化硅避雷器，广泛用于交、直流系统，保护发电、变电设备的绝缘，尤其适合于中性点有效接地（见电力系统中性点接地方式）

的 110kV 及以上电网。

4. 基本结构及特性

（1）开放式间隙避雷器

开放式间隙避雷器的工作原理是基于电弧放电技术，当电极间的电压达到一定程度时，击穿空气电弧在电极上进行放电。

优点是放电能力强、通流量大（可以达到 100kA）、漏电流小、热稳定性好。

缺点是残压高、反应时间慢、存在续流。

工艺特点是由于金属电极在放电时承受较大电流，所以容易造成金属的升华，使放电腔内形成金属镀膜，影响避雷器的启动和正常使用。放电电极的生产主要还是集中在国外一些避雷器生产企业，电极的主要成分是钨金属的合金。

工程应用是该种结构的避雷器主要应用在电源系统做 B 级避雷器使用；但由于避雷器自身的原因，容易引起火灾及避雷器动作后（飞出）脱离配电盘等事故；根据型号的不同，适合与各种配电制式。工程安装时一定要考虑安装距离，避免引起不必要的损失和事故。

（2）密闭式间隙避雷器

密闭式间隙避雷器是一种多层石墨间隙避雷器，这种避雷器主要利用多层间隙连续放电，每层放电间隙相互绝缘，这种叠层技术不仅解决了续流问题而且是逐层放电，无形中增大了产品自身的通流能力。

优点是放电电流大、测试最大 50kA（实际测量值）、漏电流小、无续流、无电弧外泄、热稳定性好。

缺点是残压高、反应时间慢。

工艺特点是石墨为主要材料，产品内采用全铜包被解决了避雷器在放电时的散热问题，不存在后续电流问题，最大的特点是没有电弧的产生，且残压与开放式间隙避雷器相比要低很多。

工程应用是该种避雷器应用在各种 B、C 级场合，与开放式间隙避雷器相比，不用考虑电弧问题。根据型号的不同，该种产品适合与各种配电制式。

（3）开放式放电管避雷器

开放式放电管避雷器，实质与开放式间隙避雷器是一样的产品，都属于空气放电器。但是与间隙放电器相比，它的通流能力就降了一个等级。

优点是体积小、通流能力强（10～15kA）、漏电流小、无电弧喷泄。

缺点是残压较高、有续流、产品一致性差（启动电压、残压）、反应时间慢。

（4）单片压敏电阻避雷器

单片压敏电阻避雷器是 20 世纪 80 年代由日本人最先发明使用的。直到现在，单片压敏电阻避雷器的使用率也是避雷器中最高的。单片压敏电阻避雷器的工作原理是利用了压敏电阻的非线性特点，当电压没有波动时，氧化锌呈高阻态；当电压出现波动达到压敏电阻的启动电压时，压敏电阻迅速呈低阻态，将电压限制在一定范围内。

（5）多片压敏电阻避雷器

由于单片压敏电阻避雷器的通流量一直不够理想（一般单片压敏电阻避雷器的最大放电电流在 20kA、8/20μs），在这种前提下，多片压敏电阻避雷器产生。多片压敏电阻避雷器主要解决了单片压敏电阻避雷器的通流量较小、不能满足 B 级场合的使用。多片压敏电阻避雷器的产生从根本上解决了压敏电阻通流量的问题。

优点是通流容量大、残压较低、反应时间较快（≤25ns）、无跟随电流（续流）。

缺点是漏电流较大、老化速度快、热稳定一般。

工艺特点是多数采用积木结构。

工程应用是根据结构不同，多片压敏电阻避雷器广泛应用在 B、C、D 级及信号避雷器。但是应解决的问题是，工程中有个别产品存在燃烧现象，所以在产品选型时应注意厂家使用的外壳材料。

5. 可靠性使用

（1）安装在靠近配电变压器侧

金属氧化物避雷器（Metal Oxide Arrester，MOA）在正常工作时与配电变压器并联，上端接线路，下端接地。当线路出现过电压时，此时的配电变压器将承受过电压通过避雷器、引线和接地装置时产生的三部分压降，称作残压。在这三部分过电压中，避雷器上的残压与其自身性能有关，其残压值是一定的。接地装置上的残压可以通过使接地引线接至配变外壳，然后再和接地装置相连的方式加以消除。对于如何减小引线上的残压就成为保护配电变压器的关键所在。引线的阻抗与通过的电流频率有关，频率越高，导线的电感越强，阻抗越大。要减小引线上的残压，就得减小引线阻抗，而减小引线阻抗的可行方法是缩短 MOA 距配电变压器的距离，以减小引线阻抗，降低引线压降，所以避雷器应安装在距离配电变压器距离近的位置更合适。

（2）配电变压器低压侧安装

如果配电变压器低压侧没有安装 MOA，当高压侧避雷器向大地泄放雷电流时，在接地装置上就产生压降，该压降通过配电变压器外壳同时作用在低压侧绕组的中性点处。因此低压侧绕组中流过的雷电流将使高压侧绕组按变比感应出很高的电势（可达1000kV），该电势将与高压侧绕组的雷电压叠加，造成高压侧绕组中性点电位升高，击穿中性点附近的绝缘。如果低压侧安装了 MOA，当高压侧 MOA 放电使接地装置的电位升高到一定值时，低压侧 MOA 开始放电，使低压侧绕组出线端与其中性点及外壳的电位差减小，这样就能消除或减小"反变换"电势的影响。

（3）MOA 接地线应接至配变外壳

MOA 的接地线应直接与配电变压器外壳连接，然后外壳再与大地连接。那种将避雷器的接地线直接与大地连接，然后再从接地桩子上另引一根接地线至变压器外壳的作法是错误的。另外，避雷器的接地线要尽可能缩短，以降低残压。

（4）严格按照规程要求定期检修试验

定期对 MOA 进行绝缘电阻测量和泄露电流测试，一旦发现 MOA 绝缘电阻明显降低或被击穿，应立即更换以保证配电变压器安全健康运行。

6.3　电子元器件安装的可靠性

在整机系统中安装电子元器件时，如果采用方法不当或者操作不慎，容易给器件带来机械损伤或热损伤，从而对器件的可靠性造成危害。因此，必须采用正确的安装方法。

6.3.1 引线成形与切断

在将电子元器件往印制电路板等载体上安装时，通常预先要将其引线成形或切断。这时，引线若被加以过高的应力，器件就会受到机械损伤，并严重影响其可靠性。例如，器件管座与引线之间相对受到强拉力的作用，可能会造成器件内引线与键合点之间的断线，或者封装根部产生裂纹导致密封性下降。

在引线成形或切断时，应注意以下几点：

1）弯曲或切断引线时，应使用专门的夹具固定弯曲处和器件管座之间的引线，不要拿着管座弯曲。使用模具大量成形时，要注意所设计的固定引线的夹具不应对器件本身施加应力，而且夹具与引线的接触面应平滑，以免损伤引线镀层。

2）引线弯曲点应与管座之间保持一定的距离 t。当引线被弯曲为直角时，$t \geq 3\mathrm{mm}$；当引线弯曲角小于 90°时，$t \geq 1.5\mathrm{mm}$。对于小型玻璃封装二极管，引线弯曲处距离管身根部应在 5mm 以上，否则易造成外引线根部断裂或玻壳裂纹。

3）弯曲引线时，弯曲的角度不要超过最终成形的弯曲角度；不要反复弯曲引线；不要在引线较厚的方向弯曲引线，如对扁平形状的引线不能进行横向弯折。

4）不要沿引线轴向施加过大的拉伸应力。有关标准规定，沿引线引出方向无冲击地施加 0.227kg 的拉力，至少保持 30s，不应产生任何缺陷。实际安装操作时，所加应力不能超过这个限度。

5）弯曲夹具接触引线的部分应为半径大于 0.5mm 的圆角，以避免使用它弯曲引线时损坏引线的镀层。

6.3.2 在印制电路板上安装器件

在印制电路板上安装电子元器件时，必须注意不要使器件在插入时或插入后受到过大的应力作用，主要应注意以下几点：

1）印制电路板上器件安装孔的间距应与器件本身的引线间距相同，引线间距与安装孔之间的配合情况如图 6.14 所示，当安装孔间距与器件引线原始间距不一致时，应先将引线成形后再插入印制电路板，不要强行插入。器件引线直径与金属化孔配合的直径间隙一般以 0.2 ~ 0.4mm 为理想，推荐使用的器件引线直径与金属化孔径的配合关系见表 6.2。

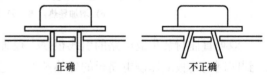

正确　　　　　　　不正确

图 6.14　引线间距与安装孔之间的配合情况

表 6.2　推荐使用的器件引线直径与金属化孔径的配合关系

器件引线直径/mm	金属化孔径/mm
<0.5	0.8
0.5 ~ 0.6	0.9
0.6 ~ 0.7	1.0
0.7 ~ 0.9	1.2
0.9 ~ 1	1.4，1.6

2）由于元器件引线与印制电路板及焊点材料的热膨胀系数不一致，在温度循环变化或高温条件下会引入机械应力，有可能导致焊点的拉裂、印制线的翘起、元器件破裂和短路等问题，所以，引线成形和安装在印制电路板上时，应采取消除热应力的措施。

轴向引线的柱形元器件（如二极管、电阻、电容等）在搭焊和插焊时，引线长度应留有不短于3mm的热应变余量，消除热应力的二极管安装方法如图6.15所示。其中对于安装密度较大的印制电路板组件，可采用预先折弯（带圆弧）或环形结构，以便达到较大的热应变余量（见图6.15b和图6.15c）。

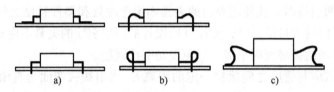

图6.15 消除热应力的二极管安装方法
a）直线形 b）带圆弧形 c）环形

晶体管的安装也应采取相应措施，图6.16给出了几种晶体管在印制电路板上的安装形式，图6.16a为引线直接穿过印制电路板，未留余量，故效果较差；图6.16b在管座与印制电路板之间留有适当间隙，有利于消除热应变影响，但会削弱器件通过印制电路板的散热作用，对小功率管效果较好；图6.16c在图6.16b的基础上增加了导热衬垫（或在间隙内填充导热化合物），改善了散热效果；图6.16d为倒装型，图6.16e为侧弯安装型，二者均有较大的热应变余量，效果较好。

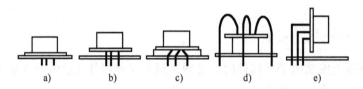

图6.16 几种晶体管在印制电路板上的安装形式
a）引线直接穿过印制电路板 b）在管座与印制电路板之间留有适当间隙
c）增加导热衬垫 d）倒装型 e）侧弯安装型

双列直插封装集成电路的引线很硬，很难留出热应变余量，可将电路外壳用导热材料黏结到印制电路板或印制电路板的导热条上。这种导热材料应具有一定的弹性，在温度循环变化时，产生弹性伸缩，从而缓和热不匹配应力对器件的影响。为了达到较好的效果，黏结剂的厚度应控制适当，一般在0.1~0.3mm。双列直插器件的安装形式通常有图6.17所示的几种，其中图6.17a无热应变余量，效果差；图6.17b采用弹性导热材料，效果较好；图6.17c留有小间隙释放应变，对小功率器件较合适；图6.17d是图6.17b和图6.17c两种方法的综合运用。

3）应通过轻按器件使之插入印制电路板，不要用钳子等工具强拉引线插入。

4）器件固定在印制电路板后，不要再进行有可能引入机械应力的装配，如安装散热片等。

5）安装后的器件要处于自然状态，不得受到拉、压、扭等应力。在保证散热的前提

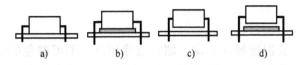

图 6.17 双列直插器件的安装形式

a）无热应变余量 b）采用弹性导热材料 c）留有小间隙 d）综合运用

下，安装高度应尽可能低。

6.3.3 焊接

焊接是电子元器件安装过程中对器件可靠性影响甚大的一个重要环节，应注意以下要点。

1. 防过热

引线浸锡和焊接器件时，在保证不产生虚焊的前提下，应尽可能降低焊锡温度和缩短焊接时间。通常标准规定的电子元器件耐焊接热试验条件是距管壳 1.0 ~ 1.5mm 处，引线温度为 260 ± 5℃ 持续 10 ± 1s，或者 350 ± 10℃ 持续 3.5 ± 0.5s。因此，焊锡温度为 260℃ 时，焊接或浸锡时间不要超过 10s；焊锡温度为 350℃ 时，不要超过 3s。对于混合电路，烙铁头的温度应低于 245℃，焊接时间在 10s 以内；如果烙铁头的温度为 245 ~ 400℃，焊接时间应限制在 5s 以内。

焊接温度过高导致的破坏主要反映在芯片与管座之间的键合材料上。一方面，芯片键合材料本身所耐温度降低，通常远低于芯片可耐温度；另一方面，芯片键合材料与芯片和管座之间的热膨胀系数不一致，温度的剧烈变化会在不同材料之间形成很大的热不匹配应力，容易导致键合强度下降、接触电阻增加或者密封性劣化。

焊接二极管时，温度应更低些。对于金属封装或玻壳封装二极管，芯片是用低温铅锡合金（熔点为 200℃ 左右）焊接到金属管座或引脚上的，而且芯片紧挨引脚根部，如果焊接时引线温度过高，有可能使铅锡合金熔化，并在铅锡合金表面生长一层氧化层，导致芯片键合电阻增加，严重时还会使焊料溢出形成金属球多余物，引起瞬时短路，或者造成引线根部玻璃开裂，导致密封性失效。

2. 防静电

焊接时应使用松香系列中的中性助焊剂，不要使用氯化物等酸性或碱性助焊剂（焊油或焊膏），以避免腐蚀引线。松香助焊剂的一般配方是 20% 松香末、78% 纯乙醇、2% 三乙醇胺混合而成。

焊接完成后残留的助焊剂应进行充分清洗。清洗时，先用化学溶剂（如无水乙醇）溶去助焊剂，然后再去除多余的溶剂和化学反应产物，但注意不要损坏器件外貌和标记。要仔细选择化学溶剂，对于塑封器件，最好不用三氯乙烯作溶剂，因为其残留物对塑封材料有溶解作用。

最好不要使用超声清洗方法，以免将应力加到器件上，如果必须采用，应将器件固定在不直接受振荡器施力的位置上，而清洗时间不应超过 30s，并应仔细选择清洗条件，以使加到器件主体的应力减至最小。为防止器件谐振，清洗时所加频率一般为 28 ~ 29kHz，输出功率 15W/次。

3. 防潮气作用

对于塑封器件，在高湿度场所运输、储存或使用时，不可避免的要吸湿。如果吸湿过多，则实际焊接时，水急剧气化，形成的应力会使树脂/引线结构面分离，严重时会产生封装裂纹。因此，在实际焊接前最好进行烘干，条件可选为 125℃、16~24h。

6.3.4 器件在整机系统中的布局

电子元器件在整机系统中的布局设计，应使器件所处的位置不易出现高温、强静电和多尘埃等不利环境，具体应注意以下几点：

1）应使器件远离易出现高温的部件或高耗能的元器件，如大型电阻器和散热器等。如果难以避开发热元件，可以采用隔热屏蔽板（罩），也可考虑通风冷却或沿空气流动的方向安装散热器。

2）应使器件远离电动机、变压器等易出现高压、高频和浪涌干扰的设备，以免由于各种感应或静电使器件受损。

3）器件的位置不要安装在设备中的高压电路附近或设备的下部。在这种地方，容易吸附或积累灰尘和异物，灰尘会使器件绝缘性能恶化而产生漏电，焊锡屑、电镀屑等导电异物则会使印制电路板的布线间或器件的引线间短路而产生误动作。

4）发热量大的器件应尽可能靠近容易散热的表面（如金属机壳的内表面、金属底座及金属支架等）安装，并与表面之间有良好的接触热传导。例如，电源部分的大功率管和整流桥堆属于发热大的器件，最好直接安装在机壳上，以加大散热面积。在印制电路板的布局中，功率较大的晶体管周围的板面上应留有更多的敷铜层，以提高底板的散热能力。

5）尽量缩短高频元器件之间的连线，以便减少它们之间的电磁干扰。易受干扰的元器件不能离得太近，输入和输出器件尽可能远离。

6）金属壳的元器件要避免拥挤和相互触碰，否则容易造成故障。例如，NPN 晶体管的外壳一般为集电极，在电路中接电源正极而处于高电位，而电解电容器外壳一般为负极，在电路中接地或处于低电位。如果两者都不带绝缘，距离又很近，一旦相碰就会造成放电，引起器件击穿。

7）尽量减少设备中各单元之间的引线和连接，印制电路板的引出线总数要尽量少，以减少飞线和插座触点的数目。提高接触连线的可靠性。

6.4 电子元器件运输、储存和测量的可靠性

6.4.1 运输

在电子元器件的运输、储存和保管时，应有良好的包装，以保证产品不会受到环境气氛或不当应力的作用而遭到损坏。对其包装材料和包装形式应作如下要求：

1）产品应具有内、外两种包装形式。内包装应采用对产品无任何腐蚀性的材料制成的包装盒；外包装则采用具有一定机械强度且能防雨防潮的材料制成的轻便包装盒。

2）包装盒应采用无化学气体释放、无毒、无污染和无腐蚀的材料制成。如果用纸盒，则必须用中性纸，而不能用任何酸性纸或碱性纸。某些容器（如硬壳纸制的盒子或有黑色橡胶的包装材料）含有硫化物，会使引线表面发黑，降低可焊性，应严禁使用。

3）包装盒应保证不会出现任何碰撞、挤压等现象，并能明显观察到产品上标有的所有标志。

4）包装盒应能适应产品保存温度为 −10 ~ 40℃、相对湿度不大于 60% 的干燥通风和无腐蚀性气体的保管条件，使其在两年的保存期内不会因包装盒质量问题而导致产品损坏。

5）对于有特殊要求的器件产品，最好采用专门设计的符合该产品特性的包装盒。如对于静电敏感器件，包装条件应符合防静电要求。

6）外包装箱可视运输情况（如火车、汽车、飞机及轮船等具体条件）来制作合乎防震、防水、防潮等要求的包装结构，并应加上必需的运输安全标志。

搬运电子元器件时，要注意防止撞击和跌落。特别是玻璃封装的器件为易碎物品，装入包装盒或包装箱之后，如果受到跌落等强烈冲击，有可能和邻近器件相互碰撞、发生管壳破碎，所以在搬运或堆放时，应该充分注意不要掉到地上；点接触二极管和玻壳封装二极管要防止跌落在水泥、大理石等坚硬的地面上；陶瓷封装的器件较重，在整个使用过程中也应防止摔跌。

6.4.2　储存

电子元器件应在常温、常湿的环境中存储。保存器件的库房，温度应控制在 −10 ~ 40℃，相对湿度在 85% 以下，更严格的存储条件为温度 5 ~ 30℃、相对湿度 40% ~ 60%。要避免过分悬殊的温度差或湿度差，温度的急剧变化，会使空气中的水汽凝结成水珠。

在冬季非常干燥的地区，如有必要，可用加湿器进行加湿。加湿最好用纯水或蒸馏水，以免自来水中含有的氯使器件引线或金属管壳被腐蚀。

储存环境中应无腐蚀性气体存在，而且尘埃要少。器件长期储存时，其引线最好是处于未经机械加工的状态。因为在引线成形后的拐弯处或是引线切断后的端口处容易生锈。电子元器件裸芯片的保存环境应更加严格，要满足低湿、洁净和避光条件。一般应在规定的密闭容器中存放，开封后最好在干燥氮气（−30℃霜点以下）中存放，存放时间尽可能短。

6.4.3　测量

在测量和往印制电路板上安装器件时，由于器件的所有引出端均处于开路状态，并且又很容易与人体、测量仪器、操作台、烙铁或传送带直接接触，所以应特别注意防静电和防浪涌问题。

测量时应注意以下几点。

1）各种测量仪器及工具应采用正确的方法妥善接地，防止带电操作。

2）注意防止测量仪器电源通断或者强信号通断的瞬间产生浪涌电压或电流加至器件上，转换量程时，最好先将电压和电流恢复到零。某些测量仪器在转换量程时，会产生很高的瞬间电压，如某些示波器转换同步开关时，会在同步输入端产生 100 ~ 200V 的高压。

3）测量时，应避免出现器件端子的误接、反插和端子间的短路。

4）自动测试设备中，传递器件的导轨不宜采用塑料材料制作，否则当环境气氛中的湿度较低时，容易出现静电积累。

5）在印制电路板加电调试前，要确认其上没有因引线扭曲或被焊料桥接引起的短路；同时，要防止"试笔"头桥接焊点或引脚，避免短路造成电路损伤或烧毁。对于细引脚间距器件，这一点尤其要注意。

6）在进行所有测量时都必须确保无寄生振荡出现。

7）应防止所施加的电压、电流或功率超过被测器件规定的极限值，即使是瞬间也不行。测量击穿电压时，应采取限流措施，标准击穿电流不会过大，同时测量时间应尽可能缩短。测量功率器件或装有功率器件的印制电路板时，使用的电源应该带有限流装置，使限流值接近最高输出时的峰值电流，以防测量时因端子间短路和负载短路等意外原因造成器件损坏。

8）如果热效应影响到测量结果，那么测量时间就应尽量缩短。在测量中产生高功耗时（如测量功率晶体管的大电流增益），为防止过热，必须采用脉冲式或手动触发式。

9）器件极限参数的测试大多带有破坏性，用户一般不要测试，由制造厂商予以保证。如果用户确实需要测试，则必须谨慎操作，测试应力应逐渐缓慢增加，一旦出现转折点或异常信号，要立即减少输入信号，通常采用示波器或特性图示仪进行动态测试和监视。

10）当测量器件的温度漂移和时间稳定性指标时，所用测量仪器应具有更高的时间与温度稳定性。

11）用于测量高输入阻抗器件（如 CMOS 电路）的仪器输入阻抗和测试夹具的绝缘电阻，必须比被测器件的输入阻抗高一个数量级以上。

12）利用高温烘箱做高温测试时，烘箱外壳要接地良好。被测器件与加热电阻丝或远红外发射体之间用接地的铁板隔开，防止空间静电场损伤器件。

13）低温测试时，应注意测试过程中器件表面不要出现水汽或凝霜现象。

6.4.4 举例

当测量 CG36 型小功率超高频晶体管的发射结反向击穿电压 BV_{EBO} 时，所加反向电流 I_{CBO} 大于 1mA 时，将使其小电流下的电流放大系数 h_{FE} 明显下降，测量时，持续时间越长或者所加 I_{CBO} 越大，则 h_{FE} 衰减量越大。在 $I_{CBO} = 10mA$，持续时间为 5s 时，h_{FE} 将减少 50% 左右。如果 h_{FE} 衰退不严重，则衰退后经过电功率老化，可能 h_{FE} 会变大而复原。如当 h_{FE} 降低量小于 30% 时，进行 100mW 满功率电老化 48h 后，h_{FE} 可基本复原。但这种器件在以后的长期工作期间，h_{FE} 稳定性很差。对于浅结超高频晶体管，特别容易出现这种 h_{FE} 衰退现象。

习　题

1. 对比化学电池和物理电池的优缺点。

2. 简述太阳电池的工作原理。

3. 电子元器件在焊接中应注意的事项有哪些。

4. 结合实际，讨论电子元器件在运输、储存等过程中的可靠性措施。

第7章 电子元器件的可靠性应用

7

电子系统向着小型化和高密度化发展，使得其内部的各种应力增加，电子元器件的可靠应用，一方面要防止或减弱浪涌、噪声、辐射和静电等应力的影响；另一方面，不能只考虑电路的性能而忽视可靠性，使用元器件的数量越多，其系统的可靠性越容易变差。因此在实现规定功能的前提下，还应考虑使系统使用的电子元器件简化，即减少元器件的类型、品种等要素。组成系统的各个元器件对该系统的可靠性的贡献不同，有时某个元器件的参数退化很严重，但对系统性能的影响很小，而另一个元器件有少许变化，则系统的性能就有显著变化，因此电子元器件的灵敏度应用是提高系统可靠性的一个经济有效的方法。

本章首先讨论电子元器件在电路中可能遇到的过应力，即浪涌、噪声、辐射和静电等应力，分析它们在电路系统中的形成条件及对器件的影响途径，重点阐述为避免或削弱其影响而采用的各种技术方法和措施；然后给出电子元器件在印制电路板中如何合理布局；最后讨论提高电子元器件在电路中可靠性应用的原则，包括电路简化应用、降额应用、冗余应用、灵敏度应用和最坏情况应用等。

7.1 防浪涌应用

电浪涌引起的过电应力（Electrical Over Stress，EOS）损伤或烧毁是电子元器件在使用过程中最常见的失效模式之一，严重影响电路的正常工作。

电浪涌是一种随机的、短时间的高电压和强电流冲击，其平均功率虽然很小，但瞬时功率却非常大。因此，它对电子元器件的破坏性很大，轻则引起逻辑电路出现误动作或导致器件的局部损伤，重则引发热电效应（如双极性晶体管的二次击穿、CMOS电路的闩锁效应），使器件特性产生不可逆的变化，甚至遭到永久性破坏（如造成铝金属互连线的烧熔飞溅）。随着电子元器件集成密度的提高和几何尺寸的缩小，使得它越来越容易因受到电过应力而损坏。因此，必须采取有效措施予以防范。

7.1.1 浪涌过电应力的来源

1. 集成电路开关工作产生的浪涌电流

数字集成电路在输出状态翻转时，其工作电流的变化很大。例如，在具有图腾柱输出结构的TTL电路中，当状态翻转时，由于晶体管内储存电荷的释放需要一定时间，其输出部分的两个晶体管会有大约10ns的瞬间同时导通，这相当于电源对地短路。每一个门电路，在此转换瞬间有幅度为30mA左右的浪涌电流输出。

对于大规模集成电路或高密度印制电路板组件，一块电路或一块组件上会有几十乃至成千上百个门电路同时翻转，所形成的浪涌电流是十分可观的。若有33块TTL电路同时翻转，则瞬态电流可达1A，而变化时间只有10ns。像这种电流变化，稳压电源是难以稳定调节的。一般稳压电源的频率特性只有10kHz数量级，对于10ns级的剧烈变化是无济于事的。于是，上述效应就会造成电源电流的剧烈波动，不仅给产生浪涌的原电路，而且可能给电路中的其他器件造成危害，还会通过电磁辐射影响邻近的电路或设备。

2. 接通电容性负载时产生的浪涌电流

如果用开关电路或功率晶体管驱动电容性负载，则在电路输出端由高电平向低电平转换的瞬间，由于电容两端的电压不能突变，对于交变电流，它等效于短路，电流值仅由回路的电阻决定，所以这个浪涌电流可以在瞬间上升到远大于器件的正常导通的电流值，有可能给器件带来损伤。

3. 断开电感性负载时产生的浪涌电压

在高压功率开关电路中，常采用功率晶体管驱动电感负载（如变压器、继电器等），在这种情况下，当电路输出由通态向断态转换的瞬间，由于电感负载上流动的电流突然被中断，在电感中会产生与原来电流方向相反的浪涌电流，在电感的两端会形成一种反冲电压，正常电流越大或者电感量越大，所产生的反冲电压也越大。反冲电压的幅值有可能比电源电压高10～100倍，极易引起器件的击穿。

4. 驱动白炽灯时产生的浪涌电流

电子设备中的各种指示灯常用白炽灯。当用功率开关器件驱动白炽灯时，驱动器件要承受两种浪涌电流，即冷电阻浪涌电流和闪烁浪涌电流。冷电阻浪涌电流发生在白炽灯刚刚开启的瞬间。当白炽灯未点亮时，灯丝是冷的，电阻很小，在电路接通的瞬间，灯丝上突然流过比稳定时高5～15倍的浪涌电流；灯丝受热后电阻变大，电流才变小而稳定下来。如小型白炽灯的正常稳定电流是50mA，则浪涌电流瞬间可达0.5A左右。闪烁浪涌电流则发生在充气灯具的失效期间，灯丝烧毁，形成电弧，在2～4ms内，浪涌电流可达几十安培。

5. 供电电源引起的浪涌干扰

（1）交流供电电源引起的浪涌

考虑到市电电源不稳定，设计电子设备时，一般允许电源电压变化10%，但是，由于各种与市电电网相接的电气设备及其他因素，电网电压经常会发生更为剧烈的波动。

在电网中产生浪涌电压的原因大致有以下几种：电网上因直接受到雷击或雷电感应所产生的浪涌电压；大型耗电设备（如风机、空调器、电动机等）和大功率负载在接通或断开的瞬间产生的浪涌电压；电网上所连接的电气设备电源对地短路引起的电网波动；各种电气设备工作时产生的浪涌反馈给了电网等。电网上浪涌电压的起因与幅值见表7.1。可见，雷击产生的浪涌电压幅值最大。

表7.1　电网上浪涌电压的起因与幅值

种类	原因	浪涌电压幅值
雷击	直接雷击	1000kV
	雷电感应	线间6kV，对地12kV
开关	大型电气设备的通断	常规电压的3～4倍
	三相电未同时投入	常规电压的2～3.5倍
接地	对地短路时	常规电压的2倍
	接地开路时	常规电压的4～5倍

（2）直流稳压电源引起的浪涌

直流稳压电压可分为传统的线性稳压电源和新发展起来的开关稳压电源两类。开关稳压电源最容易引起的浪涌不仅对其内部的功率晶体管构成威胁，而且会对由该电源供电的电路的正常工作和可靠性产生影响。

6. 接地不当导致器件损坏

在我国，由于地线问题引起器件或整机烧毁的事故时有发生。为此，应该严格按照电子元器件和有关整机的使用要求，认真接好地线。

一个值得高度重视的问题是，不要将"地线"与三相交流电中的"零线"相接，"零线"上会有 50V 左右的电压，特别容易引发 CMOS 电路的闩锁失效，严重时可能使器件烧毁。因此，使用电子元器件时，最好按照技术要求单独埋设专用地线。地线的接地电阻要小于 1Ω，禁止将地线接到三相交流电的零线、自来水管、暖气管道和避雷地线上。

另一个实际问题是，我国曾广泛使用的电源插头插座是二线制的，即一根相线、一根中性线。应该按照国家有关标准改为三线制，即一根相线、一根中性线、一根地线，该地线是单独的，不能和中性线相接。这种三线插头插座的正确接法是"右火、左零、上地"，三线电源插座接线位置正视图如图 7.1 所示。整机电源、调试仪器及电烙铁等设备工具的外壳必须接到地线，而非零线。

图 7.1　三线电源插座接线位置正视图

此外，还有许多场合也会产生电浪涌，如示波器、脉冲信号发生器等电子测量仪器在某些开关转换的瞬间、电容或电感负载的充放电、用电路驱动发光器件的瞬间、在高压范围内进行功能检验时由于接触不良引起的打火等都有可能产生电浪涌。

7.1.2　电路防护设计

1. 提高器件性能

从器件的选用来看，一是要选用额定值高的器件，不能仅按照稳定状态的额定值来选用器件；二是采用抗浪涌性能好的器件，如采用 VMOS 功率晶体管，而不采用双极型功率晶体管。

2. 改变电路设计

对于电容负载，应降低电容容量，或者在电容上串联电阻，最好是采用不添加容性负载的线路设计；在自动控制系统中常要驱动继电器输出，是电感性负载，最好的方法是用光电耦合器取代继电器。

3. 旁路电容器

在被保护电路附近接旁路电容器（去耦电容器），如一般可以在每 5～10 块（具体数目与所用电路的类型有关）集成电路旁接一个 0.01～0.1μF 的电容；每一块大规模集成电路或每一块运算放大器也最好能旁接一个电容器。去耦电容器应该是低感的高频电容器，小容量电容器一般选用圆片陶瓷电容器或多层陶瓷电容器，大容量电容器最好选用钽电解电容器或金属化聚酯电容器，不宜采用铝电解电容器，因为它的电感比上述电容器大近一个数量级。另外，在印制电路板的电源输入处，也应旁接一个 100μF 左右的钽电解电容器和一个

0.05μF 左右的陶瓷电容器。

为了抑制电网电压的波动，可在交流电源输入端加上电源滤波器，电源滤波器是一种让电源频率附近的频率成分通过，而使高于此频率的成分很大衰减的电路。如果电容器并接在电源两端，可以滤除电源中的串模干扰（电源线之间的干扰）；如果电容器并接在电源与地之间，可以滤除电源中的共模干扰（即加在电源线与地之间的干扰）。电源滤波器所采用的电容器要求高频特性好、引线电感小。安装电源滤波器时，应注意必须加接地的金属屏蔽罩，滤波器的输入与输出线应使用屏蔽线，而且要互相隔离，不要捆扎在一起。电源线应该先经过电源滤波器再进入开关，不要先经过开关再进行滤波。

4. 高频电应力的抑制

为了避免开关电源中产生的浪涌噪声对负载电路的影响，可让开关电源的两根输出线通过一个铁氧体磁珠，它等效于一个抗共模扼流圈，可以有效抑制电流脉冲引起的高频噪声干扰。采用双绞线作为开关电源的输出线，它相当于一个多级 π 型滤波器，也有一定的效果。最好的方案是使双绞线穿过铁氧体磁珠，试验表明，采取这种措施后，可使噪声从原来的 200mV 降至 40mV 左右。

7.1.3 TTL 电路防浪涌干扰

为了防止 TTL 电路受到过电压或过电流损伤及噪声干扰的影响，使用时应遵循以下规则：

1）具有图腾柱或达林顿输出结构的 TTL 电路不允许并联使用，只有三态或具有集电极开路输出结构的电路可以并联使用。当若干个三态逻辑门并联使用时，只允许其中一个门处于使能状态（"0"态或"1"态），其他所有门应处于高阻态。当将集电极开路门输出端并联使用时，只允许其中一个门电路处于低电平输出状态，其他门则应处于高电平输出状态。

2）在使用 TTL 电路时，不能将电源 V_{CC} 和地线颠倒错接，否则将引起很大的电流而有可能造成电路失效。

3）电路的各个输入端不能直接与高于 5.5V 和低于 -0.5V 的低内阻电源连接。因为低内阻电源能提供较大电流，会由于过流而烧毁电路。

4）当将一些集电极开路门电路的输出端并联而使电路具有"线与"功能时，通常应在其公共输出端加接一个上拉负载电阻 R_L 到 V_{CC} 端。

5）TTL 电路的输出端不允许与电源短路，对地短路也应尽量避免。当一个管壳内封装有若干个单元电路时，不允许其中的几个单元电路的输出端同时瞬间接地。当几个输出端同时接地时，将有数百毫安流过电路，从而引起电路的过热或过流而将电路损坏。个别输出端不得不接地时，接地时间也不要超过 1s。

6）有时 TTL 电路的多个输入端并未全部使用，那些未使用的输入端如果悬空，相当于输入端处于阈值电平，特别容易使电路受到各种干扰脉冲的影响，不能可靠工作。同时，这些悬空输入端相当于浮置 PN 结电容，会使电路的开关速度变慢，对甚高速器件影响更大。所以，对 TTL 电路的悬空输入端必须进行若干处理。具体方法是：

①"与"门和"与非"门电路。将"与非"门电路不使用的"与"输入端和触发器不使用的置位、复位端直接连到电源 V_{CC} 上，使输入端处于电路中的最高电位上，从而不易受

外界干扰，这是最简单的方法。但当 V_{CC} 的瞬时值超过 5.5V 时，输入端容易受到损坏，而且还会产生较大的反向电流流入电路中。因此，最好是将不用的输入端通过一个 $1k\Omega$ 左右的电阻接到 V_{CC} 上，一个 $1k\Omega$ 电阻可以接 $1 \sim 25$ 个不用的输入端。这样，如果 V_{CC} 瞬时值超过 5.5V，一个 $1k\Omega$ 电阻还可以起到保护作用。也可把电路不使用的输入端并联到同一块电路的一个在用的输入端上。"与"门和"与非"门电路的处理方法如图 7.2a 所示。

②"与或非"门电路。如果前级驱动器有足够的驱动能力，可将"与或非"门不使用的"与"输入端直接连到该"与或非"门的已使用的某一个输入端上，也可把不使用的"或"输入端接地。"与或非"门电路的处理方法如图 7.2b 所示。

③ 要绝对避免悬空的输入端带开路长线。

7）当使用集成度较高的门电路芯片时，如"二输入端四与非门""六反相器"等，有可能出现闲置不用的门电路。这时，应使这些不用的门电路处于截止状态，以便减少整个电路的功耗，有助于提高系统的可靠性。应将闲置"与非"门、"与或非"或反相门的所有输入端接地。前述其他"与非"门的不使用的输入端可接到该门的输出端上，其他"与非"门电路的处理方法如图 7.2c 所示。

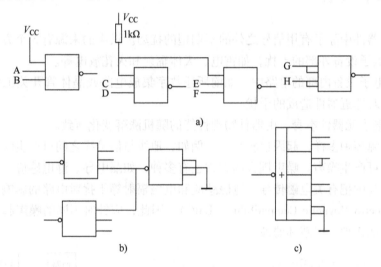

图 7.2　TTL 电路不使用输入端的处理方法

a)"与"门和"与非"门电路的处理方法　b)"与或非"门电路的处理方法　c)其他"与非"门电路的处理方法

8）对于大多数的 TTL 电路，如果加上具有非常缓慢的上升沿和下降沿的波形，则在其输出端容易出现不稳定的振荡现象。因此，TTL 电路的上升和下降时间不能过长。作为一般要求，构成逻辑电路时，该时间不能长于 $1\mu s$；时序电路的时钟脉冲输入时，不能长于 150ns。如果不得不在输入端加长上升或下降时间的信号，则应接入施密特电路经过波形整形之后，再输入 TTL 电路。

为了防止浪涌电压对 TTL 电路造成的破坏，可加图 7.3 所示的 TTL 集成电路的外围保护电路。在图 7.3a 中，二极管 VD_1 用来防止输入电压超过电源电压 V_{CC}，电容器 C_1 用来吸收电源线上的高频瞬变电压。在图 7.3b 中，二极管 VD_1 和 VD_2 把正向输入电压限制在 V_{CC} 以下，并使负输入电压接地；二极管 VD_3 防止输出电压降到地线电压；电容器 C_1 同样是用来吸收电源线上的高频瞬变电压的。这里使用的三个保护二极管 VD_1、VD_2 和 VD_3 最好采用瞬变电压抑制二极管。

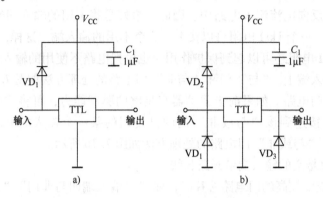

图7.3 TTL集成电路的外围保护电路

a）一个保护二极管的电路 b）三个保护二极管的电路

7.2 防噪声设计

噪声是指器件中除了有用信号之外的不期望的扰动。噪声的来源有3个方面。

1）来自电子设备外部的干扰，如雷电、天体辐射和火花放电等。

2）来自电子设备内部的电路中，如前所述数字集成电路或晶体管开关工作时产生的浪涌电压或电流对邻近器件造成的干扰。

3）来自电子元器件本身，由器件物理性能的随机涨落变化所致。

噪声的来源多种多样，起因也较复杂。例如，地线与信号线之间可产生噪声；信号线与信号线之间也可产生噪声。噪声耦合的方式也有多种，如漏电导、静电感应、电磁感应、互扰和反射等。其中把有关电磁传导、电磁感应和电磁辐射等干扰对电路的影响又称为电磁兼容性问题（Electro Magnetic Compatibility，EMC）。因此，应针对不同的噪声起因，采取不同的设计对策，如接地、屏蔽和滤波。

7.2.1 接地不良引入的噪声

如果接地不良，使地线回路存在公共阻抗，只要电路中一个回路出现干扰信号，就会通过地线阻抗，对其他回路造成干扰。串联方式接地造成公共阻抗耦合如图7.4所示，这里，三个回路以串联的方式接地，

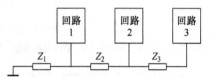

图7.4 串联方式接地造成公共阻抗耦合

阻抗Z_1就成为回路1、2、3的公共阻抗，阻抗Z_2就成为回路2、3的公共阻抗。这样，当任何一个回路的地线上有电流流过时，都会影响其他回路。也就是说，每个回路的接地点 A、B、C 都不是真正的零电位，而是随各个回路的电流大小而变化。

为避免接地不良引入的噪声，要遵循以下规则：

1. 一点接地

理想的接地应是零阻抗、零电位，理想接地难以达到，应按下列方式安排：如果电路由若干个回路构成，则应把各个回路的接地线集中于一点接地，多回路一点接地如图7.5所

示，有并联和串联方式。不仅如此，电路中任何一个比较独立的部分（如系统中的电路板、电路板中的子电路等），都应按照一点接地的原则，由小到大与总接地体相连。如果一个设备有若干个子系统，每一个子系统包含数块电路板，那么首先从各电路板上的电路开始规划，每一块独立的电路或芯片可以有自己的"地线"，但它与电路板上的接地母线只能有一处相连。各子系统又通过一个总接地线与总系统接地母线相连，依此类推。

并联接地法最科学有效，但是引线复杂。串联接地法简便易行，但要达到几点要求：各路地线应尽量短；支线、干线、总线逐步按电流比例加粗引线（见图7.5b）；各单板上的地线也要避免形成回路，尽量采用"树叉形"接法。

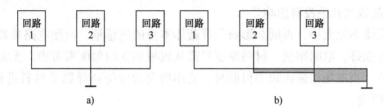

图 7.5　多回路一点接地

a）并联法　b）串联法

2. 分开接地的原则

1）低电平电路、有精度要求的信号线路、大电流电路等的接地线应各设置专用地线，分别引到"地点"，以防互扰。

2）在小信号模拟电路、数字电路和大功率驱动电路混杂的场合，采用大信号和小信号地线分开接地的办法。大信号地线供大功率或有较大噪声的电路使用，小信号地线供小信号及易受干扰的电路使用。机内布线完全是两个系统，只有在供电电源处才一点接地。这样既保证了两个地线系统有统一的地电位，又可避免地线形成公共阻抗。整机中的电路系统与机壳也应采用同样的方法分开接地。

3. 尽量降低地线的阻抗

要选用尽可能粗而且电感量小的导线作为接地线，印制电路板的接地母线要做得尽量宽，印制电路板的周边应构成完整的地线环路，最好是印制电路板一面安装互连对线，另一面是整体接地平面。

7.2.2　静电耦合和电磁耦合产生的噪声

通过静电感应形成的静电耦合噪声与电路中存在的分布电容或寄生电容密切相关。为抑制这种噪声，可采取如下措施：

1）信号线与电源线和功率线尽量远离。这是为了降低它们之间的分布电容，削弱容易成为噪声源的电源线和功率线对信号线的影响。

2）采用屏蔽导线。用金属编织网作为屏蔽层将导线包围起来并接地，从而可保护线路不受外界电场的影响，同时，也防止了导线产生的电力线向外界泄漏，成为静电感应的噪声源。导线屏蔽要注意屏蔽的完整性，特别是导线的终端处理，要使屏蔽完全包围引出线头，这可使用金属电缆接头或金属的插头座。

3）印制电路板的屏蔽措施。在两根印制线之间加一条接地的印制线，就可有效的起到静电屏蔽作用，前面所述的印制电路板在非连线一面全部用铜箔作为地平面，会使其反面的印制线路之间的相互感应显著降低。

通过电磁感应形成的电磁耦合噪声则与电路中不同回路之间的互感及电流的变化率（即信号频率）密切相关。减少电感性耦合的有效方法是采用电磁屏蔽。一般是采用密闭的金属容器包围有可能泄漏磁通的噪声源（如线圈、变压器等）。要取得良好的电磁屏蔽效果，对屏蔽壳体有以下要求：

1）无缝隙。工作频率越高，对屏蔽的密闭性要求越严格。注意，对于静电屏蔽，屏蔽体的缝隙对屏蔽效果几乎没有影响。

2）屏蔽壳体不能太小，否则会影响受屏蔽体本身的电感量，而使电路参数发生变化。

3）导电性能好，电阻率低。材料厚度只需从机械强度的角度来考虑，无需过厚。

4）磁屏蔽。当磁场很强而频率很低时，要用坡莫合金等高导磁率材料进行磁屏蔽，并要求有一定的厚度。

在高速数字电路中，因信号快速变化会产生瞬变电流。如果这种瞬变电流沿着一个闭合回路流动，就会产生电磁辐射，对附近的元器件或电路起着干扰作用。这种电磁辐射的场强与瞬变电流强度、闭合回路面积和信号频率的平方成正比。因此，在电路布局时，尽量减少电路通路所包容的面积是抑制电磁辐射干扰的主要方法，这就要求信号发出和信号返回的导线应紧靠在一起。

时钟电路的导线是最不利的发射源，因为它在系统中载有高频信号，具有最快的上升和下降时间，电流大而且是周期性的。总线驱动器和线路驱动器也是重要的发射源。设计电路布局时，这些电路应紧靠它们所要驱动或服务的器件，连接导线应尽量短。采用接地平面、多重接地或金属屏蔽等措施也能有效抑制电磁辐射干扰。

屏蔽导线或电缆的接地方式与它所传递的信号频率有关。单点接地可以避免地线回路引入的公共阻抗的不利影响，但当信号频率很高使得其波长与地线长度接近时，会形成驻波效应，这时应该采用多点就近接地。如果令 f 为所传输信号的频率，λ 为其波长，L 为接地导体的长度，则一般规则是：

1）$f < 1\mathrm{MHz}$（或 $L < 0.05\lambda$）时一点接地。

2）$f > 10\mathrm{MHz}$（或 $L > 0.15\lambda$）时多点接地。

3）$f = 1 \sim 10\mathrm{MHz}$（或 $L = 0.05\lambda \sim 0.15\lambda$）时，最长的接地导体的长度大于以波长的 1/20 为限，分别使用一点接地和多点接地。

多点接地适用于高频电路和很陡（小于 $10\mu s$）的脉冲电路，多点接地就是就近接地，可以消除驻波效应，但存在接地回路。

在高频和低频信号混合传输的电路中，可通过串联适当容量的电容器实现低频一点接地、高频多点接地。低电平信号传输线对地线公共阻抗十分敏感，最好采用一点接地，一点接地的接地端最好是在信号的发生器端。

7.2.3　串扰引入的噪声

当一条传输线传送信号时，通过互感和耦合电容在另一条传输线上产生感应信号，这种现象成为串音干扰，简称串扰（Crosstalk）。串扰的大小与两线间距离的平方成反比、与信号频率成正比。当信号的发送线和接收线紧密连在一起而又远离接地回路时，串扰问题就显得十分严重。串扰可使相邻传输线中出现异常的信号脉冲，造成逻辑电路的误动作。

采用双绞线（指信号线与地线的双扭）或同轴电缆，代替原来的平行导线，可以有效消除串扰。双绞线和同轴线应在靠近驱动或接收装置的一端单点接地。双绞线既可屏蔽噪声源导线发出的磁通，也可屏蔽信号导线使其不受外界磁通干扰。

双绞线的屏蔽效果随每单位长度绞合数的增加而提高。它存在的第一个问题是易受外界静电感应，为此可在双绞线外加金属编织层，这时，称之为屏蔽双绞线；第二个问题是当频率很高（如大于1MHz）时，交流损耗明显增大，这时可考虑采用同轴电缆。

同轴电缆是一种特制的用金属编织网作屏蔽的电缆，其突出特点是在很大的频率范围内具有均匀不变的低损耗的特性阻抗，可用于从直流到甚高频乃至超高频的频段。

如果不得不采用平行导线传榆信号，则应使相邻的两条导线尽可能分开，信号线应尽量靠近地线。在两条平行走线之间插入地线作为隔离，对于抑制串扰也有良好的效果。大面积的印制电路板布线容易产生串扰问题。为此，在设计布线时，建议采取以下措施：

1）接地母线无论在哪里都应尽量宽。

2）在印制电路板周围构成完整的地线回路，在印制电路板两侧的地线，通过分开的插脚各自进入地线系统。

3）驱动长线的门，其电源端 V_{CC} 的去耦电容器要接在器件的端点上，并将电容器、器件 V_{CC} 和传输线的地都接到公共点上。

7.3　抗辐射设计

7.3.1　抗辐射加固电子系统的器件选择

在抗辐射加固电子系统的设计中，首要任务是如何合理地选择电子元器件。选择的一般原则是，所选用的器件既能实现系统的电气性能指标，又具有较好的抗辐射潜力。为了正确选用抗辐射能力强的电子元器件，尽可能避免使用抗辐射能力差的器件，掌握以下规律是十分重要的（应该指出的是，这里对不同器件抗辐射能力的比较是在其他条件相同或相当的前提下进行的，只具有相对的意义，不要把它们绝对化）：

1）双极型器件抗中子辐射的能力差，最敏感的参数是电流放大系数 h_{FE}；MOS 场效应晶体管抗电离辐射的能力差，最敏感的参数是阈值电压 V_T。MOS 场效应晶体管的抗中子辐射能力比双极性晶体管高 1~2 个数量级，但它的抗电离辐射能力却比双极晶体管低 2~3 个数量级。

2）在分立半导体器件中，闸流管、单结晶体管和太阳能电池的抗辐射能力最差，所以应该尽可能避免在辐射环境中使用此类器件。

3）在二极管中，隧道二极管的抗辐射能力最强，其次为电压调整二极管和电压基准二极管，普通整流二极管的抗辐射能力最差。

4）在具有不同的参数指标、结构或管芯材料的双极二极管中，大功率晶体管的抗辐射能力优于小功率晶体管，高频晶体管优于低频晶体管，开关晶体管优于放大晶体管，锗晶体管优于硅晶体管，NPN 型晶体管优于 PNP 型晶体管。

5）在不同类型的器件中，半导体二极管的抗辐射能力优于晶体管，结型场效应晶体管的抗辐射能力优于双极晶体管，由分立器件构成的电路的抗电离辐射能力优于实现相同功能的单片集成电路，数字集成电路的抗中子辐射能力优于模拟集成电路。

6）在相同类型的器件中，工作频率越高，工作电流越大，开关时间越短，或者额定电源电压越高，则抗辐射能力越强。例如，用相同工艺和材料制作的微处理器电路，要求 10V 电源的电路比要求 5V 电源的电路抗辐射能力强，因为 10V 电源有 3V 的噪声容限，而 5V 电源只有 1.5V 的噪声容限。

7）在采用不同材料或结构的器件中，采用介质隔离的集成电路的抗辐射能力优于采用 PN 结隔离的集成电路，以蓝宝石为衬底的 CMOS/SOS 电路或者以绝缘体为衬底的 CMOS/SOI 电路的抗辐射能力优于以硅为衬底的 CMOS/Si 电路，砷化镓器件与电路的抗辐射能力优于硅器件与电路。

8）对于集成电路，在抗中子辐射方面，CMOS/SOS 电路最好，其次是 CMOS/Si、ECL 和 NMOS 电路，再次是肖特基 TTL 电路和 I^2L 电路，最差的是双极型线性电路。在抗稳态电离辐射方面，ECL 电路最好，其次是肖特基 TTL 电路和 I^2L 电路，再次是 CMOS 电路，最差的是 NMOS 电路。在抗瞬态电离辐射方面，CMOS/SOS 电路最好，其次是 CMOS/Si 和 I^2L 电路，最差的是 NMOS、ECL 和肖特基 TTL 电路。

9）在未来，GaAs 器件及电路和以绝缘体为衬底的 CMOS/SOI 电路是最有发展前途的抗辐射器件。

电子元器件的抗中子辐射能力通常用中子通量（也称中子剂量）来表征，它定义为单位面积物质允许通过的中子数，单位为中子数/cm^2。电离辐射可分为稳态辐射和瞬态辐射两种，器件抗稳态电离辐射的能力用总剂量来表征，它定义为单位质量的指定材料允许吸收的辐射能量，单位为 rad（材料）或 Gy（材料），$1rad = 10^{-15}J$（焦耳），$1Gy = 100rad$；器件抗瞬态电离辐射的能力则用剂量率来表征，它定义为单位时间内指定材料所吸收的能量，单位为 rad（材料）/s 或 Gy（材料）/s。

7.3.2 系统设计中的抗辐射措施

1. 提高参数的设计容差

在线路设计中，适当提高辐射敏感参数的设计容差，可使器件在较高的辐照水平下正常工作。双极电路设计中，应注意提高电流放大系数 h_{FE} 的设计余量，并且使双极晶体管的直流工作点选择在电流放大系数 h_{FE} 随基极电流变化的峰值附近。这是因为晶体管在大电流下比在小电流下工作更耐辐射。

2. 减少电路对器件的辐射敏感参数的依赖性

双极晶体管的辐射敏感参数主要是电流增益和存储时间，MOS 器件的辐射敏感参数主要是阈值电压。具体方法可以因电路制宜，灵活运用。例如，引入较强的负反馈和适当增加电路的工作电流（特别是饱和晶体管的基极驱动电流），以抵消辐射引起的电路增益衰减及饱和电压增大的影响。通过逻辑设计，使电路中大多数器件在辐射期间处于耐辐射的饱和导通状态，至少处于较强的电流注入状态，以减轻中子辐射损伤。在 TTL 电路的设计中，电路的设计应使其输出负载尽量轻，尽量减少扇出数和扇出电流，以减少对 TTL 电路输出晶体管的增益要求，从而提高电路抗中子辐射的能力。

3. 降低电路功耗

降低电路功耗可以减轻辐射给系统电源带来的负担。电源常常是电子系统中最需要加固但又最难加固的地方，因为辐射引起的电源电压或功耗电流的剧烈波动，将导致整个电路系统的失效，而构成电源的低频功率晶体管、闸流管和整流稳压二极管等，均属于抗辐射性能差的器件。

4. 采用各种保护电路

根据电路系统的具体情况，有针对性地设计一些保护电路，如光电流补偿、负反馈、电压钳位、限流、温度补偿、扇出、消除寄生电流、时序与延迟和饱和逻辑等电路。

5. 采取严格的屏蔽措施

器件的管壳、设备的外壳和整个系统的蒙皮，都可起到对辐射的屏蔽作用。金属壳越厚，则屏蔽效果越好。

对于卫星这样的对重量和体积有严格限制的系统，则应充分利用已有构件来增加屏蔽的有效厚度。例如，将抗辐射能力差的器件（如大规模集成电路、存储器等）尽量放在设备或系统的中心部位；含有许多辐射敏感器件的单元应该尽可能靠近，以便互相屏蔽；装有辐射敏感器件的机盒应放在靠近厚重构件的位置。这些都是经实践证明后行之有效的措施。

6. 采用"回避"技术

器件处于非工作状态时，一般辐射损伤较小，特别是在核辐射环境下更是如此。因此，可在电子系统中，设计一套核敏感自动控制系统，使得在核爆炸的瞬间，该系统或系统中的薄弱部分暂停工作，即"躲避"起来，待爆炸后再重新工作，从而起到保护系统的作用。

不同厂商生产的同种器件，甚至同一厂商生产的同种器件，其抗辐射能力往往存在明显差别，特别是线性集成电路，抗辐射性能的离散性有时可达 2～3 个数量级。采用辐射预筛选可以从一批器件中挑选出抗辐射性能好的器件，淘汰抗辐射性能差的器件。具体方法是对一批器件进行小剂量的中子或 γ 射线辐射，经测试筛去参数变化大的器件，变化小的器件经过退火处理，使之恢复到退火前的性能之后便可投入使用。

采用辐射预筛选方法时，要获得较好的效果，需注意以下问题：

1）选择的测量参数应属于辐射敏感参数。如对双极晶体管，应选择电流放大系数及饱和压降；对 MOS 晶体管，应选择阈值电压。

2）选择合适的辐射源。辐射源可以采用中子、γ 射线或高能电子源。中子辐射后的器件在室温或较低温度下退火效果较弱，需采用较高的退火温度，故适用于在芯片阶段进行辐射预筛选；γ 射线穿透物质的能力强，能在较深的器件体内起作用，故适用于大功率器件的辐射预筛选。

3）选择合适的预辐射剂量。该剂量既能引起器件参数明显变化，又不会造成器件较大损伤。一般而言，中子辐射条件为中子通量 $(5 \times 10^{12} \sim 4 \times 10^{15})$ /cm^2、中子能量 E ≥ 0.1MeV；γ 射线条件为 γ 剂量 $(2 \sim 3 \times 10^7)$ rad（Si）。

4）选择最佳的退火温度和退火时间，使器件尽可能地恢复到辐照前的特性。通常成品器件的退火温度范围为120~180℃，未封装芯片的退火温度范围为200~400℃。

5）辐射预筛选方法，器件制造厂家可以采用，器件用户也可以采用。器件制造厂家的辐射预筛选可直接用管芯进行，这样有利于降低筛选成本。

6）通过适度辐射进行筛选，毕竟带有一定程度的破坏性，所以近年来已开始研究完全非破坏性的辐射预筛选的新方法。初步的研究结果表明，通过测量双极晶体管在反偏雪崩状态下的等离子体噪声或MOS器件的$1/f$噪声，可以不经辐射对这些器件的抗辐射能力作出评估。

7.4 防静电设计

在元器件的运输、装配、调试和设备的使用环境中不可避免地会有不同物体间的摩擦，这将导致电荷在物件上的积累，尽管有些对静电敏感的电子元器件，即静电敏感器件（Static Sensitive Device，SSD）内部已采取了防静电设计，但其防护作用总是有限的。所以在器件应用时，仍需采取各种有效措施来防止器件受到静电损伤。总的防范原则：一是避免静电，即设法消除一切可能出现的静电源；二是消除静电，即设法加速静电荷的逸散泄漏，防止静电荷的积累。

7.4.1 器件使用环境的防静电措施

1. 设置防静电工作区

对于静电敏感的电子元器件，应在防静电工作区（或称静电防护区）内安装。根据器件的静电放电灵敏度的不同，可将其分为Ⅰ、Ⅱ、Ⅲ三类。与此对应，生产和使用这些器件的防静电工作区也分为Ⅰ、Ⅱ、Ⅲ三类。Ⅰ类防静电区产生的静电电位最高值限制为100V，Ⅱ类防静电区产生的静电电位最高值限制为500V，Ⅲ类防静电区产生的静电电位最值限制为1000V。Ⅰ类防静电区一般应处于Ⅱ类和Ⅲ类防静电区的包围之中。采用哪一级防静电区除了取决于所用器件的静电敏感类别外，还取决于净化和空调等环境条件。

2. 铺设防静电地板

静电防护区内应铺设防静电地板，最好采用静电耗散材料制作的地板。防静电材料可分为三类：一是导电防护材料，表面电阻率$\leqslant 10^5\,\Omega/cm^2$，如金属材料和体导电塑料材料；二是静电耗散材料，其表面电阻率为$10^5\sim10^9\,\Omega/cm^2$，呈半导电性，这种材料是在易产生静电的高绝缘材料中加入防静电添加剂制成，如在橡胶中加入碳黑或金属粉末、在聚氯乙烯软质塑料中加入酰胺基季铵硝酸盐、在合成纤维中加入季胺盐油剂等；三是抗静电材料，为不易产生静电的绝缘材料，表面电阻率为$10^9\sim10^{14}\,\Omega/cm^2$，如木制品和纸制品等。

对于电子元器件防静电而言，用静电耗散材料制作的地板效果最好。这是因为抗静电材料虽然自身几乎不产生静电，但因其电阻率高，静电泄放时间过长；相反，导电材料的静电耗散过程又太快，这将引起大的静电放电电流，有可能引起不良后果，如果带电器件落到导电地板上，将可能因放电而损坏。

如果采用导电性地板，则必须与导电工作椅和导电鞋配合使用，否则会失去其保护的意义。导电性地板与地之间应接入适当电阻，使通过地板的电流限制在安全水平，以免影响人身安全；静电耗散材料地板则不必这样做。

不要使用普通的水泥、塑料或橡胶地板，地板表面不要上蜡或涂油漆。

3. 静电敏感器件应在防静电工作台上操作

防静电工作台的台面应铺设用静电耗散材料制作的防护工作面，并接地。防静电台垫和设备台垫应满足以下指标：表面电阻率 $10^6 \sim 10^9 \, \Omega/cm^2$，体电阻率 $10^3 \sim 10^8 \, \Omega/cm^3$，摩擦起电电位低于 100V，静电电压衰减时间小于 0.5s。

4. 静电防护区的相对湿度应控制在 40% 以上

如果静电防护区的相对湿度低于 30%，可采用加湿器、地面洒水、悬挂湿布或设置储水槽等方法来进行人工加湿。

在有气体流动的场所，如有必要可安置空气电离器（也称离子风静电消除器），它利用电晕放电原理，使空气分子不断电离成正离子或负离子，轻轻地吹向指定空间，可分别中和带电物体上的正电荷和负电荷，但应注意某些电离器会形成危及人身安全的高压及电磁干扰并环境污染，不要轻易使用。

在工作台面、传送带、仪器面板或显示屏上，涂抹专用液态防静电剂，既可以提高表面电阻率，又有利于静电的耗散、也可以增加表面润滑度，以减少由摩擦产生的静电。

5. 防静电接地系统的设置

防静电接地系统是接地泄漏的入地通道，是将接地的地面、墙面、工作台、设备、仪器和腕带等按照工作区域和单元，使接地电荷顺次入地的电气联结系统。为了防止相互间的影响和反馈，各区域和单元应相互隔离，再汇入总线入地。

防静电接地一般应单独使用一根地线，不要与避雷接地和交流地合并使用，是否与直流地共用接地体可视设计而定。原则上，环境内的金属导体均应进行防静电接地，但如果金属导体已与避雷接地、电气保护接地、电磁屏蔽接地及其他接地金属导体有连接，而且从接地回路的载流量和电阻值来看，已能满足接地的要求，可不再采用专用静电接地。但这种处理不适用于高频和高速电子系统，因为各种频率的传导回路干扰和辐射干扰会发生问题。

6. 静电防护区内应使用防静电器具

静电防护区内的各种容器、工具、夹具、工作台面和设备垫等应避免使用易产生静电的材料（主要指普通塑料制品和橡胶制品）。工作中使用的文件资料不要用塑料制品和橡胶制品。工作中使用的工具，把手上不应有易产生静电的绝缘物，否则应在表面涂上防静电剂；操作中使用的刷子应使用天然毛刷，不得使用尼龙等合成材料制作的刷子。

焊接用的烙铁和使用的测试仪器设备要接地良好，最好是烙铁头与烙铁体一起同时接地，以避免烙铁头长期使用后因氧化严重而接地不良，可采用铜焊在烙铁头上焊一条铜丝接地。烙铁头到地的电阻应小于 20Ω，以保证其上的压降小于 15V。焊接静电高度敏感的器件或是在系统上更换器件时，最好在焊接的瞬间将烙铁断电，这是最安全的焊接方法。

7. 有条件时可安装静电监测报警装置

在生产现场各处设置静电传感器或离子探头，可以了解各处静电电压的大小和静电消除器所发出离子的多少和极性。同时，设计安装相应的自动检测和控制系统，如果某个工作点静电电压超过规定数值，可报警或启动，或者加大其异性离子的发射量，以迅速消除该处的静电。

对于像 CCD 器件和砷化镓集成电路这样的对静电高度敏感而且价格昂贵的器件，在使用中必须采取严格的防静电措施，否则会造成巨大的经济损失。

7.4.2 器件使用者的防静电措施

凡接触静电敏感器件的人员，包括生产、装配、测量、调试及仓库保管、发放等工作人员，均应遵守以下注意事项。

1. 操作者应使用防静电腕带（或肘带、踝带）

防静电腕带有两种，一种是用半导电塑料或橡胶（即静电耗散材料）制成，另一种是用导电金属制成。在使用导电腕带时，必须使之通过 $250k\Omega \sim 1M\Omega$ 电阻（多采用 $1M\Omega$ 电阻，在接触对静电高度敏感的器件时，还可以更小些，可取 $100k\Omega$）接地，将人体电流限制在 $5mA$ 以下的安全限内。

防静电腕带不要戴得过紧或过松，并置于人体靠近仪器设备的一侧。如果使用防静电工作台，则腕带应接到工作面的公共端，以保证人和工作台面等电位。如果流动操作人员使用防静电腕带有困难，可用手经常触摸金属接地线，以泄放人体所带的静电荷，特别是在接触电路板前，更应该这样做。

2. 操作者应穿防静电工作服

在静电防护区工作或者接触静电敏感器件的操作者应穿防静电工作服，戴防静电手套和帽子，穿防静电工作鞋。

防静电工作服一般为棉质，以吸水性强的木棉工作服为最佳。由于棉工作服有可能掉出棉纤维，所以在超净工作间内不能使用，这时，可采用含有 $0.5\% \sim 1\%$ 不锈钢丝的棉/聚脂纤维混纺的工作服。电子工业各类场所防静电工作服的指标要求见表 7.2。

表 7.2 电子工业各类场所防静电工作服的指标要求

静电参数	静电敏感车间	计算机房	一般防静电车间
表面电荷密度	0.5	3	7
工作服电量	0.1	0.1	1
人体最大电位	<200	<200	<2000
衰减时间	0.1	<1	<7
表面电阻率	$<10^8$	$<10^9 \sim 10^{10}$	$<10^{11}$

防静电工作鞋的电阻不要超过 $10M\Omega$，不要低于 $10k\Omega$。不要穿化纤和羊毛的衣服及橡胶底或塑料底的鞋子。

3. 应避免可能造成静电损伤的操作

在器件安装时，尽可能在最后工序插入器件；拿器件时，应只接触管壳，尽量不要碰器件的外引线；操作者在操作前或站起来走动后，要先用手接触防静电工作台或金属接地线，然后再进行工作。

在加电情况下，不要将集成电路插入管座或拔出管座；在切断电源的情况下，不得加输入信号到输入端；不要将超过电源电压值的电压加到输入端；将器件不用的输入端接地；不要插错引脚。

在静电防护区，不要做易于产生静电的动作，如擦脚、搓手、穿和脱工作服等。最好不使用万用表检测静电敏感器件的引线端，如果非用不可的话，在检测之前应将表笔头先接触一下硬接地的地线。

4. 微波二极管的使用要点

微波二极管对静电放电损伤特别敏感，使用时应遵守以下规则：

1）当传递微波二极管时，接收微波二极管的操作者应该紧握传递微波二极管的操作者握着的器件接头。如果握住了相对的接头，就可能使存在于两个操作者之间的静电荷流过二极管。

2）所有测试夹具的两端应配置一个短路棒或片，在微波二极管插入后再去除短路棒，以防寄生电容上的静电荷通过微波器件放电。

7.4.3　器件包装、运送和储存过程中的防静电措施

1. 包装

静电敏感器件（包括装有静电敏感器件的电路板）必须装入防静电包装盒或包装箱内才能装运。这种包装应使得运送器件时，不会因震动和摩擦而产生静电。

静电敏感器件的包装应满足以下要求：

1）能防止静电的产生和积累。

2）使器件的所有引脚短路。

3）对外电场有屏蔽作用。

Ⅱ类静电敏感器件，必须用导电盒或半导电塑料盒包装；Ⅰ类静电敏感器件，还应采用金属铝箔或铜丝将其所有外引线短接，最好能将器件插入导电泡沫塑料中，短路材料的电阻应比器件任两个引出端之间的最小电阻小几个数量级。不要用尼龙袋、普通塑料袋或发泡苯乙烯材料进行包装。

静电敏感器件在使用前不允许随意拆除器件的防静电包装，装配前不要过早地将器件从防静电包装盒中取出。拆除包装盒应在静电保护风内进行，拆除后器件应立即放入事先准备好的导电盒中存放。

2. 运送与传递

在运送时，盒子内部尽量装满不加整理的器件。MOS 器件应一个一个地分别包装，不要将器件堆放在一起，器件相互间要接触。运送装有器件的印制电路板时，应在叠放的印制电路板间夹一层纸或使其隔开一定距离，以防止静电，同时应尽量避免印制电路板寄生的电容因静电而被充电。运送或传输时，还要尽量减少机械振动和冲击。

自动装配线上的橡皮或塑料传送带如果呈现干燥或疏水性质，则极易与器件相对滑动或摩擦而产生静电。这时，应尽可能降低传送带的转动速度，或者事先对输送带作防静电处理。

双列直插封装器件在储存和运送时常采用专门的装运管。目前常用的装运管有 3 种：填充碳的塑料管、抗静电塑料管和金属铝管。相对而言，铝管的防静电效果最好，但当器件从铝制运输管中滑出时，仍会因摩擦而产生一定数量的静电。所以，接触铝传输管的操作者应采取防静电措施，如戴防静电腕带等。

3. 储存

静电敏感器件及安装有静电敏感器件的印制电路板或整机储存时，也要采取防静电措

施。安装有静电敏感器件的印制电路板从整机上拔下之后，应立刻用短路插座进行短接，将印制电路板上所有的输出端、输入端、时钟端、控制端、选用端和电源端等所有接线端全部连接在一起，处于同电位，防止静电串入引起器件损坏。安装有静电敏感器件的一台整机从一个大系统中取出之后，也应立刻对整机上的所有外接插座进行短接。

4. 器件使用时的防静电管理

防静电工作贯穿于生产和使用的全过程，涉及所有职能部门。因此，除了在技术上采取各种防静电措施外，还要制定和贯彻一整套符合有关标准规范、并适合本单位实际情况的管理制度，才能保证防静电措施的有效实施。

1）对使用静电敏感器件的人员，应进行静电知识和有关技术的培训与考核，未经培训或没有通过考核的人员不许上岗工作。防静电知识教育因人而异，对设计人员、管理人员和生产人员的要求各不相同。对设计人员，要求掌握产品防静电分类和标准、所有元器件对静电放电的敏感性、静电失效机理和 ESD 保护网络的设计与应用等；对管理人员，主要要求了解防护材料的分类、防护设备种类及功能；而对供销人员，则应掌握有关对静电敏感产品的包装、运输和储存的特殊要求。

2）建立完整的、严密的防静电控制程序。从设计、采购、生产工艺、质量保证到包装、发运等各个职能部门，都要有重点静电防护工作要点和步骤。

3）静电敏感器件应采用规定符号作为标志。静电敏感标志应标志在所有装有静电敏感器件的包装箱和其内的各种器件载体上，并应尽可能地标在器件的外壳上。在仓库中存储静电敏感器件的箱框上亦可打上静电敏感器件的标志，该符号也可作为"防静电工作区"的标志。

4）静电防护区应挂上醒目的"防静电区"或"未经允许不得入内"的示意牌。不允许未采取防静电措施的人接近静电敏感器件或电路板，安装和处理静电敏感器件的人数应明确规定，并尽可能地将人数减少。

5）对所有的防静电设施应进行定期检查和监测。

6）静电敏感器件入库前应进行严格的验收和检查。如检查器件是否有防静电包装、包装有否破损、包装上是否有明显的防静电标志等。

7）在所有与静电敏感器件的装配、试验、检查、包装和操作要求有关的说明书或配套文件中，均应包含有静电敏感器件标记、预防措施和处理程序等。

7.5 电子元器件在电路板中的可靠性布局

目前，电子元器件用于各类电子设备和系统时仍然以印制电路板为主要装配方式。实践证明，即使电原理图设计正确，印制电路板布线设计不当也会对器件的可靠性产生不利影响。例如，将印制电路板用于装配高速数字集成电路时，电路上出现的瞬变电流通过印制导线时，会产生冲击电流。如果印制导线的阻抗比较大，特别是电感较大时。这种冲击电流的幅值会很大，有可能对器件造成损害。如果印制电路板的两条细平行线靠得很近，则会形成信号波形的延迟，在传输线的终端形成反射噪声。因此，在设计印制电路板布线的时候，应注意采用正确的方法。

7.5.1　电磁兼容性设计

电磁兼容性（EMC）是指电子系统及其元部件在各种电磁环境中仍能够协调、有效地进行工作的能力。EMC 设计的目的是既能抑制各种外来的干扰，使电路和设备在规定的电磁环境中正常工作，同时又能减少其本身对其他设备的电磁干扰。

由于瞬变电流在印制导线上产生的冲击干扰主要是由印制导线的电感成分造成的，因此，应尽量减少印制导线的电感量。印制导线的电感量与其长度成正比，并随其宽度的增加而下降，故短而粗的导线对于抑制干扰是有利的。

时钟引线、行驱动器或总线驱动器的信号线常常载有大的瞬变电流，其印制导线要尽可能地短；而对于电源线和地线这样的难以缩短长度的布线，则应在印制电路板的面积和线条密度允许的条件下尽可能地加大布线的宽度。对于一般电路，印制导线宽度选在 1.5mm 左右即可完全满足要求；对于集成电路，可选为 0.2～1.0mm。

采用平行走线可以减少导线电感，但导线之间的互感和分布电容增加，如果布局允许。最好采用井字形网状地线结构，具体做法是印制电路板的一面横向布线，另一面纵向布线，然后在交叉孔处用铆钉或金属化孔相连。

为了抑制印制导线之间的串扰，在设计布线时应尽量避免长距离的平行走线，尽可能拉开线与线之间的距离，信号线与地线及电源线尽可能不交叉。在使用一般电路时，印制导线间隔和长度设计可以参考表 7.3 所列的印制电路板防串扰设计规则。在一些对干扰十分敏感的信号线之间可以设置一根接地的印制导线，也可有效抑制串扰。

表 7.3　印制电路板防串扰设计规则

印制导线间隔/mm	印制导线最大长度/cm	
	非大平面接地	大平面接地
0.5	25	50
1.0	30	60
3.0	40	150

为了抑制出现在印制导线终端的反射干扰，除特殊需要外，应尽可能地缩短印制导线的长度和采用慢速电路，必要时可加终端匹配，即在传输线的末端对地和电源端各加接一个相同阻值的匹配电阻。根据经验，对一般速度较快的 TTL 电路，其印制导线长于 10cm 以上时就应加终端匹配措施。匹配电阻的阻值应根据集成电路的输出驱动电流及吸收电流的最大值来决定。当使用 74F 系列的 TTL 电路时，匹配电阻可采用 330Ω，其等效的终端阻抗为 165Ω。

为了避免高频信号通过印制导线产生的电磁辐射，在印制电路板布线时，还应注意以下几点：

1）尽量减少印制导线的不连续性，如导线宽度不要突变、导线的拐角大于 90°、禁止环状走线等，这样也有利于提高印制导线耐焊接发热的能力。

2）时钟信号引线最容易产生电磁辐射干扰，走线时应与地线回路相靠近，不要在长距离内与信号线并行。

3）总线驱动器应紧挨其欲驱动的总线，对于那些离开印制电路板的引线，驱动器应紧挨着连接器。

4）数据总线的布线应每两根信号线之间夹一根信号地线，最好是紧挨着最不重要的地址引线放置信号地级回路，因为后者常载有高频电流。数据总线的布线方式如图7.6所示。

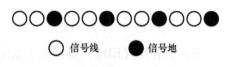

○ 信号线　● 信号地

图 7.6　数据总线的布线方式

5）在印制电路板布置高速、中速和低速逻辑电路时，应按照图7.7所示的不同工作速度的逻辑电路在印制电路板上的排列方式来排列器件。

7.5.2　接地设计

只要布局许可，印制电路板最好做成大平面接地方式，即印制电路板的一面全部用铜箔做成接地平面，而另一面作为信号布线，这样做有许多好处。

1）大接地平面可以降低印制电路板的对地阻抗，有效抑制印制电路板另一面信号线之间的干扰和噪声。例如，由于平行导线之间的分布电容在导线接近接地平面时会变小，因此大接地平面可使印制导线之间的串扰明显削弱。

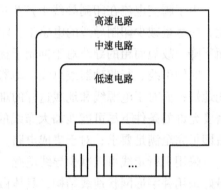

图 7.7　不同工作速度的逻辑电路在印制电路板上的排列方式

2）大接地平面起着电磁屏蔽和静电屏蔽的作用，可减少外界对电路的高频辐射干扰及减少电路对外界的高频辐射干扰。

3）大接地平面还有良好散热效果，其大面积的铜箔尤如金属散热片，迅速向外界散发印制电路板中的热量。

如果无法采用大接地平面，则应在印制电路板的周围设计接地总线，接地总线的两端接到系统的公共接地点上。接地总线应尽可能地宽，其宽度至少应为2.5mm。

数字电路部分与模拟电路部分及小信号电路和大功率电路应该分别并行馈电。数字地与模拟地在内部不得相连，屏蔽地与电源地应分别设置，去耦滤波电容器应就近接地。

7.5.3　热设计

从有利于散热的角度出发，印制电路板最好是直立安装，板与板之间的距离一般不要小于2cm，而且元器件在印制电路板上的排列方式应遵循一定的规则。

1）对于采用自由对流空气冷却方式的设备，最好是将集成电路（或其他元器件）按照纵长方式排列，如图7.8a所示；对于采用强制空气冷却（如用风扇冷却）的设备，则应按照横长方式配置，如图7.8b所示。

2）同一块印制电路板上的元器件应尽可能地按照其发热量大小及耐热程度分区排列，发热量小或耐热性差的元器件（如小信号晶体管、小规模集成电路、电解电容器等）放在冷却气流的最上游（入口处），发热量大或耐热性好的元器件（如功率晶体管、大规模集成电路等）放在冷却气流的最下游（出口处）。

3）在水平方向上，大功率器件尽量靠近印制电路板的边沿布置，以便缩短传热途径；在垂直方向上，大功率器件尽量靠近印制电路板的上方布置，以便减少这些器件工作时对其他元器件温度的影响。

4）温度敏感器件最好安置在温度最低的区域（如设备的底部），千万不要将它放在发热元器件的正上方，多个器件最好是在水平面上交错布局。

设备内印制电路板的散热主要依靠空气流动，所以在设计时要研究空气流动路径，合理配置元器件或印制电路板。空气流动时总是趋向于阻力小的地方流动，所以在印制电路板上配置元器件时，要避免在某个区域留

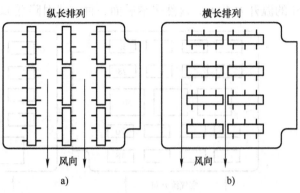

图 7.8　集成电路在印制电路板上的排列方式
a）纵长排列　b）横长排列

有较大的空域。如图 7.9a 所示，冷却空气大多从空域中流走，而元器件密集区域很少有空气流过，这样散热效果就大大降低；如图 7.9b 所示，在空域中加上一排器件，虽然装配密度提高了，但由于冷却空气的通路阻抗均匀，使空气流动也均匀，从而使散热效果改善。整机中多块印制电路板的配置也应注意同样问题。

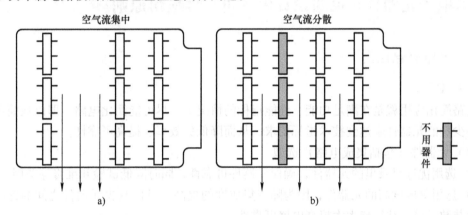

图 7.9　空气流的均匀化
a）空气流集中　b）空气流分散

大量实践经验表明，采用合理的元器件排列方式，可以有效降低印制电路板的温升，从而使器件及设备的故障率明显下降。

此外，在高可靠应用场合，应该采用铜箔厚一些的印制电路板基材，这不仅可以增强印制电路板的散热能力，而且有利于降低印制导线的电阻值、提高机械强度。如选用铜箔厚度为 70μm 的印制电路板，相对于铜箔厚度为 35μm 的印制电路板，印制导线的电阻值可降低 1/2，散热能力可增加一倍，而且在容易遭受剧烈振动和冲击的环境中，不容易出现断线之类的机械故障。

图 7.10 给出了集成电路的排列方式对其温升的影响实例，即大规模集成电路（LSI）和小规模集成电路（SSI）混合安装情况下的两种排列方式，LSI 的功耗为 1.5W，SSI 的功耗为 0.3W。实测结果表明，图 7.10a 所示方式使 LSI 的温升达 50℃，而图 7.10b 辐射导致的

LSI 的温升为 40℃，显然采纳后面一种方式对降低 LSI 的失效率更为有利。

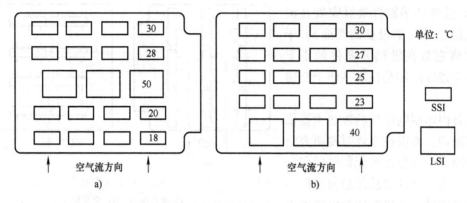

图 7.10　集成电路的排列方式对其温升的影响实例

a）器件温升 18～50℃　　b）器件温升 23～40℃

这个例子也说明，应该尽可能地使印制电路板上元器件的温升趋于均匀，这有助于降低印制电路板上器件的温度峰值。

7.6　电子元器件在电路设计中的可靠性应用原则

7.6.1　电路简化应用

1. 基本原则

电路简化应用就是在满足功能、性能指标的情况下，尽可能简化电路，即以最简单的电路和最少量的元器件来达到技术指标要求，从而降低失效率、提高可靠性。

（1）元器件（包括集成电路）选型

1）选用优选目录里的元器件，确保元器件可靠性，同时降低试验和维修等费用。

2）选用集成度高的元器件，因为随着集成度的提高，可以减少元器件之间的连线、接点及封装数目等，往往能大大提高电路可靠性。

3）减少元器件数量的同时，尽量压缩其品种、规格，即尽量降低电路元器件品种与总数量的比值，利于控制质量、减少备件和便于维修。

4）正确使用元器件，必须仔细阅读所选用元器件的技术说明书、元器件使用范围，充分了解其参数、功能、性能等指标，因为元器件使用不合理会引起电路性能降低，甚至失效。

（2）系统设计应用

1）可靠性是电路系统的一项重要指标，不能只顾性能指标而忽视可靠性；更不能为了提高性能而增加大量元器件，从而大大降低了可靠性。

2）系统的设计应通过失效模式及效应分析（Failure Mode and Effect Analysis，FMEA），充分考虑元器件失效引起的后果，严防灾难性后果的发生。

3）仔细分析所设计的系统，是否有"画蛇添足"的部分，如果有应去掉，以免元器件的使用减少，否则会降低可靠性。

4）模拟电路系统中通常要设置可调电路，以调整参数达到指标，对此应精心设计、简化、减少可调电路，使整个电路的调整既简单、方便，又合理、可靠。

2. 电路简化应用的注意事项

1）应用中凡是为提高系统稳定性、可靠性、可测试性，可维修性所采取的措施，不能为了简化而省略。

2）对一些关键电路，经分析，如有必要可加备份或冗余电路来提高系统可靠性，这也不能省略。

3）简化某部分电路，不能给其余电路元器件施加更高的应力或超常的性能要求。

4）当用一个集成度较高的器件来替代完成几个集成度较低器件的全部功能时，一定要选用已被验证的、可靠的器件，不可轻率从事。

3. 电路简化应用举例

（1）逻辑电路的简化

利用布尔代数来简化逻辑电路是常用的一种手段，利用式（7.1）的布尔表达式，直接设计出的逻辑电路如图 7.11a 所示。

$$E = A\overline{B} + C + \overline{A}\,\overline{C}D + B\overline{C}D \tag{7.1}$$

利用布尔关系式简化的表达式为

$$E = A\overline{B} + C + D \tag{7.2}$$

由此，逻辑电路可以简化为如图 7.11b 所示，显然大大减少了元器件数量，简化了电路。

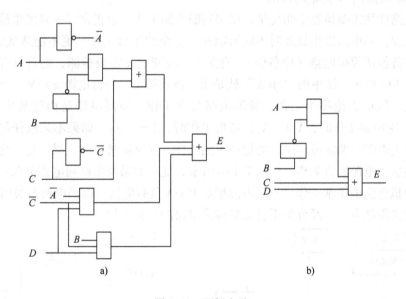

图 7.11　逻辑电路

a）简化前　b）简化后

但是设计不应到此为止，根据尽量减少元器件品种、数量的原则，如果整个电路已用双输入端"与"门及三输入端"或"门，这里只用了一个，应设法去掉这两个品种，根据布尔关系式，简化的关系式可表达为

$$E = \overline{\overline{A} + B} + C + D \tag{7.3}$$

所以，逻辑电路可简化为如图 7.12 所示的第二种简化电路。这样的简化压缩了品种，

但增加了级数，带来了延时问题，是否引入误动作要根据信号时序特点分析确定。为了解决这个问题，对"或"的顺序要精心设计或者必要时加"辅助电路"，总之要进行综合的、优化的简化设计。

（2）局部加备份可提高整体可靠性

对一个较为复杂的数字电路系统来说，时钟源是至关重要的，各种不同频率的时钟信号均由时钟源分频得到，通常用晶体振荡器作为时钟源，它的可靠性极为重要，一旦失效，整个系统因没有时钟信号而失效。为了提高可靠性，增加备份时钟源的示意图如图7.13所示。除了加一个备份时钟源（可控的）外，还要加故障判别和逻辑电路，使主时钟源发生故障时能自主切换到备份时钟源，以保证系统正常工作。这两部分电路应设计得尽量简单、可靠，使其失效率大大低于时钟源的失效率，就能提高整体可靠性。

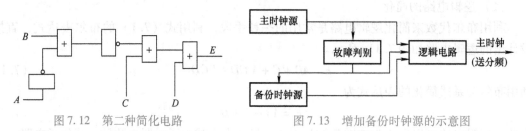

图 7.12　第二种简化电路　　　　图 7.13　增加备份时钟源的示意图

（3）模拟电路中间变量的检测

模拟电路往往需要检测中间变量，用来判断电路工作是否正常，一旦发生故障，便于分析原因。所加检测电路发生故障时不能影响整个电路的正常工作，更不能造成灾难性后果。假设有主、备份两模拟电路（冷备份），有某个中间变量 X 需要检测，而且只有一路检测通路，如图 7.14a 所示，图中的"相或"就是用二极管把主、备份电源 ±15V"相或"后送检测电路供电。因此无论哪个工作，检测电路总会工作，检测电路是由运放实现的相加器（$K = -1$）。主电路工作时，$X = -X_1$；备份工作时，$X = -X_2$。如果不采取任何措施，一旦检测电路发生电源短路故障，主、备份均不能工作，这是灾难性的后果，是不允许的。必须对检测电路所用电源加以隔离，如图 7.14b 所示，此时如果发生检测电路电源短路故障，则不会影响模拟电路的正常工作，只是电源增加 15mA 负载电流。检测电路本身因加了 1kΩ 电阻使电源的内阻加大了，经分析不会影响检测电路的正常工作。

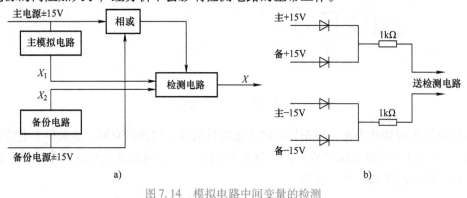

图 7.14　模拟电路中间变量的检测

a）模拟电路中间变量检测图　b）检测电路加隔离电阻

（4）基准电路

图7.15给出了一个基准电路设计（送比较器用），它能同时给出包括6路正基准、6路负基准为1组的基准电压，由不同的逻辑控制给出不同的4组基准电压，整个电路只需调整一个电阻 R，基准电压精度为 ±0.5%（包括温漂的精度）。为了做到这一步，设计中考虑分析以下几个因素：

1）各组基准电压输出时的负载电流值，它们的差值及其温漂。

2）模拟开关导通电阻值及其温漂。

3）稳压块能输出的电压、电流、稳定度。

4）主电流及分压电阻的选择（精度及温漂），并进行综合设计，才能达到既有一定精度保证又只需要调整一个电阻的一套基准电路（设置两个串联可调电阻是为了可细化调整量）。

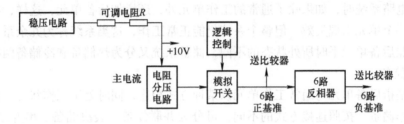

图7.15　基准电路设计

7.6.2　降额应用

1. 基本原理

把系统、整机、电路或者电子元器件作为不同层次的研究对象，当其失效是一种主要失效机理决定时，一般可以由化学能定义产品的平均寿命，即

$$t_{\mathrm{MTTF}} = F^{-m}\exp(E_a/kT) \tag{7.4}$$

式中，F 是作用应力（如电流密度、电场强度等）；m 是常数；T 是工作温度；E_a 是激活能。

在激活能 E_a 确定的情况下，要提高可靠性，就应该降低应力强度和工作温度。降额应用的目的就是通过设计，使电路工作时，对可靠性影响较大的关键电子元器件承受的应力适当低于正常水平，以降低其基本失效率，使电路设计具有较大的裕量。因此降额应用又称为裕量应用。对系统和整机设计，目前已积累了各种元器件降额应用的相关准则。

2. 主要问题

（1）降额应用的效果

图7.16给出了NPN晶体管失效率与功率降额系数的关系曲线，图中 P_0 是与该晶体管设计对应的额定功率，P 是降额后的实际使用功率。由此可见，当降额系数是0.5时，失效率降低为额定功率时的1/4左右；当降额系数小于0.3以后，失效率的下降就不明显了。图中所示的降额应用的效果变化

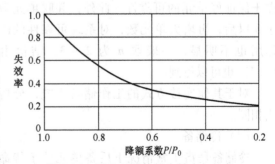

图7.16　NPN型晶体管失效率与功率降额系数的关系曲线

283

趋势是一种普遍规律。

（2）降额应用引起的问题

采用降额应用以后，将会带来一些负效应，如会增大版图设计面积、影响电路的一些特性参数等。因此应结合后续介绍的灵敏度应用，找出对可靠性影响大的部件进行降额应用。

对于大规模集成电路，由于元器件密集，由功率耗散引起的可靠性问题已升至第一位，这时更应结合功耗控制、功率在芯片上的分布等问题，对关键部位进行降额应用。

7.6.3 冗余应用原则

1. 基本概念

（1）冗余系统

在构成电路系统时，如果除了通常的工作单元外，还增加后备单元，这样，在工作过程中，即使有一个单元出现失效，但整个系统仍能正常工作，这类系统称为冗余系统，又称储备系统。按照后备单元平时所处状态的不同，储备系统又分为热储备和冷储备两类。

（2）热储备

热储备是指后备单元与通常工作单元以某种方式相连，同时处于工作状态。因此，热储备又称为工作储备。按照连接方式的不同，可分为并联储备、表决储备、串并组合储备等。下面以并联系统为例，说明储备系统可靠性与储备单元可靠性的关系。

并联储备结构如图 7.17 所示，记每个单元的可靠度为 R_i，如果 $R_i = R$，并联系统的可靠度可为

$$R_S = 1 - \prod_{i=1}^{n} (1 - R_i) = 1 - (1 - R)^n \tag{7.5}$$

若每个单元可靠度均服从同一个指数分布，$R = \exp(-\lambda t)$，则并联系统的可靠度为

$$R_S = 1 - (1 - \exp(-\lambda t))^n \tag{7.6}$$

并联系统平均寿命 t_{MTTF_S} 与单元 t_{MTTF} 的关系为

$$t_{\mathrm{MTTF}_S} = t_{\mathrm{MTTF}} (1 + 1/2 + \cdots + 1/n) \tag{7.7}$$

在图 7.17 中可见，随着并联数 n 和单元可靠度的增加，系统的可靠性得到改进。但是若单元可靠度小于 0.05，则并联单元的增加对系统可靠性改善的效果不大。因此，提高系统可靠性的基础仍在于保证好单元的可靠性。此外，并联单元数大于 3 以后，再增大单元数，对系统可靠性的改进作用也不明显，一般取 n 为 2 ~ 3，结论由式（7.7）也可以得到。

对于其他连接方式的工作储备系统，分析方法相同。

（3）冷储备

冷储备是指正常情况下后备单元处于待命状态。一旦系统中的检测装置探测到工作单元出现失效，应立即控制切换开关，使处于待命状态

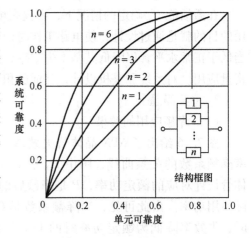

图 7.17　并联储备结构

的后备单元代替失效单元进入工作状态，保证系统仍能正常工作，所以冷储备又称非工作储备。

若认为检测及开关装置的工作完全可靠，冷储备系统的等效可靠性框图如图 7.18 所示，设每个单元可靠度均为指数分布 $R = \exp(-\lambda t)$，对应平均寿命为 t_{MTTF}，则可得系统可靠度为

$$R_S = \exp(-\lambda t)[1 + \lambda t + \cdots + (\lambda t)^{n-1}/(n-1)] \tag{7.8}$$

系统的平均寿命为单元的 n 倍

$$t_{MTTF_S} = n t_{MTTF} \tag{7.9}$$

如果取 $m = \dfrac{1}{\lambda} = t_{MTTF}$，图 7.18 给出的系统可靠度曲线表明冷储备系统对可靠性的提高效果明显高于并联系统，两种情况的系统平均寿命 t_{MTTF_S} 验证了此结论。

由以上分析可见，保证冷储备系统取得预计效果的前提是要有一套方便而可靠的故障检测和开关装置。这不但增加了系统设计的复杂度，而且由分析可知，如果检测及开关装置的不可靠度大于单元的不可靠度的一半时，冷储备系统的效果将不如并联系统。

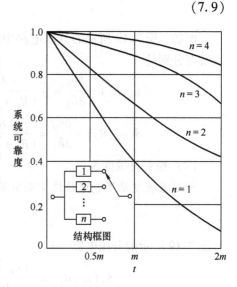

图 7.18 冷储备系统的等效可靠性框图

2. 应用的特点

上述针对系统和整机应用介绍的冗余概念和应用技术也适用于电路（集成电路）层面，但由于其研制、生产过程的不同，集成电路的冗余应用还有下述特点。

（1）静态冗余

当集成电路发展到很大规模时，例如，对于 1GB 存储器及晶片规模集成（Wafer Scale Integration，WSI），制造过程中因缺陷引起一个单元失效将导致整个电路失效，采用冗余技术则可以提高成品率。具体方法是在版图设计中包括的单元数大于正常工作时所需的单元数，芯片加工到金属化层时，利用布线技术，避开失效单元，按照电路结构要求将正常工作的单元连在一起，使电路具备应有的功能，从而可提高电路生产的成品率。由于冗余单元的选用是在生产阶段而不是在以后工作过程中确定的，因此称为静态冗余，而将前面介绍的热储备和冷储备统称为动态冗余。

（2）提高成品率

目前在特大规模集成电路（如 1GB DRAM）研制中，为了提高电路成品率，较多采用静态冗余技术，而动态冗余使用尚不普遍，特别是对冷储备，由于需要采用故障识别技术，并明显增大电路设计的复杂度，随之对成品率和可靠性带来负面影响，目前仍处于研究中。

7.6.4 灵敏度应用原则

1. 基本含义

根据设计好的电路元件标称值，在实际选用元器件时，其值不可避免地存在分散性，从而引起电路特性的分散变化。但是，对电路中不同的元器件，即使其变化的幅度（或比例）

相同，引起的电路特性变化也不会完全相同。灵敏度应用的目的就是定量分析并比较电路特性对不同元器件变化的灵敏程度。

2. 定量表示

下面结合 Pspice 中的灵敏度分析数学模型，介绍灵敏度的定量表示方法。

（1）元件灵敏度 S

元件灵敏度是指电路特性参数 T 对元器件值 X 绝对变化的灵敏度，即 T 对 X 的变化率为

$$S(T,X) = \frac{\partial T}{\partial X} \tag{7.10}$$

例如，图 7.19 所示的分压电路中输出电压对电阻元件的灵敏度分别是

$$S(u_0, R_1) = \frac{\partial u_0}{\partial R_1} = -\frac{u_i R_2}{(R_1 + R_2)^2} = -\frac{1}{16} \tag{7.11}$$

$$S(u_0, R_2) = \frac{\partial u_0}{\partial R_2} = \frac{u_i R_1}{(R_1 + R_2)^2} = \frac{3}{16} \tag{7.12}$$

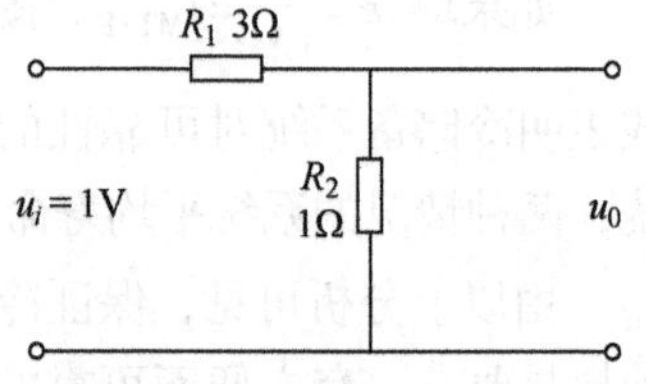

（2）相对灵敏度 S_N

相对灵敏度是指电路特性 T 对元器件值 X 相对变化的灵敏度，可得

$$S_N = \frac{X S(T,X)}{100} \tag{7.13}$$

对图 7.19 所示的分压电路，有

$$S_N(u_0, R_1) = \frac{S(u_0, R_1) R_1}{100} = -\frac{u_i R_1 R_2}{100 (R_1 + R_2)^2} = -\frac{3}{1600} \tag{7.14}$$

$$S_N(u_0, R_2) = \frac{S(u_0, R_2) R_2}{100} = \frac{u_i R_1 R_2}{100 (R_1 + R_2)^2} = \frac{3}{1600} \tag{7.15}$$

由以上分析可见，输出电压对两个电阻的元件灵敏度绝对值并不相同，但对这两个电阻的相对灵敏度 S_N 的绝对值则一样。

3. 在电路可靠性设计中的应用

如前所述，随着集成电路规模的增大，应将降额应用、冗余应用等可靠性应用技术用于电路中对可靠性起关键作用的元器件。所谓关键元器件，既要分析该元器件工作时所受应力的大小，同时也要分析可靠性对这一元器件的灵敏度的高低。也就是说要根据两者的综合效果来决定。因此在决定电子元器件的可靠性应用需重点考虑哪些元器件时离不开灵敏度分析。如图 7.20 所示为 256kB DRAM 中使用的预充电电路，为了改善其热载流子可靠性，需重点考虑哪一个晶体管呢？

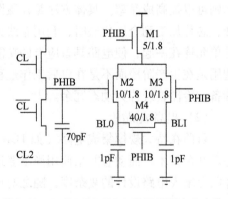

图 7.19　电阻分压电路

图 7.20　256kB DRAM 中使用的预充电电路

电路分析表面，M4 受到的电应力作用最强，但经灵敏度分析表明，电路特性对管的灵敏度极低，而对 M1 的灵敏度很高。应力与特性灵敏度乘积表明，M1 是应该重点注意的关键元器件。通过对 M1 进行可靠性设计，取得了明显效果。

7.6.5　最坏情况应用原则

1. 基本原理

由于灵敏度的不同，电路中不同元器件，即使其值变化幅度（或相对变化）相同，不但电路特性变化的绝对值不同，其变化的方向也可能不同。当电路中多个元器件同时变化时，它们对电路特性的影响会起相互"抵消"的作用。进行最坏情况分析（Worst Case Analysis）时，是按照电路特性向同一方向变化的要求，确定每个元器件的（增、减）变化方向，然后再使这些元器件同时变化并进行电路分析，检查在这种最坏情况下电路特性的变化。

2. 应用分析步骤

进行最坏情况应用一般要包括下面的 4 步：

1）首先进行一次标称值分析。

2）对要考虑其作用的元器件分别进行一次灵敏度分析，确定该元器件值变化时引起电路特性变化的大小和方向。

3）按照电路特性变坏的方向，确定每个元器件值的变化方向。

4）根据以上分析结果，使每个元器件均向"最坏方向"变化一定幅度（比例），进行一次电路分析，得到最坏情况分析结果，并与标称值分析结果进行比较。

电路模拟程序 Pspice 中的最坏情况分析功能就是按上述步骤进行的。

3. 在设计中的作用

在实际情况下，电路中各个元器件出现最坏情况变化的概率极小，但对电路进行可靠性设计以后，再进行一次最坏情况分析，可以从另一个角度对电路设计的总体水平有所评价。如果最坏情况分析结果都能满足要求，那么按照这种设计生产的集成电路对各种条件变化的适应性一定很强，不但生产时成品率高，使用时的可靠性也好，或者说，这种设计具有较高的"鲁棒性"（Robustness）。

习　题

1. 讨论电浪涌应力的产生因素，如何防止和减弱对电子元器件的影响。

2. 说明接地不良为什么会引入噪声，如何避免。

3. 静电对电子元器件有什么危害，它是如何产生的？

4. 电子元器件在印制电路板中布局时要考虑哪些因素。

5. 为了提高电子元器件的可靠性应用，在系统设计和应用时，可以采用什么方法提高可靠性。

第8章 可靠性管理 8

电子元器件及电路的可靠性是设计出来的、生产出来的，也是管理出来的。为了获得并提高电子产品的可靠性，除在设计和制造上采取一系列措施外，可靠性管理是极其重要的一环。可靠性管理指的是在生产和费用许可的条件下，为制造出能满足使用要求的高可靠性产品，在研制到使用的全过程中，为提高可靠性而进行的一切活动的综合。任何企业在考虑生产可靠性产品时，都必须加强可靠性管理这一重要措施，即做好可靠性计划、管理和技术规范的研究、采纳及应用等管理活动。

可靠性管理包括技术性工作和规律性工作两方面。前者是指在设计、制造阶段提高产品的固有可靠性和在使用阶段提高使用可靠性；后者是为了实现这些技术性工作而必须进行的综合管理工作。所以，可靠性管理活动包括：确定可靠性地要求事项；收集可靠性有关数据；数据分析；有针对性地研究和提出改进措施；可靠性监督。

可靠性管理与其他生产管理、工程学等学科密切相关，如与质量控制、采购、维护、设备等管理事项及系统工程学、人类行为工程学、价值工程学、环境工程学和使用可靠性等密切相关。要做到科学有效地实施管理，必须明确管理目的、方针、组织机构、职能权限和确定实施管理的各项规定，并严格进行计划管理和实施监督检查。

全面的可靠性管理计划，是实施可靠性管理的关键，在已知的物理定律和确认的数学方法的基础上，利用失效数据进行统计分析和技术分析，并对所达到的可靠性状况进行剖析，作为可靠性管理的技术手段。同时，在研制、设计、生产和使用各阶段中，均应注意原始数据的积累并进行恰当的数据反馈，以便经常对可靠性进行监视。

可靠性管理范围包括：施行可靠性计划中的管理工作；成立可靠性管理机构，建立产品的全过程管理，即从设计、原材料选用、制造到使用，统一起来管理，必须有统一的组织机构进行综合的管理和调度；可靠性技术教育和培训；可靠性标准化文件的编制和有关制度的建立；设计可靠性管理；制造可靠性的保证；用户的可靠性保障，包括对使用人员的训练、试验计划和试验、数据分析和产品评价、可靠性质量反馈等。

为全面做好可靠性管理工作必须保证人力、财力、物力等条件齐全。总之，可靠性管理活动贯穿产品寿命周期的全部过程。一种新产品的产生，是从设计开始的。首先，设计部门根据用户提出的可靠性指标要求，进行可靠性分析，决定是否采用新技术、新元件、新材料等，决定总体设计方案，进行可靠性设计，试制和进行可靠性试验与评价，如果能达到预期目标和满足用户需要就可进行批量生产；其次，在生产过程中，严格保证原材料、外购外协件的质量要求；最后，产品出厂后，与用户取得联系，不断收集现场使用的失效数据，进行分析处理，为改进老产品和研制新产品提供依据资料。经过前述步骤多次循环，不断提高产品的可靠性，提高企业的可靠性水平。

20 世纪 60 年代，各先进国家都先后建立起比较完整的质量保证体系，并投入大量人力、物力进行质量管理科学的研究。美国质量管理学家朱兰提出了全面质量管理（Total Quality Management，TQM）的理论和方法。其基本思想是把组织管理、数理统计和现代科学技术紧密结合为一体的质量管理工作体系。随着管理水平和科学技术的发展，人们又相继提出了以显示和控制百分之一量级不合格率微小变化的 PPM 管理及以 6 合格率为目标的 6 管理等。为了确认企业质量管理水平和服务能力，在全球范围内开展了 ISO 9000 质量管理体系的认证。军用电子元器件也开展了质量认证，它是质量管理水平和具体产品门类生产能力的认证。上述各种质量管理理论和方法及认证所涉及的基本内容（或者说要素）大体相同。

本章讨论了产品和生产的可靠性管理步骤、内容；还给出了可靠性数据收集、可靠性监督和可靠性保证的基本内容。

8.1　产品的可靠性管理

8.1.1　可靠性计划

可靠性计划是获得可靠性的有效途径。为了获得和提高可靠性，必须施行严密的可靠性计划。施行这种试验的结果，使产品的固有可靠性得到显著提高。在实施可靠性计划时，从管理的角度应注意以下 3 点：

1) 明确可靠性实施计划的必要性，决定其实施方法。

2) 保证实施计划所必须的资金。

3) 监督可靠性计划的实施。

从技术的角度看，主要应重视可靠性设计和质量保证两个方面。其计划的主要内容有：

1) 产品可靠性指标计划。并将此指标分解到每个部门、每个岗位，加以保证。

2) 产品可靠性攻关和创优计划。根据用户需要、技术可能、发展方向，以及国内外先进水平的具体目标，制定有指标、有进度的规划和计划。

3) 可靠性改进计划。根据可靠性计划要求，确定近期的可靠性改进措施计划。

可靠性计划包括 9 个步骤：

1) 确定计划目标。计划目标应有明确的目的和计划执行的责任、执行中的问题和处理方法等。

2) 计划活动。拟定每个步骤的实施细则和要求。

3) 职责划分。明确各项工作的负责人及其职责。

4) 进度。列出各项工作的工作程序及进度要求。

5) 资源预计。对所需的人力、物力、财力进行计划预计。

6) 制定标准、规范。制定各项工作的标准、规范，使之执行有依据、衡量有标准。

7) 风险分析。对计划中遇到的阻力或风险进行分析，采取措施。

8) 建立反馈管理系统。其目的在于了解计划执行中的各种信息，便于根据发现的问题及时调整计划。

9）对执行结果进行监督。

上述可靠性计划的步骤分为两个阶段，前 5 步为计划步骤，后 4 步为管理步骤。这是有效的可靠性计划所不可缺少的，否则，有计划步骤而无管理步骤将使计划落空。

8.1.2 设计阶段的可靠性管理

设计可靠性管理包括设计可靠性的确定和设计可靠性的保证。设计可靠性确定是由工程可靠性活动来确立设计的"固有"可靠性，通过制定设计准则，确保产品达到预定的可靠性指标，满足用户需要。而设计可靠性的保证，则是通过检查和论证等环节来确认设计可靠性的初创主作，如设计评审、最初阶段所进行的功能和环境试验等。

设计阶段的管理是可靠性管理的基础，产品的可靠性这一内在质量主要是在设计阶段形成的，因此，必须从产品设计开始就考虑其可靠性，而且开展得越早，成效越大。这已为可靠性活动的实践所证实。从产品全过程看，早期进行可靠性管理与没有进行的，可靠性增长曲线有显著差别，图 8.1 所示为可靠性管理对可靠性增长的影响，即显示出了这种差别的可靠性增长曲线。

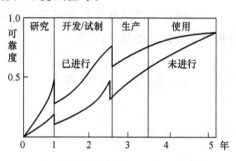

图 8.1 可靠性管理对可靠性增长的影响

1. 基本内容

设计阶段的可靠性管理内容主要有：

1）制定新产品开发在序及实施细则。它包括：充分消化研制任务的要求，广泛进行国内外水平的调查与分析，提出明确的可靠性指标（如功能、性能、环境、失效率等）要求，根据实际可能，提出几种可供选择的初步设计方案；方案论证和产品可靠性评审，它是对各种初步设计方案进行深入研究、分析，择优选用，并对其中某些关键技术进行专题预研、试验和评价，为技术设计提供依据，然后按照评审程序对产品设计方案进行初步可靠性评审。

2）实施可靠性标准化的审核。

3）确定设计人员必须采用可靠性设计的方法和措施。

4）认真进行设计检查和评审。它是根据系统工程的方法列出设计检查项目，及时检查执行情况的自我评审和专门小组评审。其步骤是：要求审查、早起设计、设计分析、纠正措施、最后设计等逐项审查。

5）新产品鉴定。

6）为提高老产品的可靠性所进行的设计改进。

2. 可靠性设计评审

过去在产品的制造工作中，虽然也进行检查和质量控制审查，但在设计阶段进行的图纸审查工作仅仅限于发现设计人员的明显错误和估计工作上的是否可行。他们不是从可靠性的观点去深入地审查分析，而这些问题的解决正是可靠性设计评审的任务。

设计评审是从总的方面保证设计能在最终条件下正常工作，必须根据全部的设计数据和资料进行审查。这种设计评审不是对设计进行批判，而是在各方面技术人员共同参与下，对各设计参数进行共同研讨和论证的一种技术讨论会，以防止使用中失效的提前发生。可靠性设计评审作为工程计划的一部分来施行，由可靠性技术人员和产品设计技术人员组成设计评审组。

可靠性设计评审一般分为方案设计评审、详细设计评审、最终设计评审三个阶段。方案设计评审是在方案设计完成后进行，主要评审设计概念、性能参数、实现可靠性要求的确定性、技术途径的正确性，以及试验计划、研制周期和费用等，详细设计评审是在完成样品设计、试生产开始前进行，主要评审设计准则、参数选择、结构设计、试验和检验要求、可靠性评价和失效模式及影响分析等；最终设计评审是在样品试验后、批量生产前对定型设计所进行的评审，主要审查产品的最终规范、设计的成熟性、可生产性、可靠性试验评定结果、生产试验中的问题、失效的分析及处理措施、批生产质量控制要求等。

设计评审是由一系列活动组成的审查过程，并按照一定程序逐步展开和完成的。设计评审周期包括准备、预审、正式评审和追踪管理四个阶段。显然，可靠性评审具有重要监督作用，是一项非常有效的可靠性管理工作。

3. 制造阶段的可靠性管理

产品通过设计阶段获得的固有可靠性，如果不采取管理措施，没有先进的工艺及措施去保证，也会产生可靠性退化。因为在制造过程中会引入一些新的缺陷，这些缺陷将导致产品可靠性降低，因此，必须加强制造中的可靠性管理。

在制造过程中，影响可靠性的因素很多，主要有操作者本身素质、原材料质量、设备保养维护、操作方法和环境条件的控制等方面。这些因素是对产品可靠性发生综合作用的过程，也就是产品固有可靠性退化与增长的过程。制造阶段可靠性管理的任务，就是要建立保证生产出的产品符合设计要求的管理系统。通过抓好每个生产环节的质量管理，严格执行技术规范，使各工序人员经过严格培训并按照工艺规程和质量要求进行操作，对各种影响因素严格加以控制，保证产品可靠性指标的实现。

制造阶段可靠性管理的主要内容如下。

1）建立和实施自上而下的可靠性和质量保证体系，明确岗位责任制和质量检查与记录制度。

2）对主要的材料、零部件固定供应厂家，并定期进行质量评审，建立规范化的评审制度和管理办法。

3）建立严格的原材料和零部件的入库检验与保管制度。

4）有完备的能满足要求的可靠性技术文件作为验收依据。包括对材料、外购件的特殊要求，以及完整的装校规程和检验规程、工艺质量保证体系等。

5）有能满足装校工艺要求的工具、卡具、量具和测试仪器设备。

6）对工作人员应全部经过严格培训，进行理论与操作的考核，合格者才能上岗工作。

7）按照生产流程和检验程序进行严格的检查测试；对关键工序要建立质量管理点，保证实现设计的可靠性。

制造阶段的可靠性管理按性质可分为生产条件的管理、工序质量的管理和检验试验的管理三大类。它贯穿于生产的全过程质量管理、全员性质量管理、全指标的质量管理，这就是制造阶段可靠性管理的目标。

4. 可靠性增长管理

可靠性增长是指产品所处的一种状态，它的特征是指一个产品或一组同类产品的可靠性随着时间的延长而获得提高。这种提高可以通过对产品的薄弱环节采取有效改进措施来获得，也可以通过对产品进行老炼来获得。

可靠性增长试验实际上就是为了激发产品中潜在的薄弱环，并使之表面化的一种试验方法。这种方法要求对试验过程中发现的失效进行分析，提出适当的改进措施，并将这些改进措施列入可靠性增长计划之中，认真加以实施，从而促进产品可靠性增长。显然，可靠性增长是"试验—失效分析—纠正—再试验"这样一个不断改进可靠性的循环过程。

研究可靠性增长过程目的在于把握产品质量和可靠性指标在不同研制阶段的水平和增长速度，预测可能达到的目标，以便对研制、生产和管理作出合理安排。

产品的可靠性增长主要决定于 3 个因素。

1）产品失效的检测和分析。

2）对产品发现的问题进行反馈和改进设计。

3）对改进后的设计重新进行试验。

这种改进的每于个循环过程，都应促使产品的可靠性获得增长，而增长的速度取决于上述三者的速度，尤其取决于为解决所暴露问题而采取纠正措施的完善和有效性。可以通述建立增长模型和绘制增长曲线来掌握整个增长过程。图 8.2 所示为可靠性增长过程示意图。从图中可以看出，产品在早期研制阶段和试验过程中，其可靠性远低于设计时预计的可靠性，甚至在研制和生产的初期阶段会出现可靠性最低点，这主要是设计和制造工艺的不成熟性及实施中的偏差所致，但是随着增长程序的进展，产品的可靠性会逐渐接近设计所具有的固有可靠性水平。

可靠性增长试验实际上也是一种企业管理方法。生产厂商努力寻求实现产品高可靠性的方法，从而在用户中获得信誉并随之而来的是

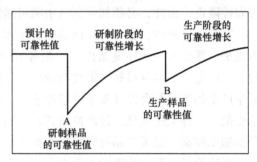

图 8.2　可靠性增长过程示意图

提高了整个企业的经济效益。因此，可靠性增长管理就是为了达到预期的可靠性目标，对现有的研制时间、资金、人力进行系统安排和调整，对增长率进行控制，以确保目标和进度的实现。

可靠性增长模型有许多种，常见的有丹尼（Duane）模型、IBM 模型、AMSAA 模型、EDRIC 模型、Compertz 模型、指数模型等。

8.2　生产的可靠性管理

任何产品从计划开始到设计、生产、使用、维修直至报废，是一个连续过程。要保证产品的可靠性，在工厂内部与设计、生产、试验、原材料供应、仪器设备、行政等各部门都有密切关系。在工厂外部又与其他生产企业、使用单位、维修等密切联系。在这样一个过程中，如果有一个环节失误，就会造成不可挽回的后果。

实践证实，没有一套科学严谨的管理方法，是不可能生产出高可靠性产品的。同时，可靠性是产品质量的重要组成部分，质量管理工作好，其产品可靠性也必然好。

8.2.1　组织与人员管理

1. 组织管理

企业应建立健全组织管理机构，在组织管理机构中要明确企业质量管理的第一负责人。"健全"二字主要体现为，生产中所有涉及质量管理的事都要有专门的机构管理；每一个机构都要有其明确的职责、权利和必须承担的义务；每一个最基层的操作人员或部门都应当知道其直接向哪个人或部门负责，各机构之间的关系应十分明确；所有质量管理机构都应当有经上一级批准的工作文件，要有充分的证据表明各机构能有效运行。

2. 人员管理

因为一切可靠性管理都是通过人来进行的，人的素质高低是可靠性管理成败的关键，人的可靠性管理能力与水平要依靠培养教育和实践来达到目的。可靠性教育分为普及教育和专门教育。普及教育包括企业内部从领导到广大职工所进行的全员教育，其目的是建立可靠性观念、了解可靠性基本知识，使自己的工作能够符合可靠性要求；专门教育是针对不同人员的工作实际要求安排不同的训练计划和内容：对设计人员进行最新可靠性设计技术教育；对元器件或外购件检查人员进行的可靠性试验培训；对库房保管员进行材料、零部件、半成品、产品的处理、储存、保管的教育；对用户等有关人员进行维护、使用产品的教育；对产品的加工、组装、试验人员进行全过程可靠性保证体系和可靠性管理教育等。

人员管理的内容是培训计划、工作质量评价和激励制度三部分。

（1）培训计划

培训计划中应明确培训内容，培训内容包括通用性的基本知识和与各类人员岗位工作相关的专用性知识。培养方式包括讲授、自学和研讨。有最低培训时数的规定和具体考试方式。培训计划中还应规定培训教材，要有教学大纲，大纲内容包括针对各类人员的培训目标要求；对培训的师资要有资格要求；培训的实施情况和考试成绩及试卷要求存档；培训的考核结果应当是人员能否上岗工作的主要依据。

（2）工作质量评价

对各类人员的工作质量要有评价制度和含有具体评价内容、方法的可执行文件。是否严格执行了有关规章、制度和规程应是主要评价内容。

（3）激励制度

要有具体的奖励和惩罚规定，它是实施各项质量管理规章制度的重要保障手段。

8.2.2　材料及外协加工件管理

材料是保证产品质量的第一个关键环节，设计企业之外的大环境，是质量管理的难点。

1. 材料的采购

为保证长期稳定地获得符合产品设计要求的原材料，要按照相关文件规定对原材料供应单位的质量管理水平、生产设施、技术状态和产品质量进行考察和认定。同一原材料要认定两家或两家以上的供应单位；要按照采购规范与供应单位签订供货合同，合同内容包括原材料的型号规格、执行标准、质量保证等级或可靠性指标、数量、价格、供货时间、验收内容、方式、地点、接受判据及交货方式。供应单位应提供批产品质量控制的有关数据副本。

原材料进厂后，要按照规程由专人进行检验或批质量评价，填写检验或批质量评价记录，记录应包括批号、检验或批质量评价项目、检测数据、使用仪器设备型号、结论、检验评价时间和检验评价操作人或负责人签字和检验评价机构的印章。记录应包含规定保存部门和保存时间。

原材料检验评价合格后，入台账，入库保存。材料库环境条件应符合有关规定。对有效期的材料要标明有效期，过期原材料应及时处理。不合格的原材料要按照"不合格材料处理规定"处理，不得入合格材料库。

发放原材料要依据有关人员签字的领料单按照要求的品种、规格和数量发放。发放的原材料重新入库要履行规定的手续。

2. 外协加工件管理

外协加工件承制单位要有符合要求的质量保证体系。外协加工件要有符合设计要求的标准，应当是经过鉴定的产品；要按照规定进行例行试验和质量一致性检验；入场时要实施与原材料一样的入厂检验或评价。外协加工件承制单位对加工件的任何材料、工艺和结构的更改都必须得到试用单位有关技术负责人的同意，并履行有文字依据的手续后才能进行。

8.2.3 仪器设备管理

1. 采购

仪器设备的采购由使用部门以文字形式提出，其内容包括用途、名称、型号、技术指标、使用工位和拟投入使用日期。经规定的部门批准后，由采购部门采购。

2. 入厂

仪器设备入厂后，采购部门、仪器设备管理部门组织有关人员进行开箱验收，按照包装清单验收主机及附件和文字资料；进行功能及技术指标验收；验收应有验收记录并由验收人员签字。合格后由检定计量部门进行检定计量；编号建档后交付使用单位。

3. 检定计量

任何仪器设备在使用和储存的过程中其状态和性能都将发生变化。所以必须定期进行检定和计量，否则质量控制的依据可能是错误的，这将会导致产品合格率下降、批产品质量和可靠性下降的严重质量事故。未经特许使用计量检定超期或未计量检定的仪器设备，要按照事故处理。要依据不同的仪器设备，规定不同的计量和检定周期，计量和检定周期按照后一次计量和检定结果是否符合仪器设备的使用要求而定，如果后一次计量和检定结果表明仪器设备已不符合使用要求，则说明周期过长。仪器设备计量检定要有记录，记录内容有依据的计量检定规程、使用的仪器设备或计量器具编号、计量或检定时的环境条件、计量检定的内容和所得数据、结论、日期和检定计量人员的签字。仪器设备计量检定后应在仪器设备上贴有明显标记，显示检定计量结果（合格、准用、限用或不合格）、可使用的时间区间。

每一种仪器设备都要有其专用的检定计量规程。检定计量人员应是持有权威机构颁发的有效证书的资质人员。量值的传递要符合国家有关规定。

4. 使用与维修

应制定仪器设备的使用规程，使用人员要经培训并有上岗证或操作证。每台仪器设备都应有使用运行记录。只有专门维修人员才能从事维修工作，维修要有记录。维修后经计量检定，合格后才能重新投入使用。

5. 报废

仪器设备的报废，要填写报废单，履行批准手续。报废的仪器设备要及时撤出工位。

8.2.4 设计、工艺及工艺控制管理

1. 设计管理

要根据本企业的设施水平、工艺技术水平和门类产品技术总规范的要求制定企业某门类产品的设计规范。具体产品的设计应受企业门类产品的设计规范、产品的详细规范和订货合同的制约。产品的设计应包括材料结构设计、工艺设计和实验考核方案的设计。设计的目标是使产品的性能参数、质量和可靠性指标在满足用户需求的前提下具有较高的成品率和较低的成本。

设计评审。产品投产试制前及产品的出样阶段、正样阶段和定型阶段都要进行评审。企业要有评审规程，内容包括组织实施设计评审的部门、评审人、评审要点、结论的处理方法。值得注意的是，设计评审结论的属性是质询性的。

设计文件是必须严格执行的企业法规性文件。必须经总设计师批准后，才具有法规性。设计文件的修改要有报告，内容包括修改原因、修改方案的理论分析与计算及修改方案的实验报告。

2. 工艺及工艺控制管理

工艺应建立操作规程，内容包括可进行工艺运行的环境和工艺设备状态要求、工艺操作程序及出现不正常状态时的处理程序和方法。工艺操作规程中要具体规定工艺条件的控制参数和控制方法。此外，还应有工艺的质量控制规定，包括所控制的质量参数、质量参数的检测方法及使用的仪器、质量参数的控制范围、检测抽样方法和判据。

工艺检验是实施工艺质量参数控制的必要手段。一般有自检、互检和专检的规定。专检人员是特定的，有工艺质量否决权。

每一道工艺都有接收前道工艺工件的具体条件。依据这个条件有对前道工艺工件质量的否决权。

对每批产品都要填写工艺随工单，内容有工件流水批号、数量、环境和工艺设备状态、工艺条件参数、工艺质量参数检测数据、检测仪器号、接受数据、合格数量、日期及操作人和工艺质量参数检测人的签字。工艺随工单要按照规定由专门的机构或人员保存一定时间，使产品质量有可追溯性。

上述所有规程、规定，都应当是依据有效的工艺文件制定的。

8.2.5 文件、记录与信息管理

企业所有与生产有关的活动均应有相应的执行文件。所有执行文件的执行情况必须由规定的机构，按照规定的频度进行检查、督促。执行文件必须是由规定的职能部门制定，并经权利部门批准的，由档案管理部门存档，文件的执行机构或个人要有有关部分的副本。

对同一事项不允许有两个不同的有效文件。各执行文件必须是经统一协调的，不能存在相互矛盾的条文。文件的修改要经原文件的批准部门批准。除档案管理部门外，其余部门和

个人不得保存废止的执行文件。

各种与生产有关的记录应规定各时间段的保管人员和机构。原始结论必须由生产单位保管。

企业要有通畅合理的质量信息流渠道和质量信息的收集、加工及分理机构。应规定质量信息的种类和等级、各种类和等级信息的流速及其处理机构。

8.2.6　试验评价与失效分析管理

1. 试验评价管理

试验评价是产品质量考核和验证的关键工作。企业要有依据标准制定试验评价的管理文件，内容有试验设备管理文件、试验人员管理文件、试验程序和试验记录及管理文件。试验评价的管理文件应明确规定其技术工作相对于其他职能部门和生产部门的独立性，以保证试验评价结论的科学性和公证性、其他职能部门和生产部门的独立性，以保证试验评价结论的科学性和公证性。

2. 失效分析管理

企业应规定在什么情况下对产品实施失效分析。一般对现场失效的样品，用户返回的失效样品及生产中批质量发生问题的样品都必须实施失效分析。

要有失效样品管理制度。这一制度应能保障失效样品在失效分析前的传递和保存的过程能够保持失效的初始状态，并避免丢失。因为从质量管理的观点看，失效样品的价值远大于良品，它可以提供提高产品质量，避免批量失效的重要信息。做过失效分析的样品也要妥善保管，它不仅可以作为以后失效分析的重要对照物，而且可为纠正错误分析保留样品。

应有科学的失效分析程序，其科学性主要体现为不丢失可以获得的信息、不进行不必要的分析、在获得相同信息的情况下失效分析成本最低。

失效分析要规定记录的内容与格式，内容要包括失效样品型号、生产批号与日期、失效背景、失效分析步骤、每个步骤所得数据和图像、结论、建议、分析日期和分析人签字等。

要规定失效分析结果的传递渠道和目标及失效分析建议的处理程序。

失效分析的数据、照片、记录要归档管理。

8.3　可靠性保证

可靠性工作是一个系统工程，一方面，在这个系统中各个部门或单位都必须为实现产品的可靠性目标进行有效的管理、协调与监督，各行其职才能最终保证产品的可靠性。另一方面，可靠性工作从时间顺序来看，包括研究、设计、制造、试验、运输、储存、安装、使用及维修的各个阶段；从产品形式来看，包括从原材料、元器件、零部件到设备、系统的各个环节；从内容来看，又包括理论、设备、标准、技术、教育、管理等各个方面。这些都要通过宏观和微观的可靠性管理来组织、协调，发挥整体效益。

8.3.1　可靠性数据资料管理

1. 可靠性数据资料的重要性

电子元器件的失效信息暴露了产品本身的缺陷。分析产品的可靠性必须以产品的失效数据为依据，找到影响可靠性的症结所在，以便使生产厂商对症下药，针对产品的薄弱环节采取措施，不断提高产品的可靠性水平。可见，可靠性数据是提高产品质量过称中不可缺少的一环，同时，也为新设计的相类产品的可靠性提供参考数据。不难看出，只有在不断收集、积累和分析各种可靠性数据的基础上，才能不断发现问题、不断改进设计和工艺、不断提高产品的可靠性。从这个意义上说，提高产品可靠性的过程实质上就是一个不断积累可靠性信息并进行质量反馈的过程。

2. 可靠性数据的收集

可靠性数据的收集方法一般有两种：一种方法是对现场工作人员分发按照一定形式制定出标准的表格，令其逐项填写，定期收回到数据中心，把这种称为"非控制式"方法；另一种方法是培训一批专业人员，编制调查纲目，有计划、有目的地深入现场调查、准确详细地整理所发生的失效并收集其他重要的可靠性数据，然后整理成统一的格式，把这种称为"控制式"方法。

任何一种收集方案，均应保证收集数据的准备性和完整性，这一点很重要。为了达到这目的，可以通过制定和贯彻收集可靠性情报数据的标准来达到，如试验观测的取样方式、实验方案、试验设计等能反映客观试验的真实面貌，以保证获得原始数据的真实性，而且其精度应满足规定的要求。同时，因为可靠性指标是一些统计指标，它是通过对产品进行大量统计试验或长期观测来确定的，只要获得比较充分的信息量后，才能做出准备可靠的结论。在数据处理中，还必须考虑合理的统计分析方法，包括正确选取置信度，否则也得不到可以使用的数据。我们收集的数据，不仅有大量失效数据，而且也要收集成功的数据，还要对产品进行失效分析。这些数据可以通过各种产品的可靠性试验和现场使用数据来获取。对于收集到的数据要注明收集的地点、时间、方法，要弄清数据的履历、条件、场所，将其存档保管，便于近一步进行分析，合理、正确地选取数据。

8.3.2 可靠性监督和保证体系

可靠性监督除在研制、设计、生产和使用各过程中，生产厂商有效地获得数据反馈，以便经常对可靠性进展状况进行监督外，还应有国家专门鉴定机构或代表机构（如质量认证委员会）在许多重要环节上进行监督，其可靠性监督和控制要点如下：

1）参加可靠性计划的审查工作，最后批准可靠性计划。

2）制造厂商必须向鉴定机构提交"可靠件保证的组织机构"和"试验设备"文件作为取得鉴定的先决条件。

3）应向鉴定机构提供失效分析报告或现场失效的分析报告。

4）应向鉴定机构提交关于纠正措施后的估算试验报告，纠正措施被鉴定机构批准后才许可执行。

可靠性保证是可靠性监督的组织措施和保证，它可以分为直接措施和反应措施两个部分。

直接措施包括可靠性设计评审、工艺流程控制和生产监督。可靠性保证强调一条工艺稳定、能重复生产某些品种的生产线是整个保证的先决条件，在这条生产线上有较完整的工艺规范和极其严格的质量控制。在工艺的每一种环节都有测试检验的监控措施。

反应措施包括对失效元件作出报告，进行失效分析，找出其失效模式，然后采取相应的纠正措施。对所采取纠正措施后的新产品的可靠性必须进行估计。因为只有定量地估计其改进程度，才能科学地制定下一步措施。如此循环往复，使产品可靠性不断提高。

8.3.3 组织保证

所谓组织保证是指一个工厂内必须有为开展可靠性工作而建立的必要机构，配备适当的工作人员，这是可靠性管理的基础和组织保证。工厂内部可靠性管理机构的任务包含：组织贯彻执行企业可靠性管理方针和计划；制定可靠性管理制度；组织制定企业可靠性技术文件，并监督执行；组织产品的可靠性设计审查；组织可靠性教育和技术交流；组织可靠性调查研究，搜集可靠性信息。

对于电子元器件产品生产厂商的产品设计和研制，应设可靠性主管设计师。各企业还应设置可靠性情报机构或人员，负责国内外可靠性工程情报和可靠性标准化资料的收集、汇编。

8.3.4 标准化保证

开展可靠性标准化工作、保证工艺的可靠性是可靠性管理工作的重要内容，这只有通过编制可靠性标准化文件认真加以实施。例如，制定能满足可靠性要求的零部件和元器件的标准化手册；制定元器件可靠性筛选的标准化工艺；制定对元器件降额使用的规定；制定工厂用元器件标准手册及失效率预计手册；采用新的元器件的标准程序；编制可靠性标准化工艺等。此外，还应制定相应的可靠性制度，以保证可靠性工作的顺利进行。

标准化工作是可靠性管理的重要组成部分。产品的技术标准和验收技术条件中，定量的可靠性指标应符合相关标准。可靠性标准与其他标准一样，应体现科学性、权威性、可行性。可靠性标准按照其性质和作用可以分为三类：第一类为基础标准，如名词术语、抽样方案等，它对所有可靠性标准有约束力；第二类为有可靠性指标的产品总规范，它对具体产品有约束力；第三类是具体产品规范。这样使可靠性标准自成体系，便于信息收集和交流，共享可靠性数据资料。

8.3.5 计量工作保证

计量工作是可靠性管理必不可少的基础工作。计量工作对于保证产品可靠性和产品质量起着重要作用，它是数据可信、数据合法的重要条件。企业应根据生产规模、技术要求和检定、测试工作的需要，建立相应的计量机构，统管本单位的计量工作。要按照要求和计量检定规范，定期和及时对测量仪器、量具和设备进行检定，检定合格应给出合格标志。要严格按照计量标准传递规范，对标准量具进行检定，保证标准的精度。

可靠性管理活动离不开人，各类人员的可靠性意识和可靠性知识的素质是可靠性工作能否顺利开展的关键因素。要制定各类人员的可靠性知识和素质的要求，经过严格培训，并取得合格证者才能上岗。要编写不同层次要求的可靠性资料，便于培训和自学要求。要开展国内外学术交流，推动和促进可靠性研究工作的深入发展。

习　题

1. 简述可靠性管理的要素及其含义。
2. 讨论说明可靠性保证的工作内容有哪些。

第9章 可靠性工程的应用实例 9

随着传统汽车升级换代到新能源汽车，新能源汽车电池的应用发展迅速，相较于为便携式电子设备提供能量的小型电池（传统电池）而言，新能源汽车电池的容量大、循环寿命高、温度控制系统复杂。新能源汽车电池的可靠性问题尤其重要，是目前可靠性工程的研究热点之一。

相较于使用磁性物质记录信息的磁卡（第5章所述），集成电路（IC）卡的保密性更好，被广泛应用于金融、交通、通信、仓储、医疗、身份证明等行业。IC卡应用系统将微电子技术和计算机技术结合在一起，提高了人们工作、生活的便利程度。但是随着智能卡片的广泛应用，其可靠性问题也日益突出，IC卡的可靠性加固是卡片安全使用的保障，也决定这种新型信息工具的应用前景。

芯片是许多尖端电子设备的基础核心部件，随着自动驾驶、人工智能（Artificial Intelligence，AI）、5G技术和物联网时代的到来，AI芯片的开发与应用逐渐成了各界关注的焦点，为了安全可靠地使用AI芯片、完成新场景下对芯片的性能和算力方面的要求，需要对AI芯片的可靠性测试、失效机理、可靠性加固等课题进行充分地开发和研究，从而实现AI芯片未来的飞速发展。

本章以电子工程热点产品为基本内容，重点介绍它们的可靠性保证。首先，介绍新能源汽车电池的特性、材料、参数和结构等，重点论述新能源汽车电池的安全性、可靠性与测试标准等；然后，介绍IC卡的种类、特性和生产工艺流程，重点讨论其可靠性测试、失效模式和可靠性加固措施；最后，介绍AI芯片的要求、种类、可靠性测试与评价技术、国内外典型先进封装技术等，说明先进封装结构可靠性及封装散热等方面面临的挑战，讨论相应的解决措施。

9.1 新能源汽车电池的可靠性

绿色环保的传统需求及人工智能的新型驱动，促进了新能源汽车电池的大量需求并奠定了其未来的发展方向，因为人工智能在加强算力、数据、芯片和大模型的同时，需要消耗大量的能源，人工智能的未来与储能紧密相连。

9.1.1 新能源汽车电池的主要特性、材料

1. 新能源汽车电池与传统电池的差异

新能源汽车电池是指应用于电动汽车、电动列车、电动自行车、景区观光车、平衡代步车等交通工具的动力蓄电池，要求容量高，是能够为这些电动工具提供大功率动力来源的新

型电源。为了区别传统电池（第6章所述），新能源的锂电池被称为动力锂电池，按特性可分为功率型、能量型和功率能量兼顾型三种。

功率型动力锂电池能够提供大倍率的充放电，可以达到10C以上，其比参数（W/kg）较大，在短时间内可以释放较大的动力；能量型动力锂电池能够提供较大的比能量（W·h/kg），可以在长时间内提供能量，具有很好的耐力，而大电流放电性能较小；功率能量型动力锂电池应用于混合动力车，兼顾功率和能量，要求电池储存较高的能量，可以支持纯电力行驶，同时具备较好的功率特性，当电池的电量较低时，可以进入混合动力的模式运行。

新能源汽车电池和传统电池在正负极材料、电解液、隔膜等方面没有太大的区别，前者注重温度性能、倍率性能和可靠性，后者注重成本、循环性能和安全性。

两种电池在使用材料和生产工艺上是不同的。新能源汽车电池的生产需要先进的工艺控制、一致性控制和质量管理控制；新能源汽车电池要求内阻较小、放电功率较大，造成其成本高昂；新能源汽车电池必须要有更高的可靠性和一致性，因为使用时间超长（至少5~10年）、使用恶劣环境（冬天低温、夏天暴晒、雨雪）、大量电池串并联配组使用。新能源汽车电池在安全、储存、循环等指标上的可靠性要求较高。

在可靠性设计方面，新能源汽车电池一般设置冗余更多，使用更厚的隔膜、箔材和外壳，其能量密度比传统电池小；为了具有更高的安全性，新能源汽车电池必须有更多的外部保护电路和散热布局设计；新能源汽车电池的应用条件需要其具有更高的外部电压设计、更大的电流设计、更复杂的外部环境设计。

传统电池使用时间短，循环性能和可靠性的要求较弱，通常单独使用（很少配组），一致性的要求较弱。传统电池的应用范围通常是消费电子领域，如手机、玩具、家电等，往往空间有限，因此对尺寸的限制严格，对容量和能量密度的要求很高。

新能源汽车电池是新型动力设备的不二选择，未来应用市场广阔，但是目前在电池寿命和充电等方面还有巨大的发展空间。

2. 新能源汽车电池的材料

目前，从材料的角度来分类，新能源汽车电池属于锂离子电池，电池的负极材料、隔膜和电解液等与传统电池一致，其内容如前所述（参见第6章）。在应用市场上，新能源汽车电池的正极一般有磷酸铁锂、镍钴锰酸锂（三元材料）、锰酸锂和钴酸锂等，表9.1给出了新能源汽车应用市场上的电池正极材料与性能指标（方形铝壳电池的性能指标）。其中，NCM523、NCM622、NCM811是指材料中Ni、Co、Mn三种元素的比例，不同比例的材料，可以调节电池的特性。Ni含量越高，能量密度越高，但安全性越差；Co含量越高，材料价格越贵。

表9.1 新能源汽车应用市场上的电池正极材料与性能指标

材料与性能	磷酸铁锂	NCM523	NCM622	NCM811
能量密度/（W·h/kg）	130~170	200~220	195~215	220~240
标称电压	3.2V	3.67V	3.65V	3.6V
电压区间	2.5~3.65V	2.7~4.35V	2.7~4.25V	2.7~4.2V
循环寿命	>2000	约为2000	约为2000	约为1500
高温性能	优	良	良	较差
成本	最低	较高	最高	较高
安全性能	优	中	中	较差
应用	小型轿车	各种车型	少数车型	长续航车型

NCM523 目前一般采用高电压体系，上限 4.3V 或 4.35V；NCM622 相对高电压的 NCM523 的成本增加，应用相对较少；NCM811 是新量产的产品，应用较少；另外还有 NCM333（或称为 NCM111）材料，在三元材料中最为成熟、稳定，但成本较高、能量密度低，应用市场减少；还有三元 NCA（其中 A 指 Al 元素）在市场上应用较少。

不同封装工艺对新能源汽车电池的性能也会产生影响，方形铝壳电池是以方形的铝壳进行封装；圆柱电池是以圆柱形的钢壳或铝壳进行封装；软包电池是以铝塑膜（PET/PP 塑料和铝箔复合成的薄膜）进行封装。

表 9.2 为不同封装工艺电池的性能比较，可以发现上述三种封装形式各有其优缺点，各种封装形式在目前新能源汽车电池生产企业中均有应用，国内 NEV 车型以方形铝壳电池应用为主，其次为软包电池，圆柱电池的产能逐步减少。

表 9.2　不同封装工艺电池的性能比较

封装形式	优点	缺点
圆柱	生产线、设备高度标准化； 工艺成熟	电芯容量小，循环寿命差； Pack 加工复杂
软包	封装材料成本低； 封装材料重量小； 可以达到更高的能量密度	Pack 较为复杂，且成本高； 散热较方形铝壳差
方形铝壳	Pack 简单； 封装可靠性高	封装成本高； 相对软包单体电池的能量密度低

新能源汽车的价格定位、适用类型和配置质量影响其采用电池的封装形式，不同配置选用不同的电池封装形式，同时，电池组成 Pack（模块化）后整体性能的可靠性是主要的考虑因素。

9.1.2　新能源汽车电池的性能、参数

1. 新能源汽车电池的性能指标

（1）容量

电池在室温下（25±2℃），从满电状态下以恒定电流放电至零电位状态，持续的放电时间与放电电流的乘积，称为容量，单位可以表示为 Ah。例如，某型号电池以 10A 恒流放电电流到零电位，持续放电 1h，则电池的容量是 10A×1h，即 10Ah。

（2）能量

电池充电与放电过程中，所充入或放出的电能，叫作能量，单位可以表示为 W·h，另有 1000W·h=1kW·h=1 度。

（3）工作电压

在某一温度下，电池充电所规定的电压上限，称为上限电压；电池放电所规定的电压下限，称为下限电压；下限电压至上限电压的区间，即电池的工作电压或工作区间。

（4）倍率

电池充放电电流值相对于电池的额定容量值的倍数，就是倍率，以 C 来表示。假如，一支 10Ah 的电池以 20A 进行放电，则称放电倍率为 2C。

（5）额定电流

电池标称的正常工作电流，一般以 1C 或 1/3C 表示。

（6）额定容量

室温下以额定电流放电可放出的容量，被称为电池的额定容量，也是电池的标称容量，同理，以其他倍率放电的容量也被称为该倍率放电的容量。

（7）额定电压

常温下以额定电流从满电状态恒流放电至零电位状态的过程中，电池的平均电压，被称为额定电压，一般指 $1/3C$ 或 $1C$ 放电的平均电压，此处的平均电压是指放电能量与容量的比值。

（8）额定能量

常温下，电池以额定电流，从满电状态放电至零电状态，所放出的电量，称为额定电量，或标称电量，单位表示为 $W \cdot h$。

（9）能量密度

能量密度也被称为比能量，包括质量能量密度和体积能量密度两种，衡量电池单位重量或单位体积可以释放出的能量大小；质量能量密度等于额定能量除以电池质量，单位为 $W \cdot h/kg$；体积能量密度等于额定能量除以电池体积，单位为 $W \cdot h/L$。

（10）荷电态

电池残余电量与额定电量的比例，称为荷电态，以 SOC（State of Charge）表示。例如，电池剩余 30% 电量时，被称为 30%SOC。

（11）充放电深度

电池实际工作过程中，所使用的荷电态区间，称为充放电深度，以 DOD（Depth of Discharge）表示。例如，某型号电池实际使用过程最低为 30%SOC，最高为 80%SOC，那么在这个过程中，充放电深度就是 50%DOD，同理，满充满放即为 100%DOD。

（12）充放电制度

电池在充电或放电时的温度、电流工况，统称为充放电制度，包括恒流充电、恒流放电、恒功率充电、恒功率放电、恒压充电、恒功率充电、恒功率放电等可靠性参数。

（13）循环寿命

电池完成一次充电和一次放电的过程，称为一个循环。电池在某一指定的充放电制度下，持续进行循环，当容量衰减至初始容量的 80% 时，所经历的循环次数，即为该充放电制度下的循环寿命。一般是指常温下，以 $1C$ 满充（$1C$ 恒流充电至上限电压，再转恒压充电，至电流将达到 $0.05C$ 时截止），$1C$ 满放（充放电间设置一定时间间隔）持续循环的循环寿命。

2. 不同类型的新能源汽车电池的参数

以电池的功率特性为指标，在新能源汽车电池的三种类型中，功率型动力锂电池一般用于混动汽车（Hybrid Electric Vehicle，HEV），其主要特点是能够快充快放，一般数分钟内可以将电池充满或放完，但其能量密度一般较低；能量型动力锂电池一般用于纯电动汽车（Battery Electric Vehicle，BEV），其主要特点是能量密度高（保证续航）；功率能量型动力锂电池应用于插电混动汽车（Plug-in Hybrid Electric Vehicle，PHEV），其电池既要具备一定的快充快放能力，又要能够提供较长距离纯电动续航里程的能力，表 9.3 给出了目前应用市场上不同类型方形铝壳电池的性能。

表 9.3　目前应用市场上不同类型方形铝壳电池的性能

类型	功率型	能量型	功率能量兼顾型
额定容量	6Ah	50Ah	37Ah
尺寸（厚×宽×高）/（mm×mm×mm）	12.7×120×90	26.7×148×101	26.7×148×97
重量	260g	890g	860g
额定电压	3.65V	3.67V	3.65V
工作电压	2.8~4.2V	2.7~4.3V	2.8~4.2V
能量密度	84W·h/kg	206W·h/kg	157W·h/kg
最大持续放电倍率	10C	1C	3C
最大脉冲放电倍率	30C	3C	8C
循环寿命	3C/3C，25℃，100% DOD 6000 周	1C/1C，25℃，100% DOD 2000 周	1C/1C，25℃，100% DOD 4000 周
应用领域	HEV 小型轿车 电量 1.5kW·h，节油率约 40%，油耗约 4.0L/100km	BEV 小型轿车 电量 50kW·h，续航约 400km	PHEV 小型轿车 电量 11kW·h，纯电续航约 60km

3. 新能源汽车电池模组的结构

新能源汽车电池在应用上是由大规模单个电池的串并联组配而成，电池的结构件是电池可靠性应用的关键。目前，市场上的新能源汽车电池和电池模组的精密结构件主要包括铝或钢壳体、盖板、连接片等，这些组件对锂电池的安全性、密闭性、能源使用效率等都具有直接影响。由于新能源汽车在使用过程中需要大量的电池串并联在一起保证能量供应，导致需要使用大量的结构件产品以保证动力电池的安全，图 9.1 给出了新能源汽车的电池组装阵列示意图，新能源汽车的电池包通常布置在底盘上。

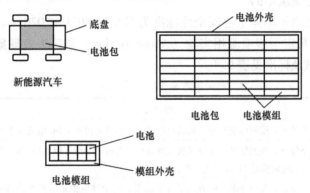

图 9.1　新能源汽车的电池组装阵列示意图

电池外壳保护电池在储存和使用过程中免受外界损坏并维持电池内部稳定性，对电池的安全性、密封性和一致性等方面都有直接影响，是电池的重要组成部分之一。根据电池形状的不同，其所采用的外壳材料各有差异：圆柱形电池外壳以钢壳为主；方形电池外壳以铝壳居多；软包电池主要使用铝塑膜来封装。

电池接触片是电池上的一个重要组成部分，采用铜，铁，不锈钢等材料制成。电镀镀金、银、镍、锡。安装在导电膜上的电池接触片受到按压时，接触片中心点接触电池形成回路，电流通过，具有导通性强、柔韧性高等特点。

9.1.3 新能源汽车电池的安全性与可靠性

1. 锂离子电池发生失效的原因（温度积累导致的热失控）

锂离子电池的隔膜主要成分是 PP（聚丙烯）或 PE（聚乙烯），是一种能够允许锂离子通过但是对电子绝缘的薄膜。一般厚度为 $10 \sim 20\mu m$，若隔膜熔融或被异物刺破，则会导致内部正、负极接触短路（内短路），瞬间产生大量热量，并发生起火、爆炸等事故。

锂离子电池的电解液主要成分是锂盐溶于有机溶剂的溶液。锂盐主要为六氟磷酸锂，在高温下会发生分解，产生热量；有机溶剂为 EC（碳酸乙烯酯）、PC（碳酸丙烯酯）、DMC（碳酸二甲酯）、EMC（碳酸甲乙酯）等，均为可燃物。

另外，锂离子电池制造过程中，首次激活（预充/化成）时，会在负极材料颗粒表面产生一层由多种锂盐组成的 SEI 膜，可以阻碍电解液与嵌锂的负极反应，但是在高温下，SEI会发生分解，并产生热量。

脱锂后的三元 NCM 材料在高温下会氧化电解液，产生热量；当温度达到 200℃ 时，NCM 正极会发生分解，产生氧气，加速电池的起火或爆炸。

2. 可靠性测试及标准

锂离子电池的可靠性是指锂离子电池的加工质量能否达到整车使用要求，在正常使用时不会发生漏夜、严重鼓胀、破损等现象，不会有异物刺穿隔膜，引发一系列的失效。可靠性是由电芯的加工过程决定的，不同企业具有不同的管控水平，即使在相同的设计下，可靠性也不相同。

锂离子电池的安全性，电芯在滥用时，其失效现象能否达到国标规定的标准，是由电芯的材料特性与设计方案决定的。

目前在实施的锂离子单体电池安全性标准为 GB/T 38031—2020《电动汽车用动力蓄电池安全要求》，其中规定了多项滥用实验（Abuse Testing）及其失效现象的要求，新能源汽车电池的可靠性测试及标准见表 9.4。

表 9.4 新能源汽车电池的可靠性测试及标准

项目	测试方法	标准
过放电	在标准测试条件下，按照标准充电方式满充电池后，再将电池用 $1.0C$ 电流放电 90min，观察 1h	标准 1
过充电	在标准测试条件下，按照标准充电方式满充电池后，再将电池用 $1.0C$ 电流恒流充电至终止电压的 1.5 倍，或者充电时间达 1h 后停止充电，观察 1h	标准 2
短路	在标准测试条件下，按照标准充电方式满充电池后，将单体电池正负极经外部短路 10min，外部线路电阻应小于 $5m\Omega$，观察 1h	标准 2
跌落	在标准测试条件下，按照标准充电方式满充电池后，将单体电池正负端子向下从 1.5m 高度处自由跌落到水泥地面上，观察 1h	标准 1
挤压	在标准测试条件下，按照标准充电方式满充电池后，用半径 75mm 的半圆柱体（半圆柱体的长度大于被挤压电池的尺寸）以不大于 2mm/s 的速度垂直于电池极板的方向施力，当电池电压达到 0V 或变形量达到 15% 或挤压力达到 100kN 或 1000 倍自身重量后停止挤压，观察 1h	标准 2

（续）

项目	测试方法	标准
热冲击	在标准测试条件下，按照标准充电方式满充电池后，将电池放进烘箱内，以 5℃/min 的速率由室温升温至 130 ± 2℃，并保持此温度 30min 后停止加热，观察 1h	标准 2
海水浸泡	在标准测试条件下，按照标准充电方式满充电池后，将电池浸入 3.5% NaCl 溶液中 2h，水深完全没过单体电池	标准 2
温度循环	在标准测试条件下，按照标准充电方式满充电池后，将电池放入恒温恒湿箱中，按照"注 3"设置温度和时间，循环 5 次，观察 2h	标准 1
低气压	在标准测试条件下，按照标准充电方式满充电池后，将电池放入低气压箱中，调节试验箱中气压为 11.6kPa，温度为室温，静置 6h，观察 1h	标准 1

注：1. 标准 1 是指不爆炸、不起火、不漏液。

　　2. 标准 2 是指不起火，不爆炸。

　　3. 电池充满电后，将电池放入 20 ± 5℃的恒温恒湿箱中；将样品放入 60 ± 2℃的试验箱中保持 8h；后将温度降为 −40 ± 2℃，并保持 8h，温度转换时间不大于 30min；再次将温度升为 60 ± 2℃，温度转换不大于 30min；重复循环。

9.2　IC 卡的可靠性

1974 年，法国工程师罗兰德·莫瑞诺（Roland Moreno）提出了集成电路卡的系列发明专题，首次提出将具有存储控制及数据处理功能的集成电路芯片镶嵌入塑料卡内，制造一种用于身份识别且具有高度安全性的集成电路卡。1976 年，法国布尔公司（BULL）首先制造出集成电路卡的实用产品。由于便于携带、存储量大，此技术被应用到多个行业，并日益受到人们的青睐。

9.2.1　IC 卡概述

1. IC 卡的种类

集成电路卡（Integrated Circuit Card）简称 IC 卡，是在符合标准（ISO 7811）的塑料基片中嵌入一个或多个集成电路芯片后封装而成的卡片形式，其中的集成电路芯片可以是存储器或微处理器。带有存储器的 IC 卡又称为记忆卡或存储卡（Memory Card），带有微处理器的 IC 卡又称为智能卡（Smart Card）、智慧卡（Intelligent Card）或微电路卡（Microcircuit Card）或微芯片卡。前者可以存储大量信息，后者则不仅具有记忆能力，而且还具有处理信息的功能。

IC 卡与读写器之间的通信方式（接口标准 ISO 7816、ISO 14443）可以是接触式也可以是非接触式。IC 卡具有体积小、便于携带、存储容量大、可靠性高、使用寿命长、保密性强、安全性高等特点。

（1）接触式 IC 卡

该类卡是通过 IC 卡读写设备的触点与 IC 卡的触点接触后进行数据的读写。ISO 7816 对接触式 IC 卡的传输协议、机械特性、电器特性等进行了详细的规定。

接触式 IC 卡芯片可以完成写入数据和存储数据的能力，可对 IC 卡存储器中的内容进行处理响应。接触式 IC 卡上封装的芯片必须符合 ISO 的统一标准，其上有 6~8 个触点和外部设备进行通信，接触式 IC 卡封装及芯片触点如图 9.2 所示。在接触式 IC 卡上也可以有彩色图案或者说明性文字，同样必须符合 ISO 的统一要求。接触式 IC 卡的部分触点及其定义：工作电源 V_{CC}；接地 GND；存储器编程电源 V_{PP}；有关信号的定时与同步 CLK，即 SCL（Serial Clock）；卡中串行数据的输入与输出 I/O，即 SDA（Serial Data）；复位信号 RST。

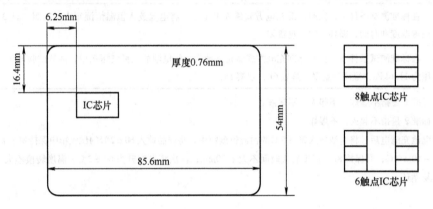

图 9.2　接触式 IC 卡封装及芯片触点

当接触式 IC 卡插入读卡器后，各接点对应接通，卡上的超大规模集成电路就开始工作，表 9.5 给出接触式 IC 卡上各个引脚的功能。

表 9.5　接触式 IC 卡上各个引脚的功能

芯片触点	引脚	功能
C1	V_{CC}	工作电压（5V）
C2	RST	复位
C3	SCL（CLK）	串行时钟
C4	N. C.	未连接
C5	GND	接地
C6	N. C.	未连接
C7	SDA（I/O）	串行数据（输入/输出）
C8	N. C.	未连接

（2）非接触式 IC 卡

非接触式 IC 卡又称射频卡，卡内带有射频收发电路，将射频识别技术（Radio Frequency Identification，RFID）和 IC 卡技术结合在一起，非接触式 IC 卡的射频识别系统如图 9.3 所示。卡与外部无触点接触，通过射频技术实现非接触式的数据通信，解决了无源（卡中无电源）和无接触的技术问题。

非接触式 IC 卡与接触式 IC 卡相比，有以下特点：

1）可靠性高。由于读写之间无机械接触，避免了由于接触摩擦而产生的各种故障；非接触式 IC 卡表面无裸露的芯片，无芯片脱落、静电击穿、弯曲损害等失效模式。

2）操作方便。非接触通信使读卡器在 10cm 的范围内就可以对卡片进行操作，且非接

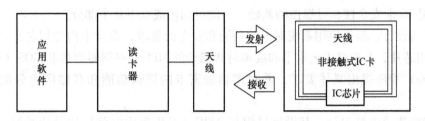

图 9.3　非接触式 IC 卡的射频识别系统

触式 IC 卡在使用时无方向性，卡片可以在任意方向靠近读卡器表面完成操作，方便快捷而效率高。

3）防冲突。非接触式 IC 卡中有快速防冲突的功能设置，能防止卡片之间出现数据干扰，读卡器可以并行处理多张非接触式 IC 卡。

4）可以适应多种应用。非接触式 IC 卡的存储器能够使其适用于不同的用途，可以根据不同的应用设定不同的密码和访问条件。

5）加密性能好。非接触式 IC 卡的序号是唯一的，在出厂前进行设定固化，卡与读卡器之间具有双向验证机制，非接触式 IC 卡在处理前要与读卡器进行 3 次相互认证。

（3）存储卡

存储卡内有集成电路存储器（具有存储功能），还有数据存储器（EEPROM）、工作存储器（RAM）或程序存储器（EPROM）。存储器中所有存储单元的总和称为存储容量，存储卡的最大容量目前为 512kB。存储卡读出/写入一个字节的时间称作读/写时间，读写器在接收地址和读命令时，即可将卡中的内容读出，读出时间约为几微秒；读写器在发送地址、要写数据和写命令时，即可进行写入，写入一个数据的时间比读出一个数据的时间长，一般需要 5~10ms。

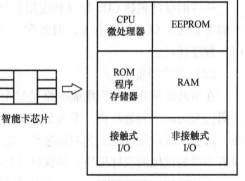

智能卡芯片

图 9.4　智能卡架构示意图

（4）智能卡

智能卡是在 20 世纪 80 年代初推出的，图 9.4 所示为智能卡架构示意图。智能卡是在塑料卡片中嵌入含有微处理器、存储器和输入/输出接口的 IC 卡芯片而制成的，芯片具备存储功能和信息处理功能，相当于一台微型计算机。智能卡具备普通 IC 卡所有的功能和特点，其硬件组成有 CPU 或 MPU、EEPROM、EPROM、RAM、ROM 等。另外，智能卡内可存储安全控制软件，本身具有检验个人身份证号、确定持卡人合法性的功能。其存储容量可达 64~512kB，拓宽了普通 IC 卡的应用领域。

2. IC 卡的生产工艺流程

IC 卡的完整制造流程包括 IC 芯片设计（包括系统设计和软件设计）、芯片制备和卡片制造，以及定制发行。

（1）芯片设计

芯片的设计流程是 IC 卡制备工艺流程的重要组成部分，决定 IC 卡的功能、特性和应用领域，也是 IC 卡安全性和可靠性的基础，一般可归纳成以下几个部分：

1）系统设计。根据应用系统对卡的功能和安全的要求，设计卡内专用芯片，也可以考虑设计通用芯片，并根据工艺水平和成本对智能卡的 MPU、存储器容量和 COS（Chip Operation System）程序提出具体要求，并对逻辑加密卡的逻辑功能和存储区的分配提出具体要求。

2）卡内集成电路设计。其设计过程与 ASIC（专用集成电路）的设计类似，包括逻辑设计、逻辑模拟、电路设计、电路模拟、版图设计和正确性验证等，可以通过 Workview、Mentor 或 Cadence 等计算机辅助设计工具来完成。

对于智能卡，通常的做法是采用工业标准微处理器为核心，调整存储器的种类和容量，而不必重新设计。当没有现成的微处理器可供选用、也没有现成的 EEPROM 工艺可实现稳定的大批量生产时，可行的办法是选择代工企业生产，先设计 COS 程序，由半导体代工厂商生产芯片，如日立等公司都提供这种业务。为可靠起见，这些芯片应该有自保护能力，例如，当外加电压不正常时，通过高低电压检测，芯片应停止工作，当时钟频率超出正常范围时，也应具备相应的措施。

3）软件设计（适于智能卡）。IC 卡从只具有单一存储功能的卡片发展到带有 MPU（具备处理功能）的智能卡，卡内芯片也越来越复杂，COS 程序就是芯片的监控软件，分布于 ROM、EEPROM 和 Flash 中，其包括 4 个部分：文件系统（基础部分）、安全体系（核心部分）、通讯处理（辅助部分）和命令管理（接口部分）。

软件的设计包括 COS 程序和应用软件的设计，有相应的开发工具可供选用。由于智能卡的安全性与 COS 程序有关，因此在金融、保密等领域使用的智能卡，应写入自主设计的 COS 程序代码。

（2）芯片制备

在单晶硅圆片上制作集成电路是整个工艺的核心，设计者将设计好的版图或 COS 程序代码提交给芯片制造厂商。芯片制造厂商根据设计与工艺过程的要求，首先制备多层掩膜版，按照集成电路制造工艺制作芯片。芯片上除有按照 IC 卡标准设计的触点压焊块外，还应有专供测试用的探针压块，并保证其具备足够的安全性。

芯片的测试和数据写入是指利用带测试程序的计算机来控制探头测试圆片上的每个芯片，并同时在 EEPROM 中写入信息。如果有失效芯片，需要在有缺陷的芯片上做标记，在测试合格的芯片中写入制造厂商代号等信息。制造厂商还要按照用户需要在 EEPROM 中写入内容。

数据的写入包括运输码的写入，运输码的设置是为了保障卡片的安全性，防止卡片传送过程泄密的一种防卫措施。为了防止 IC 卡从制造厂运输到发行商的过程中被修改，运输码仅为制造厂和发行商知道的密码。

最后通过研磨和切割圆片，使芯片厚度要符合 IC 卡的规定，研磨后将圆片切割成众多小芯片。

微模块制造工艺是指将制造好的芯片安装在有 6 个或 8 个触点的印制电路薄片上，称作微模块。

（3）IC 卡的制造

IC 卡的生产制造商从 IC 卡芯片制造商处购入 IC 卡芯片，按照 IC 卡的客户（发行机构）的委托要求，经过印刷、打码、烫金、封装、过胶、测试等流程，生产出所需的 IC 卡。如德国的 SIEMENS 公司就是一家 IC 卡芯片制造商，SIEMENS 提供芯片，公司根据客户（如电信公司）的要求生产成 IC 卡，供应给社会。IC 卡的生产制造流程如图 9.5 所示。

卡片制造的第一道工序是将微模块嵌入卡片中，并完成卡片表面的印刷工作。然后是卡片初始化工序，对于逻辑加密卡，运输码可由制造厂商写入用户密码区，发行商核对正确后可以改写成用户密码。对于智能卡，在此时可进行写入密码、密钥、建立文件等操作。

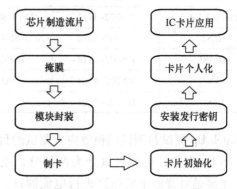

图 9.5　IC 卡的生产制造流程

发行商接收到卡片后要首先验证运输码，如验证不正确，卡将自锁，烧断熔丝。只有验证核对通过，随即完成写入工序，当操作顺利完毕后，将熔丝烧断。此后该卡片进入用户运行方式，而且永远也不能回到以前的初始状态，这样做也是为了保证 IC 卡的安全性。

最后一步是个人化和发行，发行商通过读写设备对卡进行个人化处理，根据应用要求写入一些信息。

完成以上流程的卡，就成为一张能唯一标识用户的 IC 卡，即可交给用户使用。

9.2.2　IC 卡的可靠性测试与失效模式

按照固态技术协会（JEDEC）的标准对 IC 卡内嵌的微（芯片）模块的可靠性认证的系列规范，IC 卡的可靠性测试项目有常规可靠性测试和专项可靠性测试。

1. 常规可靠性测试

表 9.6 给出了常规芯片可靠性测试项目的名称、标准、条件和时间等参数的要求。

HTOL（High Temperature Operating Life Test）是高温工作寿命测试；HBM（Human Body Model）是人体放电模型测试，属于 ESD 测试，是指因人体在走动摩擦或其他因素在人体上累积了静电，当此人碰触到 IC 时，人体上的静电便会经由 IC 的引脚（PIN）而进入 IC 内，再经由 IC 放电到地，测试 IC 的抗静电能力；CDM（Charged Device Model）是器件电荷模型测试，用于判定半导体器件（如集成电路）在静电放电环境下的敏感性和稳定性；HBM 测试和 CDM 测试都属于 ESD 测试范畴。

表 9.6　常规芯片可靠性测试项目的名称、标准、条件和时间等参数的要求

测试项目	参照标准	测试条件	持续时间	样品数
HTOL	JESD22-A108	T≥125℃，$1.1V_{CC}$	1000h	3 批次/77 片
HBM	JS-001	2000V	—	1 批次/3 片
CDM	JESD22-C101	500V	—	1 批次/3 片

（续）

测试项目	参照标准	测试条件	持续时间	样品数
Latch Up	JESD78	100mA@ rm	—	1 批次/3 片
Precondition	JESD22-A113	参照 J-STD-020 标准	—	9 批次/77 片
HAST	JESD22-A110	130℃/85% RH，最大 V_{CC}	96h	3 批次/77 片
μHAST	JESD22-A118	130℃/85% RH	96h	3 批次/77 片
TC	JESD22-A104	−65～150℃	500 周期	3 批次/77 片
HTSL	JESD22-A103	150℃	1000h	3 批次/77 片

Latch Up 测试是测试闩锁效应，测试的目的是检查芯片在高电流注入的情况下是否会出现 Latch Up 现象，电流测试分为两部分，正电流测试（灌入电流）和负电流测试（拉电流），主要是对普通集成电路进行电流测试，测试的最大反向电流（Maximum Reverse Current）达 100mA；Precondition 测试是预处理测试（Precondition Test），模拟 IC 使用之前在一定湿度、温度条件下存储的耐久力，也就是 IC 从生产到使用之间存储的可靠性，其失效模式有布线分层、封装破裂等；HAST（Highly Accelerated Stress Test）是高加速温湿度及偏压测试，是封装可靠性测试项目，旨在评估 IC 产品在偏压下高温、高湿、高气压条件下对湿度的抵抗能力，加速其电离腐蚀、封装密封性损坏等失效过程；μHAST（μbias Highly Accelerated Stress Test）是高加速温湿度试验测试，测试为不带电的高温高湿下的可靠性；TC，即 TCT（Temperature Cycling Test），是高低温循环试验，试验目的是评估 IC 产品中具有不同热膨胀系数的金属之间的界面的接触良率，方法是通过循环流动的空气从高温到低温重复变化，测试电介质的断裂、导体和绝缘体的断裂、不同界面的分层等失效模式；HTSL（High Temperature Storage Life Test）是高温储存试验，试验目的是评估 IC 产品实际使用之前在高温条件下保持几年不工作条件下的生命时间。

2. 专项可靠性测试

IC 卡的可靠性测试包括电性能测试、机械性能测试、化学性能测试和辐射性能测试，评估 IC 卡相关的失效模式。

电性能测试包括充电器件模型测试（CDM Test）和静电枪测试（ESD Gun）。

充电器件模型测试判断 IC 卡在应用中的抗静电能力，IC 芯片经过制卡工艺后，其抗静电能力发生改变，所以 CDM 测试既是常规测试又是专项测试，对芯片和卡片都要进行测试，测试数量是 1 个 Lot（批次）至少 3 张卡片。

静电枪测试是电磁兼容测量中的一项，测试方式包括接触放电和空气放电，分别针对接触式 IC 卡和非接触式 IC 卡。对于接触式，一般采用比较尖的放电头。对于空气放电，采用的放电探头会比较圆钝，而且非接触式智能卡会被等分为 20 个区域进行放电。接触式放电一般需要达到 2kV 以上，空气放电通常可以达到 4kV、8kV 甚至更高。由于测试方法不同，接触放电和空气放电这两者之间的静电枪测试等级不可以等价。

IC 卡的电性能相关的可靠性失效模式包含：功能异常、无法正常读写、存储的数据丢失等。封装在卡片上面的芯片通常会发生短路或开路，芯片内部的 MOS 晶体管结构在高倍电子显微镜下会发现多晶硅的栅极被击穿现象。

机械性能测试包括三轮测试、卷缠测试、弯曲试验和扭转试验。

三轮测试（3Wheel）是模拟 IC 卡在读卡器（如银行 ATM 或门禁卡接口）插入和拔出时，读卡机设备探头会给卡片的正面和背面施加一定的压力，判别接触式 IC 卡在使用场景中的抗压性能。样品数至少为 1 个 Lot，8 张卡片。测试条件：正面施加 8N，重复 50 次，然后背面朝上，同样施加 8N，重复 50 次，卡片没有外观损伤且通过功能测试，这样才能算通过测试。压力选择有 10N、12N、15N 等。

卷缠测试（Wrapping）也是模拟 IC 卡在读卡器中插入和拔出时，卡片抗卷缠的能力。样品数至少为 1 个 Lot，8 张卡片。测试夹具是半径为 20mm 的圆柱体，测试时首先将卡片的正面朝上，一端固定，然后把卡片的另一端往下按，直到测试夹具的底部，重复 10 次，再将卡片的背面朝上，重复 10 次。失效的判断标准为电性能通过，且外观没有明显损伤。圆柱体半径越小，对卡片的可靠性要求越严格，通常可选圆柱体半径有 10mm、12mm、14mm、16mm、18mm、20mm 和 25mm 等。

弯曲试验（Bending）是模拟卡片在使用中能够耐受各种外力挤压而造成弯曲形变的能力，样品数至少为 1 个 Lot，8 张卡片。由于卡片是长方形，所以弯曲试验分长边和短边。试验时用夹具将卡片的两端夹住，一端固定，另一端水平往复移动，从而造成卡片的弯曲变形。对于沿长轴（B 轴）的弯曲，其对应的最大弯曲高度 $hw = 20 + 0/ -1$mm，起始弯曲高度 $hv = 2 \pm 0.50$mm，对于沿着短轴（A 轴）的弯曲；对应的最大弯曲高度 $hw = 10 + 0/ -1$mm，起始弯曲高度 $hv = 1 \pm 0.50$mm，这样需来回移动重复 4000 次、中间可以在 1000 次、2000 次、3000 次分别读点。

扭转试验（Torsion）是模拟卡片在实际应用过程中可能受到的扭转机械损伤，如在卡包、口袋中或其他可能造成卡片扭转的场合。样品数至少为 1 个 Lot，8 张卡片。试验时需要将卡片固定于专用夹具上，扭转卡片角最大为 15° ±1°，以 0.5Hz 频率（即 2s 一次）的速度至少扭转 1000 次，也可以设定扭转次数，如 2000 次、3000 次、4000 次等。

IC 卡机械性能的可靠性试验是损伤性试验，因为试验中的机械应力会对卡片的外观造成不可逆的损伤。IC 卡机械性能的主要失效模式是外观或者内部芯片损伤，其中常见的失效模式有卡片内部天线断裂、卡片内部键合金线断裂等。

化学性能测试是耐化学性测试。

耐化学性（Chemical Resistance）测试主要是检测 IC 卡能否抵挡住各种可能的化学玷污，如人体的出汗、有害的化学试剂等。该测试分短期浸泡（1min）和长期浸泡（24h）两类。对于短期浸泡，需要将样品分别置于以下试剂中各 1min，试剂包括 5% 浓度的氯化钠（NaCl）、5% 浓度的乙酸（CH_3COOH）、5% 浓度的碳酸钠（Na_2CO_3）、60% 浓度的乙醇（CH_3CH_2OH）、10% 浓度的蔗糖（$C_{12}H_{22}O_{11}$）、标准实验油 FUELB（参照 ISO 1817）、50% 浓度的乙二醇（$HOCH_2CH_2OH$）等。长期浸泡则需要将样品分别置于 5% 浓度的氯化钠（NaCl）中 24h 和盐雾试验中 24h。浸泡样品每组至少一张，通常选 3~4 张，长期浸泡的数量可以更多一些。

IC 卡化学性能的可靠性试验主要是对卡片上的芯片模块进行液体浸泡、腐蚀、氧化、玷污等测试，卡片化学性能可靠性试验的失效模式主要是芯片模块接触面损坏，从而导致接触不良，卡片无法正常工作。

辐射性能测试包括电磁场试验、紫外线试验和X射线试验。

电磁场试验（Electromagnetic Field）主要是检测IC卡的数据存储可靠性的问题，试验需要将IC卡以20~25cm/s的速度经过636000A/m的电磁场中，样品数通常为15片，判断标准则为卡片的功能是否正常及存储的数据会不会丢失。

紫外线试验（Ultraviolet Light）是检测IC卡的数据存储可靠性问题，样品数通常为15片，试验需要使用波长为254nm的紫外光，先对IC卡正面进行辐射，累计达到0.15Ws/mm^{2}的辐射剂量（以被辐照物的单位表面积计算），然后再对背面进行辐射，再次达到0.15Ws/mm^{2}的辐射剂量。

X射线广泛应用于机场、地铁、安检等场合中，是IC卡容易受到的应用应力之一，所以X射线试验不可缺少。X射线试验也是用来检测IC卡的数据存储可靠性，样品数通常为15片。试验需要将IC卡暴露在100kV加速电压的X射线辐射下，累计达到0.1Gy（即戈雷）的辐射剂量（以被辐照物的单位体积计算）。

辐射虽然看不见、摸不着，但会对卡片上存储的数据造成影响，卡片辐射性能的可靠性试验失效模式主要为存储数据的丢失、数据读写异常、卡片无法正常操作等。

9.2.3 IC卡的可靠性加固

1. 信息的安全性问题

信息安全的基本定义是保证数据信息在确定的时间、确定的地点、确定的条件下只能被确定的人所使用，信息安全需具备的属性包括保密性（Confidentiality）、完整性（Integrity）、真实性（Authenticity）和持久性（Durability），其中前三者又被称为CIA三要素。

保密性是安全性的最基本要素，保密性是指确保信息只能被授权的人或实体访问和使用，防止未经授权的个人或组织获取敏感信息。在保密性的保护下，只有合法的用户或系统拥有者才能够访问和使用特定的数据或资源。常见的保密性措施包括身份认证、访问控制和加密等。

信息安全的威胁因素包括对信息安全的所有威胁，能够破坏信息的保密性、完整性及真实性等要素，可以分为客观和主观因素。

客观因素主要表现为对信息载体的干扰、破坏等，如静电、辐射、腐蚀、温度、湿度等因素；主观因素包括关系到信息持久性的人为因素，具有主动性及蓄意性。

能够抵抗客观威胁因素的安全性是客观安全（Safety）；能够抵抗主观威胁因素的安全性是主观安全（Security）；IC卡必须具备客观安全和主观安全，即双安全性。

2. IC卡的应用可靠性

作为信息存储、控制、处理和验证的新型智能型工具，IC卡在应用中具有可靠性高的特点：体积小、重量轻，便于携带、存储容量大等；IC卡的读写机构比磁卡的读写机构简单可靠、造价便宜、容易推广、维护简单；卡片中具有微处理器和存储器，实现一卡多用；IC卡的环境适应性高，防磁、防静电、抗干扰；集成电路片的使用寿命长，信息可读写十万次；IC卡具有安全保护措施，保密性强、安全性高，其硬件安全设置可以控制卡内的读写特性，当遇到解密攻击时，保密区可以自锁，即不可进行读写操作；IC卡内的信息加密后不可复制，密码核对错误，卡本身有自毁功能，所以IC卡中的数据安全可靠；网络要求不高，IC 卡的安全可靠性使其在应用中对计算机网络的实时性、敏感性要求低，可以在网络质量不高的环境中或在不联机的情况下应用。

3. 物理、逻辑安全加固

物理安全包括：IC 卡本身的物理特性上的安全性，通常指对一定程度的应力、化学、电气、静电作用的防范能力；逻辑安全包括：对外来的通信攻击的抵抗能力，要求 IC 卡应能防止复制、窜改、伪造或截听等。

物理安全加固措施包含：采用高技术和昂贵的制造工艺，使无法伪造；在制造和发行过程中，一切参数严格保密；制作时在存储器外面加若干保护层，防止分析其中内容，即很难破译；在卡内安装监控程序，以防止处理器或存储器数据总线和地址总线的截听。

逻辑安全加固措施包含：存储器分区保护，一般将 IC 卡中存储器的数据分成 3 个基本区，即公开区、工作区和保密区；用户鉴别，用户鉴别又叫个人身份鉴别，一般有验证用户个人识别 PIN、生物鉴别、手写签名等功能。

4. 环境应力安全加固

IC 卡在储存、运输和工作中可能遇到各种复杂的环境条件，如气候条件、机械条件、辐射条件、电磁条件和人为条件等，这些因素以单一或组合的形式影响着 IC 卡的可靠性，加速了 IC 卡在使用过程中失效的进程。

在 IC 卡的应用过程中，对 IC 卡可靠性的影响可以分为 3 种因素：机械因素、环境因素和物理因素。机械因素主要有日常生活中 IC 卡无意跌落、弯曲和施加机械应力等；环境因素主要有水浸、紫外线、X 射线、高温和化学性液体等；物理因素主要有静电场、磁场、电磁干扰和静电等。

为了减少环境应力的影响，IC 卡封装在标准 PVC 卡片中，因此高质量的 PVC 材料封装技术可以减少离子沾污物，如人体汗液中的钠离子、钾离子等。良好的钝化保护层的运用，如使用磷玻璃或氮化硅，是 IC 卡最有效的抗应力可靠性加固措施。在 PVC 中掺入杂质离子俘获剂或清除剂，可以提高塑封料与引线框架间和塑封料与塑封料之间的粘接强度，在塑封料中加入斥水物质可以达到阻止水汽渗透、降低材料的吸水性等目的。

天线折断、芯片碎裂、密封失效、金属化变形、键合金丝弯曲、键合线损伤、键合线断裂和脱落、PVC 材料疲劳裂缝等是 IC 卡的主要失效模式，这些失效模式和生产材料、生产工艺有着直接的联系，可以通过系列的可靠性试验对 IC 卡的生产材料、生产工艺提出了更高的要求和改进方向，提出 IC 卡的可靠性加固措施。

9.3　人工智能芯片的可靠性

AI 是一门融合了数学、计算机科学、统计学、脑神经学和社会科学的前沿综合性技术。其目标是希望计算机可以像人一样思考，替代人类完成识别、分类和决策等多种功能。AI 芯片是指专门设计用于处理人工智能任务的新一代微处理器，具有能效高、耗电少等优势，能够在汽车制造、智能家电、机器人等领域中发挥重要作用。从定义、功能、技术架构和测评体系等多方面对 AI 芯片进行介绍，需要对现有 AI 芯片测评体系及特点、AI 芯片基准测试平台及 AI 芯片测评标准进行详细研究，并概述 AI 芯片测评的发展趋势。

9.3.1　AI 芯片概述

1. AI 芯片的定义

随着人工智能（AI）技术的高速发展，传统芯片已不能满足 AI 产业对芯片性能及算力方面的要求。因此，如何构建出高效的 AI 芯片，将芯片技术与 AI 技术有效地结合起来已成为当前的热点话题。

AI 芯片需要完成模仿人脑建立数学模型与算法，AI 技术对芯片性能的需求主要表现在 3 个方面：海量数据在计算和存储单元之间的高速通信需求，这不但需要芯片具备强大的缓存和片上存储能力，而且还需要计算和存储单元之间有较大的通信带宽；高专用计算能力的需求，深度学习算法中有大量卷积、残差网络、全连接等特殊计算需要处理，需要提升运算速度，降低功耗；海量数据自身处理的需求，尤其是非结构化数据的增多给传统芯片的处理能力带来较大的压力。

广义上讲，专门用于处理 AI 应用中大量计算任务的模块，即面向 AI 领域的芯片均可以被称为 AI 芯片；从狭义方面讲，专门针对 AI 算法做了特殊加速设计的芯片才能被称为 AI 芯片。

算力是 AI 技术发展的关键因素之一，随着深度学习算法的普及应用，AI 对算力提出了更高的要求，传统的 CPU 框架无法满足深度学习对算力的需求，因此，具有海量数据并行计算能力、能够加速计算处理的 AI 芯片应运而生。

2. AI 芯片的种类

从技术架构来看，AI 芯片主要分为图形处理器（Graphics Processing Unit，GPU）、FPGA、专用集成电路（Application Specific Integrated Circuit，ASIC）、类脑芯片 4 大类。其中，GPU 是较成熟的通用型 AI 芯片，与 CPU 一样，基于冯·诺依曼体系结构而构建，拥有数量庞大的算数逻辑单元 ALU；FPGA 和 ASIC 则是针对 AI 需求特征设计的半定制和全定制芯片，在网络模型算法和应用需求固定的情况下，能够在很低的功耗下实现非常高的能效比，即高性能和低功耗，但是开发成本高且周期长；类脑芯片是采用神经拟态工程设计的神经拟态芯片，颠覆了传统的冯·诺依曼体系结构，是一种模拟人脑神经元结构的运作规则，从而构建类似于生物脑的电子芯片，类脑芯片的发展尚处于起步阶段。AI 芯片的特点见表 9.7。

表 9.7　AI 芯片的特点

芯片种类	定制化	可编辑性	算力	优点	缺点	价格	领域场景
GPU	通用	不	中	通用性强且适合大规模并行运算、设计和制造工艺成熟、速度快	在推理端并行运算能力无法完全发挥、功耗高	高	高级复杂算法和通用性 AI 平台、图像处理
FPGA	半	容易	高	可通过编程灵活配置芯片架构以适应算法迭代、平均性能较高、功耗较低、开发时间较短	量产单价高、峰值计算能力低、硬件编程困难	中	适用于各种具体的行业、算法更新频繁的领域

（续）

芯片种类	定制化	可编辑性	算力	优点	缺点	价格	领域场景
ASIC	全	困难	高	通过算法固化实现极致的性能和能效、平均性能很高、功耗很低、体积小、量产后成本最低	前期投入成本高、研发时间长、技术风险大	低	当客户处在某个特殊场景，可以为其独立设计一套专业智能算法软件
类脑芯片	模拟人脑	不	高	最低功耗、通信效率高、认知能力强、可扩展	探索阶段	—	适用于各种具体的行业

目前，在大多数领域中，AI 计算算法尚在不断探索、优化阶段，GPU 仍是最佳选择。FPGA 基于可重构架构实现的处理器，该技术是将计算部分设计为可配置的处理单元，并且通过相应的配置信息来改变存储器与处理单元之间的连接，从而达到硬件结构的动态配置目标，并且软件和硬件协同设计，允许硬件架构和功能随软件变化而变化，具有开发周期短、上市速度快、可配置性高、能效比高等特点，目前被大量应用在大型企业的线上数据处理中心。但是，随着数据量的不断增加和芯片工艺极限的逼近，AI 芯片对算力的诉求越来越难以被满足。在此背景下，对于一些数据量庞大、算法逐渐固定的特定领域，使用专为特定算法设计的 ASIC 芯片成为许多公司的首选。

3. 训练与推断

根据机器学习算法的步骤，AI 芯片可分为训练（Training）芯片和推断（Inference）芯片。训练芯片主要是指通过大量的数据输入、构建复杂的深度神经网络模型的一种 AI 芯片，其运算能力较强；推断芯片主要是指利用训练出来的模型加载数据，计算"推理"出各种结论的一种 AI 芯片，其侧重考虑单位能耗算力、时延、成本等。

从部署的位置（即应用场景）来看，AI 芯片可分为云端（服务器端）、终端（移动端）和边缘侧 3 大类。云端芯片是指部署在公有云、私有云或混合云上的 AI 芯片，不仅可用于训练，还可用于推断，算力强劲；终端芯片是指应用于手机等嵌入式、移动终端等领域的 AI 芯片，此类芯片一般体积小、耗电低、性能无需特别强大；边缘侧芯片运行在边缘设备上，相较于云端芯片，其数据安全性更高、功耗更低、时延更短、可靠性更高、带宽需求更低，还可以更大限度地利用数据，进一步缩减数据处理成本。

不同部署位置的 AI 芯片算力见表 9.8，训练芯片与推断芯片的特点对比见表 9.9。

表 9.8　不同部署位置的 AI 芯片算力

部署位置	芯片需求	典型计算能力	典型功耗/W	典型应用领域
云端	高性能、高计算密度，兼有推理和训练任务，单价高，硬件产品形态少	>30 TOPS	>50	云计算数据中心、企业私有云等
终端	低功耗、高能效，以推理任务为主，成本敏感，硬件产品形态众多	<8 TOPS	<5	各类消费类电子、物联网
边缘侧	对功耗、性能、尺寸的要求介于终端与云端之间，以推理任务为主，多用于插电设备，硬件产品形态相对较少	5～30 TOPS	4～15	智能制造、智能家居、智能零售智慧交通、智慧金融、智慧医疗、智能驾驶等

注：TOPS（Tera Operations Per Second）是算力单位，1TOPS 代表处理器每秒可进行一万亿次（10^{12}）操作。

315

表 9.9　训练芯片与推断芯片的特点对比

AI 芯片	云端（服务器端）	终端（设备端）
训练	高处理能力，高精度，高灵活性，可扩展，高内存和带宽	终端场景与训练功能的结合，受限于能耗、算力和可用体积
推断	高吞吐率，高处理能力，高精度，低时延，可扩展	体积小，低时延，低能耗，低成本，一定的处理能力，保护数据隐私

9.3.2　AI 芯片的可靠性测试和评价指标

AI 芯片作为 AI 技术的基石，是各种深度学习算法和应用的载体，且产品类型多种多样，如何制定标准、统一的测评体系方案及如何衡量 AI 芯片在不同场景下的性能成为芯片研发企业和使用单位迫切关注的问题。

1. 可靠性测试项目与内容

AI 芯片制造技术复杂，在生产过程中隐藏的一些问题会影响其正常运作，因此在生产制造过程中，芯片测试验证显得尤为重要。同其他集成电路产品测试相似，AI 芯片测试项目主要包括电参数、功能、可靠性、环境适应性等。对于不同应用场景的 AI 芯片，测试项目及指标完全不同：对于用于云端服务器的 AI 芯片，更关注精度和处理能力，因此功能/性能试验尤为重要；用于终端的 AI 芯片会被部署到不同场景环境中，因此更偏向于可靠性和环境适应性试验。AI 芯片可靠性测试的主要项目及内容见表 9.10。

表 9.10　AI 芯片可靠性测试的主要项目及内容

测试项目	测试内容	测试目的
电参数	直流参数：输入输出电压/电流、漏电流、偏置电流、拉偏电流等； 交流参数：频率、建立保持时间、上升/下降延迟、相位等	检测芯片直流参数是否符合设计规范要求； 检测芯片内部晶体管处理交流信号的能力，评估电路传输、处理交流信号是否符合设计规范要求
功能	接口、定时、位宽、总线等	评估芯片的功能是否符合设计规范要求
可靠性	寿命试验、ESD/Latch Up 等	评估芯片产品的寿命及可靠性
环境适应性	气候环境试验：耐湿、盐雾、温度循环、高低温气压、太阳辐射、霉菌试验等； 机械试验：恒定加速度、机械冲击、振动等	评价芯片在运输、存储、使用条件下的功能/性能是否正常，通过环境试验验证，确保芯片在极端气候和意外机械条件下的质量可靠性

上述试验项目及内容具有一定的通用性，由于 AI 芯片相较于普通芯片具有新型计算模式、训练和推断、大数据处理能力、高数据精度、高可重构能力等新特性，因此针对 AI 芯片，要着重考虑其性能测试评估。目前，在产业界及学术界，已经涌现出使用各种架构和算法的 AI 芯片，如何衡量和评价这些芯片的性能，还没有形成统一的测评标准体系。

2. AI 芯片基准测试平台

评估方法和标准的建立要能够明确测评指标，客观反映当前 AI 芯片能力现状，并从技术层面进行客观比对，为芯片企业提供第三方测评结果的同时，也能为应用企业提供选型参考。AI 芯片的基准测试程序是用来评价某一款产品适不适合做 AI 应用的评估体系，好的 AI

芯片基准测试程序应当具备以下几点特性：

1）合适的评分体系。一个公正、简单的评分体系是评价基准测试集的基础。

2）多样且全面的子基准集规模。AI 芯片和算法的应用场景多种多样，所以基准集应该全面考虑 AI 芯片的应用场景，能够评估不同 AI 任务所使用方法的性能。

3）具备更新能力。AI 芯片的理论研究和应用需求都是伴随着新的算法不断迭代更新的，因此，基准测试集应该考虑算法的更新及其对更新后算法的包容性。

基准测试作为一种客观的评价方式，在计算机体系架构的发展中扮演着重要的角色，有效推动面向不同方向的硬件和软件设计的演进。目前，专用的 AI 加速芯片应用更加广泛，成为 AI 时代不可或缺的一环，因此，能够横向对比这些 AI 芯片优劣的基准测试标准变得尤为重要。

3. AI 芯片的可靠性评价指标

从测评角度来看，人工智能芯片要兼顾在架构级、算法级、电路级等不同的层级，以及在各种工作负载时都能保持最佳性能和能效是非常困难的。因此，人工智能芯片的最优设计方法是跨越这三个层级进行"跨层"设计，这样可以对各种参数进行总体的权衡。

对于不同应用场景的人工智能芯片，衡量和评价的指标完全不同。用于云端服务器的人工智能芯片追求低延时和低功耗，更加关注精度、处理能力、内存容量和带宽；而边缘设备则需要功耗低、面积小、响应时间短、成本低、安全性高的人工智能芯片。人工智能芯片的性能可靠性指标应该覆盖以下 8 类：

1）时延：时延指标对于边缘侧人工智能芯片非常重要，5G 边缘计算和自动驾驶领域均对人工智能芯片提出了低时延高性能的要求。

2）功耗：功耗不仅包括了芯片中计算单元的功率消耗，还包括了片上和片外存储器的功耗。

3）芯片成本/面积：芯片成本/面积指标对于边缘侧人工智能芯片十分重要。人工智能芯片的成本包括芯片的硬件成本、设计成本和部署运维成本。

4）精度：识别或分类精度，反映了实际需求任务上的算法精度，体现了这个人工智能芯片的输出质量，精度指标直接影响了推断的准确度。

5）吞吐量：吞吐量对用于训练和推理的云端人工智能芯片来说，是最重要的衡量指标。吞吐量表示单位时间能够有效处理的数据量，除了用每秒操作数来定义外，也有的定义为每秒完成多少个完整的卷积，或者每秒完成多少个完整的推理。

6）热管理：随着单位面积内晶体管的数量不断增加，芯片工作时的温度急剧升高，为了达到足够的散热效果，需要有考虑周全的芯片热管理方案，可以考虑暗硅、微型水管、制冷机、风扇叶片、碳纳米管等芯片冷却技术。

7）可扩展性：可扩展性是指人工智能芯片具有可以通过扩展处理单元及存储器来提高计算性能的架构，可扩展性决定了是否可以用相同的设计方案部署在多个领域（如在云端和边缘侧）。

8）灵活性：灵活性指的是这个人工智能芯片对不同应用场景的适应程度，即该芯片所使用的架构和算法对于不同的深度学习模型和任务的适用性。

4. AI 芯片测评发展趋势

未来，AI 芯片测评方面的发展和重点工作方向应聚焦于以下几点：

1）AI芯片测评标准规范体系构建：各研究机构和高校应围绕AI芯片的参数、功能、性能、环境适应性、可靠性等方面，开展测评标准规范体系研究，梳理现有标准及其差距，着重开展性能测试及可靠性试验等涉及AI芯片技术特征的标准规范研究，联合AI芯片的上下游企事业单位，构建AI芯片的测评标准规范体系。

2）AI芯片测评技术研究：针对AI芯片的速度、时延、功耗、芯片成本/面积、精度、吞吐量、热管理、可扩展性、灵活性/适用性等功能及性能开展系统级测试技术研究，研发软硬件协同的功能及性能测评方法，构建性能测评基准集与典型性能评估验证平台。

3）AI芯片性能评估及可靠性保障能力建设：面向应用需求，建立AI芯片性能评估及测试平台，覆盖AI芯片的交流参数、接口参数及应用性能等性能评估要素，研发AI芯片性能评测基准库，建立面向应用的AI芯片分类、分级性能评估体系。

9.3.3 AI芯片的可靠性加固

1. AI芯片的发展方向

架构创新是人工智能芯片面临的一个不可回避的课题。从芯片发展的大趋势来看，现在还是人工智能芯片的初级阶段，无论是科研还是产业应用都有巨大的创新空间。从确定算法、应用场景的人工智能加速芯片向具备更高灵活性、适应性的通用智能芯片发展是技术发展的必然方向，弱监督、自我监督、多任务学习、对大型神经网络表现更好的智慧型芯片将成为学术界和产业界研究的重要目标。计算架构的高度并行和动态可变性、适应算法演进和应用多样性的可编程性、更高效的大卷积解构与复用、更少的神经网络参数计算位宽、更多样的分布式存储器定制设计、更稀疏的大规模向量实现、复杂异构环境下更高的计算效率、更小的体积和更高的能量效率、计算和存储一体化将成为未来人工智能芯片的主要特征。

2. 高可靠性的封装技术

在人工智能、物联网、5G、汽车电子、AR/VR、云计算等新应用市场的推动下，集成电路芯片的发展迅猛，已经逼近摩尔定律的极限，其中市场最广、发展最快的AI芯片，需要强大算力的支持。芯片需要在极限情况下安全稳定地运作，高可靠性的先进封装技术是AI芯片的必然选择，包括晶圆级封装（Wafer Level Package，WLP）、扇出型封装（FO）、硅通孔（Through Silicon Via，TSV）技术、2.5D封装、3D封装、Chiplet封装等。先进封装结构的发展趋势是从平面走向立体，从单一走向系统，当封装越来越复杂后，封装可靠性、封装散热等方面面临的挑战也随之而来，必须采取相应的解决措施。

封装技术的发展史大致分为4个阶段：第1阶段（1970年以前）是元件插装时代，主要采用直插型封装（DIP）等技术，电子元件被手工插入电路板的孔中，尺寸较大且制造过程相对简单；第2阶段（1970~1990年）是表面贴装时代，主要采用小外形封装（SOP）等技术，元件开始直接贴装在印制电路板表面，从而实现更紧凑的设计；第3阶段（1990~2000年）是面积阵列封装时代，主要采用球栅阵列封装（BGA）、倒装芯片等技术，这些封装技术进一步提高了芯片的集成度和性能，同时增强了电路板对热应力和机械应力的抵抗能力；第4阶段是2000年以来的先进封装时代，特点是采用堆叠、异构集成、精密互连等技术。传统封装与先进封装（以2.5D/3D封装和FO封装为例）的特性对比见表9.11。

表 9.11　传统封装与先进封装的特性对比

封装类型	内存带宽	能耗比	芯片厚度	芯片发热	封装成本	性能	形态
传统封装	低	低	高	中	低	低	平面、芯片之间缺乏高速互联
FO 封装	中	高	低	低	中	中	多芯片、异质集成、芯片之间高速互联
2.5D/3D 封装	高	高	中	高	高	高	同上

（1）FO 封装

FO 封装是 WLP 封装中的一种。WLP 封装通常直接在硅片上进行大部分或全部封测工艺，再切割成单颗芯片，然后使用再布线层（Redistribution Layer，RDL）与凸块（Bump）技术为芯片的 I/O 布线，无需使用 IC 载板，从而降低了厚度和成本。

WLP 封装可以实现较小尺寸封装，如芯片尺寸封装（Chip Scale Package，CSP），但是由于引脚全部位于芯片下方，I/O 数量受到限制，该类型一般又称为晶圆片级芯片尺寸封装（Wafer Level Chip Scale Package，WLCSP）或扇入型晶圆级封装（Fan-In WLP），多用于低引脚数消费类芯片。

WLP 封装可分为扇入型圆片级封装（Fan-In WLP）和扇出型圆片级封装（Fan-Out WLP，即 FO 封装）两大类。扇入型直接在晶圆上进行封装，封装完成后进行切割，布线均在芯片尺寸内完成，封装大小和芯片尺寸相同；扇出型则基于晶圆重构技术，将切割后的各芯片重新布置到人工载板上，芯片间距离视需求而定，之后再进行 WLP 封装，最后再切割，布线可在芯片内和芯片外，得到的封装面积一般大于芯片面积，但可提供的 I/O 数量增加。

FO 封装满足 I/O 数目增加、焊球间距不断减小的芯片需求，芯片边缘通过 RDL 和焊球连接到 PCB 上，RDL 工艺让芯片可以使用的布线区域增加，充分利用芯片的有效面积，达到降低成本的目的。FO 封装的工艺流程可分为 Chip First 工艺和 Chip Last（也叫 RDL First）工艺，图 9.6 给出了 FO 封装结构的剖面图。

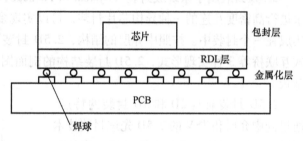

图 9.6　FO 封装结构的剖面图

FO 封装生产工艺的关键步骤包括：芯片放置、包封和布线。芯片放置对速度和精度的要求很高，放置速度直接决定生产效率，从而影响制造成本；放置精度也是决定后续布线精度的关键性因素。包封需要对包封材料进行填充和加热，这一过程不仅可能导致已放置好的芯片发生移位，还有可能因包封材料与芯片的膨胀系数的不同而造成翘曲，这两者都会影响后续的布线环节。布线成功率是决定最终封装成品率的关键因素，另一方面，布线设备是整个生产设备中最昂贵的，对制造成本的影响很大。

（2）TSV 封装技术

硅通孔（Through Silicon Via，TSV）封装技术是指在晶圆片上打孔，在孔中填充导电材料实现芯片之间、芯片与外部之间互联的技术，被认为是目前半导体行业最先进的技术之一。硅通孔技术具有互连距离短、集成度高的优点，能够使芯片在 3D 空间的堆叠密度最大，并提升芯片性能、降低功耗、缩小尺寸。该技术是实现异质集成的重要手段，是下一步 2.5D/3D 封装的基础。

TSV 封装技术是在芯片和芯片之间、晶圆和晶圆之间制作垂直导通，通过通孔实现芯片之间的互连。硅通孔技术能够使芯片在 3D 集成堆叠的密度最大、芯片之间的互连线最短、外形尺寸最小，并具有优异的抗干扰性能。

图 9.7 给出了 TSV 封装结构的剖面图，硅通孔制作主要工艺流程包含：深硅刻蚀成孔；绝缘层（SiO$_2$ 或 Si$_3$N$_4$）、阻挡层（TaN 或 TiN）、种子层（Cu）的形成；镀铜填充；晶圆减薄；晶圆键合等。在整个过程中，镀铜填充是硅通孔制作的关键环节，主要难点是必须保证金属离子在深孔内优先沉积，并在短时间内完成无缝隙、无孔洞填充，即可达到完全填充效果。在电镀填充中，形成的空洞或缝隙都会导致芯片出现严重的可靠性问题。

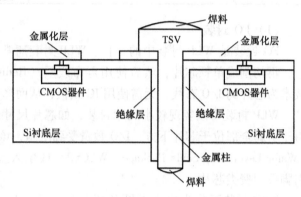

图 9.7　TSV 封装结构的剖面图

（3）2.5D 封装

2.5D 封装属于系统级封装（System in Package，SiP），是指通过在芯片之间插入中介层来进行高密度互连的一种异构芯片封装，可以实现多个异构芯片的高密度线路连接，使芯片集成在一个封装中。按照中介层的结构，2.5D 封装可以进一步分为 RDL、硅中介层与嵌入式互联桥等 3 种实现形式，2.5D 封装结构的剖面图如图 9.8 所示，中介层的材料可以是硅基板。

2.5D 封装兼具 2D 和 3D 封装的特点，通过硅中介层和 TSV 的 2.5D 先进封装技术可以把内存、GPU 和 I/O 集成到一块基板上，可有效提升传输带宽和计算效率，并大幅减少应用处理器和存储器芯片的面积，实现了成本与性能之间的完美平衡。

（4）3D 封装

随着半导体工艺技术不断缩放、设计复杂度不断增加，传统的二维集成芯片设计赶不上摩尔定律的缩放趋势。此外，在

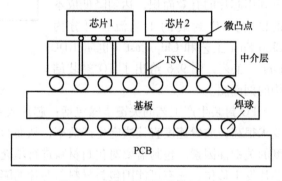

图 9.8　2.5D 封装结构的剖面图

高端性能封装中，处理芯片和存储芯片对高带宽、低延迟有严格要求，于是业界从 3D 的概念寻找解决方案。3D 封装又称为叠层芯片封装技术，是指在不改变封装体尺寸的前提下，在同一个封装体内于垂直方向叠放两个以上芯片的封装技术，它起源于快闪存储器及 SDRAM 的叠层封装，可以实现不同类型芯片的异质集成，目前在存储芯片上已有较多应用。

　　3D 封装通过 TSV 技术实现不同芯片层之间电学互连的堆叠技术，3D 封装结构的剖面图如图 9.9 所示。3D 封装可容纳多个异构芯片且各功能模块可采用不同的工艺技术，这可大大降低成本并提高产品上市速度，3D 封装的尺寸很小，可以节省电路板和终端产品的空间，是小型移动设备的理想选择。

　　（5）Chiplet 封装

　　Chiplet 是多芯片模组的封装，也是目前最复杂的系统级封装。

　　Chiplet 的封装被视为延续摩尔定律的新法宝，将原 SOC 大尺寸的设计分散在较小的芯片上，将多个芯片通过先进封装技术重新组合在一个 Si 中介板上，形成一种 SiP

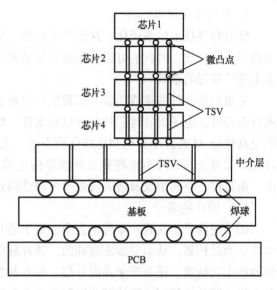

图 9.9　3D 封装结构的剖面图

封装形式，以此来满足产品的需求，图 9.10 给出了 Chiplet 封装结构的剖面图。应用 Chiplet 的优势首先在于利用 Si 中介板代替基板，将 NAND 芯片、DRAM 芯片、Logic 芯片和 Control 芯片等异质芯片集成在 Si 中介板上，首先，可以有效解决热效应导致的异质芯片与基板之间热膨胀系数不匹配的问题；其次，由于 Si 中介板采用的 TSV 技术，可以有效缩短电性传输路径，从而提高其传输的速度；最后，Si 中介板的电路设计是可以根据异质芯片的不同需求而采取不同的工艺节点，这正好符合处理器、DRAM、NAND 的不同工艺现状，从而增加工艺的灵活性，缩短产品更新周期。

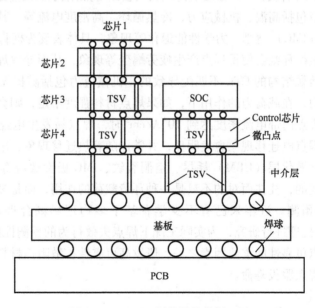

图 9.10　Chiplet 封装结构的剖面图

3. 可靠性问题与解决

随着封装技术的系统化，封装产生的热、电、机械等可靠性问题必然制约着各种封装技术的下一步发展，对封装可靠性问题及封装散热问题给出有效解决方案，是先进封装技术在未来推广应用的基础。

先进封装面临的挑战随着人工智能产业的发展，业界对高算力、高性能的 AI 芯片的需求日益提升。电子封装对芯片起着机械支撑、环境保护、信号互连及散热等重要作用，为了满足高性能 AI 芯片小型化和集成化的需求，先进封装技术也随之不断发展。但在芯片服役环境日益复杂、芯片不断堆叠及异质异构集成等因素的影响下，先进封装面临诸如圆片翘曲、电迁移、空洞裂纹及疲劳失效等可靠性问题。

（1）圆片翘曲

圆片翘曲是指在圆片重构工艺中，由于芯片和塑封料的热膨胀系数（CTE）不匹配而产生热应力的积累，从而导致宏观翘曲。圆片翘曲不仅会严重影响后续磨削减薄、切割等封装步骤的工艺精度，还会带来界面分层、焊点断裂及裂片等诸多可靠性问题。随着芯片集成化和大尺寸圆片的使用，圆片翘曲问题也愈发严峻，已成为影响先进封装可靠性的主要挑战之一。解决圆片翘曲是复杂的工作，需要综合考虑封装工艺、封装材料及封装检测等因素的影响。在封装工艺上，可通过优化封装过程中温度、湿度、冷却速度及气压等因素来减小热应力的影响，降低圆片翘曲的概率；在封装材料上，可采用与圆片 CTE 接近的封装材料，从而减小热失配的影响；在封装检测上，需要定时使用高精度检测设备，及早发现圆片翘曲问题并采取相应的调整措施。

（2）焊点可靠性

焊点是封装中最重要的互连结构之一，起着电气连接、温度传导及机械支撑等重要作用。随着凸点节距不断缩放，I/O 密度的持续提高会给焊点结构带来愈发严峻的挑战。

焊点的服役环境包括高温、机械应力、冷热循环、高密度电流等。其中高温会导致焊点出现金属间化合物（IMC）增厚、力学性能退化等现象，具体表现为柯肯达尔孔洞、裂纹扩展等失效形式；冷热循环则会使得焊点产生疲劳蠕变等现象，从而导致焊点断裂失效，失效是由于焊点与其他接触结构的 CTE 不匹配导致的；机械应力包括随机振动、加速度、冲击及拉伸剪切等作用力，在载荷力的作用下，如果焊点材料强度不足，则会出现焊点断裂、破碎等失效现象；当焊点内部电流密度达到 10^4A/cm^2 时，焊点易发生电迁移现象，随着焊点尺寸的不断缩小，焊点电迁移现象愈发明显，并常伴随着热迁移现象，电迁移和热迁移共同作用，导致凸点下金属化层（UBM）耗尽、空洞裂纹、IMC 极性效应等失效现象。焊点的服役环境是复杂多变的，往往面对的不只是一种环境载荷的作用，而是多种载荷的叠加，这导致失效形式难以预测。近年来已有不少学者基于多物理场耦合理论，采用有限元法（FEA）对焊点失效机理进行研究，为实际工况下焊点失效行为的预测提供理论参考。此外，焊点材料是保证焊点可靠性的重要因素之一，研发高可靠性扩散阻挡材料及性能更优的焊料合金，可有效提高焊点服役寿命。

（3）TSV 可靠性

TSV 被视为继引线键合和倒装芯片之后的第 3 代封装技术，铜暴露是 TSV 技术的关键工序。由于铜材料和硅衬底之间热膨胀系数不匹配会带来的 TSV 挤压或 TSV 凸点问题；铜的热膨胀系数为 17.6ppm/℃，高于硅的 2.6ppm/℃，会引起电介质层开裂和分层等可靠性问题。

通过对一系列不同条件下退火工艺的实验，可以得出退火工艺的影响。铜从退火温度在 350℃ 开始凸起，一直到 450℃。铜的凸起现象，有两种可能的机制，第一种机制是在退火过程中垂直扩展的铜材料塑性变形；第二种机制是由于 TSV 中应力分布不均匀引起的扩散蠕变。

为解决 TSV 的可靠性问题，需要对电镀工艺之后的 TSV 进行适当的预退火处理来减少硅应力是很有必要的，然后用 CMP 的方法去除多余铜。

在材料方面，可以通过研发新材料来抑制衬底损耗及降低热失配的影响；在结构方面，同轴空气间隙 TSV 等新结构能降低整体的寄生电容和能量损耗。

（4）RDL 可靠性

RDL 是指在圆片表面沉积金属层和介质层，并形成金属布线，对 I/O 端口进行重新布局，将其布局到新的区域，并形成面阵列排布。采用 RDL 能够支持更多的 I/O 数量，使 I/O 间距更灵活、凸点面积更大。在 3D 集成中，TSV 技术用于完成同种堆叠芯片的电气互连，而不同类型堆叠芯片的连接则需要 RDL 来实现。

RDL 可靠性面临诸多亟待解决的问题，包含：中介层材料和铜线之间的 CTE 差异会导致温度循环过程中的铜/介电界面失真，导致走线开裂；铜会迁移到通常用作电绝缘体的有机电介质中，出现的电迁移的可靠性问题；圆片翘曲和芯片偏移等工艺缺陷会影响 RDL 的精度；芯片的挤出问题会导致封装断裂和开短路故障。

解决的措施包含：保证 RDL 制备工艺的可靠性，提升制备工序的质量，形成厚度均匀且分辨率高的 RDL 层；在材料方面，使用合适的介电材料来减小其与铜线之间的 CTE 差异，从而减轻热失配现象；在材料、工艺、设备等方面综合发展升级，提高 RDL 工艺的可靠性水平。

（5）封装散热

虽然存在很多散热途径，但随着芯片性能和功耗的不断提升，产生的热量越来越高，这对封装的散热性能提出了更高的要求。随着封装集成度的不断提高，要求封装能够提供的耗散能力达到热流密度 $1000\mathrm{W/cm^2}$ 的热量。

先进封装技术由于芯片的堆叠方式复杂化，其散热问题一直是最严重的可靠性问题：多个芯片堆叠在封装体内，芯片堆叠后发热量增加，但散热面积并未增加，从而导致发热密度增加；多芯片堆叠，热源相互接触，热耦合现象增强；内埋置基板中的无源器件发热，由于有机或陶瓷基板散热能力较差，会产生严重的热问题；封装尺寸不断缩小，组装密度不断增加，使得封装的散热设计不易进行。

目前，对于系统封装的散热方式有自然空气流通散热、金属散热片、风扇散热、微通道冷板散热片（Microchannel Cold Plate）散热、射流冲击散热（Jet Impingement）、浸没冷却（Immersion Cooling）、两相冷却等。

在未来的封装可靠性测试领域，先进封装的成长性要显著优于传统封装技术，先进封装的市场占比将持续提高，并逐渐成为市场的主流，随着特征尺寸的跨越和系统级封装的高密度化，封装散热、电迁移、疲劳失效等可靠性问题也会越来越严重，基于封装的可靠性加固措施也必将不断推陈出新，进一步推动封装材料、芯片工艺、设计仿真等领域的同步发展。

在 3D、Chiplet 等先进封装技术的加持下，AI 芯片将集智能化、多功能化、小型化于一体，实现性能、成本、功耗多方面的优化升级。在 AI 即将全面发展的前夜，AI 芯片的需求量将越来越大，各种不同的 AI 芯片，如低功耗芯片、开源芯片、通用芯片等，如雨后春笋般应运而生，与之相应的先进封装技术也将不断革新和进步。

习　题

1. 说明新能源汽车电池和普通电池的区别。
2. 简述 IC 卡的可靠性加固措施。
3. 说明 AI 芯片的先进封装技术有哪些。

附　　录

KS 检验的临界值 $D_{n,\alpha}$ （Kolmogorov-Smirnov Test）

样品 n	0.20	0.15	0.10	0.05	0.01
1	0.900	0.925	0.950	0.975	0.995
2	0.684	0.726	0.776	0.842	0.929
3	0.565	0.597	0.642	0.708	0.828
4	0.494	0.525	0.564	0.624	0.733
5	0.446	0.474	0.510	0.565	0.669
6	0.410	0.436	0.470	0.521	0.618
7	0.381	0.405	0.438	0.486	0.577
8	0.358	0.381	0.411	0.457	0.543
9	0.339	0.360	0.388	0.432	0.514
10	0.322	0.342	0.368	0.410	0.490
11	0.307	0.326	0.352	0.391	0.468
12	0.295	0.313	0.338	0.375	0.450
13	0.284	0.302	0.325	0.361	0.433
14	0.274	0.292	0.314	0.349	0.418
15	0.266	0.283	0.304	0.338	0.404
16	0.258	0.274	0.295	0.328	0.392
17	0.250	0.266	0.286	0.318	0.381
18	0.244	0.259	0.278	0.309	0.371
19	0.237	0.252	0.272	0.301	0.363
20	0.231	0.246	0.264	0.294	0.356
25	0.210	0.220	0.240	0.270	0.320
30	0.190	0.200	0.220	0.240	0.290
35	0.180	0.190	0.210	0.230	0.270
>35	$1.07/\sqrt{n}$	$1.14/\sqrt{n}$	$1.22/\sqrt{n}$	$1.36/\sqrt{n}$	$1.63/\sqrt{n}$

参 考 文 献

[1] 李能贵. 电子元器件的可靠性 [M]. 西安：西安交通大学出版社，1990.

[2] 李能贵. 电子设备可靠性设计 [M]. 西安：西安交通大学出版社，1993.

[3] 史保华. 微电子器件可靠性 [M]. 西安：西安电子科技大学出版社，1999.

[4] 王少萍. 工程可靠性 [M]. 北京：北京航空航天大学出版社，2000.

[5] 孙青. 电子元器件可靠性工程 [M]. 北京：电子工业出版社，2002.

[6] 秦英孝. 可靠性、维修性、保障性管理 [M]. 北京：国防工业出版社，2002.

[7] 胡昌寿. 航天可靠性设计手册 [M]. 北京：机械工业出版社，1999.

[8] 杨为民. 可靠性维修性保障性总论 [M]. 北京：国防工业出版社，1995.

[9] 高社生. 可靠性理论与工程应用 [M]. 北京：国防工业出版社，2002.

[10] 宋保维. 系统可靠性设计与分析 [M]. 西安：西北工业大学出版社，2002.

[11] 孟宣华. 智能卡的卡片级可靠性测试方法 [J]. 集成电路应用，2020，37（07）.

[12] 刘志辉. 非接触式 IC 卡及其可靠性问题 [J]. 电子产品可靠性与环境试验，2013，31（A01）.

[13] 尹首一. 人工智能芯片概述 [J]. 微纳电子与智能制造，2019，1（2）.

[14] 赵玥. 人工智能芯片及测评体系分析 [J]. 电子与封装，2023，23（5）.

[15] 王晨. 人工智能芯片测评研究现状及未来研究趋势 [J]. 新型工业化，2021，11（10）.

[16] 崔濯寒. 非接触式 IC 卡漏洞利用及防范方法 [J]. 网络安全技术与应用，2022，2.

[17] 孙践维. 人工智能芯片：AI 进化的底层基石 [J]. 环球财经，2024，1.

[18] 张志伟. 先进封装 Chiplet 技术与 AI 芯片发展 [J]. 中阿科技论坛（中英文），2023，11.

[19] 吴圣红. 新能源汽车电池热管理技术探讨 [J]. 南方农机，2024，55（4）.